MANUFATURA ADITIVA

Blucher

Neri Volpato

(organizador)

MANUFATURA ADITIVA

Tecnologias e aplicações da impressão 3D

Manufatura aditiva: tecnologias e aplicações da impressão 3D
© 2017 Neri Volpato (organizador)
Editora Edgard Blücher Ltda.

Blucher

Rua Pedroso Alvarenga, 1245, 4º andar
04531-934 – São Paulo – SP – Brasil
Tel.: 55 11 3078-5366
contato@blucher.com.br
www.blucher.com.br

Segundo o Novo Acordo Ortográfico, conforme
5. ed. do *Vocabulário Ortográfico da Língua
Portuguesa*, Academia Brasileira de Letras,
março de 2009.

É proibida a reprodução total ou parcial por quaisquer meios sem autorização escrita da editora.

Todos os direitos reservados pela Editora
Edgard Blücher Ltda.

Dados Internacionais de Catalogação na Publicação
(CIP) Angélica Ilacqua CRB-8/7057

Manufatura aditiva: tecnologias e aplicações
da impressão 3D / organização de Neri Volpato. –
São Paulo: Blucher, 2017.
400 p. : il.
Bibliografia
ISBN 978-85-212-1150-1

1. Impressão tridimensional 2. Processos de
fabricação – Automação 3. Projeto de produto
4. Materiais – Inovações tecnológicas 5. Sistemas
CAD/CAM 6. Desenho industrial I. Título

16-1534	CDD 621.988

Índices para catálogo sistemático:

1. Impressão tridimensional
2. Engenharia mecânica: Processos de fabricação
3. Engenharia de produção: Processos de fabricação

AGRADECIMENTOS

Os autores gostariam de agradecer às empresas de tecnologias de manufatura aditiva (AM) Solidscape Inc., Stratasys Ltd., ExOne, 3D Systems Inc., EOS GmbH, VoxelJet AG, Concept Laser GmbH, Arcam AB, DMG Mori, Cliever Tecnologia e Deskbox, que atenderam ao pedido dos autores para colaborarem com informações e ilustrações de exemplos de casos associados aos seus processos. Outras empresas do setor foram contatadas, mas não retornaram ao chamado. Reforça-se ainda que as imagens apresentadas neste livro não representam qualquer indicação de preferência de uma ou outra tecnologia, sendo meramente ilustrativas. Gostariam de agradecer também às empresas e aos profissionais usuários desse tipo de tecnologia, que disponibilizaram seus estudos de caso para ilustrar aplicações da AM.

Agradecimentos especiais às instituições dos envolvidos por propiciarem o tempo requerido para a elaboração deste livro. Entre essas instituições destacam-se: Universidade Tecnológica Federal do Paraná (UTFPR) – Núcleo de Manufatura Aditiva e Ferramental (NUFER); Universidade de São Paulo (USP) – Escola de Engenharia de São Carlos; Pontifícia Universidade Católica do Rio de Janeiro (PUCRio); Instituto Nacional de Tecnologia (INT); Universidade de Caxias do Sul (UCS) – Laboratório de Prototipagem Rápida, Centro de Ciências Exatas e da Tecnologia; Centro de Tecnologia da Informação Renato Archer (CTI) – Divisão de Tecnologias Tridimensionais (DT3D); Universidade Federal de Santa Catarina (UFSC) – Núcleo de Inovação em Moldagem e Manufatura Aditiva (NIMMA); Universidade Estadual de Campinas (Unicamp) – Instituto Biofabris e Instituto de Estudos Avançados (IEAv) – Divisão de Fotônica.

Por fim, os autores gostariam de agradecer a todos os profissionais, colegas de trabalho e alunos dos grupos de pesquisa de cada instituição que contribuíram direta e indiretamente para a elaboração deste livro. Agradecimentos especiais para Gaston Henrique Rossa (Técnico da UCS), Natascha Scagliusi (PUCRio), Guilherme Lorenzoni de Almeida (INT) e Luís Fernando Bernardes (Biofabris/Unicamp).

PREFÁCIO

Passados dez anos do primeiro livro sobre manufatura aditiva (*additive manufacturing* – AM) – na época denominada prototipagem rápida –, muitas tecnologias evoluíram, algumas novas surgiram, empresas se fundiram ou foram adquiridas por empresas maiores e outras saíram do mercado. O mercado de tecnologias AM tem sido muito dinâmico, apresentando um crescimento considerável nesse período, passando de um pouco mais de 1 bilhão de dólares em 2007 para valores acima de 4 bilhões em 2014, segundo o Wohlers Report de 2015. Um ritmo semelhante de crescimento aconteceu nos últimos dois anos. Com isso, o desafio de retratar um cenário atualizado dessa área aumenta, pois, sabe-se que, em breve, o mesmo mudará. Em função disso, este livro procurou fugir de descrições de equipamentos específicos, dando ênfase aos princípios por trás das tecnologias de AM mais relevantes.

Este livro tem, assim, o objetivo de apresentar os princípios de adição de material das tecnologias de AM disponíveis atualmente, destacando aspectos relacionados à utilização da AM no desenvolvimento de produto, no *design*, no planejamento de processo e na fabricação, bem como nas aplicações nos diversos setores (industrial, de saúde, veterinário, de arquitetura, forense etc.). Adicionalmente, salienta-se como algumas áreas vêm aumentando a consolidação dessa alternativa na fabricação de produtos finais e dos consequentes novos desafios impostos aos profissionais de desenvolvimento desses produtos.

Um escopo inicial contendo quinze capítulos foi elaborado e pesquisadores advindos de diferentes universidades e institutos de pesquisa nacionais foram convidados a participar deste projeto. Alguns desses autores já participaram do primeiro livro e outros novos se juntaram a equipe. Para cada capítulo designou-se um autor responsável, ficando a seu critério convidar ou não coautores para o(s) seu(s) respectivo(s) capítulo(s). A escolha dos autores responsáveis para cada capítulo observou alguns pontos: o tempo de atuação na área e o contato direto com as respectivas tecnologias de AM ou com as tecnologias de base usadas pelos processos de AM. No total, houve o envolvimento de 9 autores responsáveis e de 18 coautores. Uma ação inicial da equipe de autores responsáveis foi padronizar a nomenclatura a ser utilizada em todos os capítulos. Esse processo levou a algumas discussões interessantes até se chegar a um acordo. O processo de revisão dos capítulos foi conduzido pelo próprio grupo, sendo designados dois revisores escolhidos entre os autores responsáveis para cada capítulo. Por fim, uma revisão geral foi realizada no sentido de identificar possíveis inconsistências, principalmente de nomenclatura. Com esse planejamento, pode-se afirmar que o material aqui apresentado reflete a visão e a opinião de uma comunidade de especialistas na área. O preço desse grande número de autores foi o não cumprimento do cronograma inicial, levando-se mais tempo que o planejado. Apesar disso, essa pluralidade foi considerada válida, pois, sem dúvida, trouxe mais qualidade para o livro como um todo.

De uma forma geral, este livro se destina à formação de técnicos, engenheiros, *designers*, modeladores e tantos outros profissionais que estejam direta ou indiretamente ligados ao desenvolvimento dos mais variados tipos de produtos. Adicionalmente, é útil aos profissionais que utilizam biomodelos na área da saúde, como os cirurgiões médicos ou dentistas, ou, ainda, aos ligados às artes, setor de joias, arquitetura, entre outros.

O Capítulo 1 apresenta uma introdução aos princípios da AM, suas vantagens e desvantagens, sendo estruturado de forma a direcionar o leitor para os demais capítulos do livro, destacando onde se pode obter mais informações sobre determinado assunto de interesse. Sendo assim, recomenda-se iniciar a leitura por esse capítulo, principalmente aos iniciantes na área. O Capítulo 2 aborda a AM no *design* de produtos e enfatiza as contribuições e mudanças de cultura neste setor. No Capítulo 3, a mudança de procedimentos no processo de desenvolvimento de produto é apresentada e a AM é destacada como um novo direcionador tecnológico. O Capítulo 4 apresenta os formatos disponíveis de modelo geométrico 3D para a AM, sendo este o início de todo o processo de fabricação. O planejamento de processo da AM é detalhado no Capítulo 5, bem como a influência de cada uma de suas etapas na fabricação final da peça, enfatizando o que está por trás da função "imprimir" de algumas tecnologias. Do Capítulo 6 ao 11 são apresentadas, em detalhes, as principais tecnologias de AM separadas pelos seguintes princípios de adição de material: fotopolimerização em cuba; extrusão de material; jateamento de material; jateamento de aglutinante; fusão de leito de pó; adição de lâminas; e deposição com energia direcionada. As diversas aplicações das tecnologias de AM são ressaltadas nos capítulos finais. Em função do grande impacto causado na manufatura de ferramentas (moldes, gabaritos e dispositivos em geral), o Capítulo 12 foi dedicado especificamente para essa área. A aplicação crescente da AM na fabricação de produtos finais é apresentada no Capítulo 13. O mesmo destaque ocorreu para a aplicação na área da saúde no Capítulo 14. Por último, no Capítulo 15 procurou-se dar uma ideia do grande potencial dessas tecnologias nas mais diversas áreas, por meio de relatos de aplicações.

Espera-se que este livro auxilie na disseminação das tecnologias de AM, possibilitando aumentar a competitividade dos produtos e ampliar o campo de aplicações e os setores beneficiados pelas mesmas. Que ele chame também a atenção para a necessidade de um maior investimento nessa área, permitindo alavancar o desenvolvimento de novas tecnologias e materiais, para melhorar a qualidade geral dos processos e consolidá-los como alternativas viáveis para a fabricação final.

Neri Volpato

CONTEÚDO

1. INTRODUÇÃO À MANUFATURA ADITIVA OU IMPRESSÃO 3D   15

1.1	Introdução	15
1.2	Manufatura aditiva: um novo princípio de fabricação	16
1.3	Nomenclatura	18
1.4	Histórico	19
1.5	Princípios de processamento das tecnologias de AM	23
1.6	Vantagens e limitações gerais dos processos de fabricação por AM	23
1.7	Aplicações	27
1.8	Conclusões	28
	Referências	29

2. A MANUFATURA ADITIVA NO *DESIGN* DE PRODUTOS   31

2.1	Introdução	31
2.2	Pioneiros no desenvolvimento de modelos e protótipos em *design*	32
2.3	A manufatura aditiva no *design* brasileiro	34
2.4	Manufatura aditiva no desenvolvimento e na produção de produtos	36
2.5	Manufatura aditiva pelo mundo: tendências no *design*	38
2.6	Tipos de modelos de representação física no *design* de produtos	39
2.7	Considerações finais	43
	Referências	44

3. PROCESSO DE DESENVOLVIMENTO DE PRODUTO AUXILIADO PELA AM — **45**

3.1 Introdução — 45

3.2 O processo de desenvolvimento de produto — 45

3.3 Representações físicas de produtos, suas finalidades e suas vantagens — 48

3.4 Mudanças no PDP com a utilização da AM — 53

3.5 Considerações sobre as tecnologias de AM no PDP — 58

3.6 Exemplos de aplicação de protótipos no PDP — 59

3.7 Considerações finais — 64

Referências — 65

4. REPRESENTAÇÃO GEOMÉTRICA 3D PARA AM — **69**

4.1 Introdução — 69

4.2 Formas de obtenção de modelo geométrico 3D — 70

4.3 Formato STL — 75

4.4 Exportação de arquivos STL em sistemas CAD 3D — 79

4.5 Problemas mais comuns encontrados nos arquivos no formato STL — 83

4.6 Ferramentas para manipulação e correção de arquivos no formato STL — 88

4.7 Formato AMF — 88

4.8 Formato VRML — 91

4.9 Formato CLI — 91

4.10 Formato OBJ — 92

4.11 Formato 3MF — 92

4.12 Conclusões — 93

Referências — 93

5. PLANEJAMENTO DE PROCESSO PARA TECNOLOGIAS DE AM — **97**

5.1 Introdução — 97

5.2 Características gerais das peças que são inerentes à tecnologia AM — 99

5.3 Orientação para fabricação — 103

5.4 Posicionamento no volume de construção — 107

5.5	Aplicação de fator de escala	111
5.6	Definição da base e das estruturas de suporte	111
5.7	Fatiamento	114
5.8	Planejamento da trajetória de contorno e/ou preenchimento	119
5.9	Sistemas de planejamento de processo (CAM) para AM	121
5.10	Fabricação da peça no equipamento de AM	122
5.11	Pós-processamento	123
5.12	Considerações finais	124
	Referências	125

6. PROCESSOS DE AM POR FOTOPOLIMERIZAÇÃO EM CUBA — 129

6.1	Introdução	129
6.2	Principais tecnologias e princípios básicos de fabricação	130
6.3	Fotopolimerização por escaneamento vetorial	131
6.4	Fotopolimerização por projeção de máscaras ou imagens	135
6.5	Microestereolitografia	138
6.6	Materiais para AM por fotopolimerização em cuba	139
6.7	Parâmetros de processo	140
6.8	Aplicações, potencialidades e limitações	141
6.9	Considerações finais	142
	Referências	143

7. PROCESSOS DE AM POR EXTRUSÃO DE MATERIAL — 145

7.1	Introdução	145
7.2	Princípio das tecnologias de extrusão de material	145
7.3	Modelagem por fusão e deposição – FDM	150
7.4	Tecnologias de baixo custo baseadas na extrusão de material	154
7.5	Principais parâmetros de processo de AM por extrusão de material	157
7.6	Características construtivas do processo	164
7.7	Pós-processamento para os processos de extrusão de material	172
7.8	Outras potencialidades	172
7.9	Conclusões	175
	Referências	175

8. PROCESSOS DE AM POR JATEAMENTO DE MATERIAL E JATEAMENTO DE AGLUTINANTE — 181

8.1	Introdução	181
8.2	Tecnologias tradicionais de jato de tinta	182
8.3	Processos de AM por jateamento de material	184
8.4	Processos de AM por jateamento de aglutinante	194
8.5	Processos de AM pelo princípio de jateamento de fluido envolvendo a fusão do pó	204
8.6	Conclusões	208
	Referências	209

9. PROCESSOS DE AM POR FUSÃO DE LEITO DE PÓ NÃO METÁLICO — 213

9.1	Introdução	213
9.2	Princípio da AM por fusão de leito de pó não metálico	214
9.3	Mecanismos de aglutinação de pó não metálico	217
9.4	Propriedades dos polímeros para fusão em leito de pó	219
9.5	*Laser* e interação *laser*-material	222
9.6	Degradação e reciclagem de polímeros	228
9.7	Sistemas comerciais mais importantes	233
9.8	Fusão de leito de pó cerâmico	238
9.9	Vantagens e desvantagens dos sistemas por fusão de leito de pó não metálico	240
9.10	Outros materiais e aplicações para processamento por fusão em leito de pó não metálico	242
9.11	Conclusões	242
9.12	Agradecimentos	243
	Referências	243

10. PROCESSOS DE AM POR FUSÃO DE LEITO DE PÓ METÁLICO — 247

10.1	Introdução	247
10.2	Processos de fusão de leito de pó metálico utilizando *laser*	248
10.3	Processo de fusão de leito de pó metálico utilizando feixe de elétrons	255
10.4	Materiais e ligas em pó	259

Conteúdo

10.5	Pós-processamento de peças obtidas por processos de fusão de leito de pó metálico	260
10.6	Vantagens e limitações dos processos por fusão de leito de pó metálico	262
10.7	Aplicações	263
10.8	Conclusões	265
	Referências	266

11. PROCESSO DE AM POR ADIÇÃO DE LÂMINAS, POR DEPOSIÇÃO COM ENERGIA DIRECIONADA E HÍBRIDOS — 271

11.1	Introdução	271
11.2	O uso do *laser* na manufatura aditiva	272
11.3	Processo por adição de lâminas	274
11.4	Processo por deposição com energia direcionada	278
11.5	Tecnologias híbridas	286
11.6	Conclusões	287
	Referências	287

12. FABRICAÇÃO DE FERRAMENTAL — 293

12.1	Introdução	293
12.2	Formas de aplicação da AM na fabricação de ferramental	294
12.3	Modelos-mestre	295
12.4	Modelos de sacrifício	302
12.5	Gabaritos e/ou dispositivos	307
12.6	Ferramentais de sacrifício	308
12.7	Moldes permanentes de baixa produção	310
12.8	Moldes permanentes de média e alta produção	314
12.9	Considerações finais	320
	Referências	320

13. APLICAÇÃO DIRETA DA MANUFATURA ADITIVA NA FABRICAÇÃO FINAL — 325

| 13.1 | Introdução | 325 |
| 13.2 | Considerações gerais | 325 |

13.3	AM como processo de fabricação final	326
13.4	Projeto para AM	328
13.5	Otimização topológica	331
13.6	Estruturas celulares	332
13.7	Possibilidade de se utilizar materiais distintos ou materiais com gradação funcional	333
13.8	Desafios e limitações	334
13.9	Estudos de caso	336
13.10	Considerações finais	341
	Referências	341

14. APLICAÇÕES DA AM NA ÁREA DA SAÚDE — 345

14.1	Introdução	345
14.2	Modalidades de imagens médicas e *scanners*	346
14.3	Tratamento de imagens médicas	349
14.4	Soluções disponíveis para o processamento de imagens médicas	351
14.5	Algumas aplicações de AM na saúde	353
14.6	Questões regulatórias	366
14.7	Engenharia tecidual com AM	368
14.8	Conclusões	370
14.9	Agradecimentos	371
	Referências	371

15. APLICAÇÕES DA AM EM ÁREAS DIVERSAS — 375

15.1	Introdução	376
15.2	AM na paleontologia	376
15.3	AM nas ciências forenses	379
15.4	AM na arqueologia	381
15.5	AM na medicina veterinária	382
15.6	AM em arquitetura e urbanismo	386
15.7	AM nas tecnologias assistivas	388
15.8	AM para aplicação espacial	392
15.9	Conclusões	393
	Referências	393

ÍNDICE REMISSIVO — 397

CAPÍTULO 1
Introdução à manufatura aditiva ou impressão 3D

Neri Volpato
Universidade Tecnológica Federal do Paraná – UTFPR

Jonas de Carvalho
Escola de Engenharia de São Carlos, Universidade de São Paulo – USP

1.1 INTRODUÇÃO

A elevada concorrência e a crescente complexidade dos produtos têm exigido das empresas alterações substanciais no processo de desenvolvimento de produtos (PDP), principalmente visando reduzir o tempo envolvido e aumentar a qualidade e a competitividade dos produtos. Essas alterações envolvem tanto aspectos de gestão desse processo como também o emprego de novas técnicas e ferramentas para projeto, análise, simulação e otimização de componentes e sistemas desse produto. O sucesso comercial de uma empresa está associado à sua habilidade em identificar as necessidades dos clientes e, rapidamente, desenvolver produtos que possam atendê-las. Dentre todas as atividades envolvidas no PDP, a utilização de protótipo físico é essencial para melhorar a comunicação entre as equipes envolvidas no processo, de modo a reduzir a possibilidade de falhas e melhorar a qualidade do produto, atendendo aos requisitos dos usuários.

Este capítulo apresenta o princípio do processo de fabricação denominado manufatura aditiva (*additive manufacturing* – AM), também conhecido como impressão 3D (tridimensional), termo comumente empregado pela mídia em geral. São descritos alguns eventos importantes que antecederam o seu surgimento e algumas de suas possíveis aplicações. Descrições mais detalhadas de tecnologias de AM existentes, processos e aplicações encontram-se nos demais capítulos deste livro.

1.2 MANUFATURA ADITIVA: UM NOVO PRINCÍPIO DE FABRICAÇÃO

Os principais processos de fabricação possuem princípios baseados na *moldagem* do material, que envolve ou não a sua fusão (por exemplo, vários tipos de fundição de metais em moldes permanentes ou não, moldagem por injeção de plástico, metalurgia do pó, moldagem de peças em fibra de vidro etc.); na *remoção* (ou subtração) de material, até se chegar à forma desejada (por exemplo, torneamento, fresamento, furação, retífica, eletroerosão, usinagem química, eletroquímica etc.); na *conformação*, que gera a geometria final da peça a partir da deformação plástica do material inicial (por exemplo, forjamento, conformação e estampagem de chapas, extrusão, laminação, entre outros); na *união* de componentes (por exemplo, soldagem, brasagem, colagem, entre outros), que pode promover a junção de partes mais simples para compor uma peça mais complexa; e na *divisão* de componentes (por exemplo, serragem e cortes), que faz o contrário da união. No final da década de 1980, um novo princípio de fabricação baseado na *adição* de material foi apresentado, denominado atualmente de AM ou impressão 3D.

A AM pode ser definida como um processo de fabricação por meio da adição sucessiva de material na forma de camadas, com informações obtidas diretamente de uma representação geométrica computacional 3D do componente, como ilustrado na Figura 1.1. Normalmente, essa representação é na forma de um modelo geométrico 3D originado de um sistema CAD (*computer-aided design*). Esse processo aditivo permite fabricar componentes físicos a partir de vários tipos de materiais, em diferentes formas e a partir de diversos princípios. O processo de construção é totalmente automatizado e ocorre de maneira relativamente rápida, se comparado aos meios tradicionais de fabricação. Na maioria dos processos de AM, as camadas adicionadas são planas, mas isso não é uma regra, pois existem tecnologias que permitem adicionar material seguindo a geometria da peça (ver detalhes no Capítulo 5).

O processo tem início com o modelo 3D da peça sendo "fatiado" eletronicamente, obtendo-se as "curvas de nível" 2D que definirão, em cada camada, onde será ou não adicionado material. A peça física é, então, gerada por meio do empilhamento (e da adesão) sequencial das camadas, iniciando na base até atingir o seu topo. De uma forma geral e mais detalhada, as etapas do processo compreendem:

(1) a modelagem tridimensional, gerando-se um modelo geométrico 3D da peça (por exemplo, em um sistema CAD);

(2) a obtenção do modelo geométrico 3D num formato específico para AM, geralmente representado por uma malha de triângulos, em um padrão adequado (por exemplo, STL – *STereoLithography*, AMF – *additive manufacturing format*, ou outro). Esses dois temas são tratados no Capítulo 4;

(3) o planejamento do processo para a fabricação por camada (fatiamento e definição de estruturas de suporte e estratégias de deposição de material), abordado em detalhes no Capítulo 5;

(4) a fabricação da peça no equipamento de AM; e

(5) o pós-processamento, que varia bastante de acordo com a tecnologia (pode envolver limpeza, etapas adicionais de processamento e acabamento com processos tradicionais de usinagem por remoção). Essas duas últimas etapas são apresentadas nos respectivos capítulos de cada tecnologia.

Figura 1.1 Representação das principais etapas do processo de AM ou impressão 3D.

Uma característica importante da AM é a sua facilidade de automatização, minimizando consideravelmente a intervenção do operador durante o processo. Praticamente, a necessidade do operador ocorre na preparação do equipamento, com a alimentação de materiais e devidos parâmetros de máquina, e, ao final do processo, na retirada e na limpeza da peça. Durante a fabricação, utilizam-se as informações geométricas obtidas por meio de um sistema de planejamento do processo diretamente da representação computacional 3D da peça. As informações geradas são enviadas na sequência planejada diretamente à máquina, que, então, executa o trabalho sem a assistência do operador.

As tecnologias de AM tornaram-se possíveis pela integração de processos tradicionais de manufatura (como metalurgia do pó, extrusão, soldagem, usinagem CNC etc.) com diversas outras tecnologias (como controles de movimento de alta precisão, sistemas de impressão a jato de tinta, tecnologias *laser*, feixe de elétrons etc.) e pelo desenvolvimento de materiais adequados a cada um desses processos.

Em virtude de seu princípio, a AM possui um enorme potencial para fabricar geometrias complexas, uma vez que transforma uma geometria 3D em uma sequência de geometrias 2D (camadas) mais simples. Em função do impacto causado na manufatura, o seu aparecimento tem sido considerado um marco em termos de processos de fabricação. Nesse sentido, a AM foi descrita pela revista *The Economist*, em sua edição de 21 de abril de 2012, como a terceira revolução industrial [1].

1.3 NOMENCLATURA

Apesar de vários autores terem sugerido nomes distintos para esse novo princípio de fabricação [2, 3] (ver Figura 1.2), a denominação que persistiu até recentemente foi a de prototipagem rápida [4]. Esta surgiu pelo fato de esse processo, inicialmente, ter sido aplicado principalmente na produção rápida de protótipos físicos (uma primeira materialização de ideias, sem muitas exigências em termos de resistência e precisão). No entanto, os primeiros processos de AM evoluíram consideravelmente, e novas tecnologias surgiram, a ponto de algumas, inclusive, poderem ser utilizadas na fabricação de peças para uso como um produto final.

Dessa forma, nos últimos anos, a comunidade científica tem feito um esforço na direção de melhor caracterizar esse princípio de adição como um importante processo de fabricação. Assim, a denominação que descreve melhor o processo e que vem sendo aceita pela academia, e também por parte da indústria (inclusive com normas técnicas – ver Seção 1.5), é a de manufatura aditiva. Observa-se, no entanto, que, com a popularização de algumas tecnologias, o termo impressão 3D tem sido adotado pela sociedade em geral (usuários e algumas empresas do setor). Acredita-se que isso se deve, principalmente, pela facilidade deste em transmitir o conceito ou princípio fundamental dos processos. Portanto, essas duas nomenclaturas são utilizadas como "sinônimos" neste livro. No entanto, cabe aqui a discussão contida na norma ISO/ASTM 52900:2015(E) [5] de que o termo impressão 3D vem sendo mais comumente aplicado aos equipamentos de menor custo e/ou capabilidade geral. Fica, então, a sugestão ao leitor que leve em consideração o tipo de equipamento e o público-alvo na escolha do termo a ser empregado.

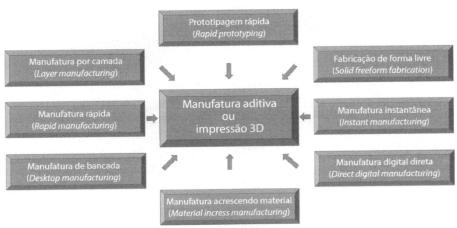

Figura 1.2 Algumas das principais variações da nomenclatura da área de AM.

1.4 HISTÓRICO

O conceito de construção de objetos físicos por meio de camadas não é uma ideia nova, remontando a aplicações bastante antigas, como a construção de pirâmides egípcias, com a sobreposição de blocos. Segundo Beaman [2], as raízes das tecnologias atuais de AM podem ser traçadas a partir de duas grandes áreas técnicas: a topografia e a fotoescultura, como explicado a seguir.

Na área da topografia, a primeira grande aplicação do método de construção por camadas deve-se a Blanther [6], que, por volta de 1890, desenvolveu um método para a construção de moldes para mapas de relevo topográfico em três dimensões. O método consistia na construção de diversos discos de cera com o contorno topográfico (curvas de nível) das cartas topográficas, obtendo-se, dessa forma, a reprodução de superfícies tridimensionais. A Figura 1.3 ilustra o método de Blanther.

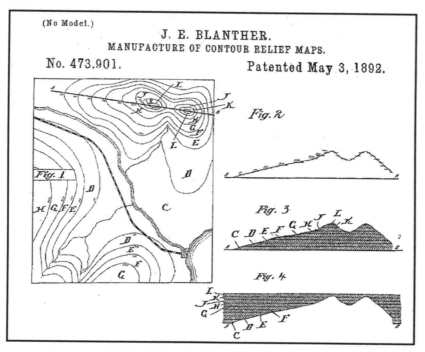

Figura 1.3 Método de Blanther para a construção de mapas topográficos [6].

Diversos refinamentos do método proposto por Blanther foram desenvolvidos nos anos seguintes com outros materiais, como papel cartão, por Perera (1940), e placas transparentes, por Zang (1964) e Gaskin (1973), conforme citado em Beaman [2].

Em 1972, Matsubara [7], da Mitsubishi Motors, propôs um método de construção a partir de uma resina fotopolimerizável. Essa resina era coberta com partículas refratárias (por exemplo, pó de grafite ou areia) e curada a partir da emissão de uma fonte de luz coerente, no caso específico, uma lâmpada de vapor de mercúrio, a qual era seletivamente projetada, provocando o endurecimento de uma determinada região. As finas camadas formadas a partir do método proposto eram sobrepostas sequencialmente, constituindo-se, posteriormente, um modelo de fundição.

DiMatteo [8], em 1974, verificou que a técnica poderia ter grande utilidade na fabricação de superfícies de geometria complexa, difíceis de serem obtidas pelos métodos tradicionais de fabricação, conforme ilustrado na Figura 1.4.

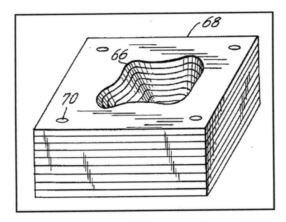

Figura 1.4 Molde fabricado com a técnica de adição de camadas por DiMatteo [8].

Em 1979, o Professor Takeo Nakagawa [9], da Universidade de Tóquio, utilizou-se das técnicas de construção por adição de camadas para fabricar moldes para injeção, usando técnicas de laminação para a produção de ferramentas de estampagem.

A segunda técnica, a fotoescultura, foi desenvolvida no século XIX com o intuito de criar réplicas exatas de objetos, incluindo-se formas humanas. Uma das realizações de sucesso dessa tecnologia foi desenvolvida pelo francês Frenchman François Willème (apud Bogart [10]) em 1860. Basicamente, a sua técnica consistia em colocar, no centro de uma sala circular, um objeto e, em torno deste, posicionar 24 câmeras fotográficas, distribuídas uniformemente, acionando-as simultaneamente. A silhueta de cada uma das fotos era utilizada depois por um artista para esculpir cada um dos 1/24 da porção cilíndrica da figura, conforme citado por Beaman [2].

Na primeira metade do século XX, mais especificamente em 1935, Morioka [11] desenvolveu, no Japão, um processo combinando técnicas de fotoescultura e topografia. O processo de Morioka consistia, basicamente, no uso de uma luz estruturada (luz negra) para criar linhas de contorno do objeto a ser reproduzido. As linhas eram, então, transferidas para folhas, as quais eram cortadas e empilhadas ou projetadas sobre o material a ser esculpido.

Munz (apud Beaman [2]) propôs, em 1951, um sistema que possuía algumas das características da técnica atual de estereolitografia. A técnica de Munz consistia de um sistema com exposição seletiva de seções transversais de um objeto sendo digitalizado sobre uma emulsão fototransparente. Após a exposição de uma camada, um pistão era acionado, abaixando a plataforma e adicionando-se a quantidade apropriada de emulsão e do agente fixador para o início da produção da próxima camada, e assim sucessivamente. Ao final do processo, um cilindro transparente era formado com uma imagem do objeto no seu interior. Posteriormente, esse cilindro era esculpido manualmente ou atacado fotoquimicamente, obtendo-se o objeto tridimensional. A Figura 1.5 ilustra a técnica desenvolvida por Munz para o desenvolvimento de uma imagem de um objeto tridimensional.

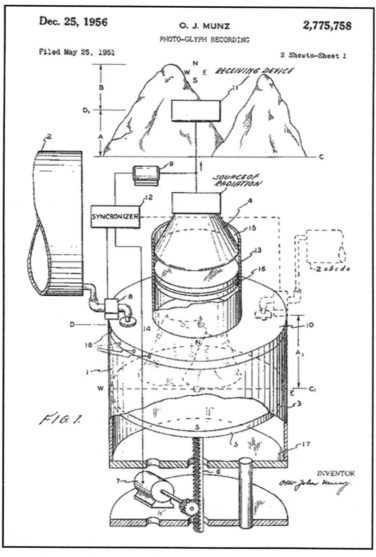

Figura 1.5 Processo de Munz (1956) para reprodução da imagem tridimensional de um objeto [12].

Em 1968, Swainson [13] propôs um processo para a fabricação direta de modelos de plástico pela polimerização seletiva de um polímero fotossensível com a interseção de dois feixes de *laser*. O processo de formação do objeto ocorre pelas reações fotoquímicas ou pela degradação do polímero em virtude da soma das energias causadas pela interseção dos feixes de *laser*, conforme ilustrado na Figura 1.6.

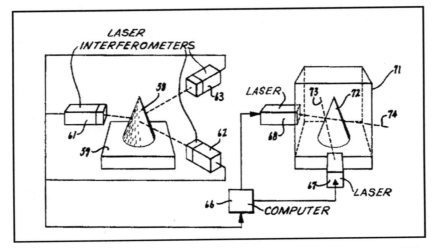

Figura 1.6 Processo de fotoescultura utilizando-se a interseção de *lasers* por Swainson [13].

Um processo utilizando pós de diversos materiais com a propriedade de serem fundidos pela exposição a feixes de *laser* ou plasma foi proposto por Ciraud [14] em 1972. Basicamente, as partículas eram aplicadas a uma matriz por gravidade, ação magnética ou eletrostática, sendo posteriormente fundidas pela ação de um ou mais feixes de *laser* ou plasma, formando camadas contínuas. A Figura 1.7 ilustra o processo proposto por Ciraud.

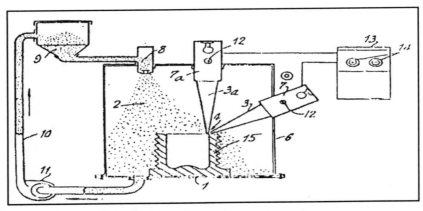

Figura 1.7 Processo de sinterização a *laser* proposto por Ciraud, em 1972 [14].

Introdução à manufatura aditiva ou impressão 3D

Em 1982, na área de fotopolimerização, Herbert [15], da empresa 3M, propôs um sistema no qual um feixe de *laser* ultravioleta (UV) polimerizava uma camada de polímero fotossensível por meio de um sistema de prismas em um *plotter* X-Y. No processo proposto por Herbert, um computador era utilizado para comandar os movimentos do feixe de *laser* no plano X-Y. Após o término da polimerização da camada, esta era abaixada aproximadamente em 1 mm, e nova quantidade de polímero líquido era adicionada para a construção da próxima camada.

Observa-se, assim, que os trabalhos de pesquisas, técnicas e processos desenvolvidos para a fotoescultura e para a topografia deram origem às atuais técnicas de AM. Todavia, essas técnicas passaram a ser empregadas de forma mais intensa somente após o aparecimento de equipamentos comerciais, sendo o primeiro deles denominado SLA-1 (*stereolithography apparatus*), apresentado pela empresa americana 3D Systems em 1987.

1.5 PRINCÍPIOS DE PROCESSAMENTO DAS TECNOLOGIAS DE AM

Uma forma simples de classificar os processos de AM é por estado ou forma inicial da matéria-prima utilizada na fabricação. Nessa linha, os processos são classificados como sendo baseados em líquido, sólido e pó [4]. No entanto, essa forma de agrupar não fornece nenhuma informação sobre o princípio de processamento do material em camadas das diferentes tecnologias, ou seja, informação sobre os mecanismos de adição e adesão envolvidos. Visando justamente utilizar os diferentes princípios como método de classificação das tecnologias de AM, a norma ISO/ASTM 52900:2015(E) [5] propõe o enquadramento em sete categorias ou grupos, conforme descritos no Quadro 1.1. Cada um desses grupos é descrito individualmente nos Capítulos 6 a 11, assim como as tecnologias citadas no quadro.

1.6 VANTAGENS E LIMITAÇÕES GERAIS DOS PROCESSOS DE FABRICAÇÃO POR AM

Quando comparados aos processos de fabricação tradicionais, em especial com a usinagem CNC, os processos de AM apresentam vantagens e limitações.

Quadro 1.1 Classificação das tecnologias AM de acordo com o princípio de processamento das camadas [5].

Classificação das tecnologias AM	Descrição dos princípios	Algumas tecnologias na categoria
Fotopolimerização em cuba	Polímero fotossensível líquido é curado seletivamente em uma cuba por polimerização ativada por luz*	Estereolitografia (*stereolithography* – SL), produção contínua com interface líquida (*continuous liquid interface production* – CLIP), tecnologia da empresa Invision-TEC, outros
Extrusão de material	Material é extrudado através de um bico ou orifício, sendo seletivamente depositado	Modelagem por fusão e deposição (*fused deposition modeling* – FDM), MakerBot, RepRap, Fab@Home, outros
Jateamento de material	Material é depositado em pequenas gotas de forma seletiva	PolyJet, impressão por múltiplos jatos (*MultiJet printing* – MJP), tecnologia da Solidscape, outros
Jateamento de aglutinante	Um agente aglutinante líquido é seletivamente depositado para unir materiais em pó	Impressão colorida por jato (ColorJet Printing – CJP), tecnologia da VoxelJet, tecnologia da ExOne, outros
Fusão de leito de pó	Energia térmica funde seletivamente regiões de um leito de pó	Sinterização seletiva a *laser* (*selective laser sintering* – SLS), sinterização direta de metal a *laser* (*direct metal laser sintering* – DMLS), fusão seletiva a *laser* (*selective laser melting* – SLM), LaserCUSING, fusão por feixe de elétrons (*electron beam melting* – EBM), outros
Adição de lâminas	Lâminas recortadas de material são unidas (coladas) para formar um objeto	Manufatura laminar de objetos (*laminated object manufacturing* – LOM), tecnologia da Solido, deposição seletiva de laminados (*selective deposition lamination* – SDL), outros
Deposição com energia direcionada	Energia térmica é usada para fundir materiais à medida que estes são depositados	Forma final obtida com *laser* (*laser engineered net shaping* – LENS), deposição direta de metal (*direct metal deposition* – DMD), revestimento a *laser* tridimensional (*3D laser cladding*), outros

*Observação: os processos que utilizam projeção de luz UV (com ou sem máscara) e cujo material não fica necessariamente em uma cuba estão inclusos nesse grupo.

1.6.1 VANTAGENS

Algumas das principais vantagens podem ser sintetizadas como:

- Grande liberdade geométrica na fabricação, isto é, independência da complexidade da peça. Geometrias normalmente impossíveis de serem fabricadas por outros processos podem ser obtidas por AM. Isso abre uma série de oportunidades em termos de projeto. Por exemplo, pode-se reduzir o número de peças nas montagens por meio da integração das funções e tem-se maior liberdade para criar projeto/*design* com formas livres (*freeform*) e a possibilidade de otimizar o projeto para a máxima resistência e o mínimo peso (por exemplo, otimização de forma e estrutural, materiais com estruturas celulares), entre outras. O Capítulo 13 mostra mais detalhes sobre essas vantagens. Destaca-se também a aplicação em ferramental (fabricação de moldes), com a obtenção de insertos e canais conformados com características construtivas que permitem reduzir o ciclo de processamento e melhorar a qualidade do moldado. Esses detalhes são apresentados no Capítulo 12.

- Pouco desperdício de material e utilização eficiente de energia. Na maioria das tecnologias, o material gasto para fabricar um componente equivale aproximadamente ao volume de material da peça. Isso depende fortemente da tecnologia empregada e é motivo de discussão nos capítulos específicos de cada classe de tecnologia.

- Não requer dispositivos de fixação. Geralmente, as peças são fixadas nas plataformas de construção por materiais depositados pela própria tecnologia, dispensando o projeto de qualquer dispositivo específico.

- Não é necessária a troca de ferramentas durante a fabricação do componente, como no caso de máquinas CNC. Normalmente, um único meio de processamento do material é utilizado do início ao fim do processo, como descrito no Quadro 1.1 (cura UV, sinterização a *laser*, extrusão de material, jateamento de material etc.).

- O componente é fabricado em um único equipamento, do início ao fim, ou seja, numa única etapa. No entanto, dependendo da tecnologia e da finalidade da peça, algumas etapas de pós-processamento podem ser necessárias, por exemplo, para reforçar a resistência mecânica da peça, para melhorar o acabamento, a precisão etc. Mais detalhes estão disponíveis no Capítulo 5 e ao longo dos capítulos que descrevem cada processo.

- Não são necessários cálculos complexos das trajetórias de ferramentas. Quando se trabalha com camadas planas, o planejamento de processo é bastante simplificado, pois os cálculos se restringem à obtenção de trajetórias no plano 2D e, por isso, são realizados de forma praticamente automática por sistemas de planejamento de processo.

- Rapidez na obtenção de baixa quantidade de componentes quando comparados aos processos tradicionais. Em especial, destaca-se a vantagem na obtenção de protótipos físicos, principalmente os mais complexos. O impacto da AM, mais especificamente na fase de *design* de produto, é abordado no Capítulo 2. As grandes vantagens advindas da utilização da AM durante o PDP, permitindo uma utilização mais rápida e frequente de representações físicas do produto (por exemplo, *mock-up*, modelos volumétricos, vários tipos de protótipos), estão detalhadas nos Capítulos 2 e 3.

- Possível produção de peças finais, em especial por meio das tecnologias baseadas em materiais metálicos ou polímeros de engenharia. Em relação à produção, existe uma quantidade de peças de um lote que estabelece o ponto de equivalência de custo em relação aos processos tradicionais. Assim, o custo por AM é menor que o tradicional quando a demanda está abaixo dessa quantidade e maior, quando acima dela. A flexibilidade para produzir peças para várias aplicações e com grande diversidade geométrica é também uma grande vantagem quando se trata da produção de componentes finais. Mais detalhes podem ser encontrados no Capítulo 13.

- Algumas tecnologias têm o potencial de misturar materiais diferentes, ou mesmo mudar a densidade do material durante o processamento, o que permite criar materiais com gradação funcional, variando as propriedades (resistência, dureza, porosidade, flexibilidade etc.) ao longo da peça. Isso tem aberto novos campos de aplicações até então não possíveis ou inimagináveis.

1.6.2 LIMITAÇÕES

Algumas restrições ou deficiências atuais da AM como processo de fabricação são [4, 16, 17]:

- Em geral, as propriedades dos materiais obtidos por AM não são as mesmas dos materiais processados de forma tradicional. Isso decorre do fato de a fabricação ser por adição de camadas; assim, o material possui, em geral, propriedades anisotrópicas. Isso implica em algumas limitações na aplicação das peças produzidas por esses processos.

- A precisão e o acabamento superficial são inferiores aos das peças obtidas por processos convencionais, como a usinagem. Isso também se deve ao princípio de adição de camadas, que dá origem aos degraus de escada nas superfícies de regiões inclinadas e curvas (ver Figura 1.1 – Peça fabricada). Outro ponto é o desvio dimensional na direção de construção que pode chegar ao valor de uma espessura de camada. Esses efeitos, e outros que são detalhados no Capítulo 5, provocam desvios da geometria da peça que são inerentes aos processos de AM.

- A maioria das tecnologias possui limitação quanto à escolha dos materiais que podem ser empregados. Em muitos casos, somente estão disponíveis alguns materiais proprietários, desenvolvidos especificamente para uma dada tecnologia. Esses materiais possuem, em alguns casos, propriedades semelhantes às dos materiais convencionais, mas não exatamente iguais, o que pode limitar essa tecnologia para certas aplicações.

- No caso de tecnologias AM de porte industrial, o custo envolvido é elevado, principalmente de aquisição e operação do equipamento, incluindo materiais e insumos nos processos. Entre outras consequências, isso leva, por exemplo, à

Introdução à manufatura aditiva ou impressão 3D

tendência de se limitar o seu uso durante o PDP. No entanto, com o advento das impressoras 3D de baixo custo, esse cenário vem se alterando. Já para os casos de aplicação na produção de componentes finais (Capítulo 13) ou em que os componentes tenham alto valor agregado, o emprego da AM tem se justificado.

- Problemas como distorções e empenamento do material podem ser observados em alguns processos, se não totalmente sob controle e calibrados, em virtude da natureza térmica/química do princípio de adesão utilizado. Cada vez mais, esses problemas vêm sendo minimizados com a evolução das tecnologias de AM.

- Considerando a fabricação de lotes grandes, a AM é ainda lenta e mais cara se comparada aos processos tradicionais. No entanto, para aplicações altamente customizadas ou de baixa produção, como nas áreas médica e aeroespacial, esses processos têm, cada vez mais, ocupado um espaço como método de manufatura e produção final de componentes (ver Capítulo 14).

1.7 APLICAÇÕES

As primeiras tecnologias de AM possibilitavam, principalmente, a obtenção de protótipos para visualização, com menores exigências em termos de materiais, precisão dimensional e desempenho (função). A aplicação se restringia aos estágios iniciais do PDP. Com o aumento da percepção do potencial oferecido pela AM, o campo de aplicações foi se ampliando consideravelmente. Isso passou a exigir mais dos processos em termos de melhoria geral da qualidade dos componentes produzidos, novos materiais e funcionalidade.

Outra exigência crescente foi em relação à necessidade de se utilizar um maior número de protótipos no PDP, para uso dentro ou fora da empresa (testes de campo), por exemplo, fornecedores, ferramentarias, clientes e outros atores da cadeia. Adicionalmente, também cresceu a necessidade de se ter protótipos funcionais. Para tanto, exige-se a utilização do mesmo material (ou o mais próximo possível) da peça final e também do mesmo processo de fabricação que será empregado para a produção final, em grande escala. Em geral, para essas necessidades, a utilização de um molde-protótipo é primordial, e a aplicação da AM nessa área vem sendo buscada desde as primeiras gerações de equipamentos.

Em resposta a essas exigências, as tecnologias de AM evoluíram, e novos processos foram criados. Em particular, algumas técnicas de AM foram desenvolvidas e aperfeiçoadas para a produção de vários tipos de ferramentais (por exemplo, modelos-mestre e de sacrifícios, moldes-protótipo etc.) que serão explicados no Capítulo 12.

Observa-se, então, que a aplicação da AM, que se iniciou no projeto, foi estendida primeiramente, para engenharia, análise e planejamento e, depois, para etapas de manufatura e ferramental [4]. Um levantamento recente realizado com 127 empresas usuárias das tecnologias AM apresentou uma distribuição geral de onde estas estão sendo utilizadas (Figura 1.8). Ressalta-se que mais de um terço das aplicações (36,8%) concentra-se em modelagem e prototipagem (auxílio visual, modelos de apresentação e encaixe e montagem). Aplicações em manufatura final chegam a 29%, e aplicações em ferramental, a 23% (modelos para molde-protótipo, modelos para fundição de metal e componentes para ferramental) [18].

Vários são os setores que podem se beneficiar do uso das tecnologias de AM, sendo já bastante difundidas nas indústrias aeroespacial, automobilística, de bioengenharia (medicina e odontologia), de produtos elétricos (utensílios domésticos), de produtos eletrônicos em geral e nos setores de joalheria, artes, engenharia civil, arquitetura etc. Observa-se, ainda, que, cada vez mais, novos campos de aplicação estão surgindo, à medida que aumenta o número de profissionais e empresas que tomam conhecimento dessas tecnologias. Alguns exemplos dessas aplicações são apresentados nos Capítulos 3 e 6 a 11, que descrevem as principais tecnologias de AM, bem como nos Capítulos 14 e 15.

Por fim, é importante ressaltar que, com a popularização das impressoras 3D de baixo custo, um campo de aplicação mais popular e doméstico tem crescido. Destaca-se a obtenção de produtos customizados e de entretenimento (brinquedos em geral). Além disso, setores como confeitarias têm utilizado tecnologias específicas, baseadas no princípio da AM, para produzir doces das mais variadas formas, agregando valor aos seus produtos [19, 20].

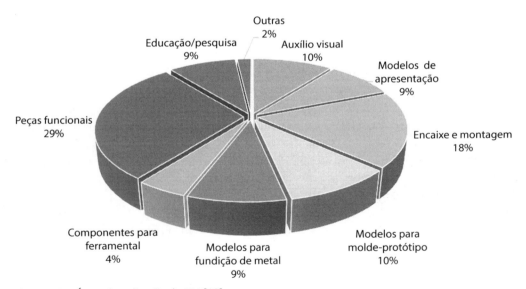

Figura 1.8 Áreas de aplicação da AM [18].

1.8 CONCLUSÕES

Neste capítulo, foi introduzido o conceito da manufatura aditiva ou impressão 3D como um processo de fabricação baseado na adição de camadas sucessivas de material. Um breve relato histórico do surgimento das tecnologias foi apresentado, desde

Introdução à manufatura aditiva ou impressão 3D

os primeiros experimentos para a produção de sólidos por adição de camadas, ocorridos no final do século XIX, até o surgimento do primeiro equipamento comercial, em 1987. As diversas tecnologias existentes foram agrupadas de acordo com o princípio de processamento do material empregado (mecanismo de adição, adesão etc.), com base na norma ISO/ASTM 52900:2015(E).

O aparecimento da AM vem sendo considerado um marco em termos de tecnologias de manufatura, com grande impacto em vários setores. Observa-se uma ampliação constante nas áreas de aplicação da AM, existindo ainda muito espaço para novos desenvolvimentos. Isso tem gerado um cenário de grandes oportunidades de pesquisas, tanto em materiais como em processos e aplicações.

REFERÊNCIAS

1 THE ECONOMIST. The third industrial revolution. *The Economist*, San Francisco, Apr. 21st 2012. Disponível em: <http://www.economist.com/node/21553017>. Acesso em: 6 out. 2016.

2 BEAMAN, J. J. et al. *Solid freeform fabrication:* a new direction in manufacturing, dordrecht. London: Kluwer Academic Publishers, 1997.

3 KRUTH, J. P. Material incress manufacturing by rapid prototyping techniques. *CIRP Annals – Manufacturing Technology*, Amsterdam, v. 40, n. 2, p. 603-614, 1991.

4 CHUA, C. K.; LEONG, K. F.; LIM, C. S. *Rapid prototyping:* principles and applications. 3. ed. Singapore: Manufacturing World Scientific Pub Co., 2010.

5 ISO – INTERNATIONAL ORGANIZATION FOR STANDARDIZATION; ASTM – AMERICAN SOCIETY OF THE INTERNATIONAL ASSOCIATION FOR TESTING AND MATERIALS. *ISO/ASTM 52900:2015(E):* standard terminology for additive manufacturing – general principles – terminology. Genève: ISO; West Conshohocken: ASTM International, 2016.

6 BLANTHER, J. E. *Manufacture of contour relief-maps*. US473901 A, 24 Apr. 1890, 3 May 1892. Disponível em: <https://www.google.com/patents/US473901>. Acesso em: 6 out. 2016.

7 MATSUBARA, K. *Molding method of casting using photocurable substance*. Japanese Kokai Patent Applications, Sho 51[1976]-10813, 1974.

8 DIMATTEO, P. L. *Method of generating and constructing three-dimensional bodies*. US3932923 A, 21 out. 1974, 20 jan. 1976. Disponível em: <https://www.google.ch/patents/US3932923>. Acesso em: 6 out. 2016.

9 NAKAGAWA, T. et al. Blanking tool by stacked bainite steel plates. *Press Technique*, [s.l.], p. 93-101, 1979.

10 BOGART, M. In art the ends don't always justify means. *Smithsonian*, Washington, DC, p. 104-110, 1979.

11 MORIOKA, I. *Process for manufacturing a relief by the aid of photography*. US2015457 A, 20 fev. 1933, 24 set. 1935. Disponível em: <https://www.google.ch/patents/US2015457>. Acesso em: 6 out. 2016.

12 MUNZ, O. J. *Photo-glyph recording*. US2775758 A, 25 maio 1951, 25 dez. 1956, Disponível em: <https://www.google.com/patents/US2775758>. Acesso em: 6 out. 2016.

13 SWAINSON, W. K. *Method, medium and apparatus for producing three-dimensional figure product*. US4041476, 23 jul. 1971, 9 ago. 1977. Disponível em: <https://www.google.com/patents/US4041476>. Acesso em: 6 out. 2016.

14 CIRAUD, P. A. *Process and device for the manufacture of any objects desired from any meltable material*. FRG Disclosure Publication 2263777, 1972.

15 HERBERT, A. J. Solid object generation. *Journal of Applied Photographic Engineering*, Springfield, v. 8, n. 4, p. 185-188, 1982.

16 KOCHAN, D.; CHUA, C. K. State-of-the-art and future trends in advanced rapid prototyping and manufacturing. *International Journal of Information Technology*, Singapore, v. 1, n. 2, p. 173-184, 1995.

17 GIBSON, I.; ROSEN, D. W.; STUCKER, B. *Additive manufacturing technologies*: rapid prototyping to direct digital manufacturing. New York: Springer, 2010.

18 WOHLERS ASSOCIATES. *Wohlers report 2015*: 3D printing and additive manufacturing, state of the industry annual worldwide progress report. Fort Collins, 2015.

19 3D SYSTEMS. *3D systems culinary lab*. Rock Hill, [2016]. Disponível em: <http://www.3dsystems.com/culinary >. Acesso em: 13 out. 2016.

20 THE CANDYFAB PROJECT. Disponível em: <http://candyfab.org/>. Acesso em: 13 out. 2016.

CAPÍTULO 2
A manufatura aditiva no *design* de produtos

Jorge Roberto Lopes dos Santos
Pontifícia Universidade Católica do Rio de Janeiro – PUC-Rio
Instituto Nacional de Tecnologia – INT/MCTI

2.1 INTRODUÇÃO

Modelos físicos tridimensionais são fundamentais para o desenvolvimento do *design* de produtos e o planejamento da produção. Apesar do interesse crescente em simulações 3D virtuais de produtos, a decisão de compra de um produto, um carro, por exemplo, depende fortemente de impressões como ruído, manuseio, aromas e percepção formal, que são fatores-chave para uma decisão de compra. Essas propriedades só podem ser avaliadas por meio de exemplos físicos tridimensionais, razão pela qual o uso de modelos e protótipos é um elemento importante para o desenvolvimento do *design* de um produto.

Este capítulo apresenta a utilização por *designers* dos sistemas de manufatura aditiva, conhecidos anteriormente como "prototipagem rápida" e, mais recentemente, também como impressão 3D. Essa tecnologia surge no final dos anos 1980, possibilitando que o modelo físico de um produto, desenvolvido em computador, fosse fisicamente materializado com rapidez, economia e segurança; porém, somente nos anos 1990, *designers* começaram a explorar as inúmeras possibilidades dessa tecnologia, como a liberdade geométrica de construção de praticamente qualquer estrutura física.

2.2 PIONEIROS NO DESENVOLVIMENTO DE MODELOS E PROTÓTIPOS EM *DESIGN*

Um importante nome na história do uso de protótipos no desenvolvimento do *design* de produtos foi o italiano Giovanni Sacchi (1913-2005), que, em 1945, começou a trabalhar executando modelos em madeira (construídos por processos convencionais, não automáticos) para o *designer* Marcello Nizzoli (um dos grandes *designers* italianos, responsável por vários projetos para a Olivetti) [1]. Em 1948, Sacchi estabeleceu sua própria oficina de construção de modelos em Milão, onde produziu cerca de 25 mil modelos para todos os principais *designers*, como Bellini, Sottsass, Zanuso, Richard Sapper, Castiglione e outros, e fabricantes do período (Fiat-Lancia, IBM, Philips, Renault, Alessi, Olivetti, Nava etc.), trabalhando efetivamente como um "tradutor" das ideias dos *designers* em desenhos 2D para o meio físico 3D.

Figura 2.1   Giovanni Sacchi em sua oficina de modelos em Milão, Itália.

Fonte: foto de Jorge Lopes.

Atualmente, modelos físicos construídos por métodos convencionais ainda fazem parte do processo criativo de muitos *designers*, dando-lhes a liberdade de manipulação e interação direta com a representação física, porém esse panorama, cada vez mais, se altera em virtude das facilidades que as tecnologias de fabricação digital, como os sistemas de manufatura aditiva, oferecem aos *designers*.

A disseminação da utilização de tecnologias de manufatura aditiva aconteceu no final dos anos 1990, quando o arquiteto e *designer* israelense Ron Arad desenvolveu uma linha de produtos impressos em 3D que fez parte da exposição *Not Made by Hand Not Made in China*, no renomado museu britânico Victoria and Albert Museum, em Londres (Figura 2.2). Em 1998, Ron visitou o Instituto Nacional de Tecnologia, no Rio de Janeiro, onde teve contato com a tecnologia de manufatura aditiva, e, retornando a Londres, iniciou vasta pesquisa sobre esse novo processo de fabricação de protótipos que culminou na realização da famosa exposição em 2000.

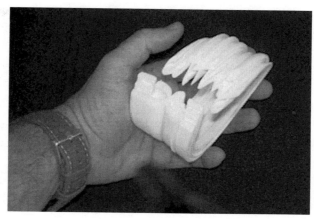

Figura 2.2 Protótipo impresso em 3D de projetos desenvolvidos digitalmente e materializados por tecnologias de impressão SLS. *Design*: Ron Arad, 2000.

Fonte: foto de Jorge Lopes.

A característica conceitual principal dos produtos da exposição era o fato de que estes não poderiam ser replicados por outra forma que não tecnologias de manufatura aditiva, uma vez que possuíam geometrias complexas, o que não permitia a replicação por processos de fabricação convencional, por exemplo, o processo de injeção de plástico. Os resultados da exposição tiveram um grande impacto na área de *design* na mídia mundial e, a partir daquele momento, *designers* ao redor do mundo começaram a experimentar com maior intensidade a liberdade geométrica que a nova tecnologia permitia.

Outro *designer* que teve grande importância na disseminação da tecnologia de manufatura aditiva foi o holandês Marcel Wanders, que desenvolveu, em 2001, os "Snooty vases" – vasos impressos em poliamida pela tecnologia de sinterização seletiva a laser (*selective laser sintering* – SLS). Marcel transformou arquivos de modelos matemáticos relacionados às variações de gripe, obtendo modelos matemáticos de espirros que, posteriormente, foram fisicamente materializados em modelos físicos impressos em 3D (Figura 2.3).

A inusitada pesquisa desenvolvida por Marcel resultou em objetos de grande apelo estético e demonstrou ao mundo, além das possibilidades de desenvolvimento de produtos com liberdade geométrica completa, também a possibilidade de materialização física de arquivos obtidos de formas diversas, como tecnologias de imagens médicas, de forma a aplicar em objetos diversos novas geometrias obtidas em estruturas naturais.

Figura 2.3   Vaso impresso em 3D, em poliamida, a partir dos arquivos de modelos matemáticos relacionados a variações de gripe. *Design*: Marcel Wanders, 2001.

Fonte: Marcel Wanders Design Studio.

2.3   A MANUFATURA ADITIVA NO *DESIGN* BRASILEIRO

No Brasil, especificamente na área de *design*, merece destaque o *designer* Maurício Klabin, que pode ser considerado o *designer* brasileiro pioneiro no uso da impressão 3D. Em 1998, Maurício contatou o laboratório de modelos tridimensionais do Instituto Nacional de Tecnologia para utilizar o *scanner* 3D de forma a obter os arquivos das superfícies 3D complexas dos produtos criados à mão por ele (modelados em argila sintética – *clay*), como o modelo de taça da Figura 2.4, impresso em 3D pela tecnologia de modelagem por fusão e deposição (*fused deposition modeling* – FDM) em termoplástico. O protótipo foi construído a partir de arquivo gerado em *scanner* 3D do modelo original feito à mão pelo *designer* e, posteriormente, digitalizado a *laser* em 3D. Uma vez digitalizadas, as superfícies foram ajustadas, e os resultados, impressos em 3D na tecnologia FDM 1650 Stratasys no ano de 2000. Essa técnica permitiu o desenvolvimento de moldes negativos a partir dos protótipos impressos para posterior fundição em metais como bronze e alumínio.

No setor joalheiro, o *designer* Antônio Bernardo se destaca como um dos primeiros *designers* a trabalhar com desenvolvimento de joias por meio do processo de manufatura aditiva ao desenvolver, no ano de 2000, anéis impressos em 3D em cera para fundição.[1]

---

[1]   No ano de 2000, por meio de convênio firmado entre a Associação de Joalheiros do Rio de Janeiro – AJORIO e o Instituto Nacional de Tecnologia – INT/ MCTI e com apoio da Fundação Carlos Chagas Filho de Amparo à Pesquisa do Estado do Rio de Janeiro – FAPERJ, foi possível a aquisição da primeira tecnologia de manufatura aditiva para o setor de joias (Modelmaker II, da empresa americana Sanders Prototype).

Posteriormente, diversos outros estudos e protótipos foram realizados, como os modelos em escala ampliada do anel "Puzzle" (Figura 2.5), que permitiram os estudos de montagem do anel. Atualmente, o estúdio Antônio Bernardo possui tecnologias de alta resolução em impressão 3D em cera para produção *in house* de seus protótipos.

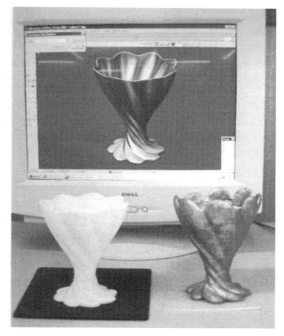

Figura 2.4 Modelo de taça desenvolvido pelo *designer* Maurício Klabin em 1998.

Fonte: foto de Jorge Lopes.

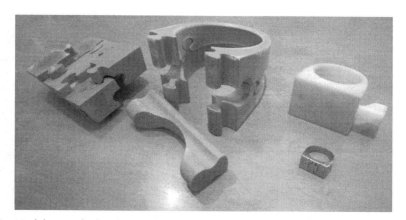

Figura 2.5 Modelos ampliados do anel "Puzzle" impressos em tecnologia de estereolitografia (*stereolithography* – SL) em resina fotossensível para estudo de encaixes expostos na exposição "Os *makers* e a materialização digital" da Bienal Brasileira de *Design*, em Florianópolis, 2015.

Fonte: foto de Jorge Lopes.

2.4 MANUFATURA ADITIVA NO DESENVOLVIMENTO E NA PRODUÇÃO DE PRODUTOS

Uma tendência apontada no final da década de 1990, chamada de manufatura rápida (*rapid manufacturing*) [2], hoje vira realidade: a produção de produtos impressos é realizada diretamente para o usuário – sem a necessidade de ferramental ou processo de produção convencional. Essa tendência ganha cada vez mais espaço, uma vez que proporciona aos *designers* de produto a possibilidade de desenvolver e apresentar protótipos físicos de projetos com geometrias complexas e digitalmente customizadas. Mais detalhes sobre essa opção de fabricação final estão contidos no Capítulo 13.

No Brasil, um exemplo que se destaca é a empresa Noiga de acessórios de moda digitalmente produzidos. A empresa cria o *design*, desenvolve os protótipos e produz seus produtos diretamente pelo processo de impressão 3D, como pode ser visto nos acessórios da coleção ID, na Figura 2.6. Na Figura 2.7, podemos ver a sequência de desenvolvimento de óculos de natação digitalmente customizados a partir de escaneamento a *laser* do rosto do atleta, que foi posteriormente impresso em 3D pela tecnologia da ZCorp (atualmente 3D Systems). Depois disso, foi desenvolvido o *design* para modelo virtual 3D mantendo as dimensões exatas do impresso em 3D na tecnologia Objet Connex 350, em material rígido (cor branca) e flexível (cor preta) simultaneamente, tornando-se um objeto único (sem montagem). Esses óculos possuem propriedades semelhantes às de um produto industrializado, porém com características dimensionais do próprio usuário.

Figura 2.6 Coleção ID de acessórios impressos em 3D criados pela empresa Noiga.

Fonte: foto cedida pela empresa.

Os arquivos tridimensionais digitalmente customizados são desenvolvidos a partir da obtenção da geometria/volumetria desejada, por meio de tecnologias não invasivas ou não destrutivas de obtenção de imagens. Podem ser relacionadas às superfícies externas (*scanner* 3D a *laser* e luz branca estruturada) e internas, como no caso de órgãos internos de pessoas ou animais (ultrassonografia, ressonância magnética e tomografia computadorizada).

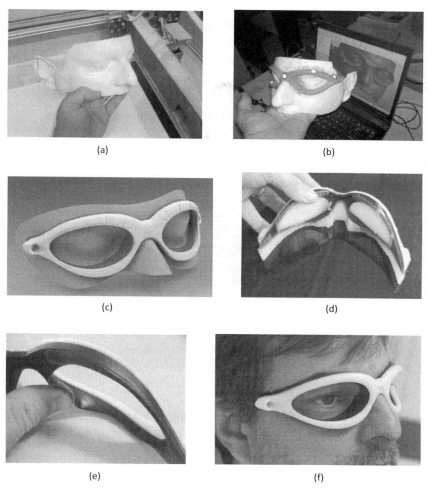

Figura 2.7 Sequência de desenvolvimento de óculos de natação digitalmente customizados de (a) a (f). *Design* de Jorge Lopes e Ricardo Fontes.

Fonte: fotos de Jorge Lopes.

O processo seguinte é a modelagem 3D dos produtos conforme os requisitos do projeto. Diversos produtos, como óculos de natação, caneleiras, capacetes e outros elementos, podem ser criados a partir das superfícies e dos dimensionamentos obtidos levando em consideração particularidades relacionadas às dimensões reais do usuário. A Figura 2.8 mostra um exemplo de caneleira plástica digitalmente customizada a partir de escaneamento 3D do atleta. A partir do modelo virtual 3D, customizações específicas como *design* gráfico, texturas e outras podem também ser inseridas. Finalizando o processo, o produto é, então, materializado fisicamente por tecnologias digitais de manufatura aditiva.

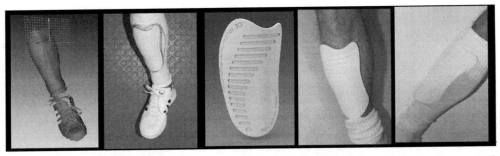

Figura 2.8 Sequência de desenvolvimento de caneleira plástica digitalmente customizada a partir de escaneamento 3D do atleta até impressão 3D pelo processo de manufatura aditiva FDM.

Fonte: fotos de Jorge Lopes.

2.5 MANUFATURA ADITIVA PELO MUNDO: TENDÊNCIAS NO *DESIGN*

A completa possibilidade de materialização física de geometrias complexas se traduz na atual vasta utilização por *designers* de produtos de tecnologias de manufatura aditiva, uma vez que *designers* passam a ter a possibilidade de materializar seus próprios produtos.

Um novo cenário se apresenta, em que projetistas do mundo inteiro compartilham experiências de como construir suas próprias máquinas e customizar materiais. Algumas iniciativas interessantes foram desenvolvidas em pesquisas experimentais por *designers* adotando e criando novas tecnologias baseadas no processo de adição de materiais. Um interessante exemplo é o holandês Dirk Vander Kooij, que desenvolve produtos com um equipamento que realiza a extrusão de matéria plástica com um braço robótico, permitindo a construção de peças de grande proporção (Figura 2.9).

Figura 2.9 Cadeira impressa em 3D por braço robótico exposta na exposição "Os *makers* e a materialização digital" da Bienal Brasileira de *Design*, em Florianópolis, 2015. *Design*: Dirk Vander Kooij – Holanda.

Fonte: foto de Jorge Lopes.

Também no campo de tendências em manufatura aditiva em *design*, podemos citar a impressão 3D em cerâmica, que foi introduzida no meio do *design* pelo estúdio belga Unfold, com o projeto *L'Artisan Eletronique*. A impressão 3D utilizando como matéria-prima o barro está sendo bastante explorada, sendo o próprio arquivo de construção do equipamento disponibilizado na *internet*. A Figura 2.10 mostra um vaso cerâmico impresso em 3D por um processo de extrusão de uma pasta cerâmica através de um bico calibrado em equipamento construído pelo Núcleo de Experimentação Tridimensional da PUC-Rio em parceria com o Atelier de Cerâmica Alice Felzenszwalb, no Rio de Janeiro.

Figura 2.10 Vaso impresso em 3D em pasta cerâmica – 2016.

Fonte: foto de Jorge Lopes.

2.6 TIPOS DE MODELOS DE REPRESENTAÇÃO FÍSICA NO *DESIGN* DE PRODUTOS

Várias formas de representação de um projeto podem ser utilizadas durante o desenvolvimento de um produto, sejam arquivos bidimensionais, como simulações virtuais, *renderings*, animações e outras, ou tridimensionais físicos, como modelos e protótipos. O objetivo dessas representações é facilitar a comunicação entre equipe de projeto, clientes, produção e *marketing*, integrar conhecimentos envolvidos no processo, auxiliar na tomada de decisões, enfim, facilitar e encurtar o tempo de desenvolvimento de um projeto.

Os diferentes tipos de representação variam conforme meio de construção, fidelidade dos detalhes e processo de fabricação. Esta seção aborda os diferentes tipos de representações tridimensionais físicas utilizados no desenvolvimento do *design* de um produto.

2.6.1 MAQUETE

A palavra maquete é de uso recente, de origem francesa derivada diretamente da *macchietta*, pequena mancha, do latim, *macula*. A palavra também aparece no século XVIII, no vocabulário das belas artes, para designar o primeiro esboço, a primeira materialização da ideia e da intenção formal do artista, usada pelos escultores para a elaboração dos modelos preliminares em gesso. Atualmente, a palavra maquete é identificada como estudos em escala reduzida em projetos de arquitetura, atividade que, mesmo não utilizando a denominação, já era aplicada para a aprovação de projetos no antigo Egito. Com o advento da impressão 3D, vários projetos de estruturas complexas são apresentados dessa forma. A Figura 2.11 mostra a fachada conceitual de um prédio idealizada pelo arquiteto alemão Tobias Klein e impressa em 3D em gesso pela tecnologia da Z-Corp.

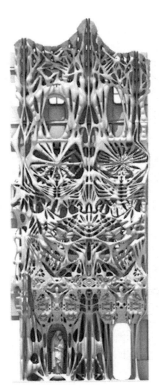

Figura 2.11 Maquete de fachada de prédio impressa em 3D pela tecnologia da Z-Corp.

Fonte: foto cedida pelo arquiteto Tobias Klein.

2.6.2 *MOCK-UPS*

Significa um modelo físico volumétrico construído em escala real ou reduzida, desenvolvido de forma a reduzir o produto às suas dimensões básicas de volumetria, permitindo sua visualização de ocupação no espaço. São desenvolvidos em cores uniformes e neutras (pelo material ou pintado) para verificação de linhas de sombreamento, sombras e delineamento de forma, bem como podem apresentar detalhes específicos que devem ser destacados do volume como um todo. A Figura 2.12 mostra um exemplo de *mock-up* construído em escala reduzida por tecnologia CNC em Styrofoam para definição de superfícies.

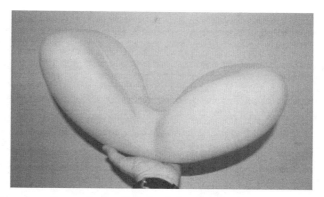

Figura 2.12 *Mock-up* de poltrona. *Design*: Ron Arad. Construção do *mock-up*: Jorge Lopes.

Fonte: foto de Jorge Lopes.

2.6.3 MODELOS DE APRESENTAÇÃO

São representações físicas não funcionais de projetos que representam o máximo possível da aparência final de um produto, como acabamentos superficiais (pintura, texturas, adesivos etc.), para serem utilizadas não somente pela equipe envolvida, mas por um público envolvido com outras fases do projeto, como pesquisa de mercado, *marketing* e publicidade. A Figura 2.13 apresenta três modelos de apresentação coloridos da marca das Olimpíadas 2016, impressos em 3D na tecnologia Z-Corp 510 color durante o processo de desenvolvimento final da marca 3D, criada pelo escritório Tatil Design e impressa em 3D no Laboratório de Modelos Tridimensionais do Instituto Nacional de Tecnologia no Rio de Janeiro.

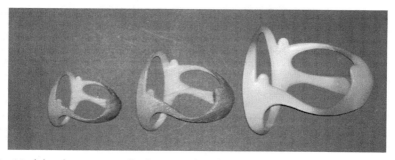

Figura 2.13 Modelos de apresentação da marca das Olimpíadas Rio 2016. *Design*: Tatil Design.

Fonte: foto de Jorge Lopes.

2.6.4 PROTÓTIPO

O termo protótipo, que vem do grego *prototypus* (*proto*: primeiro; *typus*: tipo), pode ser definido como qualquer modelo tridimensional físico de peça, componente, mecanismo ou produto que se realiza antes da sua industrialização seriada, com a finalidade de validar todas ou algumas de suas características estabelecidas no projeto idealizado. É importante ressaltar que os requisitos impostos aos protótipos com relação à estabilidade mecânica (resistência, elasticidade, dureza etc.), térmica e química do componente podem ser limitados àqueles necessários para o propósito de teste funcional. Com o avanço das tecnologias de manufatura aditiva, são inúmeras as possibilidades de desenvolvimento de protótipos para verificação de propriedades diversas de projetos de produtos. Atualmente, protótipos com geometrias complexas podem ser impressos em 3D com características diversas, como transparência, flexibilidade, dimensionamento reduzido e outras. A Figura 2.14 apresenta diversos protótipos funcionais impressos em 3D em tecnologias diversas durante o desenvolvimento do *design* de um pregador plástico.

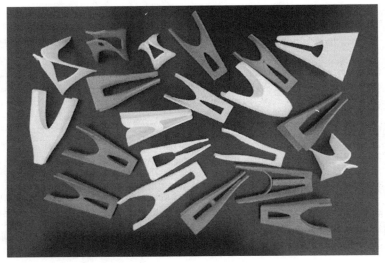

Figura 2.14 Protótipos funcionais impressos em 3D – Projeto Next – Núcleo de Experimentação Tridimensional – Departamento de Artes e *Design* PUC-Rio. *Design*: Cláudio Magalhães.

Fonte: foto de Jorge Lopes.

Outra possibilidade que se apresenta atualmente no desenvolvimento de protótipos funcionais está relacionada ao avanço das tecnologias de eletrônica de fácil modulação e customização (com sistemas diversos como Arduíno, Raspberry Pi e outros). Essas tecnologias permitem a instalação de componentes eletrônicos em protótipos funcionais de produtos diversos (inclusive roupas, no atual conceito de *wearables*), em que funções eletrônicas que, anteriormente, seriam somente citadas ou simuladas no desenvolvimento de projetos podem, hoje, ser demonstradas com fidelidade funcional igual à do produto a ser produzido industrialmente, por meio de sensores diversos, iluminação, controle por aplicativo a distância e outros. A Figura 2.15 apresenta o protótipo funcional do robô móvel 3&DBOT com impressora 3D, inédito no mundo, desenvolvido com sistema de extrusão de materiais controlado por placa Arduíno com função Wi-Fi e sensores diversos.

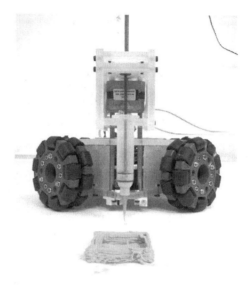

Figura 2.15 Protótipo funcional de robô com função impressora 3D desenvolvido no Núcleo de Experimentação Tridimensional – Next – PUC-Rio.

Fonte: foto de Jorge Lopes.

2.7 CONSIDERAÇÕES FINAIS

As tecnologias de manufatura aditiva trouxeram um grande avanço como ferramenta para *designers* visualizarem, testarem e até mesmo produzirem produtos. Sua utilização tem sido crescente e, após mais de vinte anos de sua introdução nas fases de desenvolvimento de produtos, observam-se grandes avanços em fatores como rapidez de construção, precisão dimensional e, principalmente, possibilidade de materialização de praticamente qualquer geometria complexa, que fazem com que, atualmente, as tecnologias de manufatura sejam amplamente adotadas por *designers* no mundo inteiro.

REFERÊNCIAS

1 POLATO, P. *Il modello nel design, la bottega di Giovanni Sacchi*. Milan: Hoepli, 1991.

2 HOPKINSON, N.; HAGUE, R.; DICKENS, P. (Ed.). *Rapid manufacturing:* an industrial revolution for the digital age. London: John Wiley, 2005.

3 ANDERSON, C. *Makers:* the new Industrial Revolution. Danvers: Crown Business, 2012.

4 BARTOLO, P. et al. (Ed.). Virtual and rapid manufacturing: advanced research in virtual and rapid prototyping. In: INTERNATIONAL CONFERENCE ON ADVANCED RESEARCH IN VIRTUAL AND RAPID PROTOTYPING, 3., 2007, Leiria. *Proceedings...* London: Taylor & Francis, 2008.

5 VOLPATO, N. (Ed.). *Prototipagem rápida:* tecnologias e aplicações. São Paulo: Blucher, 2007.

CAPÍTULO 3
Processo de desenvolvimento de produto auxiliado pela AM

Carlos Alberto Costa
Marcos Alexandre Luciano
Universidade de Caxias do Sul – UCS

Neri Volpato
Universidade Tecnológica Federal do Paraná – UTFPR

3.1 INTRODUÇÃO

Este capítulo trata da relação da manufatura aditiva (*additive manufacturing* – AM), também denominada impressão 3D, com o processo de desenvolvimento de produtos (PDP). O capítulo foca no PDP e em como a materialização física do produto, nas suas várias formas, apoia tal processo, propiciando maior agilidade e assertividade. O capítulo propõe que o ambiente propiciado pela AM pode auxiliar o PDP em suas diferentes etapas e fases, servindo como uma ferramenta para a validação de decisões e resultados. Chama-se a atenção para o fato de que o advento da AM propiciou um novo direcionador tecnológico na forma de desenvolver produtos. Alguns exemplos de utilização da AM no desenvolvimento de produtos foram incluídos ao final do capítulo como forma de ilustrar o seu potencial.

3.2 O PROCESSO DE DESENVOLVIMENTO DE PRODUTO

O PDP é um processo estratégico de negócio dentro das empresas, baseado em informações de mercado, requisitos e restrições, no qual ideias e conceitos são organizados e gerados, resultando em planejamento, projeto e manufatura de um produto. Por essa razão, é tratado cada vez mais como um fenômeno multidimensional e multidisciplinar [1, 2]. Dentro do PDP, um conjunto de necessidades, requisitos e restrições deve guiar o desenvolvedor do produto para uma solução mais próxima possível da ótima, em termos de mercado, projeto (forma e função do produto) e fabricação [3].

Uma atividade essencial no PDP é o projeto, que é composto por várias etapas, constituindo-se num processo sistemático capaz de solucionar um problema, ordenando as atividades sem restringir a criatividade [3, 4, 5]. Nessa atividade, são tomadas várias decisões que dependem de informações e conhecimento relacionados com o ciclo de vida do produto [6]. Como resultado dessas decisões, o projeto deve ser tratado como a evolução das informações de um produto, sendo estas alteradas de um estado de desenvolvimento para outro, agregando, assim, valor ao objeto projetado [7]. Para aprimorar tais processos de decisão, as empresas passaram a ter PDP colaborativos e, em alguns casos, distribuídos, ou seja, diferentes agentes (homens e/ou sistemas) têm de cooperar para que possam compartilhar seu conhecimento em busca da solução de um problema [8, 9]. Esse ambiente colaborativo torna-se evidente na medida em que os envolvidos — *marketing*, engenharia, manufatura, distribuição, vendas e outros — necessitam cooperar em todos os aspectos considerados no desenvolvimento do produto [10, 11]. Hague et al. [12, 13] corroboram esse fato, citando que, em função do surgimento de novas tecnologias, como a AM, a nova geração de projetistas deve ser híbrida, pois estética, forma, função e fabricação não possuem mais fronteiras definidas.

Tradicionalmente, o PDP foi discutido em torno de métodos e processos de trabalho, uma vez que deve ser um processo formal e eficiente para a empresa [14, 15, 16]. Com a utilização cada vez maior de conceitos, filosofias e tecnologias que aceleram as etapas do PDP, as práticas industriais passaram a focar em definir pontos de decisão nos quais se deve decidir entre prosseguir ou não com o desenvolvimento, definidos por Cooper [17] como uma abordagem baseada em pontos de decisão, chamada de *stage-gate*. Ou seja, o que passa a importar é atingir resultados intermediários que possam colaborar para a obtenção do produto final mais rápido, assertivo e com menor custo [18, 19], tornando, assim, o processo eficaz. Tal abordagem tem sido uma exigência no desenvolvimento de produtos de forma mais ágil. Isso porque se sabe que o tempo de desenvolvimento de um produto tem sido uma questão-chave para a competição entre as empresas, principalmente aquelas globalizadas. Como resultado, etapas para aprovação de decisões têm sido consideradas formalmente dentro do PDP, como a finalização das fases de projeto informacional, projeto conceitual, projeto detalhado e outras [4, 20, 21, 22].

A Figura 3.1 mostra essa visão tradicional do PDP, composta por uma sequência de etapas formais a serem vencidas. Dessa forma, etapas que, anteriormente, eram executadas somente após o término da etapa anterior são, cada vez mais, trazidas simultaneamente dentro do conceito de engenharia concorrente ou simultânea [23, 24]. Tal reestruturação resultou em tempos menores para todo o PDP, intensificando a troca de informação e antecipando a identificação de problemas associados ao produto final. Isso resultou também em redução de custos, uma vez que o projeto, em suas etapas iniciais, é responsável pela determinação de mais de 60% dos custos envolvidos na manufatura do produto [25, 26].

Em paralelo à formalização das etapas do PDP, houve também a evolução de novas tecnologias. Ao longo do tempo, algumas tecnologias atuaram como "direcionadores tecnológicos" colaborando consideravelmente para o PDP e forçando mudanças na forma de trabalho [12, 13]. Exemplos destas são os sistemas CAD (*computer-aided design*) nas décadas de 1980/1990, seguidos pelos sistemas CAM/CAE (*computer-aided manufacturing/computer-aided engineering*), bem como por filosofias como a engenharia simultânea (Figura 3.1) e técnicas DFX (*design for excelence*, sendo o X fabricação, montagem, manutenção etc.) [28, 29, 30, 31]. Tais tecnologias, além de favorecerem melhores formalização e documentação, propiciaram também uma maior agilidade nos processos decisórios do PDP. Por exemplo, a modelagem virtual, ou por meio de sistemas CAD e CAE, permitiram abreviar etapas de obtenção de um protótipo real para validar um conceito, antecipando a etapa de projeto detalhado. Atualmente, muitas empresas adotam a validação de uma etapa do PDP por meio da certificação de um modelo virtual, por exemplo, as indústrias automotiva ou aeronáutica. Da mesma forma, técnicas como DFX associadas à filosofia de engenharia simultânea têm permitido a otimização dos tempos envolvidos com a minimização dos recursos, menores ciclos de desenvolvimento e maior qualidade, em todo o PDP.

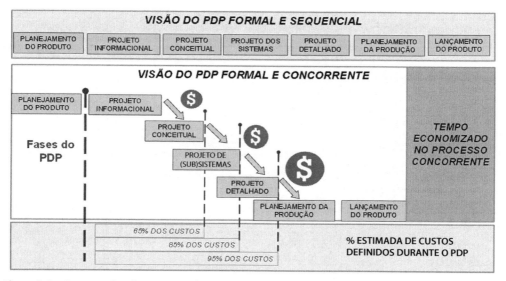

Figura 3.1 Comparativo dos PDP serial e concorrente sob a ótica de redução de custos e tempos.

Fonte: adaptada de Costa et al. [27].

Mais recentemente, houve o surgimento e a consolidação das tecnologias de AM. A disponibilidade dessa tecnologia está fazendo com que as empresas mudem a forma de agir e o comportamento com relação ao seu PDP. Um aspecto diferenciado das tecnologias AM é que aparecem como um efetivo apoio aos processos de criação (projeto) do produto e, consequentemente, de tomada de decisão. Ou seja, a materialização de conceitos, ideias e geometrias de forma rápida permite aos desenvolvedores sair do plano virtual para o plano físico, apoiando o processo mental e decisório de conceituação, detalhamento e manufatura do produto de forma mais direta e eficaz.

Contudo, para se compreender melhor a real contribuição da AM no PDP e seu papel como direcionador tecnológico, é importante resgatar que tipos de representações físicas de um produto ou componente podem ser utilizados nesse processo e a finalidade destes.

3.3 REPRESENTAÇÕES FÍSICAS DE PRODUTOS, SUAS FINALIDADES E SUAS VANTAGENS

Esta seção sumariza as possíveis formas de representação dos produtos ao longo do seu desenvolvimento, enfatizando a materialização destes e as suas finalidades. Com isso, além da importância de se utilizar essas representações, pretende-se reforçar a contribuição da AM nesse processo.

3.3.1 TIPOS DE REPRESENTAÇÕES FÍSICAS

A representação física de um produto ou um conceito pode ser realizada de diferentes formas, como: maquetes, modelos volumétricos, *mock-ups* e modelos de apresentação. Tais representações podem ser aplicadas em diferentes áreas e estágios do processo de criação e, normalmente, visam à validação ou sedimentação de um conceito que não pode ser plenamente obtido apenas com ferramentas computacionais. Para maiores detalhes sobre a contribuição da AM nessa fase de concepção, ver o apresentado no Capítulo 2.

Quando se observa do ponto de vista mais formal do PDP, tais representações são discutidas e apresentadas como protótipos ou modelos. No entanto, não existe um consenso em torno da definição de protótipo e modelo. Autores como Chua e Leong [32] definem um protótipo como sendo o primeiro exemplo de alguma coisa que foi ou será copiado ou desenvolvido. Segundo Ulrich e Eppinger [33], o protótipo é definido como uma aproximação do produto ao longo de uma ou mais dimensões de interesse. Com base nessa definição, um protótipo pode ser visto como uma entidade que exibe um ou mais aspectos do produto de interesse para os profissionais envolvidos em seu desenvolvimento ou para os interessados. Seguindo a mesma linha, Warner e Steger [34] definem protótipo como sendo o resultado do projeto, gerando-se uma ou mais características do produto que ajudam o pessoal de projeto a testá-las/confrontá-las com os requisitos especificados.

Por meio de uma visão mais simples e contemporânea, os protótipos são definidos como qualquer modelo tridimensional físico de uma peça, um componente, um mecanismo ou um produto, com a finalidade de validar todas ou algumas de suas características estabelecidas no projeto ou nas etapas anteriores [35].

Os protótipos podem ser classificados em diferentes tipos com base na sua finalidade ao longo do PDP, o que leva a denominações mais detalhadas pela literatura. Por exemplo, segundo Ulrich e Eppinger [33], os protótipos podem variar de físico a analítico e de completo a focalizado, de acordo com o Quadro 3.1.

Quadro 3.1 Tipos de protótipos segundo Ulrich e Eppinger [33].

Tipos de protótipos	Definições
Protótipos físicos	São definidos como artefatos tangíveis criados para aproximar o produto. Como exemplos de protótipos físicos, é possível se ter modelos que parecem e têm a textura do produto, protótipos de prova de conceito utilizados para testar rapidamente uma ideia e montagens experimentais para validar a funcionalidade de um produto.
Protótipos analíticos	São maneiras não tangíveis, usualmente matemáticas, de representar um produto. Em vez de ser construído fisicamente, os aspectos importantes do produto são analisados. Como exemplos, é possível mencionar análise computacional, sistemas de equações em uma planilha de cálculo e modelos computacionais de geometrias tridimensionais.
Protótipos completos	São aqueles que implementam a maioria, se não a totalidade, dos atributos de um produto (geralmente em escala real, em uma versão completamente operacional do produto). Um exemplo é um protótipo beta, geralmente entregue a clientes de forma a identificar quaisquer falhas de projeto ainda remanescentes antes de encaminhar à produção.
Protótipos focalizados	Implementam parcialmente os atributos de um produto. Modelos de espuma para explorar a forma de um produto ou uma placa de circuito feita com fios (em vez de ser impressa) para investigar o desempenho eletrônico de um produto podem ser considerados como protótipos focalizados.

Considerando os conceitos apresentados e a área de maior interesse para a AM, o Quadro 3.2 mostra um comparativo de dois autores a respeito de denominações dos tipos de protótipos físicos, dentro da visão do PDP.

Deve-se ressaltar que, dentro do contexto de disponibilidade e uso das tecnologias AM, esses tipos de classificação não são excludentes [36]. Ou seja, pode-se criar um mesmo protótipo para fins geométrico e funcional que sirva, por exemplo, para a validação do projeto ou técnica.

Quadro 3.2 Comparação entre as definições dos tipos de protótipos físicos de Wagner e Stager [34] e Krause et al. [37]

Denominações	Wagner e Stager [34]	Krause et al. [37]
Protótipos de projeto	Utilizados para revisão de projeto sob os requisitos óptico, estético e ergonômico.	Utilizados para verificação por manuseio (*touch and feel*), estética e requisitos dimensionais, verificação de conceito de projeto e configuração preliminar de produto.
Protótipos geométricos	Empregados para testar precisão, forma e encaixe, uma vez que são focalizados na geometria e não nos aspectos de material.	Não propõe uma definição.
Protótipos funcionais	São, geralmente, um subsistema do produto e representam um conjunto de características que permitem o teste de algum aspecto funcional.	Servem para verificação funcional e otimização; não é necessário sempre o uso de materiais finais de produção e alguns desvios geométricos são possíveis, mas a sua rigidez tem de ser comparável com a peça de produção.
Protótipos técnicos	Cobrem todos os aspectos funcionais dos produtos e podem ser utilizados como tais. O processo de manufatura não é, geralmente, o processo de produção em série.	Usados para verificar a aceitação do cliente ou para a determinação do processo de fabricação. São feitos usando material de produção e, quando possível, são fabricados utilizando os processos finais de produção.

3.3.2 FINALIDADES E VANTAGENS DAS REPRESENTAÇÕES DE PRODUTOS NO PDP

As representações (protótipos ou modelos) de produtos, ou suas características, são fundamentais no PDP, propiciando sempre uma forte percepção de realidade, constituindo uma poderosa ferramenta de tomada de decisões. Os modelos físicos tridimensionais podem ser utilizados para diferentes finalidades, entre as quais destacam-se aprendizagem, melhoria do produto, identificação de erros, usabilidade e estudos ergonômicos, *redesign*, comunicação, integração, *gates* de projeto, bem como publicidade e auxílio em vendas/pesquisas de mercado [33, 36, 38, 39, 40, 41, 42, 43]. Essas finalidades criam uma série de vantagens dentro do PDP, propiciando um ambiente de natureza multi e interdisciplinar para engenheiros e outros profissionais envolvidos no processo. As finalidades e suas vantagens são apresentadas e discutidas em mais detalhes nos próximos parágrafos.

- Aprendizagem: nos vários estágios do PDP, constantemente, a equipe de desenvolvimento toma decisões e avalia o produto sendo desenvolvido. Assim, as representações físicas dos produtos são construídas, principalmente, para responder a questões de projeto, funcionando como uma ferramenta de aprendizagem e de tomada de decisões a cada iteração em que são utilizadas. Cada ciclo de prototipagem representa um ganho de experiência e se traduz em aprendizado para todos os envolvidos no PDP, pois novas informações são obtidas, ajudando a focar os esforços subsequentes na direção correta para melhoria do produto. A Figura 3.2 representa graficamente que um produto atinge o seu desenvolvimento pleno mais rápido quando o uso de protótipos é mais frequente, demorando mais em um cenário em que esse uso é limitado [36]. Adicionalmente, a taxa de sucesso do PDP pode ser melhorada com o uso de protótipo, em virtude do aumento na confiabilidade das informações que servirão de dados de entrada para as etapas seguintes do PDP. O emprego dessas representações auxilia a equipe de projeto a "visualizar" necessidades, requisitos e restrições de cada campo de conhecimento envolvido no desenvolvimento, tornando o processo de tomada de decisão mais criterioso e fundamentado.

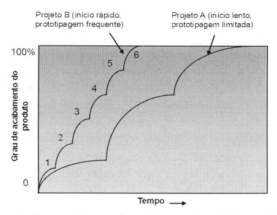

Figura 3.2 Menor tempo de desenvolvimento de produto em virtude da prototipagem mais frequente.

Fonte: adaptada de Barkan e Iansiti [36].

- Melhoria do produto: com base em resultados de simulações, avaliações, testes e integração de clientes e fornecedores nas fases iniciais do projeto, é possível facilitar o processo de melhoria do produto. Com a possibilidade de se obter protótipos rapidamente, o produto pode ser "otimizado" pelo teste de diferentes hipóteses, ou seja, explorando e avaliando soluções alternativas. O tempo dispendido nessa etapa pode ser reduzido.

- Identificação de erros: é importante identificar os problemas do produto antes da fase de investimentos em ferramental e nos estágios mais avançados, pois isso resultaria em modificações altamente dispendiosas. Uma das melhores formas de se detectar problemas de projeto nos componentes de um produto é ter representações físicas destes em mãos. O reconhecimento imediato de problemas de projeto evita retrabalhos altamente dispendiosos em fases mais adiantadas do PDP. Em especial, a identificação de erros de produtos inovadores ajuda a reduzir os riscos da inovação.

- Usabilidade e ergonomia: protótipos ou modelos físicos são fundamentais em testes de usabilidade e estudos ergonômicos, uma vez que modelos computacionais apresentam limitações nessas análises. Nesses testes, os produtos são avaliados e modificados por meio da simulação das atividades de uso em um determinado contexto, como vem sendo preconizado, cada vez mais, pela ergonomia. Avalia-se a capacidade que um produto tem de responder às exigências de uso para as quais foi projetado.

- *Redesign*: no processo de reprojeto de produtos, torna-se necessária a elaboração de modelos de comparação e/ou modificação direta. Dessa forma, é possível realizar e visualizar concretamente variações (dimensionais, funcionais etc.), acrescendo ou retirando partes de determinado produto e verificando diretamente as mudanças. O uso de representações físicas do produto auxilia em todo esse processo.

- Comunicação: as representações físicas desempenham um papel principal no compartilhamento de ideias, atuando como catalisadores para troca de informações num ambiente de projeto composto por pessoas com diferentes habilidades e pontos de vista, incluindo usuários. A comunicação em todos os níveis fica facilitada, pois a representação física de um produto é muito mais fácil de ser entendida que uma descrição verbal, um desenho técnico (2D) ou mesmo um modelo CAD 3D. Se uma figura vale mais que mil palavras, um protótipo físico vale mais que mil figuras [42]. A comunicação é particularmente importante quando há empresas terceirizadas na equipe, que podem ser responsáveis pela manufatura do produto.

- Integração: por atuarem como um meio de comunicação e entendimento, e também como uma base de informações comuns, as representações promovem a integração entre os membros de uma organização multicultural e multifuncional no PDP. Por exemplo, a possibilidade de executar montagens nos estágios iniciais do PDP aumenta o nível de integração, em virtude da natureza interativa dessa etapa, e promove a solução de problemas de projeto, pois a montagem exige a interligação física de todos os componentes e submontagens. Os protótipos são um excelente auxílio para a aplicação de filosofias como a engenharia simultânea, porque contribuem para o aprendizado, a comunicação e a integração entre os membros da equipe e também porque atendem a diferentes áreas de aplicações.

- *Gates* de projeto: os protótipos podem ser usados como marcos no PDP, por meio do estabelecimento de objetivos a serem alcançados. Possibilitam, assim, a demonstração de progresso (evolução) do produto e reforçam o uso de cronogramas. Um cronograma que prevê protótipos serve como determinador do passo das atividades e como coordenador de atividades de subsistemas paralelos.

- Publicidade/vendas/pesquisas de mercado: os protótipos permitem a realização de pesquisas de mercado, avaliando uma situação mais realística de retorno do investimento a ser implementado. Somente no caso de se obter uma resposta positiva aos resultados dessa pesquisa os recursos financeiros para o ferramental etc. para a produção serão alocados. Em outra situação possível, modelos são utilizados para veiculação publicitária, em virtude do tempo de execução necessário para se produzir um produto industrialmente, ou seja, o produto está sendo veiculado em pesquisas e, consequentemente, trazendo retornos na forma de encomendas, contratos etc. antes mesmo de sua fabricação final.

Reforçando o colocado anteriormente, essas finalidades e vantagens apresentadas são potencializadas com a disponibilização das tecnologias de AM. Observa-se que, anos atrás, a criação de um protótipo ou modelo era algo muito custoso e demorado, porque as principais técnicas de fabricação envolviam operações manuais ou usinagem, tradicional e/ou CNC [43]. Assim, a geração de protótipos era permitida em etapas bem definidas e para confirmação de resultados. O advento da AM permitiu uma aceleração no processo de geração de protótipos e modelos físicos, dos mais diversos tipos, em quaisquer fases do PDP, propiciando a convergência mais rápida e precisa para a solução final, seja nas fases iniciais, seja nas fases finais. Como resultado final, tem-se uma redução no tempo e nos custos de desenvolvimento, que, segundo alguns autores, pode chegar a mais de 50% [32, 40].

3.4 MUDANÇAS NO PDP COM A UTILIZAÇÃO DA AM

A AM não deve ser vista somente como uma tecnologia que acelera a fabricação de protótipos, mas que pode mudar a forma/filosofia de trabalho dos profissionais relacionados ao PDP. Como já citado, um aspecto importante de se ressaltar é que a sua inclusão vem a contribuir justamente nas atividades-fim do PDP, que são associadas à criação do produto, com ênfase em sua forma final, suas funções e seus meios de fabricação.

3.4.1 AMBIENTE PDP-AM

Olhando sob a perspectiva formal de um modelo e/ou de uma sequência do PDP, os momentos nos quais há a necessidade de criação de protótipos (peças, modelos etc.) não precisam ser incluídos, obrigatoriamente, como *milestones* ou *gates*. Ao contrário, esses momentos de criação dos protótipos devem ser considerados como pontos de avaliação, verificação e testes. Isso pode ser realizado desde um nível mais abstrato de conceito até um nível mais técnico de detalhamento do produto. Dessa forma, cria-se, conjuntamente com o PDP, um ambiente de criação/geração de protótipos, não havendo um momento específico ou uma fase determinada para a utilização das tecnologias de AM. Esse ambiente é chamado, aqui, de ambiente PDP-AM.

Dentro do ambiente PDP-AM, as tecnologias de AM ficam à disposição de engenheiros e técnicos envolvidos para serem utilizadas quando necessário e de forma ágil, como um elemento validador de ideias e decisões, visando à melhoria da qualidade do processo de tomada de decisão no PDP. Essas validações poderão, ou não, estar associadas a pontos de decisão (*gates*) diferentes daqueles vistos tradicionalmente no PDP [17, 18, 19, 20].

Dentro do ambiente PDP-AM, sob o ponto de vista de um processo de negócio apresentado na Figura 3.1, continuarão a existir os momentos de aprovação associados a suas etapas ou fases. Isso permitirá a evolução do PDP de uma fase para a próxima, consolidando os conceitos e as decisões do produto de uma forma mais precisa e realista, como a passagem do projeto informacional para o projeto detalhado, que caracteriza um momento crítico de aprovação dentro do PDP. Contudo, sob a ótica da oferta e da utilização das tecnologias AM, surge um novo plano de fases ou *gates* com o foco mais direcionado para a comprovação das ideias desenvolvidas sobre o produto em si (parcial ou integralmente), ou seja, aspectos de forma, função ou fabricação do produto. Muitas dessas fases/*gates* poderão estar dentro de uma das etapas do PDP formal. Por exemplo, poderão ser produzidos vários protótipos dentro da etapa de projeto detalhado do PDP, diminuindo, assim, o tempo necessário para essa etapa.

Dessa forma, o ambiente PDP-AM permite que, a qualquer momento, a validação de decisões por meio da materialização de uma peça ou produto seja possível. Não existirão, necessariamente, fases de validação formal do modelo 3D, mas fases em que essa tecnologia é utilizada para validação de conceitos.

3.4.2 MACRO FINALIDADES DA AM NO PDP

Nesse contexto, a adoção da AM pode ser associada a três principais finalidades, vistas de forma macro dentro do PDP, que são: concepção, avaliação e validação do produto (Figura 3.3). Essas finalidades não são necessariamente sequenciais, e pode ser que nem todas sejam consideradas durante o PDP. Isso sempre dependerá do tipo de produto que está sendo desenvolvido. Na Figura 3.3, são representadas duas dimensões de aplicação dos protótipos dentro do PDP. Na vertical, varia-se o escopo de aplicações, que podem ser desde um foco mais no produto até uma visão mais voltada para o planejamento da produção, enquanto o eixo horizontal varia de aplicações desde mais visuais até puramente funcionais. Dentro desse contexto, o escopo de desenvolvimento do produto evolui, desde a concepção, na qual o foco está sobre o produto exclusivamente, passando pela avaliação até a validação, com o desenvolvimento da forma de produção desse produto. As seções a seguir detalham essas macro finalidades.

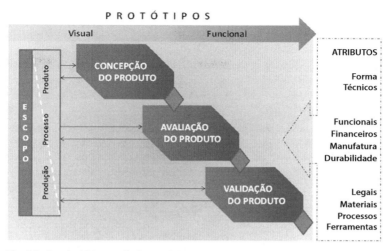

Figura 3.3 Finalidades da AM associadas ao PDP.

Concepção do produto

Nas fases do PDP associadas à concepção do produto, o foco primário do uso da AM é a geração de protótipos/modelos, principalmente para análises visuais, tendo principalmente como atributos aspectos de forma e alguns técnicos (notadamente os geométricos). O escopo principal, nesse momento, é o produto (forma e, eventualmente, função).

Nessa fase do projeto, as necessidades, em sua maioria, são qualitativas, isto é, referem-se às características que o produto deve possuir e aos benefícios que deve oferecer, contudo, o projeto de engenharia necessita de características quantitativas, que, a partir de um modelo físico, podem ser visualizadas e/ou extraídas de modo mais direto. O protótipo, nessa fase, auxilia na definição de alguns objetivos e características geométricas, de forma ou até mesmo de desempenho.

A análise geométrica pode envolver elementos dimensionais, características de posicionamento em montagens e encaixes. A análise da forma pode abranger a aceitação de uma nova "estética" para o produto, texturas e acabamentos. Entretanto, nessa etapa, também podem ser realizadas avaliações técnicas (funcionais) que tenham relação direta com a geometria e a forma, por exemplo, avaliação do produto em um túnel de vento. O resultado esperado nessa fase é a definição da viabilidade de execução do projeto.

Avaliação do produto

Nas fases do PDP associadas à avaliação, o foco principal do uso da AM é a geração de protótipos/modelos cujo escopo principal seja o produto/processo (função e, eventualmente, fabricação). De uma forma geral, as questões a serem respondidas nessa fase dizem respeito aos objetivos técnicos do projeto/produto, principalmente sobre a viabilidade funcional, podendo ser, inclusive, uma análise preliminar em relação aos concorrentes similares no mercado. Nessa etapa, o uso de protótipos, normalmente, ocorre após o uso de ferramentas CAE que auxiliam na percepção de possíveis pontos de falha.

Nesse momento, os protótipos servem para avaliar as escolhas feitas anteriormente. Conceitos aprovados na etapa anterior serão concretizados por meio dos diversos tipos de protótipos, contribuindo para o processo decisório inerente à seleção de diferentes concepções. Essa é a fase com maior potencial de otimização de retorno do investimento, representando baixo custo e alto benefício [11].

Devem ser verificadas e avaliadas várias dimensões do produto; dentre elas, se destacam: funcionalidade, manufaturabilidade, dimensão financeira e durabilidade/confiabilidade. A possibilidade de reutilização de componentes já existentes, o tipo de processo previsto para a execução do produto, a especificação de materiais, a necessidade de desenvolvimento de novos materiais ou processos também podem ser avaliados nessa fase. É o momento de gerir a tecnologia sob o ponto de vista de processo, materiais, incorporação e absorção de novas tecnologias.

Validação do produto

Nas fases do PDP associadas à validação do produto e do processo produtivo, a utilização da AM pode englobar desde a homologação de um produto até a fabricação de um lote-piloto.

Algumas questões importantes dessa fase estão relacionadas à capabilidade do equipamento e dos processos de AM disponíveis para a execução e a definição das especificações técnicas, à avaliação da necessidade de treinamentos específicos na área em desenvolvimento e à análise de investimento em ferramentas e dispositivos para fabricação do produto.

Nessa etapa, o protótipo pode ser construído para a pré-certificação do produto (um produto eletrônico, por exemplo) com vistas a obter a aprovação da funcionalidade e a garantia de obtenção dos parâmetros técnicos funcionais e críticos do projeto. Também pode ser realizada a pré-certificação do processo de fabricação ou montagem, ou seja, testes que comprovem que os equipamentos manterão as características de qualidade obtidas na pré-certificação inicial do produto.

Por fim, dependendo do contexto, pode ser realizada a homologação final do produto, em organismos certificadores, atendendo à regulamentação exigida pelo mercado. Nessa etapa, os protótipos devem permitir que não existam mais incertezas tecnológicas e de mercado, devendo, nesse momento, já terem sido avaliadas as variáveis econômicas, regulatórias, ambientais e competitivas.

3.4.3 AM COMO DIRECIONADOR TECNOLÓGICO NO PDP

Com base no que foi discutido anteriormente (mudanças na forma de trabalho e contribuição efetiva no processo), a tecnologia de AM pode ser considerada como um novo direcionador tecnológico no PDP.

A Figura 3.4 traz uma representação do direcionador tecnológico no ambiente PDP-AM, por meio de um funil, no qual as tecnologias de AM (desde as mais direcionadas à prototipagem conceitual e funcional até as adequadas à fabricação final) podem ser utilizadas ao longo do desenvolvimento do produto. Os segmentos da figura (AM para avaliação conceitual, funcional e da fabricação) representam o afunilamento das alternativas de tecnologias de AM que podem atender às fases de desenvolvimento do produto, conforme este vai avançando. Assim, observa-se que existe um número maior de tecnologias que podem atender às fases iniciais do PDP, em que os protótipos visam a aspectos mais conceituais e abstratos, que de tecnologias para as suas fases mais adiantadas e finais, em que se exige protótipos de cunho mais funcional, ou mesmo a produção de produto final.

Deve-se ressaltar que a representação do PDP-AM que se estreita ao longo do PDP é uma visão atual. A evolução das tecnologias de AM mostra que, em breve, tal funil poderá converter-se em um cilindro, ou até um funil invertido, já que, cada vez mais, as tecnologias de AM são utilizadas como processos ordinários de fabricação.

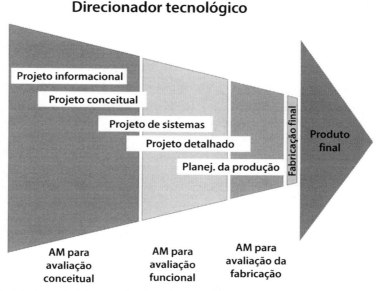

Figura 3.4 Ambiente PDP-AM como direcionador tecnológico no PDP.

3.5 CONSIDERAÇÕES SOBRE AS TECNOLOGIAS DE AM NO PDP

Conforme comentado, em seus estágios iniciais, a maior contribuição das tecnologias de AM é relativa a aspectos visuais do produto. Com a evolução dos processos de AM e o desenvolvimento de novos materiais, não só a forma, mas o funcionamento (função) do produto passou a ser crucial como fase de aprovação para as etapas do PDP. Atualmente, se discutem não só as etapas de fabricação e montagem associadas a essa tecnologia, como também a fabricação final do produto por meio da AM, como detalhado no Capítulo 13.

Chama a atenção, no entanto, que as diversas tecnologias de AM disponíveis, bem como as características dos protótipos produzidos por essas tecnologias, colaboram de forma diferenciada para o PDP. Assim, a finalidade de utilização dos protótipos influencia na escolha da tecnologia de AM. Após a leitura dos Capítulos 6 a 11, em que as diferentes tecnologias AM são apresentadas, incluindo as suas principais características, materiais e também limitações, o leitor poderá identificar como cada uma pode agilizar e atender ao processo de fabricação (materialização) das representações físicas destacadas anteriormente. Compreender as características e as propriedades das peças produzidas por essas tecnologias é importante para saber qual tecnologia poderá ser a mais adequada para a finalidade pretendida. Isso porque as tecnologias possuem limitações associadas aos seus processos e materiais.

Como representado de forma gráfica na Figura 3.5, algumas tecnologias de AM poderão permear diferentes quadrantes de análise, utilização e tipos de protótipos. Assim, em fases em que a análise almejada é mais visual, como a apresentação de um conceito de produto, o tipo de protótipo produzido não necessita de maior robustez mecânica, mas de qualidade superficial. Contudo, existem tecnologias no mercado que têm potencial para atender aos vários tipos de protótipos (do visual ao funcional) e também à fabricação final. Por outro lado, outras são mais restritas e só conseguem atender às fases iniciais (protótipos visuais).

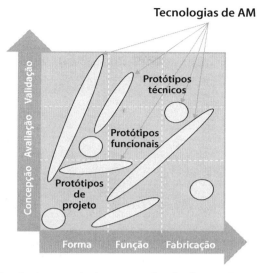

Figura 3.5 Área de aplicação das tecnologias AM em função do tipo de protótipo e da finalidade de sua aplicação.

3.6 EXEMPLOS DE APLICAÇÃO DE PROTÓTIPOS NO PDP

A Figura 3.6 mostra um modelo em escala para a apresentação e a avaliação visual e dimensional de um *kit* de produção de cerveja caseira. Da esquerda para a direita [letras (a) até (d)], o *kit* é composto por uma panela, um refrigerador de contrafluxo, um fermentador e a garrafa da cerveja. O modelo representa um protótipo de projeto que tem como função apresentar o conceito do produto, para, então, iniciar as etapas seguintes do PDP e o detalhamento do produto. Para esse protótipo, foi utilizada a tecnologia PolyJet (Eden 360/Resina VeroWhitePus – RGD835).

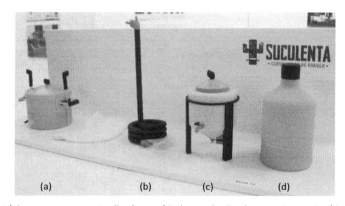

Figura 3.6 Protótipo para apresentação de um *kit* de produção de cerveja caseira/doméstica.

Fonte: Roberta Rech Mandelli.

Dentro da mesma linha, a Figura 3.7 mostra o protótipo de projeto para visualização de forma visando à concepção e à avaliação de coleções de botões para roupas. Os protótipos, nesse caso, recebem um pós-tratamento com pintura e metalização, para geração de imagens fotografadas que são utilizadas para representação em exposição do produto final. Nesse caso, existe a avaliação do modelo de conceito. Para esse protótipo, foi utilizada a tecnologia PolyJet (Eden 360/Resina VeroBlue – RGD840).

Figura 3.7   Exemplos de botões de roupas.

Fonte: Mundial S.A. – Divisão Eberle.

A Figura 3.8 apresenta os conjuntos em escala de um sistema conector para a indústria de petróleo e gás, denominado *Clamp Connector*. Esse conector é usado nas linhas flexíveis de injeção de água e gás do *manifold*, em poços de petróleo. Para aumentar a produção de óleo, no lado aposto das linhas de produção, é feita a injeção de água ou gás via plataforma para empurrar o óleo na direção da produção. A fabricação desse conjunto em escala visa à simulação das condições de manuseio e acoplamento do sistema. A empresa buscou, com tal protótipo, ter subsídios para o teste real de qualificação do equipamento. A tecnologia PolyJet Eden 250 com a resina FullCure 720 foi utilizada nessa aplicação.

A Figura 3.9 apresenta a utilização da AM no desenvolvimento de conectores de cabos elétricos. Nesse caso, o conceito de um protótipo funcional foi utilizado para a validação da forma e do encaixe, além da montagem do produto na forma final definida como na Figura 3.9a. É mostrado, na Figura 3.9b, o produto final, depois de validadas todas as fases do PDP. Para esse protótipo, foi utilizada a tecnologia PolyJet (Eden 360/Resina FullCure 720 – RGD720).

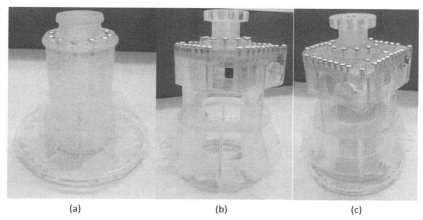

(a) (b) (c)

Figura 3.8 Protótipos físicos em escala dos subconjuntos interno (a), externo (b) e da montagem completa (c) do *Clamp Connector*, fabricado no Núcleo de Manufatura Aditiva e Ferramental (NUFER) da UTFPR.

Fonte: cortesia da Empresa Aker Solutions.

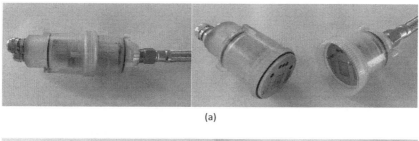

(a)

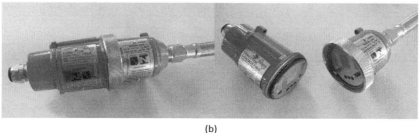

(b)

Figura 3.9 Protótipo funcional (a) e produto final (b) de conectores *Contact Free*.

Fonte: Coester Soluções Inovadoras em Automação.

A Figura 3.10 mostra uma embalagem desenvolvida para auxiliar a prescrição diária de medicamento de manipulação. O objetivo do produto é permitir que a quantidade de medicamentos adequada seja alojada em espaços identificados com dia e horário para o consumo. O protótipo físico foi utilizado para análise dimensional, definição do selo de segurança e do lacre individual, estética, portabilidade, projeto do molde de injeção, entre outros, ou seja, características de forma, funcionais e associadas ao processo de montagem do produto final. A Figura 3.10a apresenta as vistas superior e inferior do protótipo, e a Figura 3.10b, o produto final injetado em plástico e com o teste do selo e do lacre de segurança. A tecnologia PolyJet Eden 250 com a resina FullCure 720 foi utilizada para esse desenvolvimento.

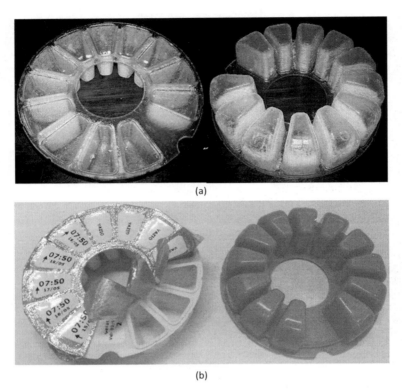

Figura 3.10 Protótipo físico (a) e produto final injetado (b) da embalagem desenvolvida no projeto Pharmaco no Núcleo de Manufatura Aditiva e Ferramental (NUFER) da UTFPR.

Fonte: cortesia da empresa Conceptnova.

A Figura 3.11 apresenta um processo de avaliação em laboratório de um protótipo em escala de um prédio dentro de um túnel de vento. Nesse tipo de modelo, considerado como uma etapa formal do PDP da empresa, chamada memorial de cálculo, são feitas análises de determinação de cargas estática e dinâmica do prédio, além de aspectos relacionados ao conforto de pedestres. As avaliações são feitas por meio de sensores de pressão colocados no modelo do prédio, objeto do estudo, e nas áreas no entorno do prédio, como calçadas. Nesse caso, o tipo de tecnologia replica os detalhes de geometria, propiciando uma avaliação do produto final com alto nível de fidelidade. A Figura 3.11a representa o prédio avaliado em cor mais escura, enquanto todo o entorno (Figura 3.11b) é representado por construções em cores mais claras. Nesse caso, foi utilizada a tecnologia PolyJet, modelo Eden 360 com a resina VeroBlue (RGD840).

(a)

(b)

Figura 3.11   Análise de protótipos de prédios dentro de túnel de vento.

Fonte: Vento-S Consultoria em Engenharia de Vento.

A Figura 3.12 mostra um protótipo funcional para avaliação e validação de aneurisma toracoabdominal com ramificações, impresso com resina flexível (PolyJet, Eden 360/Resina TangoPlus – FLX930). O protótipo, obtido por meio de tomografia computadorizada de um paciente, visa a teste e simulação, por meio de uma bancada, de dispositivos implantáveis em artérias e veias. O modelo auxilia a simulação do fluxo sanguíneo permitindo o desenho de próteses customizadas para cada paciente em bancada. Outras aplicações na área da saúde são detalhadas no Capítulo 14. Nesse caso, o protótipo em si passa a ser o produto a ser testado, pela perfeição geométrica reproduzindo a anatomia, bem como pela aproximação do tipo de material ao material biológico.

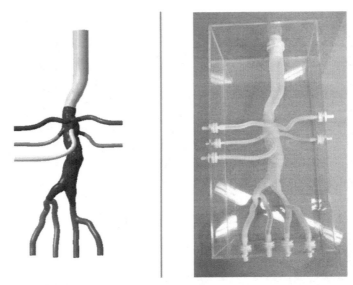

Figura 3.12 Protótipo funcional de um modelo de aneurisma toracoabdominal.

Fonte: Biokyra Pesquisa e Desenvolvimento.

3.7 CONSIDERAÇÕES FINAIS

Este capítulo apresentou as etapas do processo de desenvolvimento de produtos (PDP) e procurou destacar as principais mudanças ocorridas nesse processo com o advento das tecnologias de manufatura aditiva (AM). Essa tecnologia é considerada um marco na produção de protótipos e modelos físicos, pois a tornou mais fácil e rápida. Isso permite o uso mais frequente dessas representações físicas e, como decorrência, tem-se uma melhoria do projeto sob vários aspectos. Em especial, destaca-se o auxílio a escolhas e decisões tomadas pelos projetistas e ao exercício da criatividade. Todas as fases do PDP podem se beneficiar da AM, especialmente em ambientes com produtos complexos e em projetos considerados inovadores, tanto no seu desenvolvimento quanto na produção final.

Em função do impacto causado, a AM é considerada como mais um direcionador tecnológico que vem auxiliar muito o PDP. Nesse sentido, essas tecnologias se tornaram fundamentais no PDP. Mesmo empresas de pequeno porte, como escritórios de desenvolvimento de produtos, passaram efetivamente a compreender a importância da AM na validação das várias etapas do PDP. A não incorporação dessa ferramenta no dia a dia das empresas pode resultar em perdas consideráveis no desenvolvimento de seus produtos.

REFERÊNCIAS

1 SALOMO, S.; WISE, J.; GEMÜNDEN, H. G. NPD planning activities and innovation performance: the mediating role of process management and moderating effect of product innovativeness. *Journal of Product Innovation Management*, New York, v. 24, n. 4, p. 285-302, 2007.

2 CLARK, K. B.; FUJIMOTO, T. *Product development performance:* strategy, organization, and management in the world auto industry. Boston: Harvard Business Scholl Press, 1991.

3 ULRICH, K. T.; EPPINGER, S. D. *Product design and development.* New York: McGraw Hill, 2004.

4 PAHL, G. E.; BEITZ, W. *Engineering design:* a systematic approach. 2. ed. London: Springer-Verlag, 1996.

5 BLANCHARD, B. S.; FABRYCKY, W. J. W. *Systems engineering and analysis.* 3. ed. New Jersey: Prentice Hall, 1998. 738 p.

6 YOSHIOKA, M.; SEKIYA, T.; TOMIYAMA, T. Design knowledge collection by modelling. In: INTERNATIONAL FEDERATION FOR INFORMATION PROCESSING WG 5.2/5.3, 1998. *Proceedings...* Conference PROLAMAT 98, 1998, p. 287-298.

7 DIXON, J. R. Knowledge-based systems for design. *Transactions of the ASME*, Guildford, v. 117, n. 1, p. 11-16, 1995.

8 HANNEGHAN, M.; MERABTI, M.; COLQUHOUM, G. A viewpoint analysis reference model for concurrent engineering. *Computers in Industry*, New York, v. 41, p. 35-49, 2000.

9 KLEIN, M. Core service for coordination in concurrent engineering. *Computers in Industry*, New York, v. 29, p. 105-115, 1998.

10 LEI, B.; TAURA, T.; NUMATA, J. Representing the collaborative design process: a product model-oriented approach, advances in formal design methods for CAD. In: GERO, J. S. (Ed.). *IFIP:* The International Federation for Information Processing. London: Chapman & Hall, 1996. p. 267-285.

11 MO, J. P. T. Product modelling and rationale capture in design process. In: INTERNATIONAL CONFERENCE ON CONCURRENT ENTERPRISENG, 2000. *Proceedings of the ICE*, 2000. p. 306-312.

12 HAGUE, R.; CAMPBELL, I.; DICKENS, P. Implications on design of rapid manufacturing. *Proceedings of the Institution Mechanical Engineers, Part C: Journal of Mechanical Engineering Science*, [s.l.], v. 217, n. 1, p. 25-30, 2003.

13 HAGUE, R.; MANSOUR, S.; SALEH, N. Design opportunities with rapid manufacturing. *Assembly Automation*, Bedford, v. 23, n. 4, p. 346-356, 2003.

14 BAXTER, M. *Projeto de produto*: guia prático para o design de novos produtos. 3. ed. São Paulo: Blucher, 2011.

15 MADUREIRA, O. M. *Metodologia do projeto*: planejamento, execução e gerenciamento. 2. ed. São Paulo: Blucher, 2015.

16 EVBUOMWAN, N. F. O.; SIVALOGANATHAN, S.; JEBB, A. A survey of design philosophies, models, methods and systems. *Proceedings of the Institution of Mechanical Engineers, Part B: Journal of Engineering Manufacture*, [s.l.], v. 210, p. 301-320, 1996.

17 COOPER, R. G. Stage-gate systems: a new tool for managing new products. *Business Horizons*, [s.l.], v. 33, n. 3, p. 44-54, May/June 1990.

18 CALOI, G.; HUNG, N. W. Metodologia de gerenciamento de programas nas montadoras. In: LEITE, H. A. R. (Ed.). *Gestão de projeto e produto*: a excelência da indústria automotiva. São Paulo: Atlas, 2007. p. 85-123.

19 MORGAN, J. M.; LIKER, J. K. *Sistema Toyota de desenvolvimento de produtos*: integrando pessoas, processo e tecnologia. Porto Alegre: Bookman, 2008.

20 ROZENFELD, H. et al. *Gestão de desenvolvimento de produtos*: uma referência para a melhoria do processo. São Paulo: Saraiva, 2006.

21 BACK, N. et al. *Projeto integrado do produto*: planejamento, concepção e modelagem. Barueri: Manole, 2008.

22 PAHL, G. et al. *Projeto na Engenharia*: fundamentos do desenvolvimento eficaz de produtos, métodos e aplicações. São Paulo: Blucher, 2005.

23 SYAN, C. S. Introduction to concurrent engineering: concepts, definitions and issues. In: SYAN, C. S.; MENON, U. (Ed.). *Concurrent engineering*: concepts, implementation and practice. London: Chapman & Hall, 1994. p. 3-23

24 SMITH, R. P. The historical roots of concurrent engineering fundamentals. *IEEE transactions on engineering Management*, Jefferson, v. 44, n. 1, p. 67-68, 1997.

25 VENKATACHALAM, A. R.; MELLICHAMP, J. M.; MILLER, D. M. Automating design for manufacturability through expert systems approaches. In: PARSAEI, H. R.; SULLIVAN, W. G. (Ed.). *Concurrent engineering*: contemporary issues and modern design tools. London: Chapman & Hall, 1993. p. 426-446.

26 HSU, W.; WOON, I. M. Y. Current research in the conceptual design of mechanical products. *Computer-Aided Design*, [s.l.], v. 30, n. 5, p. 377-389, 1998.

27 COSTA, C. A.; KALNIN, J. L.; SANTOS, S. R. Identification and modelling of product development process activities: time and cost analysis in SME's. In: POKOJSKI, J.; FUKUDA, S.; SALWIŃSKI, J. (Ed.). *New world situation*: new directions in concurrent engineering. London: Springer Verlag, 2010. p. 291-301.

28 JO, H. H.; PARSAEI, H. R.; SULLIVAN, W. G. Principles of concurrent engineering. In: PARSAEI, H. R.; SULLIVAN, W. G. (Ed.). *Concurrent engineering:* contemporary issues and modern design tools. Cambridge: Chapman & Hall, 1993. p. 3-23.

29 BRALLA, J. G. *Design for excellence.* New York: McGraw-Hill, 1996.

30 HOLT, R.; BARNES, C. Towards an integrated approach to "Design for X": an agenda for decision-based DFX research. *Research in Engineering Design,* New York, v. 21, p. 123-136, 2010.

31 CIECHANOWSKI, P.; MALINOWSKI, L.; NOWAK, T. DFX Platform for life-cycle aspects analysis. In: ISPE INTERNATIONAL CONFERENCE ON CONCURRENT ENGINEERING, 14., 2007, São José dos Campos. *Proceedings...* São José dos Campos: INPE, 2007. p. 274-281.

32 CHUA, C. K.; LEONG, K. F. Rapid prototyping and manufacturing: the essential link between design and manufacturing. In: USHER, J. M.; ROY, U.; PARSAEI, H. R. (Ed.). *Integrated product and process development* – methods, tools, and technologies. New York: John Wiley & Sons, 1998. p. 151-182.

33 ULRICH, K. T.; EPPINGER, S. D. Product design and development. New York: McGraw-Hill, 1995.

34 WAGNER, J.; STEGER W. Rapid prototyping – an approach beyond manufacturing technology. In: RIX, J.; HAAS, S.; TEIXEIRA, J. (Ed.). *Virtual prototyping:* virtual environments and product design process. Cambridge: Chapman & Hall, 1995. p. 33-47.

35 SANTOS, J. R. L. *Modelos tridimensionais físicos no desenvolvimento de produtos.* 1999. Dissertação (Mestrado) – Universidade Federal do Rio de Janeiro, Rio de Janeiro, 1999.

36 BARKAN, P.; IANSITI, M. Prototyping: a tool for rapid learning in product development. *Concurrent engineering: research and applications,* Johnstown, v. 1, p. 125-134, 1993.

37 KRAUSE, F. L. et al. Enhanced rapid prototyping for faster product development processes. *CIRP: Annals of the International Institution for Production Engineering,* v. 46, n. 1, p. 93-96, 1997.

38 EHN, P. Scandinavian design: on participation and skill. In: ADLER, P. S.; WINOGRAD, T. A. *Usability:* turning technologies into tools. New York: Oxford University Press, 1992. p. 96-132.

39 WALL, M. B.; ULRICH, K. T.; FLOWERS, W. C. Evaluating prototyping technologies for product design. *Research in Engineering Design,* New York, v. 3, p. 163-177, 1992.

40 KOCHAN, D.; CHUA, C. K. State-of-the-art and future trends in advanced rapid prototyping and manufacturing. *International Journal of Information Technology,* Bergen County, v. 1, n. 2, p. 173-184, 1995.

41 CHUA, C. K.; TEH, S. H.; GAY, R. K. L. Rapid prototyping versus virtual prototyping in product design and manufacturing. *International Journal of Advanced Manufacturing Technology*, Bedford, v. 15, p. 597-603, 1999.

42 JACOBS, P. F. *Rapid prototyping & manufacturing*: fundamentals of stereolithography. Dearborn: SME, 1992.

43 VOLPATO, N.; FERREIRA, C. V.; SANTOS, J. R. L. Integração da prototipagem rápida com o processo de desenvolvimento de produto. In: VOLPATO, N. (Ed.). *Prototipagem rápida:* tecnologias e aplicações. São Paulo: Blucher, 2007.

CAPÍTULO 4
Representação geométrica 3D para AM

José Aguiomar Foggiatto
Universidade Tecnológica Federal do Paraná – UTFPR

Jorge Vicente Lopes da Silva
Centro de Tecnologia da Informação Renato Archer – CTI

4.1 INTRODUÇÃO

Todos os sistemas de manufatura aditiva (*additive manufacturing* – AM) dependem de uma representação geométrica tridimensional (3D) dos objetos a serem fabricados. Embora o formato denominado *STereoLithography* (STL) seja o mais utilizado nas tecnologias atuais, existem outras representações que podem ser empregadas (*common layer interface* – CLI, *additive manufacturing format* – AMF e outros). As geometrias são geradas, principalmente, a partir da modelagem em sistemas CAD (*computer-aided design*) 3D, mas também é possível obtê-las a partir de *scanners* 3D, tomografia computadorizada, microtomografia, ressonância magnética, ultrassonografia 3D, fotogrametria, entre outros. Normalmente, nesses casos, os modelos 3D resultantes são retrabalhados nos sistemas CAD 3D para corrigir falhas nas suas superfícies e possibilitar o uso nas tecnologias de AM. No entanto, atualmente, investe-se muito tempo na correção dos arquivos no formato STL, e nem todos os sistemas de CAD 3D têm as ferramentas adequadas para agilizar esse processo, sendo necessárias ferramentas computacionais específicas para esse fim.

O objetivo deste capítulo é apresentar os formatos de arquivos para representar um modelo geométrico 3D para ser utilizado em AM, identificando as características de cada um, suas peculiaridades, vantagens e desvantagens. Uma ênfase maior é dada ao formato STL, visto que ainda é o mais utilizado na maioria das tecnologias de AM.

4.2 FORMAS DE OBTENÇÃO DE MODELO GEOMÉTRICO 3D

4.2.1 SISTEMAS CAD 3D

Os sistemas CAD permitem a geração de modelos geométricos 3D a partir de operações com sólidos e/ou superfícies. A modelagem sólida é a forma mais adequada para a obtenção de arquivos 3D para a AM, visto que apresenta menos problemas na conversão do modelo nativo em um dos formatos usados na AM. As geometrias geradas por modeladores de superfícies devem conter delimitações bem definidas, sem quebras, falhas nas conexões ou superposições das várias superfícies componentes do modelo 3D. O modelo deve ser totalmente fechado para definir o volume exato da peça final. As peças modeladas incorretamente impedem a formação do sólido, gerando, consequentemente, arquivos impróprios para uso na AM.

A maioria dos sistemas CAD 3D permite a modelagem sólida, por superfícies ou as duas simultaneamente (modelagem híbrida), e o usuário decide, baseado na complexidade da geometria e na sua familiaridade com cada ferramenta, qual é a mais adequada para o seu desenvolvimento. Atualmente, a maioria dos programas possui uma interface amigável, com os principais recursos (*features*) distribuídos em menus de fácil acesso aos usuários. As *features*, que são entidades geométricas que representam as características ou os detalhes de uma geometria, são diretamente acessadas em ícones, o que torna a modelagem mais ágil e de fácil aprendizagem.

O Quadro 4.1 apresenta os principais sistemas CAD 3D proprietários e gratuitos disponíveis no mercado.

Quadro 4.1 Principais sistemas de CAD 3D mecânicos proprietários e gratuitos.

Sistemas CAD 3D	Empresa	Natureza
CATIA	Dassault Systèmes	Proprietário
CREO	Parametric Technology Corporation – PTC	Proprietário
INVENTOR	Autodesk Inc.	Proprietário
NX UNIGRAPHICS	Siemens PLM Software	Proprietário
RHINOCEROS	Robert McNeel & Associates	Proprietário
SOLID EDGE	Siemens PLM Software	Proprietário
SOLIDWORKS	Dassault Systèmes	Proprietário
SKETCHUP	Trimble Navigation, Ltd.	Proprietário (possui versão gratuita)

(continua)

Quadro 4.1 Principais sistemas de CAD 3D mecânicos proprietários e gratuitos. (*continuação*)

Sistemas CAD 3D	Empresa	Natureza
FreeCAD	--	Gratuito
OpenSCAD	--	Gratuito
OpenCASCADE	--	Gratuito

Problemas decorrentes de erros na modelagem CAD

A modelagem CAD deve ser realizada seguindo alguns critérios para que o modelo possa ser utilizado nos programas de interface com as tecnologias de AM. Quando isso não acontece, alguns problemas geométricos impedem a formação de um sólido fechado e, consequentemente, a geração de uma malha apropriada para o uso na AM. A seguir, serão apresentados os principais problemas nas geometrias das peças decorrentes de erros na modelagem 3D.

a) Superfícies não conectadas

Esse problema ocorre na modelagem de superfícies quando, aparentemente, duas superfícies próximas formam um volume fechado. Dependendo da distância entre essas superfícies e das precisões numéricas envolvidas, pode haver uma interpretação de que as superfícies não estão conectadas, como indicado na Figura 4.1a. A forma correta de se modelar utilizando superfícies deve gerar volumes completamente fechados com todas as suas superfícies conectadas, como as da Figura 4.1b.

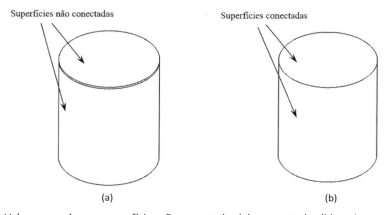

Figura 4.1 Volume gerado com superfícies não conectadas (a) e conectadas (b).

b) Sólidos não conectados

Esse é um erro, normalmente, originado no momento de construir o modelo, ou seja, relacionado com o usuário do sistema CAD. Dois ou mais sólidos não conectados na modelagem 3D, mas aparentemente conectados em virtude da mínima distância entre eles, representam ser um modelo único. Isso faz com que as superfícies desses sólidos sejam quase coincidentes, mas, ainda assim, existe uma distância quase infinitesimal entre essas superfícies, que depende da precisão do programa CAD utilizado. Quando o modelo é convertido para algum formato para uso na AM, usualmente o STL, o algoritmo de geração de malha reconhece essa configuração como dois sólidos, criando também duas malhas independentes e superfícies "quase" coincidentes. O resultado é que um estreito espaço entre esses sólidos é gerado, fragilizando o protótipo resultante e podendo, nos casos mais graves, até causar descolamento. Isso não faz qualquer diferença para os processos convencionais como a usinagem, pois a peça é originada de um bloco compacto de material. A Figura 4.2a ilustra um corte em uma "montagem" de dois sólidos simples com a interface entre eles bastante visível. O mesmo corte é feito em um sólido obtido da união dos dois anteriores, não havendo uma interface entre eles como na Figura 4.2b.

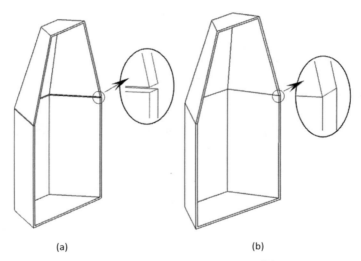

(a)   (b)

Figura 4.2   Modelagem de sólido não conectado (a) e sólido único (b).

c) Sobreposição de superfícies

A sobreposição de superfícies gera uma malha com triângulos sobrepostos e acontece quando se utiliza um modelador de superfície para a modelagem da peça. Esse problema é difícil de se detectar antes de iniciar o planejamento de processo, e deve ser corrigido na modelagem CAD.

Portanto, a correta modelagem é um passo crítico para se obter modelos adequados ao uso na AM. Deve-se, assim, evitar que esses problemas tenham que ser corrigidos com um retrabalho ou mesmo com o uso de ferramentas computacionais específicas para essa função.

4.2.2 DIGITALIZAÇÃO TRIDIMENSIONAL

A digitalização 3D (também denominada escaneamento) permite a obtenção das superfícies externas de objetos por meio de *scanners* ou máquinas fotográficas. Esses equipamentos são capazes de capturar a geometria de um objeto físico, que, depois de tratada, é convertida em superfícies para serem utilizadas nos modelos de engenharia [1]. A digitalização 3D pode ser realizada por contato ou sem contato físico. Algumas das principais tecnologias são relacionadas no Quadro 4.2.

As tecnologias mais difundidas utilizam o *laser* ou a luz estruturada para a captura das geometrias [2]. Outra forma de obtenção da geometria externa é o uso da fotogrametria digital, em que o modelo 3D é reconstruído por meio de várias imagens de diferentes vistas do objeto. Como exemplo de programa para tratar essas várias imagens e montar o modelo 3D, pode-se citar o REMAKE, da Autodesk Inc., que, a partir de um conjunto de fotos do objeto, gera o arquivo STL.

Quadro 4.2   Principais tecnologias de digitalização 3D.

Escaneamento 3D	
Com contato	**Sem contato**
• Apalpamento • Braço mecânico • Triangulação eletromagnética • Triangulação ultrassônica	• *Charge-coupled device* (CCD) linear • Fotogrametria digital • Radar *laser* • Triangulação por cores • Triangulação por *laser* • Tunelamento • Luz branca ou estruturada

A obtenção de modelos 3D também pode ser feita por sistemas de medição de coordenadas ou por apalpamento, porém o processo de obtenção dos pontos da superfície do objeto é lento e difícil de realizar em regiões oclusas. Para a maioria dos processos de digitalização 3D, inicialmente, é obtida uma nuvem de pontos distribuídos na superfície do objeto, os quais, em seguida, podem ser transformados em superfícies para edição e correção em um sistema CAD 3D. Esse processamento da nuvem de pontos é feito por uma classe de sistemas de *softwares* especializados, gerando, em geral, superfícies NURBS (*non-uniform rational b-spline*), que reproduzem com fidelidade a geometria digitalizada.

4.2.3 TOMOGRAFIA COMPUTADORIZADA, RESSONÂNCIA MAGNÉTICA E ULTRASSOM 3D

Outra forma de se obter modelos 3D, inclusive com informações internas das estruturas, é por meio de tecnologias de imagens não invasivas como a tomografia (ou microtomografia) computadorizada (TC), a ressonância magnética (RM) e, mais recentemente, a ultrassonografia. Nessas modalidades, as informações da anatomia interna de um paciente ou objeto são tratadas por sistemas específicos de segmentação e reconstrução 3D. No caso da TC, é possível obter a radiodensidade dos tecidos ou materiais componentes da estrutura do objeto, isto é, a média de absorção de raios X por essas regiões. A radiodensidade é traduzida para imagens em níveis de cinza em uma escala denominada *Hounsfield* [3]. Os tons mais claros representam regiões mais densas, como os ossos, e os mais escuros, as menos densas, como a pele e os músculos, no caso de tomografia médica.

A TC também é um recurso bastante utilizado na engenharia, com os tomógrafos industriais, para a engenharia reversa de estruturas internas, o que não é possível com qualquer outro *scanner* de superfície. É útil também na análise estrutural de peças ou sistemas, avaliando a sua integridade com ensaios não destrutivos da amostra.

A RM utiliza um campo magnético de alta intensidade para orientar o *spin* do átomo de hidrogênio. Por meio da rádiofrequência, utilizando-se uma bobina receptora, o decaimento dessa orientação é medido [4]. De uma maneira simplificada, o decaimento é proporcional ao hidrogênio presente nos tecidos ou estruturas, em resumo, a quantidade de água em cada um deles, e, dessa maneira, consegue distinguir tecidos diferentes, medindo, assim, a composição de cada um e representando-os numa escala em níveis de cinza. No caso da RM médica, essa tecnologia não é a mais adequada para a representação de tecidos com pouca água, como ossos, no entanto, tem a vantagem de captar imagens de tecidos moles com excelente qualidade, diferenciando com um evidente contraste tecidos de diferentes densidades e composições, sem oferecer riscos ao paciente por não envolver radiação ionizante como na TC.

A ultrassonografia 3D é uma modalidade de imagem médica que tem sido bastante difundida ultimamente, em especial para diagnóstico de anomalias fetais [5] ou funcionamento inadequado de alguns órgãos. É baseada na emissão e na recepção de ondas acústicas e na forma como os tecidos refletem essas ondas, que são, em seguida, captadas por um sensor e processadas computacionalmente. A ultrassonografia 3D exige que a captação das imagens seja feita de forma estruturada para permitir a reconstrução 3D. É considerada uma modalidade de imagem médica inofensiva, apesar de serem discutidos os possíveis danos da energia que é transferida e refletida pelos tecidos [6]. É uma modalidade de imagem extremamente "ruidosa" e, portanto, a segmentação (separação dos diferentes tecidos) automática ou semiautomática é bastante dificultada, com resultados em termos de modelos 3D ainda pouco satisfatórios.

Todas as aquisições de imagens realizadas por meio de *scanners* médicos, objetivando a reconstrução 3D de tecidos ou órgãos, devem seguir protocolos adequados e ser feitas utilizando padrões de interoperabilidade da área médica como o padrão internacional DICOM (*Digital Imaging and Communication in Medicine*), que é a linguagem de arquivos para programas específicos de diagnóstico e reconstrução 3D.

Os programas são utilizados para a separação da anatomia de interesse e, em seguida, para a geração do arquivo 3D da estrutura anatômica, o qual poderá ser utilizado no planejamento de cirurgias complexas, em reconstruções de regiões lesionadas ou mesmo no projeto de próteses ou guias para osteotomias. O arquivo 3D obtido, normalmente em formato STL, também pode ser impresso em equipamentos de AM para servir como referência e simulação da cirurgia real. Esse tema é tratado com mais detalhes no Capítulo 14, que trata das aplicações da AM para a área da saúde.

4.3 FORMATO STL

O formato de arquivo STL foi desenvolvido em 1988 pelo *Albert Consulting Group*, sob demanda da 3D Systems Inc., dos Estados Unidos [7]. Esse formato caracteriza-se por ser uma forma simples e robusta de representar modelos tridimensionais por meio de uma malha triangular que recobre todas as superfícies de um objeto. Cada elemento triangular da malha STL é independente, possui três vértices e contém um vetor normal unitário que aponta sempre para onde não há material (parte externa da peça) (Figura 4.1). Assim, os vetores normais servem para distinguir em que região deve existir material.

O formato STL ainda é considerado um padrão *de facto* da indústria de equipamentos de AM e está implementado em todos os sistemas CAD 3D. A concepção básica dessa representação é oferecer a possibilidade de ser interpretada por qualquer sistema de AM, independentemente dos recursos computacionais ou do sistema operacional utilizados. Isso a torna altamente portável, conferindo um caráter de interoperabilidade muito útil no universo de equipamentos e programas que atuam nessa área.

4.3.1 REGRAS DE FORMAÇÃO DOS TRIÂNGULOS NO ARQUIVO STL

Para a tecelagem da malha de triângulos sobre as superfícies, são observadas as seguintes regras básicas de formação:

1) Regra da mão direita: a sequência dos vértices (1, 2 e 3) de cada triângulo, com suas respectivas coordenadas cartesianas, deve ser tal que, utilizando a regra da mão direita, seja possível definir o interior e exterior das superfícies. A sequência dos vértices de cada triângulo é listada no sentido anti-horário (Figura 4.3).

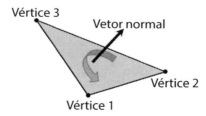

Figura 4.3 Regra da mão direita para a orientação do vetor normal.

2) Conexão vértice-vértice: dois triângulos vizinhos compartilham única e exclusivamente dois vértices, como na Figura 4.4a. Havendo compartilhamento de três ou mais vértices ou dois ou mais triângulos como vizinhos de um vértice, isso significa uma degeneração, e a malha passa a ser inválida, como na Figura 4.4b.

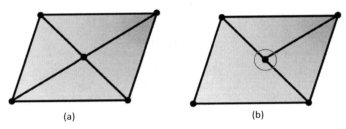

Figura 4.4 Configuração de triângulos em STL válida (a) e inválida (b).

4.3.2 FORMATO DE ARQUIVO STL NA REPRESENTAÇÃO ASCII

A representação de um arquivo STL em ASCII (*American Standard Code for Information Interchange*), caracteres de texto, é utilizada de modo que este possa ser interpretado de forma fácil e inteligível por pessoas ou por diferentes plataformas computacionais. Essa forma de representar é mais utilizada quando se desenvolvem sistemas computacionais ou, por algum motivo, é necessário que sejam interpretados por pessoas para fins de pesquisa, ou mesmo quando é desejada a interoperabilidade entre diferentes sistemas computacionais.

O arquivo STL na representação ASCII é editável (Figura 4.5a) e apresenta os valores numéricos em ponto flutuante das coordenadas cartesianas (x, y, z) dos vértices de cada triângulo da malha que representa o objeto. Associado a esses vértices, é definido o vetor de norma unitária de acordo com a regra da mão direita (Figura 4.5b).

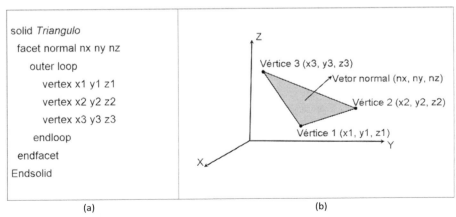

Figura 4.5 Representação de malha STL com a sintaxe do arquivo STL (ASCII) para o triângulo (a) e triângulo no formato STL (b).

4.3.3 FORMATO DE ARQUIVO STL NA REPRESENTAÇÃO BINÁRIA

A representação de dados em formato binário torna o arquivo mais compacto, porém pouco inteligível para fins de interpretação humana e menos portável entre diferentes plataformas computacionais. Esse formato consiste de um cabeçalho de 84 bytes com informações do arquivo e o número de triângulos, seguido por blocos de dados representando os vários triângulos, como apresentado no Quadro 4.3. Cada bloco de dados contém 50 bytes, sendo que cada um dos três vértices e o vetor normal utilizam 12 bytes, e os 2 últimos bytes não são designados e podem ser utilizados para representação de cores, o que é melhor detalhado na próxima seção.

Quadro 4.3 Estrutura de representação de arquivo STL binário.

	Tipo de dado	Tamanho
Cabeçalho:		
Descrição	Ascii	80 bytes
nº de triângulos	nº inteiro sem sinal	4 bytes (long)
Dados:		
Vértice 1	3x Flutuante	12 bytes
Vértice 2	3x Flutuante	12 bytes
Vértice 3	3x Flutuante	12 bytes
Normal	3x Flutuante	12 bytes
Atributo	nº inteiro sem sinal	2 bytes (para representar cores)

Por resultar em um tamanho do arquivo menor que o do formato ASCII, normalmente, a representação binária é a forma mais utilizada e é configurada como opção *default* na maioria dos sistemas CAD. Como exemplo, um arquivo STL contendo o modelo de uma esfera de 100 mm de diâmetro pode ter mais de 9 Mb na representação ASCII e ser reduzido para 1,6 Mb de tamanho se gravado na representação binária, para os mesmos parâmetros de controle de geração da malha.

4.3.4 ARQUIVO STL EM CORES

Comumente, a representação de um objeto pelo formato STL não permite incluir atributos de cores. No entanto, a representação de cores pode ser possível, acompanhando a evolução de alguns processos de AM que incluem esse atributo para produzir peças coloridas. Normalmente, usa-se o último atributo do bloco de dados da representação STL binária, conforme discutido na seção anterior, para atribuir cor a cada triângulo individualmente. A cor do triângulo é determinada por uma composição de RGB (*red*, *green*, *blue* – vermelho, verde e azul, representação-padrão de cores em sistemas computacionais), utilizando, para cada uma das componentes básicas (R, G ou B), 5 bits, o que soma um total de 15 bits. O último bit dos 16 bits reservados para essa representação não é utilizado, como mostrado na Tabela 4.1. Cada componente pode, então, assumir $2^5 = 32$ valores diferentes (entre 0 e 31) que, combinados, podem representar até $32 \times 32 \times 32 = 32.768$ diferentes cores. Esses arquivos podem ser interpretados normalmente por sistemas monocromáticos de AM que simplesmente ignoram a informação de cor.

Tabela 4.1 Representação de cores no formato STL.

Bit	0	1	2	3	4	5	6	7	8	9	A	B	C	D	E	F
Cor		*BLUE*					*GREEN*					*RED*				Não usado
Faixa		0-31					0-31					0-31				

4.3.5 DEFICIÊNCIAS DO FORMATO STL

Apesar de ser relativamente simples, o formato STL tem alguns problemas intrínsecos. Os arquivos STL não contêm informações topológicas que garantam a conectividade e a consistência da malha, a direção do vetor normal não é totalmente confiável e há redundância de dados, o que resulta em tamanho excessivo dos arquivos. Além disso, este não representa cor, acabamento superficial, tipo de material e materiais com gradação funcional (*functionally graded materials* – FGM). Destaca-se também que os arquivos STL não trazem nenhuma informação sobre a unidade de medida utilizada, o que pode implicar em erros, por exemplo, entre medidas em milímetros e polegadas. Em função disso, no momento da importação, cabe ao usuário estar atento à unidade de medida correta.

Em particular, a forma de representação de um modelo tridimensional, em que cada triângulo possui as coordenadas dos seus vértices, independente dos demais triângulos da malha, é bastante redundante. Isso implica que os valores das coordenadas dos vértices são repetidos para todo compartilhamento de vértice, conforme mostrado na Figura 4.6. Isso pode acontecer inúmeras vezes, dependendo da complexidade da representação, e resulta num arquivo muito maior que o gerado originalmente pelo sistema CAD. Quanto maior for o número de vértices compartilhados, maior será a redundância e, consequentemente, o tamanho do arquivo resultante para representar o modelo 3D.

Por fim, a qualidade da malha é diretamente dependente da qualidade dos algoritmos geradores de malha implementados nos módulos de exportação dos sistemas CAD. Várias inconsistências podem ser geradas em função de esses algoritmos não serem suficientemente robustos. Em muitos casos, a reparação da malha gerada com problemas é uma tarefa onerosa, necessitando da utilização de ferramentas especiais e muita atenção e paciência para garantir a fidelidade da geometria modelada. Mais detalhes de formato de arquivo STL, problemas e soluções de reparos estão disponíveis em Chua et al. [7].

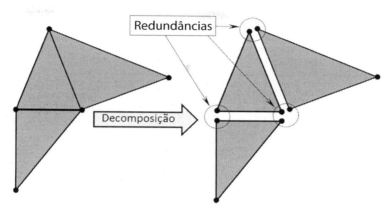

Figura 4.6 Redundâncias de vértices no formato de arquivo STL.

4.4 EXPORTAÇÃO DE ARQUIVOS STL EM SISTEMAS CAD 3D

Como o formato STL tem sido considerado um padrão *de facto* para a transmissão de dados entre sistemas CAD e equipamentos de AM, todos os programas CAD oferecem um módulo de exportação de dados de sua representação nativa para o STL. A utilização desses módulos apresenta certa facilidade, pois, normalmente, a exportação é uma simples operação de gravação de arquivo com diferente extensão (tipo de arquivo). Alguns sistemas CAD atribuem por *default* os parâmetros de geração de malha, considerando a solução de compromisso entre qualidade e tamanho do arquivo, o que funciona bem na maioria dos casos. No entanto, isso não é regra, por isso, é possível a atribuição, pelo usuário, dos parâmetros durante a exportação para o formato STL.

Na conversão do modelo sólido ou de superfícies fechadas para a malha STL, existe uma aproximação das superfícies do modelo CAD 3D por uma malha de triângulos. O número de triângulos que compõem essa malha é determinante para a precisão do modelo STL obtido. Partindo do princípio de que a representação perfeita seria possível somente com um número infinito de triângulos, é necessário determinar parâmetros de controle da malha, de forma a se obter a melhor precisão com o menor tamanho de arquivo. Existem vários parâmetros que poderiam ser utilizados para controlar a malha gerada, porém os mais utilizados pelos sistemas CAD são o comprimento da corda ou flecha e o ângulo de controle, como descrito na seção seguinte.

4.4.1 COMPRIMENTO DA CORDA (FLECHA)

Esse parâmetro determina a máxima distância ou desvio entre a superfície do modelo 3D e a superfície do triângulo que compõe a malha STL (Figura 4.7). Quanto menor for o valor estabelecido para o comprimento da corda, maior será a precisão do modelo em STL e, consequentemente, maior será o tamanho do arquivo que o representa.

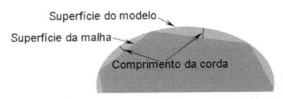

Figura 4.7 Definição de comprimento da corda.

4.4.2 ÂNGULO DE CONTROLE

O ângulo de controle é utilizado para especificar uma tolerância para curvas com raios pequenos e os detalhes de pequenas dimensões do modelo. Para esses detalhes de pequenas dimensões, o comprimento da corda não é suficiente para manter a integridade da geometria, mesmo especificando valores muito baixos para ele. Os sistemas CAD, normalmente, utilizam valores que variam entre 0 e 1, conforme a Equação (4.1), para definir um valor de corda efetivo a ser aplicado nos pequenos detalhes do modelo [8]:

$$Ce = [\, r\, /\, (D/10)\,]^{\alpha} \times C \tag{4.1}$$

Em que:

Ce = comprimento efetivo da corda a ser aplicado nos pequenos detalhes do modelo;

r = raio do menor detalhe do modelo;

D = maior diagonal do paralelepípedo que envolve completamente o modelo (maior dimensão do modelo);

α = ângulo de controle;

C = comprimento da corda.

Aplicar valores de ângulo de controle igual a zero significa que o comprimento efetivo da corda aplicado aos pequenos detalhes é igual ao comprimento da corda, e não existe qualquer melhoria na representação de curvas com pequenos detalhes.

Os sistemas CAD têm a sua própria definição de ângulo de controle, podendo ser diferente dessa aqui apresentada, não fornecendo detalhes de como são as relações. Em alguns desses sistemas, por exemplo, uma maior definição no modelo é conseguida com o parâmetro de controle mais próximo de zero, contrária à definição dada pela Equação (4.1).

4.4.3 QUALIDADE DA REPRESENTAÇÃO STL

A conversão do modelo sólido em um modelo de representação de malhas de polígonos, como é o caso do STL, inevitavelmente conduz a erros de aproximação de superfícies contínuas e regulares por facetas que, por menores que sejam, não conseguem representar de forma suavizada essas superfícies. A título de ilustração, apresentam-se, na Figura 4.8, as representações de uma esfera em STL com diferentes parâmetros de controle, conforme detalhado na Tabela 4.2.

Salienta-se que os tamanhos de arquivos relacionados na Tabela 4.2 estão descritos no formato binário. Se esses mesmos arquivos fossem descritos em formato ASCII, teriam aproximadamente seis vezes o tamanho dos listados nesta tabela e, no caso mais restritivo de ângulo e flecha, o arquivo teria 143.124 Kbytes e, por consequência, uma maior exigência em processamento.

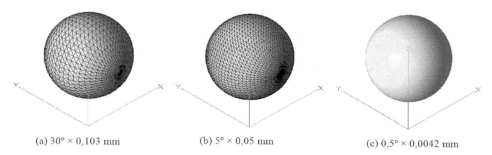

(a) 30° × 0,103 mm   (b) 5° × 0,05 mm   (c) 0,5° × 0,0042 mm

Figura 4.8 Esfera representada por malha STL com parâmetros de ângulo e flecha conforme Tabela 4.2.

Tabela 4.2 Parâmetros de controle dos arquivos STL da Figura 4.8.

Modelo	Esfera STL					
	(a)		(b)		(c)	
Parâmetros de controle STL	Ângulo (graus)	Flecha (mm)	Ângulo (graus)	Flecha (mm)	Ângulo (graus)	Flecha (mm)
	30	0,1030	5	0,0500	0,5	0,0042
Número de triângulos	2.352		5.040		516.960	
Tamanho do arquivo (Kbytes)	115		247		25.243	

4.4.4 ALGUMAS CONSIDERAÇÕES PRÁTICAS SOBRE GERAÇÃO DE ARQUIVOS STL

Os arquivos devem sempre ser gerados em formato binário para redução de tamanho, a não ser quando necessário para alguma aplicação que assim o exija.

Na maioria das vezes, as opções *default* garantem uma boa solução de compromisso entre qualidade do modelo em termos de precisão no facetamento e tamanho do arquivo, mas recomenda-se que sejam verificados os limites dos parâmetros. Alguns sistemas utilizam valores normalizados entre 0 (melhor qualidade e maior tamanho do arquivo) e 1 (pior qualidade e menor tamanho do arquivo), devendo o usuário fazer alguns testes para definir os seus valores normalizados para uma boa precisão do modelo e um tamanho de arquivo aceitável.

Um erro muito comum, e que ocorre principalmente com os novos usuários de AM, é a geração de arquivos STL com um número reduzido de triângulos por desconhecimento dos parâmetros de controle na geração desses arquivos e a não verificação do modelo obtido em STL. Isso causa um facetamento exagerado nas superfícies curvas, que será transmitido para o modelo físico fabricado. Por outro lado, é também comum o usuário ser induzido a acreditar que gerar arquivos STL com parâmetros extremamente restritivos seria o ideal e, por consequência, uma excessiva utilização de memória computacional seria necessária para trabalhar esses arquivos.

Outras considerações que devem ser levadas em conta na exportação do arquivo STL utilizando sistemas CAD são as seguintes:

- Tolerância de adjacência: permite ao usuário entrar com valor que o sistema utiliza como tolerância para definir se bordas adjacentes de duas superfícies são conectadas ou não. Se a distância entre duas bordas adjacentes for menor que o valor definido para a tolerância, as duas bordas são consideradas coincidentes, e as superfícies, conectadas.

- Montagens: é possível a obtenção de arquivos STL de montagens, bastando, para isso, carregar todos os modelos componentes da montagem e optar por gerar o STL de todos simultaneamente. É possível verificar interferências na montagem em STL antes de se gerar o arquivo final.

Como última sugestão, é recomendável que seja verificada visualmente a qualidade da geração do modelo STL. Isso pode ser realizado importando o modelo STL no próprio sistema CAD gerador (alguns sistemas, inclusive, mostram o modelo na hora de salvar) ou então utilizando algum visualizador gratuito, que oferece esse recurso.

A solução para representação de uma geometria seguindo as regras de formação do arquivo STL não é única. Portanto, ainda há muito investimento, principalmente das empresas que fornecem produtos para a área de AM, em algoritmos eficientes para a geração da malha STL contendo uma quantidade de triângulos de forma a atender a parâmetros de controle os mais restritos possíveis.

Quando se manipula arquivos STL com geometria complexa e/ou vários arquivos STL simultaneamente, a memória RAM e o processador do computador ficam sobrecarregados. Nesses casos, exigem-se equipamentos com uma maior capacidade de processamento e, portanto, mais caros. Quando não se dispõe de um equipamento adequado, a atividade não poderá ser realizada ou o usuário deverá ter paciência para realizar o trabalho de forma improdutiva.

Representação geométrica 3D para AM

É importante observar que as dimensões físicas do modelo CAD não determinam o tamanho do arquivo STL. Em outras palavras, os modelos de componentes com grandes dimensões não necessariamente geram arquivos extensos em quantidade de triângulos, e vice-versa. A quantidade de triângulos depende exclusivamente da complexidade da geometria do modelo, sendo necessário o refinamento da malha para representar detalhes, mudanças de planos ou superfícies complexas.

4.5 PROBLEMAS MAIS COMUNS ENCONTRADOS NOS ARQUIVOS NO FORMATO STL

Os problemas mais comuns que ocorrem na malha dos arquivos STL estão relacionados às falhas na geração dos triângulos decorrentes, aos algoritmos dos sistemas CAD serem pouco robustos ou ineficientes e também a problemas originados na modelagem. Isso leva à necessidade de utilização de ferramentas de pré-processamento para o reparo dessas falhas e a melhoria da malha de triângulos. Normalmente, essas ferramentas de pré-processamento são executadas em computador diferente do alocado para fazer o controle do equipamento de AM.

Nesta seção, são apresentadas as classes de problemas ou ocorrências mais comuns com arquivos STL.

4.5.1 PROBLEMAS DECORRENTES DOS ALGORITMOS DOS SISTEMAS CAD

a) Malha com falhas ou aberturas por falta de triângulos

Os triângulos do arquivo STL devem recobrir totalmente a superfície do modelo. Se, por algum motivo, houver a falta de triângulos, essas superfícies passam a apresentar aberturas, não definindo de forma precisa os limites e a forma do objeto modelado. No momento que o arquivo contendo a malha com falhas for fatiado pelos sistemas de planejamento de processo de AM, pela interseção de planos perpendiculares ao eixo Z de construção, serão obtidos contornos abertos nas camadas 2D. A Figura 4.9 ilustra um exemplo de uma esfera com uma abertura causada por falta de triângulos na malha.

A Figura 4.10a ilustra o processo de fatiamento de uma seção em uma altura em que o plano de corte não intersecta nenhuma região com aberturas na malha. Essa seção 2D, formada por segmentos de reta compondo um contorno fechado, é considerada válida. A Figura 4.10b ilustra a mesma esfera com uma seção a uma altura em que o plano de corte intersecta regiões com ausência de triângulos na malha. Pode-se observar que essa seção 2D não possui um contorno fechado, sendo considerada inválida para ser interpretada pelos sistemas de planejamento de processo de AM.

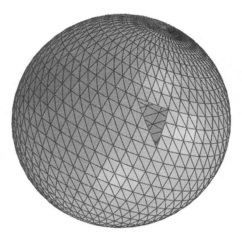

Figura 4.9 Malha STL de uma esfera em que faltam triângulos.

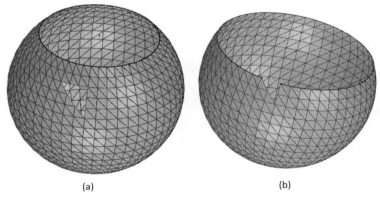

(a) (b)

Figura 4.10 Fatiamento da esfera facetada em altura de seção válida (a) e inválida (b).

b) Malha com degeneração de triângulos

A degeneração ocorre quando a área interna dos triângulos é tão pequena que o vetor normal inexiste. A degeneração de triângulos pode ocorrer em uma das seguintes situações:

- Degeneração topológica: ocorre quando pelo menos dois vértices de triângulos adjacentes são coincidentes ou tão próximos que podem ser considerados coincidentes, resultando em área interna nula (Figura 4.11). Isso tende a ocorrer em regiões da peça com muitos detalhes, necessitando de triângulos pequenos para reproduzir fielmente a geometria, e também ocorre pela conversão de uma geometria de maior precisão no sistema CAD para uma de menor precisão na representação STL [9]. Esse tipo de degeneração não afeta a estrutura da malha, e a geometria e a conectividade dos triângulos remanescentes permanecem válidas. Portanto, os triângulos degenerados podem ser descartados, e o resultado continua a ser uma malha válida. Pode-se observar, na

Figura 4.11, que o descarte do triângulo C degenerado (vértices 2 e 3 coincidentes) ainda mantém intacta a estrutura da malha.

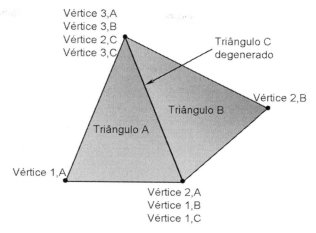

Figura 4.11 Degeneração topológica.

- Degeneração geométrica: ocorre quando os três vértices são pontos diferentes, porém colineares, ou seja, compartilham a mesma reta. Nesse caso, a área interna resultante também é nula. Observa-se, na Figura 4.12, que os vértices 1, 2 e 3 do triângulo C são colineares, e a eliminação desse triângulo gera uma malha inválida com um vértice no meio de uma aresta do triângulo B (Seção 4.3.1). A malha deve ser reconstruída com os vértices resultantes. O triângulo B pode ser dividido em dois para manter a consistência da malha, conectando-se os vértices 2,B e 3,A, que é o mesmo ponto de 2,D.

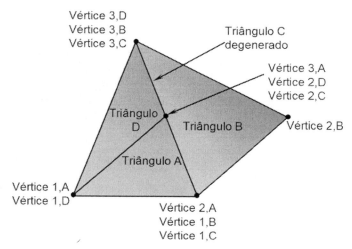

Figura 4.12 Degeneração geométrica.

c) Interseção de triângulos

Quando dois ou mais triângulos se intersectam, ferem as regras de compartilhamento de vértice-vértice (Seção 4.3.1), como na Figura 4.13. Isso pode acontecer, principalmente, nas bordas de alguns modelos, resultado da não limitação das superfícies que se cruzam. A correção é feita eliminando-se os triângulos que se encontram nessas condições, refazendo-se a malha. Isso pode ser realizado por sistemas computacionais específicos, mas há sempre o risco de perder informações da geometria original.

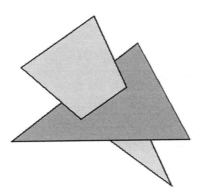

Figura 4.13 Interseção de triângulos.

d) Inversão dos vetores normais

A inversão de normais, ou normais inconsistentes, acontece quando a regra da mão direita para orientação da normal em relação ao triângulo não é respeitada ou quando a sequência dos vértices (1, 2 e 3) é indicada de forma errada pelo gerador da malha e, aplicando-se a regra da mão direita, a normal aponta para o lado oposto ao correto. A Figura 4.14a ilustra o efeito da inversão da normal quando esse arquivo é aberto pelas ferramentas de edição de arquivos STL (ver Seção 4.6). Como o usuário visualiza a peça com esse problema, basta utilizar algumas ferramentas existentes na maioria dos programas de planejamento de processo das tecnologias de AM para corrigir a direção da normal de forma automática, resultando no modelo corrigido, como o exemplo mostrado na Figura 4.14b. Mesmo quando os vetores normais são consistentes com a regra da mão direita, pode haver uma inversão de triângulos, indicando direção contrária ao modelo. Nesses casos, é também necessário inverter o vetor normal e, por consequência, a ordem dos vértices. A existência de normal invertida em uma malha só não gera problema para as ferramentas de fatiamento se essa tarefa for realizada de forma independente da informação dos vetores normais [10].

Representação geométrica 3D para AM 87

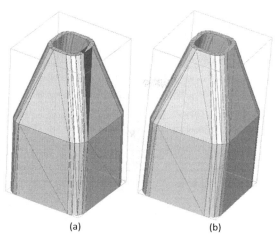

Figura 4.14 Correção com inversão automática dos vetores normais (a) e modelo corrigido (b).

e) Lógica da geração da malha de triângulos

Outra consideração a ser observada na representação STL é que a malha de triângulos depende da estratégia e da robustez do algoritmo implementado para a sua geração. Assim, diferentes malhas STL podem ser geradas para os mesmos parâmetros de controle e o mesmo modelo geométrico. É possível, então, que sejam obtidas diferenças significativas em termos de tamanho de arquivo, como ilustrado na Figura 4.15. Adicionalmente, isso pode causar sérias dificuldades para os sistemas de planejamento de processo que utilizam essa malha para gerar as fatias. Nessa figura, a malha (a) tem 6.152 triângulos e a malha (b) tem 3.960 triângulos, o que significa uma redução substancial do número de triângulos para a mesma precisão na representação do modelo 3D. Pode-se observar, na Figura 4.15b, que, no lado direito da esfera (indicado pela seta), há uma melhor distribuição do tamanho dos triângulos. Essa melhoria se deve a procedimentos mais eficientes de geração de malhas STL.

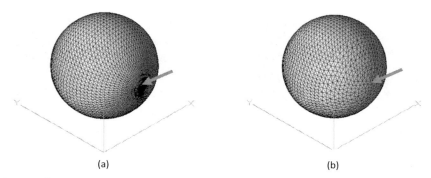

Figura 4.15 Diferentes malhas e tamanhos de arquivos para os mesmos parâmetros de controle da malha STL com a malha não otimizada (a) e com a malha otimizada (b).

4.6 FERRAMENTAS PARA MANIPULAÇÃO E CORREÇÃO DE ARQUIVOS NO FORMATO STL

Apesar de cada tecnologia de AM possuir um sistema de processamento do arquivo STL próprio, as ferramentas especializadas ou os aplicativos para manipulação e visualização de arquivos STL podem ser importantes para o planejamento de processo de AM. Essas ferramentas podem ser úteis desde a importação e a verificação da consistência dos dados até a preparação específica para o equipamento de AM a ser utilizado, gerando suportes e simulando o processo de fatiamento. São ferramentas que se propõem a auxiliar, de forma eficiente, o planejamento de processo, nem sempre fácil, completo e rápido, quando utilizando os aplicativos que acompanham os equipamentos de AM.

Com esse tipo de ferramenta, é possível, além da avaliação da consistência da malha, implementar melhoria de arquivos STL e montagem de volumes de construção para os processos de AM, considerando características do processo escolhido, requisitos de aplicação do protótipo e geometria dos modelos a serem fabricados. Essas ferramentas implementam algoritmos eficientes de melhoria da malha de triângulos e excelentes recursos para que o usuário possa planejar, simular e avaliar o tempo de construção da peça ou o conjunto delas.

Outra boa justificativa para se utilizar essas ferramentas, independentemente do sistema de AM, é a possibilidade de se executar o planejamento de processo enquanto o equipamento processa um planejamento realizado anteriormente. Isso torna as atividades de planejamento e construção do modelo independentes, liberando recursos computacionais da estação de trabalho dedicada para a função de controle.

Existem vários programas disponíveis no mercado, pagos ou gratuitos, como MAGICS e 3-matic STL (Materialize), Meshmixer e 3DS-MAX (Autodesk), Blender (Blender Foundation), CATIA (Dassault Systèmes), entre outros.

4.7 FORMATO AMF

O formato AMF (*additive manufacturing file format*) foi recentemente criado com o objetivo de suprir as principais deficiências encontradas no formato STL e atender melhor às necessidades da AM. Com ele, é possível incluir informações sobre unidade, cores, materiais, gradientes, múltiplas cópias, entre outras. Esse formato foi originalmente normatizado pela ASTM (*American Society for Testing and Materials*) com a designação F2915-11 [11]. Atualmente, constitui-se no padrão internacional ISO/ASTM 52915, criado em 2013 [12]. Esse padrão preconiza os seguintes preceitos:

- Independência de tecnologias: o formato deve ser capaz de representar com fidelidade a geometria, de tal forma que qualquer tecnologia de AM seja capaz de fabricá-la, utilizando, quando necessárias, as informações com as propriedades de cor, textura, múltiplos materiais, entre outras.

- Simplicidade: o formato deve ser fácil de implementar, entender, editar e depurar para encorajar a sua adoção pelos programas de CAD e pelos fabricantes das tecnologias de AM. Ele não deve armazenar informações redundantes.

- Adaptabilidade: deve adaptar-se facilmente tanto ao aumento da complexidade ou do tamanho da peça como à melhoria da resolução e da precisão na fabricação, decorrentes da melhoria dos equipamentos para AM.

- Desempenho computacional: o formato deve ser capaz de garantir um tempo razoável nas operações de escrita e leitura nos computadores. Também deve ter um tamanho adequado mesmo para peças complexas geometricamente.

- Compatibilidade com versões anteriores: qualquer arquivo STL pode ser convertido para o formato AMF sem a perda de informações e sem a necessidade de incluir mais informações do modelo. Da mesma forma, os arquivos AMF deverão permitir a conversão para o formato STL, mesmo com a perda de algumas características avançadas peculiares do arquivo de origem.

- Compatibilidade com versões futuras: o formato deve ser versátil para permitir fácil adaptabilidade às evoluções das futuras tecnologias de AM sem perder a compatibilidade com as versões anteriores.

O formato AMF é armazenado no padrão XML (*extensible markup language*), que é um arquivo de texto editável e largamente utilizado na *internet*. Uma novidade em relação ao formato STL é que o modelo poderá ser representado não apenas por uma malha de triângulos planos como na Figura 4.16a, mas também por triângulos de lados curvos ou por superfícies curvas triangulares, como nas Figuras 4.16b e 4.16c, para diminuir o número de triângulos e o tamanho do arquivo, bem como representar com maior precisão algumas geometrias. Nesse caso, nos vértices, são usados vetores normais ou tangentes para aumentar a precisão da representação (curvas de Hermite de segundo grau) [13].

Paul e Anand [13] comentam que, embora o formato AMF possa utilizar triângulos curvos para representar melhor as geometrias curvas, no momento do fatiamento, eles são subdivididos em triângulos planares, o que leva ao mesmo erro de aproximação que ocorre no formato STL. Esses autores apresentam outra solução (*curved Steiner patches*) para representar melhor as geometrias curvas que pode ser utilizada no fatiamento.

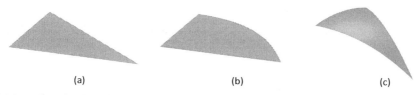

Figura 4.16 Triângulo plano (a), triângulo com uma aresta curva (b) e superfície curva triangular (c).

O cubo mostrado na Figura 4.17a foi modelado no programa CAD Solidworks 2015 com lado igual a um metro, faces coloridas e material acrilonitrila butadieno estireno (ABS). O arquivo resultante salvo no formato AMF é mostrado na Figura 4.17b, em que se observa, nos quadros destacados, de cima para baixo, as seções do arquivo com as informações da versão em XML contendo unidade de medida, agrupamento de peças (*constellation*), cores, coordenadas dos vértices dos triângulos, mapeamento dos triângulos e material. O arquivo ainda permite que sejam identificados mais de um material para a mesma peça, propriedades mecânicas diferentes para regiões distintas da peça, como materiais com gradação funcional, entre outros.

```
<?xml version="1.0" encoding="UTF-8"?>
<amf unit="meter" version="1.1" xml:lang="en">
<constellation id="0"><instance objectid="253"/></constellation>
<object id="253" type="model" materialid="1">
<color><r>1</r><g>1</g><b>1</b></color>
<mesh><vertices><vertex>
<coordinates><x>-0.05</x><y>-0.05</y><z>-0.05</z></coordinates>
</vertex><vertex>
<coordinates><x>0.05</x><y>-0.05</y><z>-0.05</z></coordinates>
</vertex><vertex>
<coordinates><x>-0.05</x><y>-0.05</y><z>0.05</z></coordinates>
</vertex><vertex>
<coordinates><x>0.05</x><y>-0.05</y><z>0.05</z></coordinates>
</vertex><vertex>
<coordinates><x>-0.05</x><y>0.05</y><z>-0.05</z></coordinates>
</vertex><vertex>
<coordinates><x>0.05</x><y>0.05</y><z>-0.05</z></coordinates>
</vertex><vertex>
<coordinates><x>-0.05</x><y>0.05</y><z>0.05</z></coordinates>
</vertex><vertex>
<coordinates><x>0.05</x><y>0.05</y><z>0.05</z></coordinates>
</vertex></vertices>
<volume><triangle><v1>2</v1><v2>6</v2><v3>0</v3></triangle>
<triangle><v1>6</v1><v2>4</v2><v3>0</v3></triangle>
<triangle><v1>1</v1><v2>2</v2><v3>0</v3></triangle>
<triangle><v1>4</v1><v2>1</v2><v3>0</v3></triangle>
<triangle><v1>5</v1><v2>3</v2><v3>1</v3></triangle>
<triangle><v1>3</v1><v2>2</v2><v3>1</v3></triangle>
<triangle><v1>4</v1><v2>5</v2><v3>1</v3></triangle>
<triangle><v1>7</v1><v2>6</v2><v3>2</v3></triangle>
<triangle><v1>3</v1><v2>7</v2><v3>2</v3></triangle>
<triangle><v1>5</v1><v2>7</v2><v3>3</v3></triangle>
<triangle><v1>6</v1><v2>7</v2><v3>4</v3></triangle>
<triangle><v1>7</v1><v2>5</v2><v3>4</v3></triangle>
</volume></mesh>
</object><material id="1">
<metadata type="Name">ABS</metadata></material></amf>
```

(a)   (b)

Figura 4.17   Exemplo de arquivo AMF: cubo colorido de ABS (a) e conteúdo do arquivo AMF (b).

Representação geométrica 3D para AM

Cabe ressaltar, no exemplo da Figura 4.17, que cada vértice do cubo aparece uma única vez no arquivo, e todas as faces que o utilizam indicam os três vértices correspondentes. Elimina-se, assim, um dos grandes problemas do formato STL, que é a redundância na representação dos vértices para cada triângulo.

Destaca-se, ainda, que os parâmetros relacionados na Tabela 4.2, utilizados para arquivos STL, são os mesmos para a geração de arquivos AMF, e os problemas relacionados nas Seções 4.2.1 e 4.5.1, relacionados a modelagem, desvios etc., também podem ser aplicados ao formato AMF.

O uso do formato AMF como padrão para todas as tecnologias de AM ainda não é um consenso, no entanto, alguns sistemas CAD já estão sendo atualizados com módulos de importação e exportação para o AMF, e a expectativa é que ele se torne o padrão para todas as tecnologias de AM nos próximos anos.

4.8 FORMATO VRML

O formato VRML (*virtual reality modeling language*) foi criado com o objetivo de permitir que modelos 3D pudessem ser visualizados por meio de *browsers* da *internet*. Esse formato possui as coordenadas da nuvem de pontos da superfície 3D e suas cores, mas também informações não tão relevantes para AM, como transparência, animações, luzes, sons e *links* de navegação. Apesar disso, foi proposto como um possível substituto do formato STL na AM [14].

A primeira versão (VRML 1.0) foi concebida em 1994, considerando três requisitos principais: independência de plataforma, extensibilidade e eficiência mesmo em conexões com pequena largura de banda da *internet*. Uma desvantagem desse formato para a AM é que, embora represente bem superfícies, o mesmo não acontece com sólidos, e isso impede, por exemplo, a reprodução de peças de materiais com gradação funcional [15]. A maioria dos programas de CAD permite a conversão dos seus modelos 3D para o formato VRML (extensão .wrl).

4.9 FORMATO CLI

O formato CLI (*common layer interface*) foi desenvolvido em um projeto europeu denominado Brite-EuRam financiado pela EARP (*European Action on Rapid Prototyping*) [16]. A proposta foi que o CLI fosse independente de um fornecedor específico.

Esse formato foi originalmente concebido visando atender melhor às tecnologias de AM e tem a geometria organizada em contornos 2D fechados das camadas dispostas em ordem ascendente, em que a primeira camada (*blind slice*) apresenta apenas a informação sobre o ponto mais baixo da peça. Cada camada inicia com o valor da sua altura e é representada por linhas poligonais (*polylines*) no sentido horário, definindo os contornos internos, e no sentido anti-horário, definindo os contornos externos que não podem intersectar outro contorno ou ele próprio [17].

As vantagens associadas ao formato CLI estão na sua simplicidade, por utilizar somente entidades simples (*polylines*) e poder ser representado em ASCII ou binário, e na facilidade relativa de manipulação (edição e correção de erros), visto que corrigir erros numa fatia é mais fácil que no modelo 3D. Como desvantagens, destacam-se a direção fixa de fatiamento, que tira a liberdade do usuário de AM na escolha da orientação de fabricação, e o fato de o contorno ser obtido por segmentos de reta e, portanto, por uma aproximação de curvas, da mesma forma que ocorre no formato STL. Na representação em CLI, o eixo de construção é assumido como sendo o eixo Z positivo e, consequentemente, as camadas são construídas paralelas ao plano XY.

4.10 FORMATO OBJ

O formato OBJ foi desenvolvido pela empresa americana Wavefront Technologies [18] e, inicialmente, seria utilizado para visualização de animações em aplicativos da própria empresa. Com o tempo, foi adotado por outros programas gráficos por sua simplicidade e, principalmente, por ser de código aberto.

A geometria é armazenada pelas coordenadas dos vértices das entidades geométricas, que são dispostas no sentido anti-horário, de forma que torna dispensável o armazenamento do vetor normal. O formato possibilita a representação de objetos poligonais usando pontos, linhas e faces. No caso de formas livres (*freeform*) utilizando curvas racionais e superfícies, é necessária uma quarta coordenada denominada peso. Da mesma forma que o formato STL, a representação OBJ pode ser armazenada nos formatos ASCII (extensão .obj) ou binário (extensão .mod). O formato OBJ permite armazenar informações adicionais como textura e material. Atualmente, pode ser importado por programas de algumas tecnologias de AM como a Makerbot®.

4.11 FORMATO 3MF

O significado da extensão 3MF do arquivo é formato 3D para manufatura (do inglês, *3D manufacturing format*). Esse formato de arquivo está em desenvolvimento pelo chamado Consórcio 3MF, cujos membros fundadores são as empresas Siemens, Dassault Systèmes, 3D Systems, Stratasys, SLM, HP, Materialise, Autodesk, Shapeways, NetFabb e Microsoft. O formato 3MF foi inicialmente encabeçado pela Microsoft, obtendo adesão de empresas importantes. A Microsoft tem trabalhado desde o lançamento do Windows 8.1 na incorporação de soluções para impressão 3D em seu sistema operacional.

Aparentemente, não há um conflito declarado entre esse consórcio e o padrão AMF, adotado em 2013 pela ISO, mas, claramente, há interesses que aparentemente não estão atendidos neste último. É especificado e implementado sob forma de bibliotecas livres, de maneira que o código-fonte pode ser baixado e incorporado em qualquer outro produto. Similarmente aos formatos STL e AMF, o modelo é representado por uma malha de elementos triangulares.

Representação geométrica 3D para AM

O objetivo principal do consórcio 3MF é prover uma representação capaz de ser:

- rica o suficiente para representar integralmente um modelo com informações internas, materiais, cores e outras características;
- extensível de modo a suportar as inovações na área de AM;
- interoperável;
- amplamente adotado;
- livre dos problemas encontrados nos formatos utilizados atualmente.

O formato 3MF é uma especificação baseada em XML, o que permite interoperabilidade entre plataformas computacionais e aplicativos. Seu código-fonte pode ser baixado do site de compartilhamento de códigos-fonte GitHub (https://github.com/3mfconsortium). Versões multiplataforma deverão estar disponíveis em breve. Maiores informações podem ser livremente acessadas no site do Consórcio 3MF (http://3mf.io/), incluindo os guias de referência de materiais e suas propriedades [19, 20].

4.12 CONCLUSÕES

O cuidado no momento da modelagem CAD 3D pode evitar alguns problemas geométricos na representação para AM. É importante que sejam difundidas técnicas de modelagem consistentes para evitar a necessidade de reparos nas malhas que dão origem aos arquivos utilizados na AM, em especial no formato STL.

Apesar das limitações do formato STL, essa representação ainda é utilizada por todas as tecnologias de AM. Há uma tendência na adoção de novos formatos, como o padrão AMF (ISO), mas este ainda não se estabeleceu na área de AM. Os demais formatos discutidos neste capítulo também se apresentam como opções adicionais para representação de formatos 3D para AM. Espera-se que as inovações já presentes e as que serão incorporadas nos equipamentos de AM forcem a utilização de formatos mais completos, que contemplem informações como cores, texturas, composição e distribuição dos materiais na estrutura, entre outras. Neste sentido, já existem formatos recentes, como o AMF e o 3MF, que podem suprir estas demandas.

REFERÊNCIAS

1 BERNIER, S. N.; LUYT, B.; REINHARD, T. *Design for 3D printing*: scanning, creating, editing, remixing, and making in three dimensions. San Francisco: Maker Media Inc., 2015.

2 JECIĆ, S.; DRVAR, N. The assessment of structured light and laser scanning methods in 3D shape measurements. In: 4th ICCSM – INTERNATIONAL CONGRESS OF CROATIAN SOCIETY OF MECHANICS. *Proceedings...* 2003, p. 237-244.

3 AMARO, E. Jr.; YAMASHITA, H. Aspectos básicos de tomografia computadorizada e ressonância magnética. *Revista Brasileira de Psiquiatria*, São Paulo, v. 23, 2001. Suplemento 2-3.

4 BROWN, M. A.; SEMELKA, R. C. *MRI basic principles and applications*. New York: Wiley-Liss, 1995.

5 WERNER, H. et al. Additive manufacturing models of fetuses built from three--dimensional ultrasound, magnetic resonance imaging and computed tomography scan data. *Ultrasound in Obstetrics & Gynecology*, Carnforth, n. 36, p. 355-361, 2010.

6 CIBULL, S. L.; HARRIS, G. R.; NELL, D. M. Trends in diagnostic ultrasound acoustic output from data reported to the US food and drug administration for device indications that include fetal applications. *Journal of Ultrasound in Medicine*, n. 32, p. 1921-1932, 2013.

7 CHUA, C. K.; LEONG, K. F.; LIM, C. S. *Rapid prototyping:* principles and applications. 3. ed. New Jersey: World Scientific, 2010.

8 PHAM, D. T.; DIMOV, S. S. *Rapid manufacturing*: the technologies & applications of rapid prototyping & rapid tooling. London: Springer-Verlag, 2001.

9 NASR, E. S. A.; Al-AHMANI, A.; MOIDUDDIN, K. CAD issues in additive manufacture. In: HASHMI, S. (Ed.). *Comprehensive Materials Processing*. Amsterdam: Elsevier, v. 10, p. 375-399, 2014.

10 VOLPATO, N. et al. Identifying the directions of a set of 2D contours for additive manufacturing process planning. *International Journal, Advanced Manufacturing Technology*, Bedford, v. 68, p. 33-43, 2013.

11 ASTM – AMERICAN SOCIETY OF THE INTERNATIONAL ASSOCIATION FOR TESTING AND MATERIALS. *ASTM F 2915-11 Standard Specification for Additive Manufacturing File Format (AMF)*. Pennsylvania: ASTM International, 2011.

12 ISO – INTERNATIONAL ORGANIZATION FOR STANDARDIZATION. *ISO/ASTM 52915 Standard specification for additive manufacturing file format (AMF) version 1.1*. Switzerland: ISO/ASTM International, 2013.

13 PAUL, R.; ANAND, S. A new Steiner patch based file format for additive manufacturing processes. *Computer-Aided Design*, v. 63, p. 86-100, 2015.

14 FADEL, G. M.; KIRSCHMAN, C. Accuracy issues in CAD to RP translations. *Rapid Prototyping Journal*, Bradford, v. 2, n. 2, p. 4-17, 1996.

15 GIBSON, I.; MING, L. W. Colour. *Rapid Prototyping Journal*, Bradford, v. 7, n. 4, p. 212-216, 2001.

16 JAMIESON, R.; HACKER, H. Direct slicing of CAD models for rapid prototyping. *Rapid Prototyping Journal*, Bradford, v. 1, n. 2, p. 4-12, 1995.

17 KUMAR, V.; DUTTA, D. An assessment of data formats for layered manufacturing. *Advances in Engineering Software*, Barking, n. 28, p. 151-164, 1997.

18 FRAME, M.; HUNTLEY, J. S. Rapid prototyping in orthopaedic surgery: a user's guide. *The scientific world journal*, Boynton Beach, v. 12, 2012.

19 3MF CONSORTIUM. *3MF materials and properties extension specification & reference guide.* Disponível em: <http://3mf.io/wp-content/uploads/2015/04/3MFmateri alsSpec_1.0.1.pdf>. Acesso em: 15 set. 2015.

20 3MF CONSORTIUM. *3D manufacturing format core specification & reference guide.* Disponível em: <http://3mf.io/wp-content/uploads/2015/04/3MFcoreSpec_1.0.1.pdf>. Acesso em: 15 set. 2015.

CAPÍTULO 5
Planejamento de processo para tecnologias de AM

Neri Volpato
Universidade Tecnológica Federal do Paraná – UTFPR

Jorge Vicente Lopes da Silva
Centro de Tecnologia da Informação Renato Archer – CTI

5.1 INTRODUÇÃO

O planejamento de processo para manufatura aditiva (*additive manufacturing* – AM) envolve a execução das seguintes tarefas: leitura de um ou mais modelos geométricos 3D; orientação e posicionamento de cada geometria no volume de construção; aplicação de escala, se necessária em função do processo; fatiamento computacional da geometria; cálculo da base e das estruturas de suporte, nos processos em que estas são necessárias; cálculo do preenchimento para cada camada de acordo com a estratégia e os parâmetros do processo e, por fim, geração dos dados a serem enviados ao equipamento de AM. Usuários menos esclarecidos não se preocupam e, eventualmente, nem conhecem em detalhes todas as implicações dessas etapas e aceitam os parâmetros predefinidos (por *default*) pelos sistemas de planejamento de cada tecnologia. Assim, muitas vezes, não estão cientes de que para cada uma dessas tarefas existem alternativas e decisões que podem melhorar o resultado final do processo em termos de precisão dimensional, acabamento superficial e propriedades mecânicas das peças, bem como redução de tempo e custo de fabricação.

O objetivo principal deste capítulo é descrever o planejamento de processo e como cada uma de suas etapas influencia na fabricação final da peça. Para facilitar o entendimento dessas influências, são apresentadas também as etapas de fabricação ou processamento no equipamento AM e o pós-processamento envolvido. As características gerais das peças produzidas por AM são inicialmente discutidas, sendo posteriormente relacionadas com as etapas do planejamento de processo. Detalhes mais específicos de cada tecnologia são tratados nos Capítulos 6 a 11.

5.1.1 ETAPAS DO PROCESSO E DO PLANEJAMENTO DE PROCESSO DA AM

As principais etapas do processo da AM são similares às de outros processos tradicionais de fabricação e incluem: a obtenção de modelo geométrico 3D, o planejamento do processo, a fabricação no equipamento AM e o pós-processamento para a obtenção da peça final (Figura 5.1). Na primeira etapa, é gerado o modelo geométrico 3D da peça a ser fabricada, e é preparada a geometria em um formato adequado para a AM, que pode ser nos padrões *STereoLithography* (STL), *additive manufacturing format* (AMF) ou outro formato 3D aceito pelo equipamento específico. Essa etapa é realizada em sistemas CAD ou em sistemas computacionais de tratamento de imagens provenientes de tomografia computadorizada, ressonância magnética ou ultrassom, bem como da engenharia reversa, por meio de *scanners* 3D e fotogrametria, dentre outros. Essas fontes de representação 3D são apresentadas no Capítulo 4.

De posse do modelo 3D da peça, o planejamento de processo tem início com orientação, posicionamento, aplicação de fator de escala, fatiamento, cálculo da base e das estruturas de suporte, cálculo de trajetória e/ou geometria do contorno e/ou preenchimento das camadas e geração de dados a serem enviados à máquina de AM (Figura 5.1). Essas tarefas são realizadas por um sistema de planejamento de processo para AM que poderia ser considerado um sistema CAM (*computer-aided manufacturing*) para AM, em uma analogia a um sistema CAM para usinagem com controle numérico computadorizado (CNC) [1, 2]. Com exceção do cálculo da base e das estruturas de suporte, que são específicas para algumas tecnologias, todas as demais etapas do planejamento são necessárias em todas as tecnologias AM.

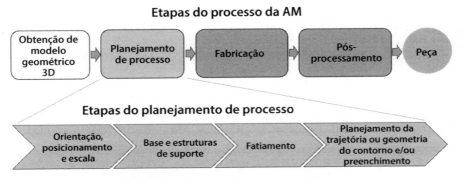

Figura 5.1 Etapas do processo e do planejamento de processo da AM.

5.2 CARACTERÍSTICAS GERAIS DAS PEÇAS QUE SÃO INERENTES À TECNOLOGIA AM

Antes de detalhar cada uma das etapas mostradas na Figura 5.1, é importante conhecer as principais características das peças e dos materiais produzidos por AM, que são comuns à maioria dessas tecnologias. Dessa forma, será possível relacionar essas características com os parâmetros de processo mais à frente.

5.2.1 EFEITO DEGRAU DE ESCADA

Uma característica inerente ao processo de construção em camadas, independente da espessura das camadas depositadas, é o efeito degrau de escada, que pode ser entendido como um desvio entre a geometria CAD 3D do modelo e a que será obtida fisicamente pela adição das camadas (Figura 5.2). Esse efeito aparece em todas as superfícies inclinadas em relação ao eixo de construção (eixo Z), sejam elas planas ou não planas.

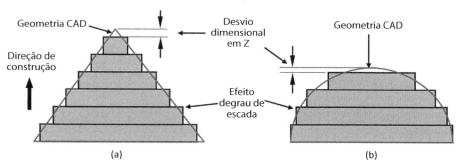

Figura 5.2 Efeito degrau de escada em superfícies planas (a) ou não planas (b), inerente às tecnologias de AM.

É possível perceber que, reduzindo a espessura da camada, reduz-se o efeito degrau (Figura 5.3). Porém, em vários sistemas de AM, existe uma espessura-limite mínima que pode ser considerada ainda de grandes dimensões para algumas aplicações.

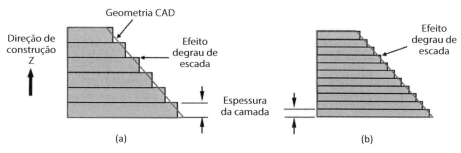

Figura 5.3 Efeito degrau de escada em função da espessura da camada.

5.2.2 DESVIOS E ERROS DIMENSIONAIS NA DIREÇÃO Z

Toda peça fabricada por AM terá desvios dimensionais na direção Z que, em grande parte, se devem ao simples fato de a altura da peça (ou de detalhes desta) não ser exatamente um múltiplo da espessura de camada empregada no processo de construção. Assim, esse erro pode chegar a um valor máximo de até a espessura de uma camada. Esse desvio dimensional é mostrado esquematicamente nas Figuras 5.2 e 5.4.

Outros desvios estão associados à possível não fabricação (perda) ou à alteração da forma de detalhes geométricos da peça, em função do seu tamanho reduzido e/ou da sua disposição em relação à direção de fabricação [3, 4]. A Figura 5.4a apresenta, esquematicamente, uma geometria com a indicação de detalhes que não serão fabricados (perdidos) e de detalhes que serão alterados, seja pela falta ou pela adição de material em excesso (Figura 5.4b). A dimensão desses desvios tem relação direta com a espessura de camada utilizada para produzir a peça.

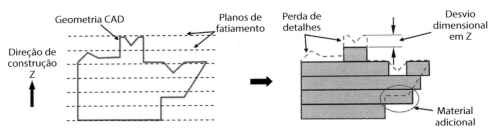

Figura 5.4 Perda ou alteração geométrica de detalhes na direção Z.

5.2.3 ANISOTROPIA DO MATERIAL

As propriedades mecânicas do material de uma peça obtida por AM, quando comparadas às do mesmo material processado da forma tradicional, são diferentes. Pelo fato de a fabricação ser realizada por adição de camadas e também por existirem, em alguns casos, direções preferenciais de processamento da camada no plano XY, o material final obtido por AM apresenta anisotropia nas suas propriedades mecânicas. Pode-se ter, assim, diferentes propriedades para cada eixo de construção. A anisotropia, normalmente, é mais pronunciada no eixo de construção Z, em que ocorre a adesão ou a união entre camadas, resultando, para a maioria dos processos, em uma menor resistência mecânica que a observada no plano XY das camadas. A Figura 5.5 ilustra esquematicamente as camadas de um cilindro fabricado em duas orientações, na vertical (a) e na horizontal (b), e o efeito da aplicação de uma força na direção perpendicular e na mesma direção de adição das camadas. Para a solicitação representada, a peça construída como na Figura 5.5a tende, em função da delaminação, a ter uma resistência à flexão menor que a da Figura 5.5b.

Além da orientação da peça, discutida na próxima seção, os parâmetros de processo de cada tecnologia AM podem ser utilizados para reduzir, até certo ponto, o efeito de anisotropia. A anisotropia é dependente da tecnologia, sendo algumas mais afetadas que outras (mais detalhes podem ser encontrados nos respectivos capítulos de cada tecnologia).

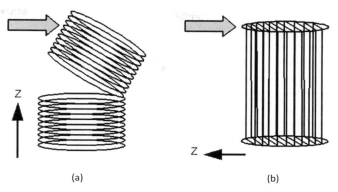

Figura 5.5 Representação do efeito da aplicação de uma solicitação transversal (a) e longitudinal (b) à direção Z de adição de camada, em função da anisotropia do material.

5.2.4 BASE E ESTRUTURAS DE SUPORTE

Algumas tecnologias AM necessitam depositar material adicional, além do volume da peça, para atuar como base e/ou estruturas de suporte (Figura 5.6). A base tem como funções principais fixar a peça na plataforma de construção, impedindo que esta se mova durante a fabricação; servir de ancoragem para o material da peça, auxiliando na prevenção de deformação (empenamento) por contração do material; evitar danos à peça durante a sua remoção da plataforma; e também compensar qualquer desnivelamento ou não planicidade da superfície da plataforma de construção.

Quando necessárias, as estruturas de suporte são construídas para permitir a fabricação de regiões da peça que, durante o processo, estejam suspensas, desconectadas temporariamente do corpo da peça ou que contenham superfícies negativas (menores que 90º em relação ao plano XY), com inclinação menor que o ângulo de autossuporte (*self-supporting angle*). O ângulo de autossuporte é o ângulo acima do qual o material da camada anterior consegue manter, de maneira estável, a camada seguinte na posição desejada, dentro de um desvio aceitável. Esse ângulo varia para cada tipo de processo de AM e material utilizado. Por exemplo, na tecnologia de jateamento de material PolyJet, da Stratasys, todas as superfícies negativas necessitam de suporte, independentemente do ângulo de inclinação. Já na tecnologia de modelagem por fusão e deposição (FDM) com o material ABS (acrilonitrila butadieno estireno), o sistema é configurado para a criação de suporte somente em paredes negativas com ângulos menores que 45º, e esse parâmetro pode também ser configurado pelo usuário. No exemplo esquemático da Figura 5.6, as regiões indicadas como sendo "sem apoio" não poderiam ser construídas sem estruturas de suporte na tecnologia FDM, pois, em cada respectivo estágio do processo, o material da peça seria depositado em um espaço vazio. Essa mesma geometria apresenta também paredes com diferentes ângulos de inclinação, sendo que somente a superfície da ponta necessitaria de estrutura de suporte, por possuir um ângulo menor que o de autossuporte para uma tecnologia específica.

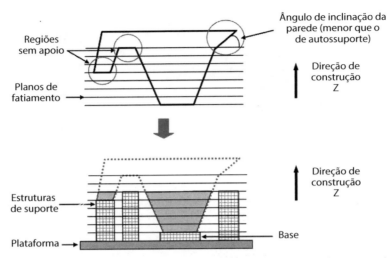

Figura 5.6 Representação de regiões que requerem estruturas de suporte e da peça sendo construída sobre a base e com as estruturas de suporte em construção.

Outros casos especiais de regiões que necessitam de suporte foram apontados por Huang et al. [5]. A Figura 5.7 mostra uma geometria em que uma aresta e um vértice são formados por faces que, em tese, se suas inclinações forem maiores que a do ângulo de autossuporte, não necessitariam de suporte. No entanto, quando o processo iniciar a deposição do material dessas regiões, estas estarão desconectadas do corpo da peça, ficando evidente a necessidade de estruturas de suporte.

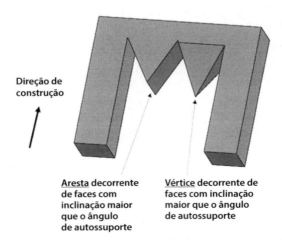

Figura 5.7 Representação de regiões especiais (aresta e vértice) que necessitam de estrutura de suporte.

Fonte: baseada em Huang et al. [5].

Planejamento de processo para tecnologias de AM

No caso específico dos processos com materiais metálicos, as estruturas de suporte possuem uma função distinta das apresentadas até aqui. Para esses processos, além das estruturas serem necessárias para fixar a peça na plataforma da máquina, elas também auxiliam na dissipação ou na melhor distribuição do calor durante o processamento, o que reduz os efeitos de empenamentos. Informações adicionais podem ser encontradas nos Capítulos 10 e 11.

As estruturas de suporte também são construídas pela deposição camada a camada, desde a base até a altura necessária para a deposição do material da peça. O material utilizado na base e nas estruturas de suporte pode ou não ser o mesmo material da peça. Existem tecnologias que conseguem aplicar um material um pouco mais barato para fabricar as estruturas de suporte, o que reduz o custo do processo. Esse material pode também ser de mais fácil remoção na fase de pós-processamento. As estruturas de suporte, normalmente, são projetadas para que cumpram o seu papel utilizando-se da menor quantidade possível de material. Isso pode reduzir a quantidade de resíduos e a marcação na superfície da peça, especificamente nas regiões de contato entre suporte e peça. A facilidade de remoção das estruturas de suporte ao final do processo é muito desejável.

Uma vez que as principais características das peças e dos materiais produzidos por AM foram apresentadas, as etapas mostradas na Figura 5.1 são detalhadas nas próximas seções.

5.3 ORIENTAÇÃO PARA FABRICAÇÃO

Essa primeira etapa do planejamento de processo consiste em decidir como a peça a ser fabricada será orientada em relação ao eixo principal de fabricação, ou seja, na direção Z. Por meio da orientação, pode-se definir quais regiões ou detalhes da peça serão mais ou menos afetados pelo efeito degrau de escada e pela anisotropia, ou terão maior ou menor precisão dimensional ou qualidade na reprodução dos pequenos detalhes. Adicionalmente, a orientação determina o número de camadas e a quantidade de material de suporte necessário, fatores que afetam consideravelmente o tempo e o custo de fabricação. Assim, a orientação deve ser vista como uma solução de compromisso entre os diferentes requisitos de construção. A orientação é uma das etapas que mais afeta a precisão dimensional, o acabamento superficial e as propriedades mecânicas, bem como o tempo e o custo de fabricação (incluindo o consumo de material de suporte). Adicionalmente, outros aspectos também podem ser observados na escolha da orientação, como o fator de escala para compensar a contração do material e a distribuição das peças no volume de construção para a produção de um maior número de peças simultaneamente. Dessa forma, é importante identificar os efeitos que a orientação tem sobre os vários aspectos do processo e da geometria da peça, para que a sua escolha possa minimizar aqueles considerados mais críticos para a funcionalidade e os custos pretendidos para a peça.

A definição da melhor orientação deve ser realizada pelo usuário com base na sua experiência sobre o processo de AM que está sendo empregado. No entanto, existem estudos de otimização que buscam modelos para definir a melhor orientação baseada em funções-objetivo [6, 7]. Um dos modelos propostos analisa a inclinação dos triângulos, percorrendo a malha STL, e identifica o número de triângulos que se enquadra em um determinado limite de inclinação. Com isso, pode-se encontrar uma posição com o número mínimo de facetas que comprometam o objetivo traçado [6]. Outra proposta define, para um modelo de características especiais, as seguintes possibilidades de orientação: máxima área de base, mínima área de contato com o suporte, mínima altura de construção do modelo, mínimo efeito degrau e mínimo volume do suporte; permitindo, então, otimizar um determinado parâmetro [8]. No entanto, esses modelos ainda não estão disponíveis na maioria dos sistemas de planejamento de processo para AM.

As próximas seções detalham a influência da orientação nas principais características de uma peça.

5.3.1 INFLUÊNCIA DA ORIENTAÇÃO NO ACABAMENTO SUPERFICIAL

A Figura 5.8 apresenta a influência do ângulo de inclinação das superfícies no efeito degrau de escada e, por consequência, no acabamento dessas superfícies. Quanto menor esse ângulo, mais pronunciado é o efeito. Com isso, regiões com inclinações distintas na peça terão acabamento diferentes, sendo isso bastante visível no caso de um cilindro orientado nas posições vertical e horizontal (Figura 5.9). O problema a ser equacionado no momento do planejamento de processo é que uma peça, normalmente, tem superfícies inclinadas com diferentes ângulos e também superfícies orientadas em todas as direções, não sendo possível, então, garantir o mesmo acabamento em todas as regiões da peça. Isso dá origem a mais uma característica das peças fabricadas por AM, que é a anisotropia superficial [9].

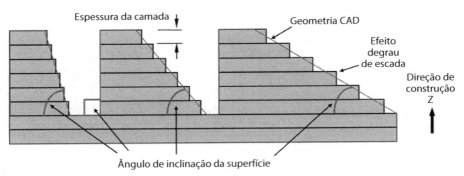

Figura 5.8 Variação do acabamento superficial em uma mesma peça em função de diferentes ângulos de inclinação das superfícies e consequente efeito degrau de escada.

A orientação também possui influência indireta no acabamento superficial das faces da peça que estão em contato com a base ou as estruturas de suporte. O acabamento dessas faces é afetado tanto pelos pontos de contato entre peça e suporte como pela qualidade da camada (ondulações e planicidade) em que a face está apoiada. A escolha adequada da orientação pode preservar superfícies importantes da peça, deixando que superfícies que sejam consideradas menos críticas fiquem em contato com as camadas de suporte ou a base.

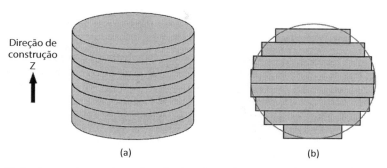

Figura 5.9 Efeito degrau de escada em função da orientação nas posições vertical (a) e horizontal (b).

5.3.2 INFLUÊNCIA DA ORIENTAÇÃO NA VARIAÇÃO DIMENSIONAL

Conforme visto na Seção 5.2.2, todas as peças possuem desvios dimensionais na direção Z, que serão maiores ou menores em função da espessura de camada utilizada. Em geral, a precisão dimensional das peças obtidas por AM é maior no plano XY que na direção Z. Assim, detalhes importantes da peça devem ser orientados, preferencialmente, no plano XY, para se obter uma maior precisão.

5.3.3 INFLUÊNCIA DA ORIENTAÇÃO NA VARIAÇÃO DA RESISTÊNCIA MECÂNICA

Em função da anisotropia do material decorrente da orientação, se, por exemplo, o objetivo é obter uma peça para testes funcionais, que envolvam montagem e desmontagem, deve-se orientar essa peça de forma que as regiões que necessitam de maior flexibilidade nesses testes não sejam fragilizadas. Por exemplo, os *clips* de fixação da peça da Figura 5.10 terão baixa resistência à flexão se orientados na vertical (posição a, ao longo do eixo Z) e maior resistência se orientados na horizontal (posição b ou c), ou seja, no plano XY. Dessa forma, é necessário levar em consideração a aplicação a que se destina a peça e quais elementos desta estarão sujeitos aos maiores esforços. Cabe aqui também o raciocínio anterior, ou seja, se a peça tiver detalhes, como esses *clips*, orientados em várias direções, será difícil garantir a mesma resistência em todos eles. Portanto, é necessário escolher a região que ficará mais resistente e a que será sacrificada, com resistência mais baixa.

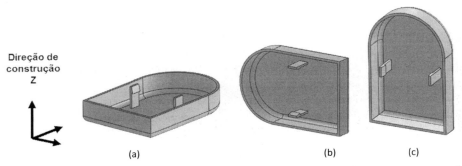

Figura 5.10 Efeito da orientação na resistência de detalhes construtivos: os *clips* de fixação terão baixa resistência na orientação (a) e maior resistência nas orientações (b) ou (c).

5.3.4 INFLUÊNCIA DA ORIENTAÇÃO NO TEMPO DE FABRICAÇÃO

Quanto maior o número de camadas, maior será o tempo gasto para processar o mesmo volume de material da peça. Isso se deve aos tempos secundários necessários entre cada camada, como deslocamento da plataforma, processamento computacional, espalhamento e nivelamento do material, aquecimento do material, entre outros. Dessa forma, orientar a maior dimensão de uma peça na direção de construção (eixo Z) implica em despender mais tempo na sua fabricação. Analisando novamente a peça da Figura 5.10, é possível observar que a orientação (a) levaria menos tempo que a orientação (b), que, por sua vez, teria um tempo de construção menor que a orientação (c). Se o objetivo é obter uma peça para aplicação como protótipo mais visual, ou seja, com pouca exigência funcional, cuja preocupação principal é com a forma e não com a resistência da peça, a escolha deve ser pela orientação (a).

A orientação exerce também influência indireta no tempo e no custo de fabricação em função das estruturas de suporte e da quantidade de material utilizado nessas estruturas. Muitas vezes, a mesma peça pode ser fabricada com mais ou menos estruturas de suporte ou mesmo sem a necessidade destas, simplesmente alterando-se a sua orientação. A mesma peça da Figura 5.10 utilizaria muito pouco material de suporte na orientação (a) e uma maior quantidade nas orientações (b) ou (c), para suportar a parede superior e os pinos que ficariam como estruturas em balanço.

5.3.5 OUTRAS INFLUÊNCIAS DA ORIENTAÇÃO

Para algumas tecnologias de AM, a orientação também afeta fatores construtivos que podem ser determinantes no empenamento ou na contração (fator de escala) de um componente. Por exemplo, nas tecnologias de sinterização seletiva a *laser* (SLS) e de fusão de leito de pó não metálico, não é recomendável posicionar uma peça com grande área plana na posição horizontal, em virtude da maior possibilidade de ocorrer empenamentos. Isso se deve ao alto gradiente de temperaturas existente no leito de pó, que implica que regiões distintas da peça terão diferenças significativas de temperaturas, promovendo empenamentos. Igualmente, é recomendável que peças que se destinam a testes de montagens sejam fabricadas juntas e na mesma orientação, isso para que os possíveis erros dimensionais e de forma sejam equivalentes em cada uma das peças, de acordo com cada direção de fabricação, o que possibilita uma montagem mais facilitada. A Figura 5.11 mostra esse caso, com duas peças posicionadas na mesma orientação em que serão montadas posteriormente e com a mesma inclinação em relação aos eixos de fabricação.

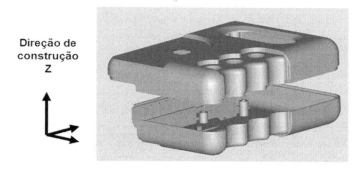

Figura 5.11 Sugestão de orientação para fabricação de componentes para facilitar a montagem (erros dimensionais e de forma equivalentes em cada uma das peças).

5.4 POSICIONAMENTO NO VOLUME DE CONSTRUÇÃO

De uma maneira geral, é importante observar que as tecnologias de AM possuem características de processos por batelada, ou seja, quanto maior o número de peças que forem fabricadas em um mesmo ciclo de processamento do equipamento, menor o custo unitário dessas peças. Isso é bastante evidente em processos que envolvem um tempo maior de preparação do equipamento, ou mesmo para a retirada da peça dentro de certos parâmetros de segurança, como nos casos de processamento por fusão em leito de pó, que envolvem elevações de temperatura, resfriamento e controle do ambiente de construção com gases inertes.

O volume de construção de um equipamento de AM pode ser definido como o maior volume que pode ser efetivamente utilizado para construir uma peça. A forma geométrica desse volume, normalmente, é um paralelepípedo com as dimensões da base no plano XY e da altura no eixo Z. Existem variações significativas entre sistemas no que se refere às dimensões do volume de construção. O volume de construção depende da tecnologia e do modelo do equipamento, sendo definido dentro de dimensões em que se consegue um controle dimensional aceitável, ou seja, define as dimensões máximas em que os erros do processo são aceitáveis. Com o avanço das tecnologias, os volumes de trabalho vêm sendo ampliados.

O posicionamento das peças no volume de construção depende da tecnologia. Algumas limitam a distribuição das peças no plano 2D (somente uma camada de peças), outras permitem o "empilhamento" ou empacotamento das peças no espaço 3D. Em geral, sistemas em que é necessária a utilização de estruturas de suporte, como nas tecnologias de FDM e estereolitografia (SL), a alocação de peças é possível somente por meio da ocupação no plano 2D. As tecnologias de AM que utilizam pós não metálicos (por exemplo, a SLS e as de jateamento de aglutinante) ou por adição de lâminas de materiais (por exemplo, a manufatura laminar de objetos – LOM) permitem uma disposição espacial, pois o material não processado serve como sustentação para as peças posicionadas em um nível mais alto no volume de construção. No caso de processos que utilizam pós metálicos, a estruturação de suportes é mandatória para evitar distorções ou empenamentos que podem até impossibilitar a construção da peça. O empilhamento de peças, quando possível nos processos de fusão em leito de pó metálico, envolve um planejamento de processo de cálculo e distribuição dos suportes bastante crítico.

Cada tecnologia de AM possui considerações específicas que devem ser observadas no posicionamento das peças. Como exemplo, na ocupação 2D da tecnologia PolyJet, da Stratasys, em função da largura do cabeçote de jateamento, é recomendado inserir as peças ordenadas da mais alta para a mais baixa, iniciando no canto superior esquerdo da bandeja e seguindo para a sua direita (Figuras 5.12a e 5.12b). Isso porque esse canto é a posição de referência (ou inicial) do cabeçote. Isso permite um menor deslocamento do cabeçote no plano XY para cobrir todas as peças, reduzindo o tempo total de fabricação. Se as mesmas peças fossem posicionadas conforme as Figuras 5.12c e 5.12d, o tempo de fabricação seria maior e, como consequência, também o custo unitário. Se mais peças precisarem ser fabricadas no mesmo ciclo, as mais altas devem ser posicionadas na parte superior da bandeja, com as mais baixas se afastando do canto superior esquerdo para a parte inferior da bandeja (Figuras 5.12e e 5.12f).

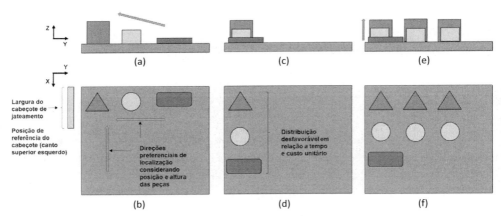

Figura 5.12 Sugestões de posicionamentos de peças no plano XY no processo PolyJet para fabricação com melhor resposta em relação ao tempo de fabricação.

Já no caso de um posicionamento no volume de construção 3D, quanto mais peças forem posicionadas, melhor. Um exemplo de um bom aproveitamento do volume de construção para a tecnologia SLS é ilustrado na Figura 5.13. A orientação de cada peça também precisa ser equacionada para atender aos requisitos de funcionalidade de cada uma. É necessário atentar também para o fato de que nem sempre o volume máximo especificado pelo fabricante é o que pode ser efetivamente utilizado com segurança, como citado anteriormente. Nesse mesmo caso do processo SLS, deve-se manter uma distância especificada pelos fabricantes das bordas, em que a temperatura tende a ser mais baixa, em virtude do gradiente de temperatura natural. Caso essas orientações não sejam seguidas, pode haver distorções ou processamento inadequado do material nas peças com áreas nessa região de fronteira.

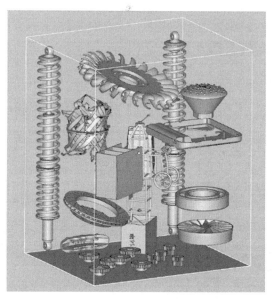

Figura 5.13 Empacotamento de várias peças no volume de construção para o processo SLS visando a um bom aproveitamento de um ciclo de processamento.

Nos processos que utilizam feixe de *laser* para o processamento, o posicionamento da peça na plataforma também afeta a sua precisão dimensional. Isso se deve à variação no diâmetro do foco do *laser* ao longo da plataforma à medida que este se afasta do centro desta (Figura 5.14). No caso específico da tecnologia SL, além do efeito no plano XY, há também uma cura lateral adicional nas camadas precedentes (abaixo do nível sendo processado), em função da penetração do *laser* [10]. Esse efeito pode ser mensurado experimentalmente, e o sistema de planejamento de processo pode atuar na sua minimização, sem, no entanto, eliminá-lo por completo. Também são utilizados sistemas com correção ótica dinâmica do foco do *laser* para esse tipo de problema.

Assim como para a orientação, a disposição das peças no volume de construção é tarefa do operador, que deve visar sempre à melhor utilização possível desse volume. Essa tarefa pode ser vista como sendo uma função-objetivo da ocupação otimizada do volume para inserir o maior número de peças possível, considerando as restrições de dimensões do volume de construção, dimensões das peças, qualidade de peças e tempo de processo. Uma ocupação eficiente depende da geometria das peças e de suas dimensões, de modo a formar um conjunto o mais compacto possível, porém guardando distanciamentos e concentrações de grandes massas de peças em locais específicos para evitar gradiente de temperatura no volume de construção. O posicionamento e a orientação de peças no volume de construção de equipamentos de AM, bem como os melhores ajustes de parâmetros para cada processo e material específico, têm sido um campo de pesquisa e discussão desde o início da aplicação dessas tecnologias [8, 11, 12]. Algumas propostas de algoritmos para auxiliar nessa tarefa têm sido apresentadas, baseadas nas mais diversas técnicas e abordagens. Dentre os algoritmos propostos, é possível a utilização de erros volumétricos modelando matematicamente primitivas (geometrias de formas simples), como cones, cubos, cilindros, pirâmides, entre outros, para definir um posicionamento automático baseado na otimização do volume dessas primitivas [8].

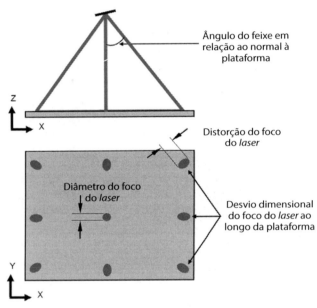

Figura 5.14 Desvio dimensional do foco do *laser* em função do seu ângulo em relação ao normal à plataforma.

Estabelecer a ocupação otimizada é de extrema importância quando se pensa em AM para fabricar uma quantidade maior de peças, como no caso de aplicação direta na fabricação final (Capítulo 13), uma vez que o custo unitário diminui. Na fabricação de peças únicas e variadas, a melhor ocupação vai depender da programação de produção para utilização do equipamento. Nem sempre a melhor disposição pode ser conseguida, em virtude da necessidade temporal de se produzir determinadas peças.

Para produzir peças maiores que o volume de construção útil do equipamento de AM, dependendo da aplicação da peça, é possível dividir a peça para posterior montagem/colagem das partes. Com o advento de máquinas com maiores volumes de construção, essa necessidade vem sendo cada vez mais reduzida.

5.5 APLICAÇÃO DE FATOR DE ESCALA

A contração do material está presente em grande parte dos processos de AM, principalmente pelo seu resfriamento posterior ao processamento. Variações dimensionais também podem existir, relacionadas a cristalização do material, processo de cura, sinterização em forno etc. Dessa forma, é necessário considerar esses efeitos por meio da aplicação de um fator de escala de correção no modelo 3D para que as dimensões finais da peça sejam as mais próximas possíveis das nominais projetadas.

O fator de escala nem sempre é o mesmo em todas as direções de fabricação por AM. Variações dimensionais nas direções dos três eixos podem ser decorrentes de várias tecnologias de processamento (*laser*, deposição etc.), gradiente de temperatura no interior da câmara do equipamento, empilhamento do material, entre outros fatores. A definição do fator de escala a ser aplicado depende, geralmente, de um processo de calibragem, ou seja, um processo experimental determina a contração geral do material, sendo, então, obtido um fator médio para cada eixo. Há, portanto, uma aproximação por um fator médio do erro, sendo o desvio-padrão um fator bastante relevante nesse processo, devendo ser o menor possível para se ter um processo de melhor controle dimensional em todas as faixas de tamanho.

Nas tecnologias de fusão de leito de pó, esse é um ponto muito relevante, pois os fatores de escala devem ser regularmente calibrados, obtendo-se valores que devem ser aplicados a todas as peças após terem sido posicionadas no volume de construção. Nesse processo, os valores do fator de escala nos três eixos dependem do tipo de material e da sua degradação pelo uso, das condições do processo, como potência de *laser* e temperatura na região em que são depositadas as camadas, bem como da calibração do feixe de *laser*, que deve ser realizada com periodicidade. A tarefa de identificar os fatores de escala deve ser perseguida sistematicamente para que a qualidade dimensional da peça seja satisfatória. Igualmente, em tecnologias que exigem um pós-processamento em forno de alta temperatura, a aplicação de fator de escala para compensar a contração do material no forno é fundamental.

5.6 DEFINIÇÃO DA BASE E DAS ESTRUTURAS DE SUPORTE

Para reduzir a quantidade de estruturas de suporte, que implicam tempo de processamento para a sua deposição, é importante orientar o modelo de forma mais estável possível na base e com o menor número possível de regiões que necessitam de suporte. Para geometrias prismáticas, essa tarefa é relativamente intuitiva, mas, para geometrias pouco uniformes e mais orgânicas, a definição pela orientação nem sempre é uma decisão simples. Conforme ressaltado anteriormente, existem modelos de definição da orientação em que um dos critérios a serem atendidos é a minimização da quantidade de estruturas de suporte [6, 7]. As Figuras 5.15a e 5.15b ilustram estruturas de suporte para o processo FDM para uma mesma peça construída nas posições horizontal e vertical, respectivamente. Podem-se observar diferenças na geometria dos suportes que dependem da orientação do modelo. A título de informação, a orientação da Figura 5.15b possui uma base mais estável, utiliza menos material de suporte, tem menos superfícies afetadas pelo contato com as estruturas de suporte e, potencialmente, poderá ser produzida num tempo um pouco menor (apesar de o número de camadas ser maior, essa orientação utiliza menos volume de suporte).

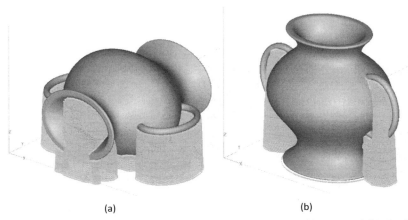

(a) (b)

Figura 5.15 Suportes para o processo FDM com a peça a ser construída nas posições horizontal (a) e vertical (b).

Uma vez identificadas as regiões da peça que necessitam de suporte, a geometria das estruturas de suporte deve ser definida empregando a mínima quantidade de material possível. Cada tecnologia procura soluções e estratégias, sempre que possível, para minimizar esse material. Um exemplo disso é a proposta de Huang et al. [5] para as tecnologias de extrusão de material, que visa tirar vantagem do ângulo de autossuporte para reduzir o material de suporte empregado nessas estruturas (Figura 5.16).

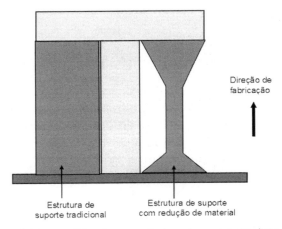

Figura 5.16 Representação esquemática de uma estrutura de suporte tradicional (à esquerda da figura) e da proposta de estrutura utilizando o ângulo de autossuporte (à direita), visando à redução de material [5].

Uma vez definida a orientação da peça, a base e as estruturas de suporte são geradas automaticamente pelos sistemas CAM de planejamento de processo para AM específicos para cada equipamento. De uma maneira geral, para essa tarefa, os sistemas precisam identificar automaticamente as regiões da peça que necessitam de estruturas de apoio. A principal dificuldade computacional nessa tarefa é que a geometria das estruturas de suporte não está presente no modelo STL, precisando ser criada. Duas abordagens são usadas para a identificação dessas regiões: uma baseada na análise direta da inclinação de cada faceta (triângulo) do modelo STL e outra via operações booleanas entre fatias (contornos 2D) de camadas adjacentes (Figura 5.17) [13].

Quando se analisa a inclinação da faceta, a identificação automática da estrutura de suporte pode fazer uso do vetor normal unitário do modelo STL [8] (ver padrão STL no Capítulo 4). Todas as facetas com o vetor normal negativo (apontado para baixo em relação à direção de construção) e com inclinação menor que o ângulo de autossuporte necessitam de estruturas de apoio (Figura 5.17a). Como resultado, as regiões da peça que requerem suporte serão aquelas obtidas pela união de todas as facetas individuais identificadas como as que necessitam de suporte [14]. Uma vez que as áreas tenham sido identificadas, as estruturas de suporte podem ser concebidas no volume obtido com a projeção dessas áreas na direção normal ao plano de construção. No entanto, para o sucesso desse método, o vetor normal de cada faceta deve estar orientado corretamente, ou seja, apontando para o exterior do objeto sólido, onde não há material. Infelizmente, isso nem sempre é verdade, principalmente em modelos geométricos complexos, com superfícies orgânicas e que não tenham sido obtidos por sistemas CAD de modelagem geométrica. Erros desse tipo são mais comuns em modelos obtidos por digitalização 3D ou a partir de imagens médicas.

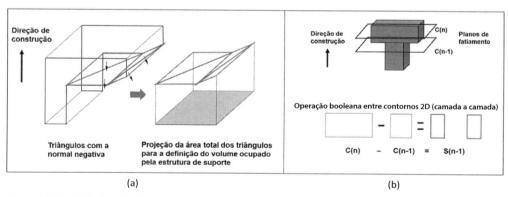

Figura 5.17 Métodos de cálculo de suporte: por projeção dos triângulos com normal negativa (a) e por operações booleanas (b).

No caso da abordagem utilizando os contornos 2D, o conceito é calcular a diferença entre a área do contorno fatiado de uma camada $C(n)$ e a da camada inferior $C(n-1)$ (Figura 5.17b) [15]. Essa análise é realizada do topo da peça para a base. Seguindo essa proposta, o contorno da estrutura de suporte (S) para a camada (n-1) é obtido pela Equação (5.1) [15].

$$S(n\text{-}1) = [C(n) + S(n)] - C(n\text{-}1) \tag{5.1}$$

Para se ter sucesso com essa abordagem, uma implementação computacional adequada para lidar com operações booleanas 2D é necessária, principalmente para realizar operações de adição e subtração de contornos. Como nesse método a inclinação da faceta não é considerada, dependendo da geometria da peça, muitos contornos podem ser processados desnecessariamente. Por exemplo, na geometria da Figura 5.17b, várias camadas seriam processadas na parte superior da peça "T" sem gerar contornos de suporte, pois não há mudança na geometria da camada n para a n-1 nessa região. O mesmo ocorreria no corpo da peça, pois, uma vez que a primeira camada obtivesse a geometria do contorno do suporte, esta não mudaria mais da camada superior para a inferior, até a base da peça. Existe a possibilidade de combinar os dois métodos acima para reduzir o tempo de processamento no cálculo do suporte [13].

5.7 FATIAMENTO

Em teoria, a etapa do fatiamento pode ocorrer de forma direta ou indireta. A primeira estratégia aplica o fatiamento diretamente nas superfícies matemáticas CAD (formato nativo CAD, padrão STEP – *standard for the exchange of product model data*, NURBS – *non-uniform rational b-spline* etc.) dos modelos 3D, e a opção indireta realiza o mesmo sobre uma malha de triângulos que representa o modelo 3D [16]. A estratégia direta pode proporcionar resultados mais precisos, evitando os erros decorrentes da transformação de superfície em malha de triângulos [17, 18]. No entanto, na prática, a maioria dos sistemas de planejamento processa malhas de triângulos, mais especificamente malhas no formato STL. Dessa forma, esta seção dá ênfase ao método indireto de fatiamento.

Nessa etapa do processamento, ocorre a passagem do domínio 3D do modelo para o domínio 2D da fatia. Esse processo pode ser dividido em quatro subtarefas principais, como mostrado na Figura 5.18. Na prática, o usuário participa pouco desse processo, basicamente escolhendo a espessura da camada desejada, e o sistema CAM para AM executa todas as subtarefas necessárias.

Planejamento de processo para tecnologias de AM **115**

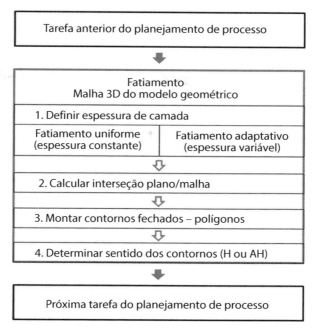

Figura 5.18 Detalhamento das subtarefas relacionadas à etapa de fatiamento.

As próximas seções detalham as subtarefas apontadas na Figura 5.18.

5.7.1 DEFINIÇÃO DA ESPESSURA DE CAMADA

A redução da espessura de camada, de uma maneira geral, melhora a qualidade do acabamento superficial e a precisão dimensional da peça, mas aumenta o tempo de construção. A maioria dos sistemas de planejamento de processo para tecnologias AM oferece aos usuários uma faixa de espessuras que podem ser escolhidas em função das possibilidades de configuração dos parâmetros de processamento. Essas espessuras predefinidas implicam uma série de ajustes internos dos parâmetros de processo para se obter um resultado adequado. Como observado com outros parâmetros, além das características específicas de cada processo, a definição da espessura de camada a ser utilizada pode depender também dos requisitos de aplicação da peça.

Em teoria, existem duas possibilidades de fatiamento no que se refere à definição da espessura de camada: o fatiamento uniforme e o adaptativo [3, 19, 20 21]. O fatiamento uniforme consiste na obtenção de camadas de espessuras constantes ao longo de todo o eixo Z de construção. No fatiamento adaptativo, a espessura das camadas pode variar de acordo com a geometria de uma dada região da peça (ângulo de inclinação dos triângulos), para que o desvio geométrico do modelo seja minimizado. A Figura 5.19 apresenta, esquematicamente, a mesma geometria processada com camadas de espessuras constantes (Figura 5.19a) e de espessuras variáveis (Figura 5.19b), provenientes de um fatiamento adaptativo.

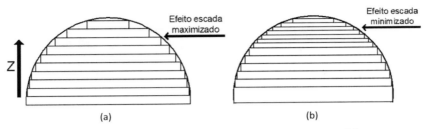

Figura 5.19 Exemplo esquemático de fatiamentos uniforme (a) e adaptativo (b).

Portanto, a opção pelo fatiamento adaptativo apresenta as seguintes vantagens em relação ao uniforme: melhoria da qualidade do acabamento superficial da peça, pela amenização do efeito degrau de escada; melhoria da precisão geométrica e dimensional, também pela amenização desse efeito e dos desvios dimensionais em Z; e redução do tempo de fabricação, pois é possível utilizar camadas mais espessas em regiões nas quais o efeito degrau de escada não é pronunciado, diminuindo, assim, o número de camadas necessárias [22]. Existe, ainda, a possibilidade de reduzir mais o tempo de fabricação, por meio de um método alternativo de fatiamento adaptativo, que consiste em dividir o modelo geométrico em duas partes, uma casca externa e o seu interior [23]. Na parte interna, aplica-se a máxima altura de camada permitida pelo equipamento, e, na casca externa, um refinamento das camadas, sendo que essas espessuras externas devem ser múltiplos (divisões exatas) da espessura interna. Essa estratégia foi denominada "exterior acurado e interior rápido" (EAIR). Esse tipo de estratégia só oferece vantagem para peças maciças ou de paredes espessas. Em especial, as tecnologias de extrusão de material possuem os requisitos necessários para tirar proveito dessa estratégia [22].

Apesar de não oferecer o uso de espessura variável ao longo da peça, a tecnologia de fusão seletiva a *laser* (SLM), da SLM Solutions GmbH, oferece uma estratégia similar ao EAIR, fundindo por algumas camadas consecutivas somente a região externa (casca) da peça, e depois o *laser* atua nas partes internas para fundir todo o material, reduzindo, assim, o tempo de construção [24].

Apesar das vantagens destacadas do fatiamento adaptativo e de algumas tecnologias não possuírem impedimento tecnológico para aplicá-lo, até o momento, não se tem conhecimento de qualquer tecnologia comercial ou mesmo de arquitetura aberta que ofereça essa opção de fatiamento. Isso pode estar associado ao fato de que, em alguns processos de AM, a variação da espessura da camada pode implicar mudanças significativas de vários parâmetros de processo durante a execução (por exemplo: alterações na potência de *laser* para fundir ou curar camadas mais espessas de material, alterações nas velocidades de extrusão e de deslocamento linear do bico extrusor etc.). Isso pode dificultar a estabilidade do processamento, sendo necessária a identificação de uma janela de processamento controlável e aceitável. Outra consideração é que, apesar de ser atraente na fabricação de uma única peça, o fatiamento adaptativo poder ser inviável ou muito complexo no caso da fabricação de um grupo de peças com geometrias distintas, o que é um fato comum [25].

Outro efeito relacionado ao fatiamento é o denominado contenção da geometria [19]. A Figura 5.20a mostra que uma seção circular fatiada a partir da base, com o plano de fatiamento posicionado na altura correspondente à espessura da camada (*t*), resultará em uma geometria construída com desvio positivo na parte inferior da seção e negativo na superior. Esse efeito causa alteração na geometria da peça e um deslocamento da peça para baixo. Dependendo da aplicação da peça, pode-se, por meio da análise da geometria, optar por manter toda a geometria com desvio negativo (Figura 5.20b) ou positivo (Figura 5.20c). Uma solução comum para diminuir o efeito de contenção da geometria é posicionar o plano de fatiamento na metade da espessura da camada (Figura 5.20d). Assim, as partes inferior e superior ficam com o mesmo desvio (positivo e negativo).

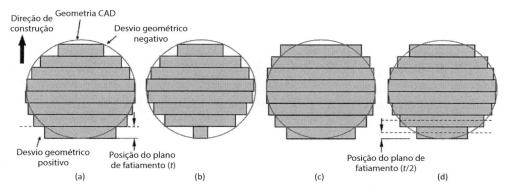

Figura 5.20 Representação esquemática do efeito contenção geométrica (a) e de uma solução corrigindo o desvio para o interior da geometria (b), para o seu exterior (c) e dividindo o desvio entre interno e externo (d).

5.7.2 CÁLCULO DA INTERSEÇÃO ENTRE PLANO E MALHA

O cálculo a ser realizado nessa etapa é a interseção entre os planos paralelos ao eixo de construção e a malha de triângulos (Figura 5.21), seja no formato STL ou AMF. As entidades geométricas de interesse são o plano de fatiamento e o segmento de reta de um lado do triângulo. A Equação (5.2) apresenta como obter o ponto de interseção considerando V1 (*x*1, *y*1, *z*1) e V2 (*x*2, *y*2, *z*2) como os vértices de um lado do triângulo e I (*x*, *y*, *z*) como o ponto de interseção a ser obtido. O parâmetro *k* é obtido pela proporção entre os vértices da aresta do triângulo na direção Z e a altura do plano de fatiamento. De posse do parâmetro *k*, as coordenadas *x* e *y* do ponto de interseção podem ser obtidas pela Equação (5.3).

$$\frac{x-x_1}{x_2-x} = \frac{y-y_1}{y_2-y} = \frac{z-z_1}{z_2-z} = k \tag{5.2}$$

$$x = \frac{kx_2 + x_1}{k+1}, \quad y = \frac{ky_2 + y_1}{k+1} \tag{5.3}$$

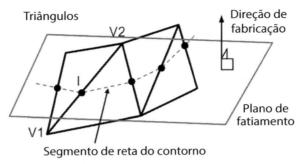

Figura 5.21 Representação esquemática do fatiamento – interseção do plano de corte com triângulos da malha STL ou AMF.

O processo de fatiamento total de uma malha é uma das etapas do planejamento de processo que mais consome tempo de processamento. Dependendo do tamanho da malha e da lógica de percorrer planos e triângulos em busca das interseções, o tempo computacional necessário para executar essa operação pode variar bastante de algoritmo para algoritmo. Minetto et al. [26] discutem e propõem algoritmos otimizados para realizar essa tarefa, seja no fatiamento uniforme ou no adaptativo.

5.7.3 MONTAGEM DOS CONTORNOS FECHADOS (POLÍGONOS)

Na etapa anterior, para cada triângulo, geram-se dois pontos de interseção, formando um segmento de reta (Figura 5.21). Como a malha STL não possui informações topológicas, não existe informação de qual segmento do contorno se conecta com outro segmento. Assim, o resultado para cada fatia (altura em Z) é um conjunto de segmentos de reta desconectados. Portanto, é necessário uma etapa de formação dos contornos 2D fechados, obtendo-se polígonos fechados. Para essa tarefa, geralmente, utiliza-se um algoritmo que liga o ponto final de um segmento com o início do próximo (algoritmo *head-to-tail*), até se fechar o contorno [26].

5.7.4 DETERMINAÇÃO DO SENTIDO DOS CONTORNOS

Uma vez determinados os contornos de cada camada, é ainda necessária a identificação do correto sentido desses contornos. Por convenção, um contorno no sentido anti-horário indica um contorno externo, que limita uma área com material no seu interior. O sentido horário indica um contorno interno, que representa um vazio ou área sem material. A Figura 5.22 apresenta uma camada com três contornos com a respectiva indicação de seus sentidos. Alguns métodos de identificação do sentido do contorno são discutidos em Volpato et al. [27].

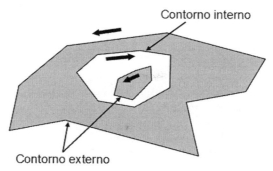

Figura 5.22 Representação esquemática dos sentidos dos contornos de uma camada em que as áreas mais escuras indicam as regiões que devem ser preenchidas com material da peça durante o processamento.

5.8 PLANEJAMENTO DA TRAJETÓRIA DE CONTORNO E/OU PREENCHIMENTO

Uma vez identificado o sentido de cada polígono de uma camada, inicia-se o planejamento da trajetória de contorno e/ou preenchimento das regiões com material. Trajetórias de contorno (*outline*) são aquelas que delimitam as superfícies externas (visíveis) da peça. As trajetórias de preenchimento são planejadas para processar o material dentro dos limites dos contornos. Essa etapa do planejamento implica definir a trajetória para formar uma camada da peça, seja o caminho de um feixe de *laser*, de um bico extrusor, de um cabeçote de jateamento (matriz de *pixels*, inclusive com diferentes densidades), ou mesmo a definição da geometria de uma máscara que só permite a passagem de luz na área a ser projetada, impedindo essa passagem no restante da área. Essas trajetórias são necessárias também para delimitar as estruturas de suporte, quando são necessárias.

Assim, o planejamento das trajetórias está diretamente associado à tecnologia AM considerada. Algumas tecnologias utilizam somente trajetórias de contorno; outras, somente de preenchimento; e há outras que combinam essas duas. O Quadro 5.1 ilustra esquematicamente o planejamento da trajetória de contorno e/ou preenchimento de acordo com o princípio da tecnologia de AM. O Quadro 5.1 não deve ser visto como absoluto, pois pode-se ter tecnologias, dentro dos princípios apontados, que necessitam de dados extras, além do especificado.

Vários cálculos envolvendo geometrias 2D são necessários para a obtenção das trajetórias. Por exemplo, a trajetória do contorno é obtida por meio da geração de um polígono equidistante (*offset*) aos obtidos na etapa de fatiamento. A distância de *offset* depende do processo em uso, podendo representar o diâmetro do feixe de *laser*, do feixe de elétrons, do filamento extrudado, da microgota jateada, entre outros. Isso é feito de maneira automática pelos sistemas de planejamento de processo. A trajetória de preenchimento requer cálculos de interseção entre linhas de varredura e contornos de cada camada. Dependendo da peça e da tecnologia, o preenchimento pode ser planejado para não atingir 100% da área, deixando vazios internos para reduzir tempo e custo de fabricação. Nesse sentido, diferentes estratégias com estruturas vazadas, do tipo colmeia, podem ser empregadas. No caso específico de tecnologias que necessitam somente de preenchimento, há também a possibilidade de se ter uma variação na densidade de *pixels* para jateamento entre o contorno e o preenchimento.

Quadro 5.1 Representação esquemática do planejamento da trajetória de contorno e/ou preenchimento de acordo com o princípio da tecnologia AM.

Planejamento da Trajetória de Contorno e/ou Preenchimento	
	Tecnologias que necessitam somente do contorno: - tecnologias de adição de material em lâminas (por exemplo, LOM, demais processos baseados em LOM – ver Capítulo 11). Obs.: podem requerer trajetória fora do contorno da peça para recortar/picotar o material
	Tecnologias que necessitam somente de preenchimento: - tecnologias de jateamento de material (por exemplo, PolyJet, MultiJet Printing, outros – ver Capítulo 8)
	- tecnologias de fotopolimerização em cuba que utilizam projeção (por exemplo, tecnologias da empresa EnvisionTEC, Carbon3D, Gizmo3D Gizi series, outros – ver Capítulo 6)
	- tecnologias de fotopolimerização em cuba que utilizam máscaras (ver Capítulo 6). Obs.: necessitam de informação geométrica fora do contorno da peça para bloquear a passagem da luz
	Tecnologias que combinam contorno e preenchimento: - tecnologias de jateamento de aglutinante (por exemplo, ColorJet Printing, VoxelJet, outros – ver Capítulo 8)
	- tecnologias de extrusão de material (por exemplo, FDM, RepRap, outros – ver Capítulo 7)
	- tecnologias de fusão de leito de pó (por exemplo, SLS, DMLS, SLM, outros – ver Capítulo 9 e 10) - tecnologias de deposição com aplicação direta de energia (por exemplo, LENS, DMD, outros – ver Capítulo 11)
	- tecnologias de fotopolimerização em cuba com *laser* (por exemplo, SL, outros – ver Capítulo 6)

A liberdade dada aos usuários para alterarem os vários parâmetros de processo, que controlam essas trajetórias, depende diretamente de cada tecnologia. Algumas são restritas, encapsulando um conjunto de parâmetros previamente estabelecidos em estratégias dos fabricantes; outras são mais abertas, requerendo um conhecimento mais profundo do processo. Essa última opção pode gerar maiores riscos, porém, com operadores experimentados, pode produzir peças de melhor qualidade que o definido como parâmetros *default* do fabricante.

Chama-se a atenção para o fato de que, dependendo do processo, os parâmetros podem variar de uma camada para outra. Por exemplo, para os processos de extrusão de material polimérico, a primeira camada pode ser depositada a uma temperatura mais alta que as demais para facilitar a adesão do material à plataforma. Nas tecnologias SLS para polímeros, a potência do *laser* das primeiras camadas é menor para minimizar o efeito chamado de bônus Z no leito de pó, que é o processamento de material na primeira camada além do previsto para a espessura definida. Um maior detalhamento das estratégias de preenchimento utilizadas é apresentado nos capítulos correspondentes a cada grupo de tecnologia.

Ao final dessa etapa, todas as informações geométricas referentes ao processamento das camadas são transformadas em um formato que as máquinas de AM possam ler e executar. Na maioria das tecnologias comerciais, esse formato é proprietário e fechado, não sendo de acesso facilitado. Já nas impressoras 3D baseadas no princípio de extrusão de material de arquiteturas abertas ou de baixo custo (ver detalhes no Capítulo 7), é comum o uso do código G, da mesma forma que o utilizado em máquinas de CNC. Além das coordenadas X, Y e Z, estão presentes no código os parâmetros de velocidade linear de deslocamento do cabeçote e quantidade de alimentação do material para se obter, por exemplo, um filamento adequado.

5.9 SISTEMAS DE PLANEJAMENTO DE PROCESSO (CAM) PARA AM

Todas essas etapas do planejamento vistas até aqui são realizadas por *softwares* de planejamento de processo para tecnologia AM. Em tecnologias AM comerciais, esses sistemas são proprietários e específicos para cada tecnologia. Dessa forma, as informações de processo geradas são armazenadas em formatos específicos, e o sistema de controle do equipamento está preparado para somente executar os dados nesse formato específico. Essa arquitetura proprietária faz com que o sistema de controle não aceite arquivos de dados de contorno e/ou preenchimento das camadas gerados por sistemas de planejamento de processo de terceiros. Isso limita as pesquisas em planejamento de processo e também a realização, por parte de usuários mais avançados, de testes envolvendo estratégias ou parâmetros que poderiam dar um melhor resultado em termos de fabricação [28].

No caso das impressoras 3D com arquitetura aberta e de baixo custo, essa limitação geralmente não existe, pois optou-se por trabalhar com código G para as trajetórias de contorno e/ou preenchimento. Dessa forma, os sistemas de controle permitem executar os códigos G gerados por vários sistemas de planejamento para AM. O Quadro 5.2

apresenta uma lista de sistemas CAM para AM gratuitos. Dentre eles, estão os de código-fonte aberto, que podem ser modificados, e outros de código proprietário. Esses sistemas podem ser utilizados por várias tecnologias de baixo custo, em especial as baseadas em extrusão de material.

Um dos sistemas mais utilizados em impressoras 3D abertas e de baixo custo é o Slic3r [29]. Além dos sistemas listados no Quadro 5.2, existem outros menos populares, sendo alguns mais específicos e outros derivados dos listados neste quadro. Como exemplos, tem-se o Fabstudio da Fab@Home, o RepRapPro Slicer (RepRap), o Repetier Host e o ReplicatorG. Informações adicionais sobre esses sistemas podem ser obtidas no *site* 3D Printing for Beginners [30].

Quadro 5.2 Sistemas CAM gratuitos para AM.

Sistema	Código	Página na *internet*
Slic3r	Aberto	http://slic3r.org/
Skeinforge	Proprietário	https://fabmetheus.crsndoo.com/
KissSlicer	Proprietário (possui uma versão paga para máquinas com dois cabeçotes e outros detalhes)	http://www.kisslicer.com/
Cura	Aberto	https://ultimaker.com/en/products/cura-software
CraftWare	Proprietário	http://www.craftunique.com/craftware

No Brasil, o Núcleo de Manufatura Aditiva e Ferramental (NUFER), da UTFPR, vem desenvolvendo um sistema CAM para AM denominado RP3 (*rapid prototyping process planning*). O sistema possui opções de planejamento para tecnologias de extrusão de material e fusão de leito de pó [28]. O sistema objetiva a realização de pesquisas nas várias etapas do planejamento de processo, como métodos otimizados de fatiamento, otimização de estratégias de preenchimento, novas estratégias de preenchimento, entre outras [13, 22, 26, 27, 31].

5.10 FABRICAÇÃO DA PEÇA NO EQUIPAMENTO DE AM

Após o planejamento de processo, a próxima etapa é a fabricação da peça na máquina de AM. Esta é geralmente automática e desassistida, necessitando da interferência do operador somente no início do processo, durante o *setup* da máquina (limpeza de plataforma e sensores, calibrações, alimentação de material, entrada de parâmetros de processamento etc.). Assim, é comum deixar peças sendo fabricadas durante a noite para um melhor aproveitamento do tempo dos equipamentos.

Algumas tecnologias podem ser utilizadas em ambiente de escritório, pois geram pouco ruído e calor e operam com materiais não agressivos ou tóxicos ao ser humano. Outras, no entanto, exigem ambiente mais adequado, com controle de temperatura, umidade, exaustão de gases, contenção de materiais particulados, entre outros.

Os detalhes de cada uma das classes de tecnologias, como parâmetros de processamento e outros, são apresentadas nos capítulos específicos.

5.11 PÓS-PROCESSAMENTO

O pós-processamento é definido como uma etapa adicional necessária em cada tecnologia para se ter a peça fabricada com a qualidade final desejada, atendendo aos requisitos da aplicação pretendida. O pós-processamento pode envolver desde ações manuais, bastante dependentes de um operador, até a passagem por equipamentos e processos adicionais, como fornos, usinagem, tamboreamento, tratamento superficial, prensagem isostática, entre outros. Os processos requeridos variam bastante com a tecnologia e o material utilizado e podem abranger:

a) limpeza da peça (necessária em todas as tecnologias) e retirada de material em excesso ou ligeiramente fixado à peça, recorrendo-se, por exemplo, a jateamento de areia ou esferas de vidro;

b) retirada das estruturas de suporte e/ou base da peça para as tecnologias que as utilizam (FDM, Polyjet, SL, LOM etc.);

c) cura final de uma resina em forno ultravioleta para finalizar algum processo iniciado durante a fabricação com AM (por exemplo, SL);

d) infiltração com resina ou cera, para conferir maior resistência à peça ou melhorar o acabamento superficial, ou mesmo selar a peça (por exemplo, ColorJet Printing, VoxelJet);

e) sinterização em forno em alta temperatura e infiltração com metal de baixo ponto de fusão (por exemplo, processos de jateamento de aglutinante para metal, sinterização a *laser* de metal);

f) usinagem para se obter o acabamento e a precisão dimensional necessários, principalmente nos processos que trabalham com materiais metálicos e, em especial, para a obtenção de insertos para moldes etc.;

g) prensagem isostática a quente;

h) técnicas de tratamento para acabamento superficial.

Em particular, a remoção das estruturas de suporte pode ser um limitante na aplicação de algumas tecnologias de AM na fabricação de peças de geometria complexa e que possuam regiões de difícil acesso, como pequenas cavidades, canais etc. Isso é observado, principalmente, nas tecnologias de AM que não possuem material de suporte que facilita a sua remoção (solúvel ou por derretimento), requerendo, assim, uma remoção mecânica delas.

No caso específico de fabricação direta de insertos para moldes metálicos com processos de AM, nenhuma tecnologia é ainda suficientemente precisa e consegue fornecer um acabamento superficial adequado para essa aplicação [32]. O que se obtém é uma pré-forma, ou uma forma próxima da final (*near net shape*). Assim, é preciso recorrer a processos de usinagem (torneamento, fresamento, retífica, alargamento etc.), melhoramento da estrutura do material (prensagem isostática), tratamento superficial e, por fim, polimento.

O acabamento superficial visa conferir às peças características que são difíceis ou impossíveis de serem obtidas pelos processos de AM disponíveis atualmente. Assim, as etapas de acabamento podem variar bastante em função da finalidade da peça. Por exemplo, no caso específico de protótipos, podem-se utilizar processos convencionais, como colagem, usinagem, lixamento, pintura, revestimentos, texturização ou qualquer outro processo necessário. Protótipos específicos para feiras ou para efeitos visuais e de *marketing* devem ter a aparência mais próxima possível do produto final e, dessa forma, são submetidos aos processos convencionais de revestimento para se obter cor, textura e aparência adequadas. Outro exemplo é o caso de peças que servem como modelos-mestre na produção de moldes de silicone ou resina epóxi, que devem ter superfícies e dimensões muito bem controladas para evitar transmitir ao ferramental as imperfeições do processo de AM. Por fim, peças a serem utilizadas como produto final podem ser empregadas da maneira que saem da máquina ou podem passar por etapas de acabamento, dependendo das exigências da aplicação.

Mais detalhes de etapas de pós-processamento são apresentados nos capítulos que tratam de cada processo.

5.12 CONSIDERAÇÕES FINAIS

Este capítulo apresentou uma visão geral das etapas envolvidas no planejamento de processo para AM. Destacou-se a influência dessas etapas e das decisões que devem ser tomadas pelos usuários, em função dos requisitos, considerando-se aspectos de acabamento superficial, propriedades mecânicas, precisão dimensional, tempo e custo de fabricação das peças.

Foram apresentadas aos usuários da AM uma série de recomendações a serem consideradas durante o planejamento do processo, para que estes possam atingir seus objetivos mais rapidamente e com menor custo. Sugere-se que essas considerações sejam observadas antes do uso de qualquer tecnologia AM. Isso porque, conforme observado, a tarefa de planejamento de processo é ainda muito dependente da experiência do usuário e da sua interação com os sistemas de planejamento de processo, do equipamento de AM utilizado e da definição de seus parâmetros, bem como da identificação dos requisitos da aplicação da peça a ser produzida. O tempo consumido na tarefa de planejamento de processo é considerável no caso de uma peça com exigências mais criteriosas, mesmo para usuários experientes. O fato é que ainda não existe, mesmo em tecnologias comerciais, um sistema de aplicação geral para solucionar, de forma eficaz, todas as tarefas do planejamento de processo. Em alguns casos, ainda há a tentativa e erro como aproximação para se conseguir resultados satisfatórios. Quanto mais aprofundado forem os conhecimentos do usuário, menor o tempo e o custo com esse processo, e isso é altamente dependente de sua imersão na tecnologia.

REFERÊNCIAS

1 ZEID, I. *Mastering CAD/CAM*. Boston: McGraw-Hill Higher Education, 2005.

2 DUTTA, B. et al. Additive manufacturing by direct metal deposition. *Advanced Materials & Processes*, Materials Park, v. 169, n. 5, p. 33-36, 2011.

3 DOLENC, A.; MÄKELÄ, I. Slicing procedures for layer manufacturing techniques. *Computer-Aided Design*, v. 26, n. 2, p. 119-126, 1994.

4 DOLENC, A.; MÄKELÄ, I. Rapid Prototyping from a computer scientist's point of view. *Rapid Prototyping Journal*, Bradford, v. 2, n. 2, p. 18-25, 1996.

5 HUANG, X. et al. Sloping wall structure support generation for fused deposition modelling, *International Journal of Advanced Manufacturing Technology*, Bedford, v. 42, p. 1074-1081, 2009.

6 ANCAU, M.; CAIZAR, C. The computation of Pareto-optimal set in multicriterial optimization of rapid prototyping processes. *Computers & Industrial Engineering*, New York, v. 58, p. 696-708, 2010.

7 VILLALPANDO, L.; EILIAT, H.; URBANIC, R. J. An optimization approach for components built by fused deposition modelling with parametric internal structures. *Procedia CIRP*, Amsterdam, v. 17, p. 800-805, 2014.

8 KULKARNI, P.; MARSAN, A.; DUTTA, D. A review of process planning techniques in layered manufacturing. *Rapid Prototyping Journal*, Bradford, v. 6, n. 1, p. 18-35, 2000.

9 THOMAS, T. R.; ROSEN, B.-G.; AMINI, N. Fractal characterization of the anisotropy of rough surfaces. *Wear*, v. 232, n. 1, p. 41-50, 1999.

10 CHEN, Y. Non-uniform offsetting and its applications in laser path planning of stereolithography machine. *Proceedings of Solid FreeForm Fabrication Symposium*, Austin, p. 174-186, 2007.

11 HUR, S.-M. et al. Determination of fabricating orientation and packing in SLS process. *Journal of Materials Processing Technology*, New York, v. 112, n. 2, p. 236-243, 2001.

12 CANELLIDIS, V. et al. Pre-processing methodology for optimizing stereolithography apparatus build performance. *Computers in Industry*, Amsterdam, v. 57, n. 5, p. 424-436, 2006.

13 VOLPATO, N. et al. An algorithm to obtain support structures for additive manufacturing. In: Proceedings of the 1st PROMED: International Conference on Design and Processes for Medical Devices, Padenghe sul Garda. *Proceedings...* Rivoli: Neos Edizioni, 2012.

14 VENUVINOD, P. K.; MA, W. *Rapid prototyping:* laser-based and other technologies. New York: Kluwer Academic Publishers, 2004.

15 LIN, R-S. Adaptive slicing for rapid prototyping. In: GIBSON, I. (Ed.). *Software solutions for rapid prototyping.* London: Professional Engineering Publishing, 2002. p. 129-154.

16 PANDEY, P. M.; REDDY, N. V.; DHANDE, S. G. Slicing procedures in layered manufacturing: a review. *Rapid Prototyping Journal*, Bradford, v. 9, n. 5, p. 274-288, 2003.

17 MA, W.; BUT, W.-C.; HE, P. Nurbs-based adaptive slicing for efficient rapid prototyping. *Computer-Aided Design*, v. 36, n. 13, p. 1.309-1.325, 2004.

18 ZENG, L. et al. Efficient slicing procedure based on adaptive layer depth normal image. *Computer-Aided Design*, v. 43, n. 12, p. 1.577-1.586, 2011.

19 KULKARNI, P.; DUTTA, B. An accurate slicing procedure for layered manufacturing. *Computer-Aided Design*, v. 28, n. 9, p. 683-697, 1996.

20 TYBERG, J.; BOHN, H. Local adaptive slicing. *Rapid Prototyping Journal*, Bradford, v. 4, n. 3, p. 118-127, 1998.

21 ZHOU, M. Y.; XI, J. T.; YAN, J. Q. Adaptive direct slicing with non-uniform cusp heights for rapid prototyping. *Advanced Manufacturing Technology*, Bedford, v. 23, p. 20-27, 2004.

22 VOLPATO, N.; FOGGIATTO, J. A.; RADIGONDA, A. L. Implementação de uma variação do fatiamento adaptativo no processo FDM. In: 6º CONGRESSO BRASILEIRO DE ENGENHARIA DE FABRICAÇÃO (COBEF), 2011, Caxias do Sul. *Proceedings...* 1 CD-ROM.

23 SABOURIN, E.; HOUSER, S. A.; BOHN, J. H. Accurate exterior, fast interior layered manufacturing. *Rapid Prototyping Journal*, Bradford, v. 3, n. 2, p. 44-52, 1997.

24 SLM SOLUTIONS. *News archive 2013*. Disponível em: <http://www.stage.slm--solutions.com/index.php?news-2012andolder_en>. Acesso em: 11 dez. 2015.

25 CANELLIDIS, V.; GIANNATSIS, J.; DEDOUSSIS, V. Genetic-algorithm-based multi-objective optimization of the build orientation in stereolithography. *International Journal of Advanced Manufacturing Technology*, Bedford, n. 45, p. 714-730, 2009.

26 MINETTO, R. et al. An optimal algorithm for 3D triangle mesh slicing and loop--closure. *Computer-Aided Design*, 2015. No prelo.

27 VOLPATO, N. et al. Identifying the directions of a set of 2D contours for additive manufacturing process planning. *The International Journal of Advanced Manufacturing Technology*, Bedford, v. 68, p. 33-43, 2013.

28 VOLPATO, N.; FOGGIATTO, J. A. The development of a generic rapid prototyping process planning system. In: 4th INTERNATIONAL CONFERENCE ON ADVANCED RESEARCH IN VIRTUAL AND RAPID PROTOTYPING (VRAP), 2009, Leiria. *Proceedings...* p. 382-383.

29 ABELLA, J. Know your slicing and control software for 3D printers. *Make:*, [s.l.], 19 nov. 2013. Disponível em: <http://makezine.com/2013/11/19/know-your-slicing--and-control-software-for-3d-printers/>. Acesso em: 11 ago. 2015.

30 3D PRINTING FOR BEGINNERS. *Software & Tools – 3D Modeling Tools*. Disponível em: <http://3dprintingforbeginners.com/software-tools>. Acesso em: 12 ago. 2015.

31 VOLPATO, N. et al. Combining heuristics for tool-path optimization in additive manufacturing. In: 23rd CAPE, 2015, Edinburgh. *Proceedings...*

32 ILYAS, I. et al. Design and manufacture of injection mould tool inserts produced using indirect SLS and machining processes. *Rapid Prototyping Journal*, Bradford, v. 16, n. 6, p. 429-440, 2010.

CAPÍTULO 6
Processos de AM por fotopolimerização em cuba

Carlos Henrique Ahrens
Universidade Federal de Santa Catarina – UFSC

6.1 INTRODUÇÃO

Os processos de manufatura aditiva (*additive manufacturing* – AM) por fotopolimerização baseiam-se na construção, a partir de resinas poliméricas em estado líquido, de objetos solidificados por meio da irradiação de uma fonte de luz ultravioleta (UV) ou visível. A incidência da luz fornece a energia capaz de iniciar uma reação química na resina fotopolimérica líquida, permitindo a sua solidificação em uma cuba ou reservatório (bandeja). Essa reação de fotopolimerização, denominada reação de cura, ocorre em decorrência da presença de agentes químicos fotoiniciadores contidos na composição da resina fotocurável, que dão inicio à reação após sofrerem excitação eletrônica pela absorção da luz incidente [1].

Em decorrência de o processo ocorrer em meio líquido, o que permite a utilização de espessuras de camadas micrométricas, atribui-se a ele a fabricação de peças com excelente acabamento superficial. O processo de fotopolimerização em cuba foi o primeiro a ser utilizado por um equipamento comercial de AM, o que evidencia sua importância no contexto das tecnologias de impressão 3D. Fotopolímeros sensíveis à luz UV também são usados em alguns equipamentos com base no princípio de jateamento de material ou de aglutinante, assunto que é apresentado no Capítulo 8.

Este capítulo tem por objetivo apresentar ao leitor, inicialmente, uma visão geral das principais tecnologias por fotopolimerização em cuba ou reservatório, dividindo-as em função do princípio básico de fabricação empregado no equipamento de AM. Nesse sentido, são apresentadas as tecnologias baseadas em fotopolimerização por escaneamento vetorial e por projeção de máscaras ou imagens. Em função da possibilidade única da técnica de fabricar objetos em escala micrométrica, a tecnologia de microestereolitografia (μSL) é também abordada. Além de descrever o funcionamento básico de cada processo, são apresentados aspectos relativos aos principais parâmetros de fabricação e aos tipos de materiais utilizados nessa tecnologia. Uma abordagem sobre aplicações, potencialidades e limitações desse processo é apresentada ao final do capítulo.

6.2 PRINCIPAIS TECNOLOGIAS E PRINCÍPIOS BÁSICOS DE FABRICAÇÃO

O primeiro equipamento de AM baseado nesse princípio surgiu comercialmente na década de 1980. Experimentos desenvolvidos por Charles W. Hull mostraram ser possível curar resinas sensíveis à irradiação UV a partir de sua exposição à luz emitida por uma fonte de raios *laser* de uma impressora comercial [2]. A partir dessa descoberta, foi patenteado o primeiro equipamento de AM, focado inicialmente em atender à fabricação de protótipos, sob a designação estereolitografia [3, 4].

Desde que surgiu no mercado, são vários os fabricantes de equipamentos de AM que oferecem soluções com base na fotopolimerização em cuba ou reservatório. O primeiro equipamento foi comercializado pela empresa norte-americana 3D Systems, considerada uma das empresas líderes de mercado no segmento de AM.

Equipamentos de AM que utilizam fotopolímeros em estado líquido ou resinas fotocuráveis podem ser agrupados em dois tipos principais: (a) baseados em escaneamento vetorial, em que a irradiação de energia é direcionada pontualmente para uma região da camada a ser curada; e (b) baseados em projeção de máscaras ou imagens, em que a energia é direcionada em toda a extensão de uma camada da peça a ser construída.

Independentemente da tecnologia empregada (escaneamento vetorial ou projeção de imagens), os equipamentos de AM por fotopolimerização em cuba se diferenciam também em função do sentido de construção das peças (sobreposição das camadas no eixo Z). Existem equipamentos que constroem as peças movimentando a plataforma de construção "de cima para baixo", e outros o fazem "de baixo para cima".

O Quadro 6.1 apresenta algumas das principais empresas que comercializam equipamentos de AM por fotopolimerização em cuba ou reservatório, evidenciando o princípio de fabricação empregado nos equipamentos. Cabe salientar que algumas empresas comercializam um único modelo de equipamento, enquanto outras oferecem ao mercado diferentes modelos dentro de uma série agrupada para equipamentos que apresentam diferenças em tamanhos (dimensões máximas de fabricação) e capacidades de processamento.

Processos de AM por fotopolimerização em cuba

Quadro 6.1 Exemplos de fabricantes de equipamentos de fotopolimerização em cuba ou reservatório.

Empresa	País	Equipamento	Princípio de fabricação
3D Systems	Estados Unidos	ProJet series ProX series	Escaneamento vetorial Escaneamento vetorial
EnvisionTEC	Alemanha	3SP series Perfactory series	Escaneamento vetorial e projeção de máscaras ou imagens
Formlabs	Estados Unidos	Form +1 e Form 2	Escaneamento vetorial
Carbon3D	Estados Unidos	Carbon M1	Projeção de máscaras ou imagens
Gizmo3D	Austrália	Gizi series	Projeção de máscaras ou imagens
Autodesk	Estados Unidos	Ember 3D	Projeção de máscaras ou imagens
Olo	Itália	Olo 3D	Projeção de máscaras ou imagens
Lumi Industries	Itália	LumiFold Tab LumiFold Cube	Projeção de máscaras ou imagens

Um detalhamento dessas tecnologias, dos materiais disponibilizados e dos parâmetros de processo empregados é apresentado nos itens a seguir.

6.3 FOTOPOLIMERIZAÇÃO POR ESCANEAMENTO VETORIAL

Como já mencionado, nesse grupo de processos, o escaneamento vetorial é realizado predominantemente por uma fonte de energia *laser*. Outras fontes, como feixe de elétrons ou plasma, também podem ser utilizadas *a priori*. Todos os processos baseados em escaneamento vetorial têm como base o processo de estereolitografia.

6.3.1 ESTEREOLITOGRAFIA

Nesse processo, patenteado pela empresa 3D Systems e denominado estereolitografia (SL), a resina fotocurável é inserida em uma cuba ou reservatório que contém uma plataforma mergulhada, a qual se desloca para baixo conforme as camadas são construídas, como mostra o esquema da Figura 6.1. O feixe do *laser* é movimentado através de um conjunto óptico que reproduz a geometria 2D (direções X e Y) obtida no fatiamento da peça representada no sistema de projeto auxiliado por computador (*computer-aided design* – CAD). O sistema de varredura move o feixe de *laser* preenchendo a camada correspondente sobre a superfície da cuba com a resina fotocurável. Quando exposta ao feixe de *laser*, a resina polimeriza, mudando do estado líquido para sólido, gerando uma camada. Em seguida, a plataforma de construção desce (direção Z) um valor correspondente à próxima camada a ser construída, recobrindo com nova resina a camada anteriormente solidificada. O procedimento de movimentação do *laser* é repetido para esta nova camada, que, então, adere à camada anterior, e assim sucessivamente; o processo se repete até que a peça seja construída por completo. A peça pronta é removida da cuba e levada posteriormente para um forno, onde será concluída a cura total da resina.

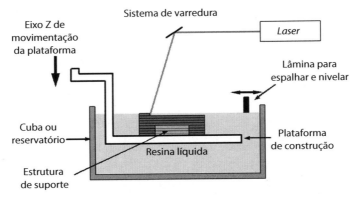

Figura 6.1 Princípio do processo SL [5].

Peças que contenham em sua geometria partes desconectadas ou em balanço requerem a inclusão de estruturas de suporte (Figura 6.2), para evitar que, durante a construção, essas partes se deformem, afundem ou flutuem livremente na resina líquida. Em função da solidificação da peça ocorrer em um meio líquido, é recomendável utilizar um grande número de estruturas de suporte e evitar a construção de partes em balanço sem a presença de estruturas de suporte. Sugere-se incluir suporte para regiões que apresentam ângulos menores que 45º. Nesse processo, o material do suporte é o mesmo da peça, por isso, o volume dos suportes deve ser mantido ao mínimo. Normalmente, a identificação das regiões da peça que requerem suporte e o seu projeto são realizados automaticamente pelo sistema computacional de planejamento de processo que acompanha o equipamento de SL. Para aproveitar a área disponível da plataforma de construção, é recomendável fabricar o maior número possível de peças em uma mesma batelada, como ilustrado na Figura 6.3.

Os primeiros *lasers* UV utilizados nos equipamentos de SL foram do tipo Helio-Cadmio (He-Cd), com potência variando de 6 mW até 12 mW e comprimento de onda de 325 nm, ou do tipo Nd:YVO$_4$ no estado sólido, com potência variando de 100 mW a 800 mW e comprimento de onda de 354,7 nm. Mais recentemente, novos equipamentos têm empregado *lasers* de maior potência, chegando a valores em torno de 1500 mW [6].

A movimentação do *laser* é realizada por um par de espelhos movimentados por galvanômetros. Por meio de um conjunto de lentes e um sistema de abertura, o foco do feixe de *laser* é calibrado para ocorrer na superfície da resina líquida. O diâmetro do *laser* normalmente utilizado está em torno de 0,25 mm, mas, em alguns equipamentos, pode ser reduzido até 0,075 mm para aplicações que requerem alta resolução.

Processos de AM por fotopolimerização em cuba 133

A espessura de camada é mantida constante ao longo de toda a peça, podendo variar entre 0,025 e 0,5 mm.

Figura 6.2 Exemplo de peça fabricada por estereolitografia mostrando as respectivas estruturas de suporte.

Fonte: cortesia de NIMMA/UFSC.

Figura 6.3 Exemplo de peças sendo fabricadas simultaneamente na plataforma de construção.

Fonte: cortesia de NIMMA/UFSC.

Ao final do processo de SL, tem-se a peça em estado "verde", ou seja, não completamente curada. Essa situação ocorre em função do aprisionamento de resina líquida em regiões da peça em que o feixe do *laser*, em função do parâmetro distância entre varreduras, não promove a consolidação (cura) da resina, em decorrência da geometria típica deixada pelo *laser* ao penetrar na resina líquida durante o percurso de varredura (estratégia de movimentação). A Figura 6.4 ilustra a geometria resultante dessa situação, evidenciando as regiões de retenção da resina líquida (região não curada) após a varredura do *laser*.

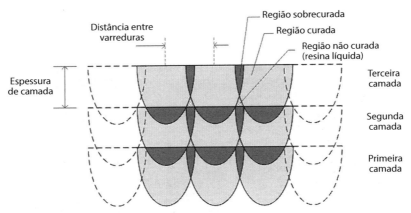

Figura 6.4 Representação dos efeitos de penetração do *laser* no processo de manufatura aditiva por SL.

Fonte: adaptada de Salmoria et al. [7].

Após retirar a peça da máquina, primeiro se realiza uma limpeza com solvente para remoção da resina não curada. Usualmente, emprega-se álcool isopropílico. Em seguida, é necessário retirar as estruturas de suporte com cuidado, para não danificar a superfície da peça. A peça, então, é levada a um forno UV para se obter a cura completa da resina, aumentando a sua resistência mecânica. Finalmente, se necessário, um acabamento superficial é aplicado manualmente.

No processo de consolidação das camadas, são empregadas diferentes estratégias de varredura que são válidas não somente para a estereolitografia, mas também para outras tecnologias que utilizam o princípio de escaneamento vetorial. Esse assunto é apresentado na Seção 6.7.

6.3.2 OUTRAS TECNOLOGIAS POR ESCANEAMENTO VETORIAL

Diversas empresas comercializam equipamentos com princípio similar ao da estereolitografia, construindo as peças movimentando o eixo Z de "cima para baixo". Nesse cenário, tem se destacado os equipamentos das empresas EnvisionTEC. Basicamente, as diferenças entre os equipamentos estão na qualidade dos dispositivos ópticos e eletromecânicos, nas dimensões dos envelopes de construção e na resolução que o equipamento é capaz de garantir.

Alternativamente, o princípio de solução de movimentação do eixo Z no sentido de "baixo para cima" vem sendo cada vez mais adotado por novas empresas fabricantes de equipamentos de AM. Ou seja, as peças são construídas de cabeça para baixo, na medida em que a plataforma de construção vai subindo e se afastando da cuba ou reservatório que contém a resina fotopolimérica líquida, necessitando, assim, de menores volumes de resina líquida no interior da cuba ou reservatório. Um exemplo desse processo (Figura 6.5) é o empregado pela empresa Formlabs, que comercializa os equipamentos da série Form, possibilitando a construção em camadas de espessura da ordem de 25 a 100 μm [8]. No início do processo, a plataforma de construção desce (sentido Z) em direção ao reservatório que contém a resina líquida, adentrando-o de modo a estabelecer uma distância de uma camada entre a plataforma e a janela de material transparente. Após a irradiação, a camada da resina curada se adere à plataforma de construção. Posteriormente, esta sobe, permitindo que nova camada de resina líquida ocupe o espaço entre a janela e a camada já curada. Esse processo se repete até que toda a peça seja construída. Uma das vantagens atribuídas a esse princípio invertido de construção é que a cura acontece no fundo do reservatório, em uma região onde não há a presença de oxigênio, e, portanto, mais rapidamente.

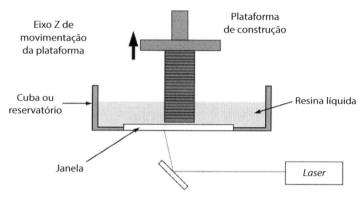

Figura 6.5 Princípio do processo da empresa Formlabs.

6.4 FOTOPOLIMERIZAÇÃO POR PROJEÇÃO DE MÁSCARAS OU IMAGENS

A tecnologia de projeção de imagens sobre uma superfície de resina com o objetivo de curar simultaneamente toda uma camada de uma peça foi inicialmente desenvolvida no início dos anos 1990 por pesquisadores que desejavam desenvolver equipamentos de SL especiais capazes de fabricar peças em escala microscópica. Equipamentos de AM que se utilizam desse princípio são designados de fotopolimerização por projeção de máscara ou imagens. A grande vantagem desse tipo de equipamento é a rapidez na fabricação da peça, em função de a cura ocorrer instantaneamente em toda a extensão da camada.

Similarmente ao princípio tradicional de fabricação por SL, os equipamentos de AM por projeção de máscaras partem do fatiamento do modelo representado em CAD. Cada seção fatiada é armazenada na forma de *bitmaps*, formando uma imagem ou máscara a ser disponibilizada em um visor ou tela digital. As máscaras ou imagens digitais são alteradas dinamicamente por meio de um dispositivo de microespelho digital (*digital micromirror device* – DMD) controlado por um processador de luz digital (*digital light processing* – DLP). Nesses equipamentos, a fonte de luz é predominantemente de lâmpadas UV, com custo bem inferior aos *lasers* UV, embora também existam equipamentos que empregam lâmpadas no comprimento de onda visível. A imagem de cada camada armazenada no visor é transferida para a superfície da resina líquida disponibilizada em um reservatório ou cuba, promovendo a sua cura.

Igualmente como ocorre em alguns equipamentos que utilizam *laser*, também há equipamentos em que a construção é realizada mediante a movimentação em Z de "baixo para cima". Nestes, o reservatório contendo a resina líquida é preenchido, e seu conteúdo é posteriormente curado a cada camada de construção. A parte inferior da cuba contendo a resina líquida possui uma janela de material transparente, permitindo que a resina seja iluminada verticalmente pela fonte de luz UV, como mostra a Figura 6.6. Similar às etapas descritas anteriormente, no início do processo, a plataforma de construção desce (sentido Z) em direção ao reservatório que contém a resina líquida, adentrando-o de modo a estabelecer uma distância de uma camada entre a plataforma e a janela de material transparente. Após a irradiação e a cura da camada da resina, esta se adere à plataforma de construção, que, posteriormente, sobe, permitindo que nova camada de resina líquida ocupe o espaço entre a janela e a camada já curada. Esse processo se repete até que toda a peça seja construída. Dependendo da geometria da peça, estruturas de suporte podem ser necessárias e deverão ser retiradas em etapa posterior à fabricação.

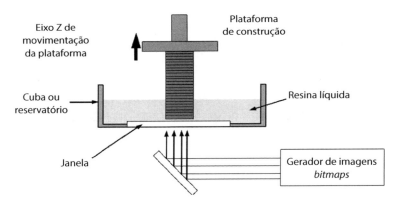

Figura 6.6   Princípio do processo por projeção de máscaras ou imagens.

Dentre os processos de projeção de máscaras ou imagens, tem recebido destaque o novo processo apresentado pela empresa Carbon3D, designado tecnologia CLIP.

6.4.1 CLIP – PRODUÇÃO CONTÍNUA COM INTERFACE LÍQUIDA

Novas alternativas de construção com pequenas variações em relação ao processo convencional têm surgido. Um exemplo é o processo desenvolvido pela empresa Carbon3D, denominado *continuous liquid interface production* (CLIP). Esse processo se baseia no princípio de controlar o nível de oxigênio na região ocupada pela resina fotopolimérica, que fica situada entre a janela e a superfície da peça que está sendo construída no interior da cuba. Essa região é denominada pela empresa como sendo uma região morta (*dead zone*), uma vez que a presença de oxigênio inibe a polimerização. Para propiciar esse controle de oxigênio, a janela é de um material especial, denominado Teflon AF 2400, que permite a passagem de certo percentual de oxigênio para o interior da cuba, na região que está sendo irradiada pela luz UV, permitindo maior rapidez na cura da resina [9]. A empresa Carbon3D considera o processo de construção como sendo contínuo, ou seja, não pela adição de camadas discretas, uma vez que a camada de resina que está sendo curada não entra em contato direto com a janela de Teflon AF. A Figura 6.7 ilustra, de forma comparativa, as diferenças básicas entre as etapas tradicionais de fabricação por SL (sentido "de baixo para cima") e as empregadas no processo CLIP. Como pode ser observado, em decorrência da existência da região morta (*dead zone*), as etapas de sobe e desce da plataforma de construção, após cada etapa de consolidação da cura durante a fabricação, não existem no processo CLIP. Em decorrência disso, a empresa considera ser possível fabricar em tempos de 20 a 100 vezes mais rápidos que os outros processos que se baseiam em fotopolimerização, evidenciando ser esse processo um avanço tecnológico significativo para a área da AM.

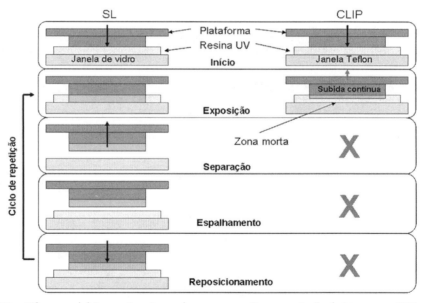

Figura 6.7 Diferenças básicas entre etapas dos processos SL por projeção de imagens e CLIP.

6.4.2 OUTRAS TECNOLOGIAS POR PROJEÇÃO DE MÁSCARAS OU IMAGENS

Uma vasta gama de equipamentos que utilizam o princípio de projeção de máscaras ou imagens também é disponibilizada pela empresa InvisionTEC por meio da família de equipamentos Perfactory. Dentre esses, há desde impressoras pequenas, com envelope de construção de 45 mm × 28 mm × 100 mm e resolução X/Y de 30 µm, até impressoras maiores, com envelope de construção de 192 mm × 120 mm × 230 mm e resolução de 16 μm a 69 μm [10].

Outra alternativa de fabricação considerada revolucionária e mais rápida que a tradicional estereolitografia foi apresentada pela empresa Gizmo3D. No equipamento Gizipro 2X, da mesma forma que a estereolitografia, as peças são construídas sobre uma plataforma móvel que vai sendo submergida durante o processo de fabricação [11]. Nessa alternativa, porém, são utilizados dois processadores de luz digital (DLP) de alta definição (*high definition* – HD), responsáveis pela projeção das imagens na superfície da resina líquida contida na cuba, acelerando, assim, a velocidade de fabricação. De acordo com o fabricante, a tecnologia consegue camadas a uma velocidade de 3 mm/min com resolução X/Y de 36 μm a 200 μm.

Mais recentemente, a empresa italiana OLO [12] lançou o que considera ser a primeira impressora 3D capaz de fabricar objetos a partir de *smartphones*, e a empresa Lumi Industries prevê para breve o lançamento da impressora 3D LumiFold Tab [13], capaz de imprimir a partir de imagens contidas em um *tablet*. Em ambas as tecnologias, a fotopolimerização a partir de imagens é obtida mediante a luminosidade presente nas telas dos respectivos aparelhos de uso pessoal.

A empresa Autodesk desenvolveu a impressora Ember 3D. O equipamento do tipo *desktop* utiliza um dispositivo DMD, contendo em torno de 1 milhão de espelhos espaçados uns dos outros em uma distância de 7,6 μm e uma fonte de luz LED, o que permite elevada precisão na cura das resinas empregadas. De acordo com o fabricante, a impressora é capaz de construir peças com espessuras de camada da ordem de 10 μm a 100 μm, alcançando uma resolução nos eixos X e Y de 50 μm [14].

6.5 MICROESTEREOLITOGRAFIA

Nos últimos anos, tem crescido o desenvolvimento de processos de fotopolimerização em cuba ou reservatório designados microestereolitografia (*micro stereolithography* – μSL) ou microestereolitografia por projeção (*projection micro stereolithography* – PμSL). Estes compõem um grupo de equipamentos capazes de confeccionar peças em escala micrométrica ou nanométrica. A maioria encontra-se em estágio de desenvolvimento em universidades e foi desenvolvida com o objetivo de produzir microestruturas 3D, especialmente em materiais biocompatíveis com dimensões da ordem de 7 μm a 25 μm. Nesse cenário, a tecnologia tem encontrado aplicações como sistemas microeletromecânicos e microestruturas geometricamente complexas empregadas na área médica [15].

Em decorrência de utilizar um dispositivo digital para armazenar as imagens de cada camada em formato de *bitmaps,* o processo por projeção de máscaras é especialmente mais vantajoso para essa finalidade.

6.6 MATERIAIS PARA AM POR FOTOPOLIMERIZAÇÃO EM CUBA

Os materiais disponíveis atualmente para os diferentes equipamentos baseados no princípio de fotopolimerização são resinas a base de acrilatos (acrílica) e epóxi. A maior parte das resinas utilizadas atualmente é epoxídica, uma vez que apresentam menor contração e melhores propriedades mecânicas e térmicas que as resinas acrílicas [16]. Por essa razão, são mais empregadas em equipamentos que se utilizam do princípio de escaneamento vetorial. Já nos equipamentos por projeção de máscaras, têm sido empregadas predominantemente resinas acrílicas. A resina epóxi só apresenta uma desvantagem em relação à acrílica, que é maior energia requerida para a polimerização, o que implica em maior tempo de processamento quando é utilizada a mesma potência do *laser*. As resinas epoxídicas utilizadas possuem diferentes formulações capazes de imitar visualmente e pelo manuseio materiais como polipropileno (PP), acrilonitrila butadieno estireno (ABS), policarbonato (PC), polietileno (PE), ABS/PP, além de materiais elastoméricos e ceras.

A Tabela 6.1 apresenta, a título de exemplo, as características de duas resinas comercializadas pela empresa DuPont, uma acrílica e outra epoxídica, para emprego em equipamentos a *laser*.

Tabela 6.1   Características gerais de resinas tipicamente acrílicas e epoxídicas para fotopolimerização por escaneamento vetorial a *laser* [16].

Características	SOMOS 3100 (acrílica)	SOMOS 6100 (epoxídica)
Precisão		
Contração volumétrica (%)	5-7	2-3
Propriedades mecânicas		
Módulo de elasticidade (MPa)	1.083	1.222
Resistência à tração (MPa)	24,2	58,3
Dureza (Shore D)	84,6	86,7
Resistência ao impacto (J/m)	65,4	42,3
Resistência à flexão (MPa)	23	103
Propriedade térmica		
Temperatura de deflexão ao calor (°C)	47,5	55
Velocidade de produção		
Energia crítica requerida (mJ/cm^2)	4	26

Nos equipamentos por projeção de máscaras ou imagens, a oferta de resinas acrílicas tem sido no sentido de ampliar o espectro de cores, permitindo fabricar principalmente nas cores azul, vermelho, amarelo, branco ou preto. As resinas também são fornecidas em diferentes formulações para atender a diferentes aplicações, buscando oferecer propriedades e características que vão desde elevada rigidez (típicas de materiais acrílicos) até alta flexibilidade (típicas de materiais elastoméricos), ou propriedades similares às dos termoplásticos ABS, PP ou PC.

A Tabela 6.2 apresenta como exemplo uma comparação entre propriedades de resinas acrílicas tipicamente utilizadas em equipamentos por projeção de máscaras, de acordo com dados publicados pela empresa Formlab [8].

Tabela 6.2 Propriedades mecânicas de resinas acrílicas usadas em alguns equipamentos por projeção de máscaras [8].

Propriedades	Formlabs Tough	InvisionTEC ABS-Tuff	3DS Visijet SL Tough
Resistência à tração (MPa)	52,2	48,6	41,0
Alongamento (%)	31	7	18
Resistência ao impacto (J/m)	51,1	s/ dados	43,8

Diferentemente das tradicionais resinas acrílicas e epoxídicas, a empresa Carbon3D atua também com resinas à base de poliuretano (PU), oferecendo alternativas para simular materiais poliméricos rígidos (como o ABS), flexíveis (como o PP) e elastoméricos (como o poliuretano elastomérico – EPU).

6.7 PARÂMETROS DE PROCESSO

Nos processos de fotopolimerização em cuba ou reservatório, os principais parâmetros que exercem influência na qualidade da peça a ser fabricada estão relacionados com o tempo de exposição da fonte de luz na superfície da resina a ser curada. Isso é particularmente importante no caso dos processos que empregam o princípio de escaneamento vetorial com *lasers* UV, que necessitam seguir trajetórias de movimentação designadas estratégias de varredura (*raster*). Nestes, a cura da resina ocorre pela exposição pontual do *laser* sobre o material. Com isso, o tempo de exposição em cada ponto leva à cura de um volume de material, formando o que Kruth [17] denominou de *voxel* (em alusão ao *pixel* em 2D). Para garantir uma continuidade do material curado, especifica-se um sombreamento entre cada *voxel* e seu vizinho, formando, assim, uma linha contínua. Em função do pequeno diâmetro do *laser* (~0,25 mm), seria necessário um tempo considerável para curar toda a área de cada camada. Dessa forma, existem alguns padrões de varredura das camadas pelo *laser* que foram desenvolvidos para reduzir tempo e evitar distorções, denominados estilos de construção (*build styles*).

Para as resinas acrílicas, um estilo denominado *Star-WEAVE* é o mais indicado [18]. Nesse estilo, é aplicada uma estratégia de forma a deixar material sem curar em pequenas células dentro da peça. Com o intuito de evitar que o material não polimerizado escape desses volumes, a primeira e a última camada devem ser processadas de forma integral. Esse estilo requer um pós-processamento das peças em um forno após a remoção da máquina para a cura do material aprisionado nessas células. Com o desenvolvimento das resinas à base de epóxi, foi introduzido o estilo conhecido como ACES (*accurate clear epoxy solid*). Nesse estilo, um rastreamento mais denso, com um sombreamento de 40% entre as linhas de varredura, resulta em uma peça verde precisa, livre de tensões internas e sem conter resinas líquidas [16]. Segundo Jacob [18], a contração na pós-cura da resina epóxi utilizando o estilo ACES é de 0,12%; já o da resina acrílica é de 0,72%. O desenvolvimento de estilos de construção em função do tipo de resina propiciou uma melhora considerável nos resultados da distorção de superfícies planas na pós-cura ao longo do tempo. Segundo Jacob [18], a distorção de uma peça de 150 mm × 150 mm × 6 mm caiu pela metade em 1993 com o aparecimento das resinas tipo epóxi. Com o desenvolvimento de estilo ACES e de uma nova resina epóxi em 1994, a distorção caiu para aproximadamente um quarto daquela observada em 1993.

Nos equipamentos por projeção de máscaras ou imagens, a fotopolimerização deve ocorrer de forma homogênea e rápida em toda a extensão da camada. Nesse sentido, a potência da luz UV também é um fator importante. Em equipamentos da Gizmo 3D, são empregadas lâmpadas de até 240 W. Segundo a empresa, com o uso de lâmpadas de 180 W é possível curar uma camada de 0,05 mm em aproximadamente 2 s. Uma camada de igual espessura é capaz de ser curada em apenas 0,5 s ao se utilizar um projetor com lâmpadas de 240 W [11].

6.8 APLICAÇÕES, POTENCIALIDADES E LIMITAÇÕES

Os processos de AM por fotopolimerização em cuba se apresentam como vantajosos, especialmente quando se leva em consideração a elevada precisão dimensional das peças a serem fabricadas.

Atualmente, equipamentos para fotopolimerização permitem construir peças com elevada precisão que contenham dimensões na ordem de 300 μm com espessuras de camadas de 25 μm a 200 μm, como é o caso do equipamento Form +1 da empresa norte-americana Formlabs [8]. Como já mencionado, a microestereolitografia, capaz de fabricar em escala nanométrica, é apontada como importante vantagem, em termos de dimensões impossíveis de serem atendidas por outro processo de AM. Em termos de limitação quanto ao tamanho máximo capaz de ser fabricado com a tecnologia, novos modelos de equipamentos têm surgido, como o Mammoth SL, comercializado pela empresa Materialise, que permite fabricar em um envelope de 2.100 mm × 800 mm × 700 mm [19].

Para além da precisão dimensional, esses processos são considerados vantajosos para aplicações em que se desejam peças transparentes ou semitransparentes, uma vez que fica facilitada a observação de detalhes internos das peças, como geometrias de estruturas internas e microcanais que permitam a passagem de fluidos.

A Figura 6.8 ilustra exemplos de peças obtidas com a tecnologia de fotopolimerização em cuba. A Figura 6.8a mostra um conjunto montado de um controle de direção de empilhadeiras, consistindo de quatro partes, fabricado em um antigo equipamento SL 250A. A Figura 6.8b apresenta o protótipo de um sistema de túnel de vento da Lotus F1 em escala real, gerado em um equipamento modelo SLA 7000.

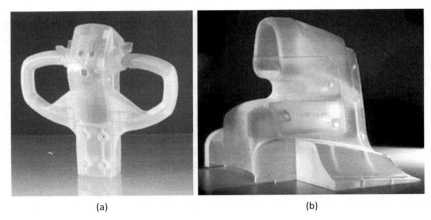

(a) (b)

Figura 6.8 Exemplos de peças obtidas com o processo SL.

Fonte: cortesia da empresa Robtec, atualmente 3D Systems do Brasil.

Apesar das vantagens atribuídas a esse processo de AM, a pouca diversificação de materiais, restringidos àqueles que sofrem ação da luz UV, tem sido apontada como uma importante desvantagem ou limitação da tecnologia. Igualmente, nesse sentido, o fato de ser necessária uma etapa posterior à fabricação para concluir o processo de cura em forno, que atribuirá as propriedades mecânicas finais das peças, é considerado desvantajoso em comparação a outras tecnologias de AM.

6.9 CONSIDERAÇÕES FINAIS

A importância dada a esse grupo de processos é atribuída desde o início da AM. A estereolitografia proporcionou o início de uma nova era de processos de fabricação. Apesar dos primeiros anos promissores da tecnologia, esta caiu em desuso com o surgimento dos processos de jateamento de resinas UV, que não utilizam uma cuba ou reservatório para conter a resina e a peça durante sua fabricação. Igualmente importante para justificar a queda de vendas de equipamentos baseados em estereolitografia foi o crescimento dos processos baseados em extrusão de filamentos e em fusão sobre leito de pó, com a queda das patentes a partir de 2009 e 2014, respectivamente.

Com o surgimento crescente de equipamentos voltados à AM para uso doméstico e também os equipamentos em escala micrométrica e nanométrica, os processos de fotopolimerização em cuba ou reservatório vêm novamente recebendo um lugar de destaque entre as tecnologias de AM. Exemplo disso são os recentes equipamentos

Processos de AM por fotopolimerização em cuba

apresentados pelas empresas Carbon3D e Gizmo 3D. Outro exemplo é o processo Ember, que vem sendo comercializado pela Autodesk, cuja proposta é ser o primeiro equipamento comercial baseado em fotopolimerização a adotar o conceito de sistema *open source* (fabricação de sistema de código aberto).

Ao considerar a elevada precisão dimensional que a técnica oferece e a larga escala de produção de celulares e *tablets*, parece que os processos de fotopolimerização de resinas baseados no princípio da projeção de máscaras ou imagens vieram para ficar. As recentes alternativas de solução comercializadas pelas empresas OLO e Lumi Industries servirão de termômetro para confirmar ou não essa tendência, surgida no início de 2016.

REFERÊNCIAS

1 RODRIGUES, M. R.; NEUMANN, M. G. Fotopolimerização: princípios e métodos. *Polímeros: Ciência e Tecnologia*, São Paulo, v. 13, n. 4, p. 276-286, 2003.

2 GIBSON, I.; ROSEN, D. W.; STUCKER, B. *Additive manufacturing technologies:* rapid prototyping to direct digital manufacturing. New York: Springer, 2010.

3 HULL, C. W. *Apparatus for production of three dimensional objects by stereolithography.* US 4575330 A, 1986. Disponível em: <https://www.google.nl/patents/US4575330>. Acesso em: 13 set. 2015.

4 3D SYSTEMS. *What is stereolithography?* Disponível em: <www.3dsystems.com/resources/information-guides/stereolithography/sla>. Acesso em: 13 ago. 2015.

5 VOLPATO, N. Os principais processos de prototipagem rápida. In: _____. (Ed.). *Prototipagem rápida*: tecnologias e aplicações. São Paulo: Blucher, 2007.

6 CHUA, C. K.; LEONG, K. F.; LIM, C. S. *Rapid prototyping*: principles and applications. 2. ed. [S.l.]: Manufacturing World Scientific Pub Co, 2003.

7 SALMORIA, G. V. et al. Manufacturing and post-processing parameters effect in the cure shrinkage of stereolithography parts built with the resin DSM SOMOS 7110. In: 17th COBEM – INTERNATIONAL CONGRESS OF MECHANICAL ENGINEERING, 2003, São Paulo. *Anais...*

8 FORMLAB. Disponível em: <http://formlabs.com>. Acesso em: ago. 2015.

9 TUMBLESTON, J. R. et al. Continuous liquid interface production of 3D objects. *Science*, Washington D. C., v. 347, n. 6228, p. 1.349-1.351, 2015.

10 ENVISIONTEC. *3D printer families.* Disponível em: <http://envisiontec.com/3d-printers>. Acesso em: 12 abr. 2016.

11 GIZMO3D. Disponível em: <www.gizmo3dprinters.com.au/#!resin/mainPage>. Acesso em: set. 2015.

12 OLO. Disponível em: <www.olo3d.net>. Acesso em: 13 dez. 2016.

13 LUMI INDUSTRIES. *The new LumiFold project*. Disponível em: <www.lumin-dustries.com/it/the-new-lumifold-project>. Acesso em: 15 abr. 2016.

14 AUTODESK. Disponível em: <http://ember.autodesk.com/overiew>. Acesso em: 12 abr. 2016.

15 HA, Y. M. et al. Three-dimensional microstructure using partitioned cross-sections in projection microstereolithography. *International Journal of Precision Engineering and Manufacturing*, v. 11, n. 2, p. 335-340, 2010.

16 KRUTH, J. P.; LEU, M. C.; NAKAGAWA, T. Progress in additive manufacturing and rapid prototyping. *Annals of the CIRP*, v. 47, p. 525-540, 1988.

17 KRUTH, J. P. Material incress manufacturing by rapid prototyping techniques. *Annals of the CIRP*, v. 40, p. 603-614, 1991.

18 JACOBS, P. F. *Stereolithography & other RP&M technologies:* from rapid prototyping to rapid tooling. New York: Society of Manufacturing Engineers, 1996.

19 MATERIALISE. *Mammoth stereolithography:* technical specifications. Disponível em: <http://manufacturing.materialise.com/mammoth-stereolithography-technical--specifications-0>. Acesso em: 13 set. 2015.

CAPÍTULO 7
Processos de AM por extrusão de material

Neri Volpato
Universidade Tecnológica Federal do Paraná – UTFPR

7.1 INTRODUÇÃO

Este capítulo tem como objetivo apresentar as tecnologias de manufatura aditiva (*additive manufacturing* – AM) baseadas na extrusão de material, que, em grande parte, derivam da primeira tecnologia comercial, denominada modelagem por fusão e deposição (*fused deposition modeling* – FDM). Destacam-se as peculiaridades relevantes em termos de planejamento de processo, a identificação dos principais parâmetros e suas influências na peça produzida. Os principais materiais disponíveis comercialmente e as características mecânicas desses materiais também são relatados. Ao final do capítulo, são apresentadas alternativas e possibilidades de melhoria e otimização de algumas etapas do processo.

7.2 PRINCÍPIO DAS TECNOLOGIAS DE EXTRUSÃO DE MATERIAL

Os processos enquadrados nesse grupo de AM depositam material na forma de um filamento de diâmetro reduzido, que é obtido pelo princípio da extrusão em um bico calibrado. Para se obter a geometria de cada camada, o cabeçote extrusor é normalmente montado sobre um sistema com movimentos controlados no plano X-Y (Figura 7.1). Normalmente, esse sistema opera sobre uma plataforma de construção constituída de um mecanismo elevador, que se desloca para baixo na direção do eixo Z ao término de cada camada, numa distância equivalente à espessura de uma camada. Há também a possibilidade de o cabeçote extrusor se deslocar para cima, enquanto a plataforma permanece estacionária. O processo é repetido a cada camada de material depositado, até que a peça seja construída.

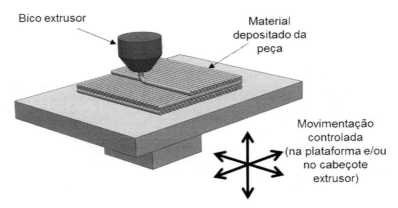

Figura 7.1 Princípios da tecnologia de AM por extrusão de material.

Em teoria, qualquer material que possa ser levado ao estado pastoso e depois endurecido por ação física ou química pode ser processado com esse princípio. Observa-se, então, que, dependendo do material, o bico extrusor pode trabalhar desde a temperatura ambiente até a temperatura de fusão específica do material, como é o caso de extrusão de polímeros. O importante para a extrusão é que, ao sair do bico, o filamento de material, no estado pastoso, se solidifique e adira rapidamente ao material sobre a plataforma de construção, e também aos filamentos previamente depositados. A solidificação do material pode ser física, por resfriamento, ou decorrer de alguma reação química (por exemplo, fotopolimerização, gelação etc.). Essa solidificação deve ser relativamente rápida para que o material mantenha a estruturação desejada para a fabricação da peça, porém lenta o suficiente para que o filamento depositado possa ter a melhor adesão possível aos filamentos já depositados, tanto na mesma camada como na camada anterior.

A alimentação do cabeçote é também controlada para iniciar e interromper a extrusão de acordo com a necessidade de deposição de material nos locais específicos da peça que está sendo construída. Uma exigência do sistema de extrusão é manter a pressão constante durante a deposição, para que, combinado com uma velocidade controlada de deslocamento do cabeçote, a seção transversal do filamento se mantenha constante.

Como o material nesse processo é depositado por um bico de diâmetro da ordem de décimos de milímetro, o tempo despendido para o preenchimento de uma área grande em uma camada é elevado, tornando o processo de deposição lento quando comparado a outros processos de AM. A velocidade mais baixa do processo também está relacionada com o movimento cartesiano do bico de extrusão, que necessita ser deslocado fisicamente a cada ponto da peça em que será depositado material.

7.2.1 FORMAS DE ALIMENTAÇÃO DE MATERIAL

Vários processos foram desenvolvidos ou estão em desenvolvimento com base nesse princípio de extrusão, tendo como principais variantes a forma de entrada do material de alimentação. A técnica mais comum de alimentar o cabeçote de extrusão é com o material na forma de um filamento contínuo de maior diâmetro que é tracionado por roletes e empurrado para o interior do cabeçote. A Figura 7.2a apresenta, de forma esquemática, esse princípio de entrada de material. O filamento de material tracionado funciona como êmbolo na entrada do sistema de extrusão, antes de amolecer, aplicando uma pressão no material aquecido à sua frente. Com uma alimentação contínua, essa pressão causa a expulsão do material pelo bico calibrado. Um limitante desse sistema é quanto aos tipos de materiais que podem ser utilizados. O material de alimentação, na forma de filamento, deve possuir propriedades mecânicas que assegurem que não ocorrerá a flambagem desse filamento antes da entrada no cabeçote [1]. Além disso, as propriedades de escoamento do material (reologia) devem permitir um fluxo contínuo e constante durante o processamento. Esse sistema de roletes tracionadores está sujeito a algumas falhas, como escorregamento do filamento, em virtude de possíveis variações no seu diâmetro ao longo do comprimento; aumento da sua temperatura antes da entrada no cabeçote, comprometendo a sua função como êmbolo; ou, ainda, variações na temperatura de extrusão, que podem aumentar a pressão necessária para expulsar o material pelo bico calibrado.

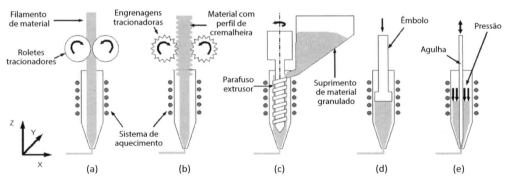

Figura 7.2 Princípios de alimentação dos processos de extrusão de material: filamento contínuo (a) ou varetas com perfil de cremalheira (b), material granulado, em pó ou pasta processados por parafuso extrusor (c), êmbolo (d) ou pressão com agulha controladora de vazão (e).

Uma alternativa de alimentação para evitar as falhas anteriormente citadas é utilizar o material na forma de varetas finas dentadas, com o perfil de uma cremalheira nas laterais (Figura 7.2b). Nesse caso, os roletes são substituídos por engrenagens. As varetas dentadas são obtidas por meio da moldagem por injeção e, assim, possuem alta precisão. Outra opção de alimentação é o uso de material granulado ou em pó, podendo ser processado por parafuso extrusor (Figura 7.2c) ou ser aquecido, fundido e forçado a passar pelo bico calibrado (Figuras 7.2d e 7.2e). No caso de parafuso extrusor, o cabeçote processa o material de forma similar a uma mini ou microextrusora de plástico. Por fim, a alimentação pode ocorrer com material inicial já na forma pastosa, podendo utilizar êmbolo ou pressão para a extrusão do material (Figuras 7.2d e 7.2e), sendo o sistema aquecido ou não em função das propriedades do material sendo processado.

7.2.2 TECNOLOGIAS DERIVADAS DOS PRINCÍPIOS DE ALIMENTAÇÃO DE MATERIAL

A alimentação por filamento corresponde ao princípio utilizado pelos processos mais conhecidos atualmente. Entre eles, destaca-se o processo comercial denominado FDM, da Stratasys Ltd. Uma variedade de equipamentos de baixo custo utilizando esse mesmo princípio é apresentada na Seção 7.4. Além da utilização de materiais termoplásticos tradicionais, destacados mais adiante, essa forma de alimentação serviu de base para pesquisas em desenvolvimento de vários materiais, envolvendo pó de cerâmica (por exemplo, nitreto de silício) ou metálico (por exemplo, aço inox) junto com um polímero ou cera que são extrudados para a obtenção de uma peça verde [2, 3, 4, 5, 6, 7]. Nesses casos, uma operação de pós-processamento em forno a alta temperatura é responsável pela eliminação do polímero ou cera e pela sinterização da cerâmica ou metal para alcançar as propriedades desejadas do material final. Outra opção de material são os compósitos, com a adição de algum tipo de carga no filamento, com o intuito de melhorar certas propriedades do material final, mas sem a necessidade de operações de pós-processamento. Nesse sentido, a empresa MakerBot do grupo Stratasys Ltd. informou o lançamento, em 2016, de filamentos de poli(ácido lático) (PLA) carregados com partículas de aço, bronze, madeira e mármore [8].

A alimentação com varetas dentadas é oferecida como alternativa pela empresa que comercializa a tecnologia Fabbster [9]. Exemplos de tecnologias com parafuso extrusor são: o processo denominado *mini extruder deposition* (MED) [10], possibilitando o uso de vários tipos de polímeros tradicionais; o processo de extrusão descrito por Zeng et al. [11] para material biocompatível, como uma adaptação do processo *melted extrusion modeling* (MEM), além do processo de microextrusão por rosca de pó polimérico, que também pode utilizar algum tipo de carga no processamento e vários tipos de materiais poliméricos, incluindo os biomateriais [12]. A tecnologia experimental denominada BioExtruder utiliza material biocompatível e combina um extrusor em dois estágios [13]. No primeiro estágio, um parafuso extrusor plastifica/funde o material, que é então transferido para um cilindro, onde é extrudado por pressão. Uma tecnologia que utiliza material polimérico granulado vem sendo desenvolvida pela Sculptify, encontrando-se ainda em estágio de pré-lançamento [14]. No entanto, não está claro o princípio de extrusão empregado.

O uso de material granulado é relevante, pois permite ampliar a gama de materiais que podem ser empregados, reduzindo o tempo de preparação da matéria-prima, uma vez que é desnecessário obter um filamento extrudado para alimentação do sistema. Adicionalmente, evita-se um processamento adicional no material, o que pode ser relevante para as propriedades finais do polímero. Dessa forma, há a possibilidade de essa tecnologia de extrusão fabricar componentes diretamente no material do produto final [15]. Adicionalmente, pode-se produzir peças com uma mistura de polímeros ou compósitos, por exemplo, polímero/cerâmica para aplicações na engenharia tecidual [12].

Por fim, tem-se exemplos de processos que utilizam basicamente sistema acionado por êmbolo ou pressão, em que a matéria-prima é aquecida e fundida, ou já se encontra na forma pastosa. Alguns desses são: o Fab@Home [16], com a possibilidade de extrudar, por meio de seringas, o silicone e vários materiais na forma de pasta; o processo *freeze-form extrusion fabrication* (FEF) [17], que utiliza uma pasta à base de água misturada com um pó de alumina (Al_2O_3), com posterior sinterização em forno a alta temperatura; o *extrusion freeforming* [18], que possui um sistema de pistão/êmbolo para extrudar também pasta cerâmica com pó de alumina (Al_2O_3) e com posterior sinterização; e o sistema de deposição de biopolímero [19], que emprega múltiplos bicos e um sistema pressurizado com uma agulha para abertura e fechamento do bico para extrudar o material (Figura 7.2e).

7.2.3 EXIGÊNCIA DE ESTRUTURAS DE SUPORTE

As tecnologias de extrusão de material, em geral, precisam de estruturas de suporte para fabricar regiões suspensas e com superfícies negativas com inclinação abaixo do ângulo de autossuporte, como apresentado no Capítulo 5. Esse ângulo varia com o tipo de material e, por exemplo, para o material ABS, o valor é em torno de 45°, sendo este um parâmetro que pode ser alterado pelo usuário. A Figura 7.3 apresenta um exemplo de uma peça (a) e as respectivas camadas oriundas do fatiamento (b), destacando a base e as estruturas de suporte criadas para o processo FDM.

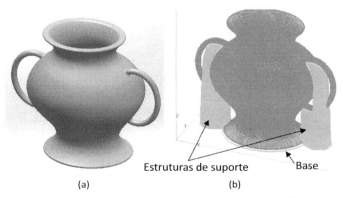

Figura 7.3 Exemplo de geometria do suporte gerado pelo *software* Insight® da Stratasys para a tecnologia FDM.

7.3 MODELAGEM POR FUSÃO E DEPOSIÇÃO – FDM

Por ser uma das tecnologias de AM pioneiras e pela sua importância para a área, a tecnologia FDM é descrita em mais detalhes nesta seção. Essa tecnologia foi desenvolvida em 1988, e o primeiro equipamento foi comercializado no início de 1992, pela empresa Stratasys Ltd., Estados Unidos [20].

7.3.1 PRINCÍPIO DA FDM

A Figura 7.4 apresenta o esquema de funcionamento da tecnologia FDM, com o seu sistema de alimentação baseado em filamento e roletes tracionadores. Esse sistema confere ao processo uma simplicidade que o diferencia das outras categorias de tecnologias de AM.

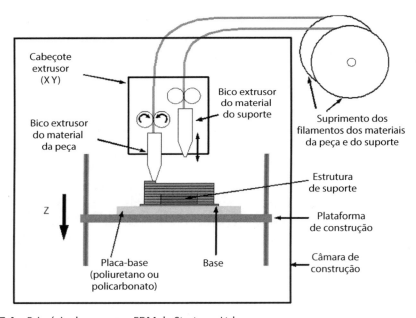

Figura 7.4 Princípio do processo FDM da Stratasys Ltd.

O processo FDM possui dois bicos extrusores, um para o material da peça e outro utilizado tanto para o material da base como para das estruturas de suporte. Um mecanismo é responsável por abaixar e levantar o bico de extrusão do suporte, permitindo, assim, intercalar o uso entre os dois bicos. Isso evita que o bico que não está na posição de trabalho possa colidir com a última camada impressa da peça.

As opções típicas de bicos nos equipamentos FDM são os de 10, 12 e 16 milésimos de polegada, correspondendo a um diâmetro calibrado de 0,254 mm, 0,305 mm e 0,406 mm, respectivamente. A escolha de cada um depende da geometria da peça, mas também é altamente dependente das propriedades do material a ser extrudado.

Processos de AM por extrusão de material **151**

Nem todos os materiais disponíveis podem ser extrudados com os bicos de menor diâmetro. Utilizando os bicos calibrados acima descritos, pode-se obter espessuras de camada típicas de 0,127 mm, 0,178 mm, 0,254 mm e 0,330 mm. A espessura mínima da camada também depende do material utilizado, e nem todas as espessuras de camadas são possíveis com todos os bicos. A tecnologia FDM permite a substituição desses bicos, mas esta não é automática, ou seja, é parte de um *setup* inicial do processo.

Um diferencial dos equipamentos FDM é dispor de uma plataforma de fabricação enclausurada em uma câmara de construção, que é mantida aquecida a uma temperatura bem inferior à do material sendo depositado, de forma que o material solidifique quando em contato com a camada anterior, provocando a sua adesão. A temperatura no interior da câmara é definida de forma a auxiliar no relaxamento das tensões que são geradas quando da contração de um filamento quente depositado sobre um mais frio, de maneira a reduzir ao máximo as deformações das peças. Um sistema de fluxo lateral de ar dentro da câmara auxilia na redução de gradiente térmico no seu interior, o que auxilia a redução das deformações das peças. Com o controle da temperatura no interior da câmara, esses equipamentos podem trabalhar com tamanhos maiores de plataforma, conseguindo manter, para peças maiores, uma melhor precisão dimensional e níveis aceitáveis de distorções.

7.3.2 MATERIAIS DISPONÍVEIS PARA O PROCESSO FDM

O diâmetro típico do filamento do material de alimentação da tecnologia FDM é de 1,778 mm. Os filamentos são oferecidos em carreteis fechados, selados e contendo um sistema eletrônico embutido responsável pela identificação e gerenciamento do seu uso. O fabricante não permite a utilização de materiais que não sejam os homologados pela empresa.

Exemplos de materiais atualmente disponibilizados pela empresa Stratasys Ltd. são: ABS-*plus* (acrilonitrila butadieno estireno), ABSi (translúcido), ABS-M30 (com maior resistência mecânica), ABS-M30i (material biocompatível não implantável, esterilizável e que atende às normas ISO 10993 e USP classe VI), ABS-ESD7 (com dissipador de eletricidade estática), ASA (plástico resistente a raios ultravioleta – UV), FDM náilon 12 (poliamida com resistência mecânica para aplicações avançadas), PC (policarbonato), PC-ABS (policarbonato de alto impacto – plástico de engenharia), PC-ISO (atende às normas ISO 10993 e USP classe VI, classificação 1), ULTEM 9085, ULTEM 1010 (com aditivo antichama) e PPSF/PPSU (polifenilsulfona com alta resistência química e ao calor, podendo ser esterilizável por vários métodos) [21].

7.3.3 BASE E ESTRUTURAS DE SUPORTE

Uma prática comum nas tecnologias FDM, antes de iniciar a deposição do material da peça, é fabricar uma base para fixar a peça sobre a placa-base que é posicionada sobre a plataforma de construção. Essa base é formada por meio da deposição de algumas camadas de material. Como placa-base das primeiras gerações de equipamentos, era utilizada uma placa de poliuretano poroso rígido (Figura 7.4). Assim, para se obter uma superfície lisa e plana para depositar o material da peça, algumas camadas de material de suporte eram depositadas. Atualmente, essa placa é uma lâmina de policarbonato fixada a vácuo, exigindo uma menor frequência de substituição. Nesse caso, para uma melhor adesão da peça nessa placa, também deposita-se, inicialmente, uma base, mas esta é formada por uma primeira camada de material da peça, seguida de camadas de material de suporte, para só então começar a fabricação da peça.

A empresa Stratasys oferece materiais de suporte que se enquadram em dois sistemas de remoção diferentes. No sistema Break Away®, o material do suporte é mais frágil que o da peça e pode ser retirado após a finalização do processo por uma operação mecânica manual. Esse conceito de remoção manual é aplicado quando um material semelhante ao do modelo é utilizado como material para suporte. Esse é o caso, por exemplo, para os materiais de engenharia, como PC-ISO, ULTEM 9085, ULTEM 1010 e PPSF. Nesses casos, a retirada das estruturas de suporte na etapa de pós-processamento fica mais dificultada em virtude da resistência do material.

No sistema WaterWorks®, o material de suporte é removido por imersão em solução líquida detergente, à base de hidróxido de sódio (soda cáustica), aquecida, utilizando-se uma lavadora de ultrassom [21]. Essa última opção é mais útil para o caso de regiões pequenas e de difícil acesso, que podem dificultar bastante ou até impedir a remoção completa do material de suporte, se for o sistema manual. No entanto, mesmo com o uso dessa solução, o material de suporte pode não ser completamente removido ou demorar muito tempo em banho para que isso aconteça.

As estratégias de deposição utilizadas na base e nas estruturas de suporte empregadas estão detalhadas na Seção 7.5.2. A Figura 7.5 apresenta algumas peças obtidas pelo processo FDM.

(a)   (b)

Figura 7.5 Peças obtidas pelo processo FDM: (a) manípulo/punho de uma serra em PC-ABS e (b) componente em náilon 12 de um sistema de ar-condicionado.

Fonte: cortesia da empresa Stratasys Ltd.

7.3.4 VANTAGENS DA TECNOLOGIA FDM

Algumas das principais vantagens que podem ser destacadas são:

- simplicidade do princípio de deposição de material (em comparação aos outros processos);

- permite a utilização de vários termoplásticos, incluindo os polímeros classificados como de engenharia;

- materiais utilizados são estáveis, respondendo bem às intempéries, tanto mecânica como quimicamente;

- não requer pós-cura dos materiais;

- permite a fabricação de peças com propriedades mecânicas que, em alguns casos, podem ser utilizadas em testes funcionais ou em componentes de uso final. Há relatos de que peças produzidas com a primeira geração do ABS podem chegar a 85% da resistência mecânica das peças obtidas com o mesmo material pelo processo de injeção [20]. Segundo o fabricante, para os materiais mais recentes, como o ABS-plus, as propriedades são equivalentes às dos termoplásticos injetados. No caso do material ULTEM 9085, a resistência à tração de peças injetadas e fabricadas por FDM apresenta valores similares (84MPa), porém, em função da estrutura interna do material, as peças de FDM apresentaram uma fratura mais frágil [22];

- pode ser utilizado em ambiente de escritório com alguns dos materiais, sem exaustão. Alguns plásticos de engenharia exalam odores (gases), o que pode ser considerado inadequado ao ambiente de escritório.

7.3.5 LIMITAÇÕES DA TECNOLOGIA FDM

Como principais limitações, tem-se:

- a precisão dimensional e a resolução dos detalhes que podem ser reproduzidos são restritas, pois estão relacionadas ao diâmetro do bico utilizado, que define a faixa de diâmetro do filamento depositado e as espessuras de camada que podem ser configuradas;

- necessita de estruturas de suporte em regiões suspensas ou com geometrias negativas com ângulo de inclinação abaixo do ângulo de autossuporte. Dependendo da peça, o gasto com material de suporte é considerável, uma vez que o preço desse material não é muito menor que o do material da peça;

- necessita de pós-processamento para remoção das estruturas de suporte. Dependendo do tipo de material utilizado (solúvel ou removível manualmente) e da geometria da peça, essa tarefa pode ser mais simples ou bastante trabalhosa;

- apesar de o número de materiais disponíveis ter aumentado consideravelmente nos últimos anos, ainda estão limitados aos fornecidos pelo fabricante;

- o processo é relativamente lento, sendo limitado pela vazão do material em um bico extrusor e por um sistema mecânico de movimentação cartesiana, responsável por preencher toda a área de cada camada segundo uma estratégia previamente definida.

7.4 TECNOLOGIAS DE BAIXO CUSTO BASEADAS NA EXTRUSÃO DE MATERIAL

A maioria das tecnologias de baixo custo surgidas recentemente é baseada no princípio de extrusão de material, em especial na tecnologia FDM, ou seja, com alimentação por filamento. Em grande parte, esse fato é devido ao tempo de vigência das primeiras patentes do processo FDM ter expirado, além da simplicidade do sistema de construção como um todo [1].

7.4.1 TECNOLOGIAS DE ARQUITETURA ABERTA (OPEN SOURCE)

Algumas dessas tecnologias surgiram como iniciativas de instituições de pesquisa que disponibilizaram seus projetos na forma de arquitetura aberta (open source). Destacam-se os projetos pioneiros denominados Fab@Home e RepRap. O primeiro foi baseado no princípio de pistão e êmbolo (Figura 7.2d), podendo extrudar vários tipos de material em pasta, sendo comum o uso de silicone, chocolate, massas, queijo, pasta de amendoim, massa de modelar etc. [16, 23].

O projeto RepRap é baseado no princípio da tecnologia FDM (Figura 7.2a) [24, 25], usando PLA ou ABS. A proposta original e desafiadora do projeto era de um equipamento que poderia se replicar rapidamente, ou seja, com capacidade de produzir várias peças utilizadas em novas máquinas RepRap.

A aquisição desses equipamentos pode ocorrer por meio de componentes desmontados, na forma de kits, que são um pouco mais baratos, ou então já com o conjunto previamente montado. Na primeira opção, o usuário se responsabiliza pela montagem e pelo início de funcionamento. Isso pode ser um entrave para um usuário leigo, pois é exigido um conhecimento mínimo de eletrônica e de software para se lograr sucesso. Na segunda opção, o sistema pode vir integralmente montado e testado, além do fato de que algumas dessas empresas oferecem suporte remoto aos usuários na utilização dos seus equipamentos. No Quadro 7.1, são listados representantes que comercializam essas tecnologias no Brasil.

7.4.2 TECNOLOGIAS COMERCIAIS DERIVADAS DAS TECNOLOGIAS DE ARQUITETURA ABERTA

Um grande número de opções de equipamentos de custo acessível, na sua maioria baseados no princípio de extrusão por filamento (FDM), pode ser encontrado no mercado mundial e brasileiro. No Brasil, algumas empresas possuem seu próprio produto, outras são montadoras ou representantes (Quadro 7.1). Os projetos variam bastante, desde equipamentos muito simples e mais baratos até aqueles com melhor estrutura e qualidade dos componentes fabricados.

Quadro 7.1 Impressoras 3D de baixo custo no mercado nacional baseadas no princípio de extrusão de material.

Linha de equipamentos	Empresa fabricante ou representante	Homepage
3D Standard	CNC Brasil	www.cncbrasil.ind.br
3D Cube	3D Systems	www.3DSystems.com.br
3DCloner	Grupo Schumacher	www.3dcloner.com.br
CL2/CL1	Cliever Tecnologia	http://loja.cliever.com.br
Cubica e RepRap	MovTech	http://movtech.webstorelw.com.br
Deskbox	Deskbox	www.deskbox.com.br
Graber GTMax3D	GTMAX Tecnologia em Eletrônica Ltda.	www.gtmax3d.com.br
Graber e RepRap	RepRap3d	www.reprap3d.com.br
Maker e Builder	Mousta	www.mousta.com.br
MakerBot e Ultimaker	Materialize	www.materialize.com.br
MakerBot	LWT Sistemas	www.lwtsistemas.com.br
Metamaquina	Metamaquina	www.metamaquina.com.br
Sethi3D	Sethi Ind Com Prod Eletrônicos	www.sethi3d.com.br
UP! 3D	UP 3D Brasil	www.up3dbrasil.com.br
Orion Delta, Rostock, Gigabot, FlashForge Creator, Ultimaker e ProDesk3D	3DGRAF	www.3dgraf.com.br
Prusa Mendel e Arion	Heo 3D Printer	www.heo3dprinter.com.br
Tato Baby	Tato Equipamentos Eletrônicos	www.tato.ind.br
Tower 3D	BRbot – Brazilian Robotic Technologies	www.brbot.com.br
Wanhao Brasil	Duplicator e 5S	http://www.wanhaobrasil.com.br/

Para um usuário interessado em adquirir um equipamento dessa linha, sugere-se, no momento da definição, observar detalhes como tamanho da plataforma, tipo de plataforma, se aquecida (importante para ABS) ou não, nivelamento automático da plataforma ou não, máquina com câmara fechada ou aberta, utilização de um ou dois cabeçotes de extrusão (para material de suporte ou para peças com diferentes materiais), resolução alcançada nos eixos X e Y e mínima espessura de camada possível. Além das propriedades mecânicas, outras facilidades, como conexão WiFi, entrada USB, entre outras, devem ser avaliadas.

A maioria dos equipamentos opera com PLA e ABS, mas também já é possível o uso de poliamida (PA) e acetato de polivinila (PVA). O PVA é um material solúvel em água, podendo, assim, ser utilizado como material de suporte. A remoção do PVA pode, então, ser obtida por imersão em água por um período de tempo, que pode variar de 6 h a 24 h, dependendo do caso [26]. Normalmente, o diâmetro do filamento de alimentação é de 1,75 mm ou 3 mm.

A Figura 7.6 apresenta exemplos de peças fabricadas com impressoras 3D de baixo custo disponíveis no mercado nacional. As informações foram fornecidas pelos fabricantes.

Finalidade: auxílio médico cirúrgico
Tamanho: 150 mm × 90 mm × 120 mm
Material: PLA Branco
Tempo de impressão: 18 h
Equipamento: Cliever CL2 Pro Plus
Cortesia da Empresa Cliever Tecnologia

Finalidade: Vaso Twist (modelo visual)
Tamanho: 81,3 mm × 81,3 mm × 139,6 mm
Material: PLA azul
Tempo de impressão: 15 h 11 min
(com 0,1 mm de espessura de camada)
Equipamento: Deskbox Modelo Multi
Cortesia da empresa Deskbox

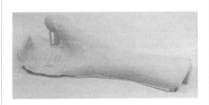

Finalidade: órtese estática para punho, mão e dedo
Tamanho: 267 mm × 110 mm × 56 mm
Material: PLA amarelo
Tempo de impressão: 8 h 30 min (com 100%
de preenchimento, 0,25 mm de espessura de camada)
Equipamento: 3DCloner DH+
Produzida no NUFER – UTFPR

Figura 7.6 Exemplos de peças fabricadas com impressoras 3D de baixo custo disponíveis no mercado nacional. (*continua*)

Finalidade: brinquedo
Tamanho: 150 mm × 100 mm × 100 mm
Material: PLA azul
Tempo de impressão: 16 h (com 20% de preenchimento e 0,2 mm de espessura de camada)
Equipamento: RepRap Mendel90
Cortesia do aluno Vinicius Peixoto de Moraes, da UTFPR

Figura 7.6 Exemplos de peças fabricadas com impressoras 3D de baixo custo disponíveis no mercado nacional. (*continuação*)

7.5 PRINCIPAIS PARÂMETROS DE PROCESSO DE AM POR EXTRUSÃO DE MATERIAL

Independentemente da forma de alimentação do material, a maioria dos parâmetros de controle do processo é semelhante para as tecnologias baseadas em extrusão de material. As seções a seguir apresentam considerações relevantes sobre os principais parâmetros de processo.

7.5.1 PARÂMETROS DO FILAMENTO EXTRUDADO

O filamento extrudado pelo bico, depois de depositado, geralmente apresenta a largura maior que a espessura, produzindo uma seção transversal que se assemelha à de uma elipse (Figura 7.7). Isso porque o filamento é pressionado contra a camada anterior, promovendo um achatamento durante a deposição. Isso é necessário para melhorar a adesão entre as camadas. A largura do filamento extrudado é também influenciada pelo fenômeno conhecido como inchamento nos processos de extrusão de polímeros. Segundo Agarwala et al. [2], o diâmetro do filamento ao sair do bico calibrado não é menor que 1,2 a 1,5 vezes o diâmetro do bico. Isso ocorre em virtude da reologia do material com a liberação da energia elástica armazenada na sua estrutura ao deixar o bico extrusor. Esse fenômeno está diretamente relacionado ao tipo de material em uso na extrusão.

Os principais parâmetros relacionados ao filamento são: largura do filamento (para contorno e para preenchimento), espessura da camada e *gap* e/ou distância entre filamentos.

A largura e a espessura do filamento (ou também espessura da camada – Figura 7.7) são definidas pelo usuário, no sistema de planejamento de processo, geralmente dentro de uma faixa de opções permitida, previamente testada e calibrada. Independentemente da estratégia de deposição adotada (as estratégias são detalhadas na próxima seção), o processo de fabricação de uma camada inicia com a deposição de um filamento formando o contorno ou perímetro fechado da seção transversal da camada. Na sequência, o interior desse perímetro é preenchido. A largura do filamento do contorno pode ser especificada como um valor diferente da largura do filamento do preenchimento (Figura 7.8).

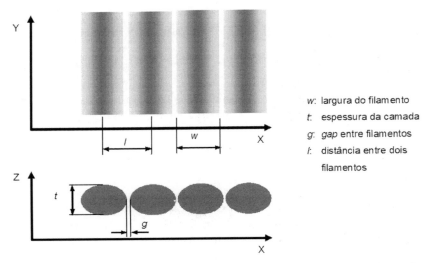

Figura 7.7 Representação da geometria transversal do filamento extrudado com os parâmetros de controle: largura do filamento, espessura da camada, *gap* e distância entre filamentos.

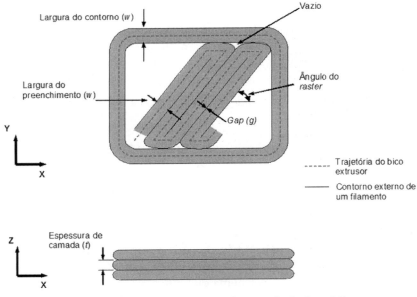

Figura 7.8 Representação dos principais parâmetros de controle de deposição no processo de extrusão de material (largura do filamento do contorno e do preenchimento, espessura da camada, *gap*, ângulo de *raster*).

Outro parâmetro importante nesse processo é o espaçamento (*gap*) entre filamentos adjacentes (Figuras 7.7 e 7.8). A deposição pode ter como objetivo um contato lateral entre filamentos vizinhos (*gap* zero ou negativo) ou uma deposição espaçada, com uma distância maior entre filamentos (ou seja, um *gap* positivo). Essa segunda opção pode ser empregada quando se deseja reduzir tempo de fabricação e quantidade de material no interior de peças, em casos em que a resistência mecânica não é tão relevante, em que uma redução de massa ou uma estrutura porosa é desejável. Alguns sistemas de planejamento de processo (por exemplo, Slic3r [27]) tratam essa opção de espaçamento por meio da opção de percentual de preenchimento. Dessa forma, o usuário não tem controle direto sobre a distância final entre filamentos.

A espessura de camada é também um parâmetro muito importante. Esta é constante ao longo da fabricação da peça e pode ser escolhida dentro de uma faixa de variação de acordo com o diâmetro do bico extrusor e o material utilizado. A utilização de espessura variável ao longo da peça não é uma opção nos equipamentos comerciais, mas o princípio de extrusão de material possui potencial para operar com o fatiamento adaptativo. Essa possibilidade é discutida no Capítulo 5 e apresentada na Seção 7.8.

7.5.2 ESTRATÉGIAS DE PREENCHIMENTO E CONSTRUÇÃO

Na deposição do contorno (perímetro fechado com pontos inicial e final coincidentes), delimitando as regiões que conterão material em uma camada, além da largura do filamento, o usuário pode definir o número de contornos desejados, gerando, então, uma "casca" na peça, com espessura delimitada pelo número de contornos.

As principais opções de preenchimentos disponíveis são em relação às estratégias para deposição do material na área interna de cada contorno. As estratégias mais tradicionais são denominadas preenchimento tipo *raster*, *contour* (ou *offset*, ou, ainda, concêntrico), bem como a combinação desses dois, conforme apresentadas esquematicamente na Figura 7.9 e descritas a seguir:

a) Preenchimento tipo *raster*: é um preenchimento por meio de deslocamentos lineares paralelos alternados, gerando uma trajetória tipo zigue-zague (Figura 7.9a). Para facilitar a discussão ao longo do texto, essa trajetória pode ser entendida como contendo duas entidades: as linhas de *raster* e as ligações entre duas linhas de *raster* consecutivas. Cada ligação entre duas linhas de *raster* segue a trajetória do perfil do contorno a uma certa distância desse contorno. O parâmetro *gap* específico entre filamentos do *raster* e do contorno pode ser controlado. Um parâmetro fundamental nessa estratégia é a definição do ângulo de inclinação das linhas de *raster* (Figura 7.8).

b) Preenchimento tipo *contour*: é um preenchimento com uma trajetória contendo vários contornos fechados equidistantes, obtidos a partir da geometria do contorno da camada (Figura 7.9b).

c) Preenchimento combinado de *contour* e *raster*: é a combinação das duas estratégias de preenchimento anteriores, que se inicia com alguns contornos equidistantes (número definido pelo usuário) e finaliza com preenchimento da área com a estratégia do tipo *raster* (Figura 7.9c).

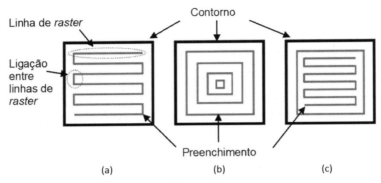

Figura 7.9 Padrão de estratégias de preenchimento das camadas em processos de extrusão de material: *raster* (a), *contour* (b) e combinação de *raster* e *contour* (c).

Estratégias adicionais de preenchimento podem ser definidas, como as disponíveis no sistema de planejamento de processo Slic3r, mostradas na Figura 7.10. Essas estratégias não estão disponíveis no processo comercial FDM.

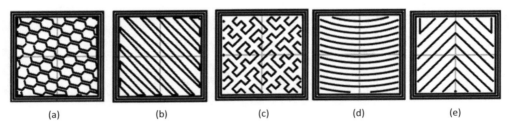

Figura 7.10 Estratégias adicionais de preenchimento de camadas do sistema Slic3r: colmeia (a), linha (b), curva Hilbert (c), acordes de Arquimedes (d) e espiral Octagram (e) [27].

O preenchimento tipo *raster* é empregado com frequência, por sua velocidade de construção e sua habilidade de alternar a direção do ângulo de *raster* em 90° (ou qualquer outro), de uma camada para outra, conforme mostrado na Figura 7.11. A alternância do preenchimento confere máximo empacotamento à peça e mínimos espaços vazios entre filamentos e camadas, tendo como consequência uma melhor resistência mecânica do material da peça [28].

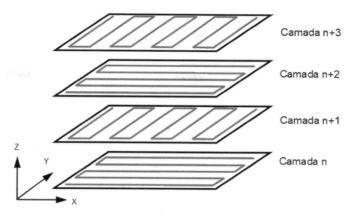

Figura 7.11 Preenchimento do tipo *raster* com alternância de direção de 90° entre camadas.

Um aspecto das estratégias de preenchimentos é que, dependendo da complexidade do contorno, vários trechos desconectados podem ser gerados, exigindo o reposicionamento do cabeçote extrusor para atingir toda a área a ser depositada. Por exemplo, o preenchimento do tipo *raster* pode dar origem a mais de um trecho de *raster*, ou seja, a deposição tem de ser interrompida e reiniciada em outro ponto para o completo preenchimento. A Figura 7.12 apresenta, de forma esquemática, a seção de uma fatia contendo três contornos fechados (C1, C2 e C3) e cinco trechos de *raster* (TR1 a TR5). Dentro do C3, com a orientação do *raster* adotada, foram criados os trechos TR1, TR2 e TR5. Isso implica que o cabeçote extrusor deverá se deslocar, sem depositar material, do final de um trecho para o início do outro. Esse deslocamento também ocorre de um contorno para outro em uma camada. Dependendo do número de contornos e da geometria combinada com o ângulo de *raster* (que afetam o número de trechos de *raster*), o tempo despendido nesses deslocamentos em vazios pode ser significativo. Portanto, é possível aplicar algoritmos de otimização de rotas visando, por exemplo, à definição de um menor caminho para o cabeçote extrusor. O objetivo é reduzir a distância de deslocamentos quando não há deposição do material, tendo como consequência a redução no tempo de processamento [29, 30, 31, 32, 33]. Com essa análise, busca-se a definição da melhor sequência de deposição, em cada camada, de todos os contornos e os trechos de *raster*.

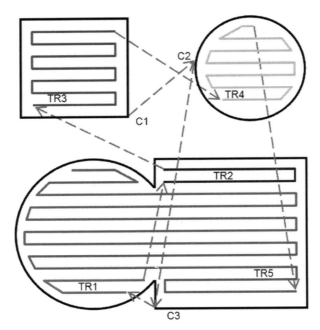

Figura 7.12 Exemplo de trajetórias de deposição de uma camada destacando os contornos (C), os trechos de *raster* (TR) e os deslocamentos em vazio identificados pelas setas tracejadas.

7.5.3 ESTRATÉGIAS DE GERAÇÃO DA BASE E DAS ESTRUTURAS DE SUPORTE

Para a fabricação de uma peça, as tecnologias de extrusão de material podem ou não construir uma base para a peça sobre a placa-base (ver seção 7.3.3).

As estratégias adotadas podem variar entre as tecnologias, no entanto, em alguns casos, como na tecnologia FDM, para economizar tempo, material e facilitar a remoção posterior das peças, as primeiras camadas da base (e também das estruturas de suporte) são construídas com um afastamento maior entre filamentos (preenchimento tipo *raster* com $l_{espaçado}$), como mostrado na Figura 7.13. Essa estratégia repete-se por algumas camadas. Então, sobre essas estruturas vazadas, constrói-se uma última camada refinada ($l_{refinado}$), gerando-se uma superfície plana que receberá o material da peça. A superfície da camada refinada possui, na verdade, as ondulações decorrentes tanto do perfil elíptico dos filamentos depositados lado a lado como da deformação dos filamentos em função de serem apoiados entre dois pontos do preenchimento espaçado das camadas anteriores (ponte entre duas colunas – Figura 7.13). A qualidade dessa superfície afeta a geometria da peça, como detalhado na Seção 7.6.1.

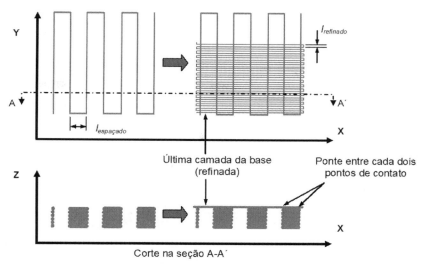

Figura 7.13 Representação esquemática das camadas da base *default* da tecnologia FDM.

Nos processos de extrusão, para o caso de fabricação de peças muito esbeltas (grande relação entre altura e seção transversal) e que precisam ser fabricadas na vertical, há risco de tombamento durante a deposição das camadas mais próximas do topo da peça (Figura 7.14a). Nesses casos, deve-se criar estruturas de suporte ao redor da base da peça para auxiliar na fixação, de forma a reduzir o risco de tombamento (Figura 7.14b). A identificação dessa necessidade, geralmente, não é automática pelo sistema de planejamento de processo, cabendo ao usuário a sua especificação. Também a altura dessa estrutura deve ser definida pelo usuário, com base em sua experiência.

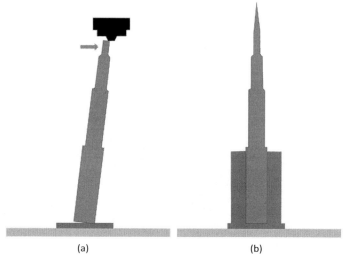

Figura 7.14 Necessidade de estrutura de suporte ao redor da base do componente para evitar tombamento/descolamento da base de peças esbeltas.

7.6 CARACTERÍSTICAS CONSTRUTIVAS DO PROCESSO

As variáveis que afetam os processos de extrusão de material podem ser divididas em quatro categorias: parâmetros específicos da máquina, parâmetros específicos de operação, parâmetros específicos do material e parâmetros específicos da geometria [2]. O Quadro 7.2 apresenta um detalhamento dessas categorias, listando as principais variáveis de processo.

Quadro 7.2   Variáveis do processo de extrusão de material [2, 28].

Operação	Máquina	Material	Geometria
Espessura do fatiamento	Diâmetro do bico	Viscosidade	Comprimento do vetor de preenchimento
Largura do filamento depositado	Taxa de alimentação do material (filamento ou granulado)	Rigidez do filamento	Estrutura de suporte
Velocidade do cabeçote	Velocidade dos roletes tracionadores (alimentação com filamento) ou velocidade do parafuso extrusor	Flexibilidade	Quantidade de trechos de *raster*
Temperatura de extrusão	Vazão	Condutividade térmica	Tempo entre deposição de camadas
Temperatura do envelope	Diâmetro do filamento ou dimensão do granulado	Higroscopia	
Padrão de preenchimento	Convecção no interior do envelope	Características do ligante	
		Características do pó (FDC, FDMet)	

A qualidade interna e externa das peças obtidas é determinada pela otimização das variáveis listadas no Quadro 7.2. Essas variáveis são interdependentes e necessitam ser analisadas como tal para se fabricar peças de alta qualidade. De forma semelhante, se o objetivo for melhorar a produtividade do processo, os parâmetros, em especial os ligados à velocidade de deposição de material (por exemplo, espessura de camada, velocidade do cabeçote, largura do filamento e distância e frequência dos reposicionamentos em vazio para iniciar nova deposição), podem ser combinados para reduzir o tempo de fabricação, mantendo a qualidade-padrão do filamento depositado [34]. As seções a seguir focam nas características peculiares às tecnologias de extrusão de material.

7.6.1 QUALIDADE DA SUPERFÍCIE DAS PEÇAS

Da mesma forma que as demais tecnologias de AM, a qualidade das superfícies produzidas por extrusão varia com a orientação em que são fabricadas em relação ao plano de construção. Superfícies planas paralelas ao plano X-Y, oriundas de camadas superiores (a última camada da peça, por exemplo), resultam em um acabamento característico dos processos de extrusão, ou seja, com a ondulação da geometria dos filamentos depositados lado a lado (Figura 7.7). Superfícies planas na direção vertical (90° em relação ao plano X-Y) tendem a ter uma rugosidade que é função do formato elíptico do filamento e da espessura de camada [35]. Nas superfícies planas inclinadas ou curvas, o acabamento varia com a inclinação, de acordo com o efeito degrau de escada, como descrito no Capítulo 5. Quanto menor o ângulo de inclinação, mais esse efeito é observado.

As superfícies da peça que ficam em contato com a superfície da base, ou com as estruturas de suporte, são afetadas pela qualidade da superfície dessas estruturas. As camadas da peça acabam copiando as irregularidades das superfícies que servem de apoio ao material da peça durante o processamento, prejudicando, assim, o seu acabamento e também a precisão dimensional da peça na direção de construção [36]. Como exemplo, a Figura 7.15 mostra o resultado da digitalização da superfície superior de uma base da peça (última camada antes de depositar a peça, construída sobre um preenchimento $l_{espaçado}$ de 1,78 mm) e a respectiva superfície inferior da peça produzida sobre essa base, ambas obtidas com a tecnologia FDM. Para a análise dessas figuras, recomenda-se recorrer também à Figura 7.13, que apresenta a estratégia de deposição da base da peça. Como pode ser observado na Figura 7.15a, a superfície resultante da última camada refinada da base (com $l_{refinado}$) apresenta alguns picos justamente sobre os pontos de apoio do maior espaçamento da camada precedente da base ($l_{espaçado}$). O perfil da superfície da peça (Figura 7.15b) apresenta um formato periódico com picos e vales que têm correlação com o perfil superior da base que foi copiado para a peça como um efeito negativo entre picos e vales.

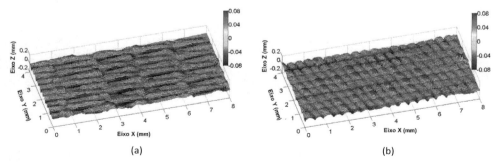

Figura 7.15 Imagem digitalizada da superfície superior da base (a) e da superfície inferior da peça em contato com esta base (b), produzidas pela tecnologia FDM.

Uma opção para melhorar o acabamento e a precisão dimensional na direção Z de construção na tecnologia FDM é alterar a configuração dos parâmetros de deposição das camadas da base ou das estruturas de suporte, por meio da redução do $l_{espaçado}$ e/ou da duplicação da última camada refinada da base [36].

Finalmente, pode-se afirmar que o acabamento das superfícies produzidas pela tecnologia FDM varia de uma região para outra da peça. Isso ocorre em função da orientação de cada superfície e da sua posição em relação ao plano de construção, implicando em uma anisotropia de acabamento ao longo da peça [37]. Isso, no entanto, não é uma peculiaridade somente do princípio de AM de extrusão de material, mas praticamente de todas as tecnologias de adição de camadas planas.

7.6.2 INÍCIO E FIM DE DEPOSIÇÃO

Em virtude da pressão positiva no interior do sistema de extrusão, mesmo após a interrupção de sua alimentação, o material continua escoando no bico extrusor por um tempo. Esse comportamento é diretamente dependente da reologia do material. Assim, o momento de cessar a alimentação pelo sistema extrusor deve ser ajustado para que ocorra em um tempo ligeiramente anterior ao ponto de chegada ou de parada de deslocamento do cabeçote extrusor. Na prática, isso é realizado pela inversão no sistema de alimentação (roldanas, rosca, êmbolo etc.), que é conhecida como *suck--back*. Análise similar é feita no início de qualquer deposição, em que deve haver um retardo entre o início da movimentação do bico extrusor e o da alimentação de material. Esse controle é crítico, por exemplo, na deposição de um contorno fechado da peça, em que os pontos de início e fim têm de coincidir. Para que não haja sobreposição ou falta de material nesses pontos coincidentes, o sistema deve ser calibrado para que o início e o fim da extrusão ocorram no ponto correto, considerando o que foi mencionado. Esses parâmetros, normalmente, não estão disponíveis para os usuários dos sistemas comerciais, pois vêm calibrados para cada material, mas podem ser alterados nos sistemas de arquitetura aberta.

Também deve-se considerar, nessa análise de deposição, a aceleração e a desaceleração do cabeçote no plano X-Y, que pode levar a uma variação da área da seção transversal do filamento [2]. A falta de calibração desses parâmetros pode levar a uma falha superficial nas peças, por excesso ou falta de material. Nos sistemas comerciais, esses parâmetros já são ajustados para os materiais disponibilizados.

7.6.3 VAZIOS EM VIRTUDE DO PREENCHIMENTO

Ao realizar a deposição do filamento utilizando as estratégias de preenchimento, vazios podem ser gerados junto ao contorno da peça. Em particular, o preenchimento tipo *raster*, pelo zigue-zague da trajetória (ver Figuras 7.8 e 7.16a), gera vazios nas ligações entre as linhas de *raster*, nos pontos em que ocorrem mudanças bruscas de direção. Como a velocidade de extrusão é constante, o preenchimento nessa região é incompleto, deixando vazios na camada que está sendo preenchida. O tamanho e a ocorrência dos vazios dependem das condições de construção (largura e espessura do filamento etc.), do ângulo de *raster* e da geometria do contorno a ser preenchido.

Uma das formas mais simples de reduzir esses vazios é a redução da distância entre os filamentos do contorno e das ligações do *raster* (às vezes denominado *gap* entre *raster* e contorno) (Figura 7.16a). Reduzindo-se essa distância, haverá uma sobreposição maior de material junto ao contorno. Uma calibração dessa distância também é necessária, pois, se for muito pequena, reduz o tamanho dos vazios, mas pode causar uma deformação excessiva da região em virtude da elevada sobreposição de material. Outra possibilidade é a alteração da trajetória das ligações de *raster*, aproximando-se os pontos extremos do contorno, de forma a compensar a falta de preenchimentos nessas regiões (Figura 7.16b).

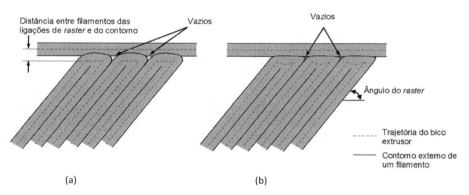

Figura 7.16 Possibilidades de redução de vazios ao longo do preenchimento: redução da distância entre filamentos de *raster* e perímetro (a) e alteração da trajetória de deposição (b).

Fonte: adaptada de Agarwala et al. [2].

Vazios também podem ser observados entre as camadas, em virtude da geometria elíptica do filamento. Um modelo geométrico CAD (*computer-aided design*) hipotético de uma deposição-padrão intercalando o ângulo de *raster* de 90° entre as camadas pode ser utilizado para mostrar a geometria da seção transversal dos vazios, como ilustrado na Figura 7.17. Como pode ser observado no modelo hipotético, a geometria dos vazios varia em função da posição em que o plano de corte secciona o volume dessas regiões. Numa peça real, a deformação do material, em função das suas propriedades reológicas e da temperatura durante a deposição, reduz esses vazios, alterando a sua geometria, mas estes continuam existindo, conforme demonstrado em estudo que utilizou a microtomografia computadorizada para analisar amostras de material obtidas por FDM [38]. Esse estudo mostrou também que, quanto maior a temperatura de extrusão do material e da câmara de fabricação, menor será o percentual de vazios na peça, no entanto, podem ocorrer deformações indesejadas, sendo sempre uma solução de compromisso.

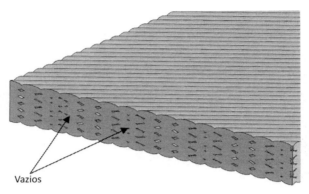

Figura 7.17 Geometria da seção transversal dos vazios obtida de um modelo geométrico CAD hipotético em corte no qual o preenchimento das camadas foi intercalado com ângulo de *raster* de 90°.

A existência de vazios na camada e entre camadas é um dos principais motivos pelos quais as peças fabricadas por processos de extrusão de material apresentam problemas de estanqueidade.

7.6.4 ADERÊNCIA ENTRE FILAMENTOS

A aderência do material no processo de extrusão pode ser analisada entre os filamentos adjacentes (ou vizinhos) numa mesma camada e também entre os filamentos de camadas sucessivas.

Um problema que pode ocorrer na mesma camada é a falta de contato físico lateral entre filamentos, dando origem a vazios. Nesse contexto, o parâmetro *gap* tem um papel importante, pois um valor negativo fará com que haja um contato mais forçado entre os filamentos. No entanto, um valor muito negativo causará uma sobreposição excessiva de material e, como consequência, uma deformação da superfície sendo depositada. A escolha do *gap* pode variar de peça para peça, dependendo da aplicação desejada. Cabe ressaltar que, para esse parâmetro responder conforme o planejado no sistema de planejamento de processo, cada material processado deve ser calibrado no equipamento de AM, de forma que principalmente o diâmetro do filamento seja obtido de acordo com o especificado.

Outro problema de aderência entre filamentos da mesma camada é a fraca união resultante de um contato não adequado, comprometendo a resistência da peça. Além do espaçamento lateral (*gap*), a união entre os filamentos adjacentes depende da temperatura destes no momento da união (consequência da temperatura da deposição, da temperatura da câmara de construção e da sequência da trajetória de deposição) e da consequente difusão lateral ocorrida, seja no momento da deposição ou também ao longo do processo [2, 28].

O histórico térmico do material depositado é muito importante para a qualidade da aderência entre filamentos vizinhos. Por exemplo, o tempo entre contato de filamentos adjacentes e, por consequência, a temperatura dos filamentos no momento do contato são variáveis sobre as quais não se consegue ter um controle absoluto durante o processo de deposição por extrusão. Isso porque, por exemplo, em um trecho de *raster*, o tempo que o filamento leva para receber o contato do seu vizinho depende do comprimento da linha de *raster*. Este, por sua vez, é de difícil controle, pois depende da geometria da peça (contorno 2D) a ser preenchida e também da estratégia de deposição do filamento (Figura 7.18). Por exemplo, quanto maior o comprimento da linha de *raster*, mais tempo o filamento depositado terá para resfriar antes de receber o contato do seu vizinho. Quanto menor o tempo entre as deposições, isto é, quanto maior for essa temperatura, melhor será a aderência entre os filamentos [28]. Na prática, observa-se que, em uma mesma camada, pode-se ter regiões em que o filamento tem pouco tempo para resfriar até a deposição de seu vizinho (por exemplo, região A da Figura 7.18) e regiões em que esse tempo é maior (caso B da Figura 7.18). Como resultado, a melhor adesão entre os filamentos ocorrerá na região A, quando comparada com a região B. No estudo de Sun et al. [28] foi demonstrado que a temperatura média do material reduziu em 10% ao passar do comprimento da linha do preenchimento *raster* de 28 mm para um de 200 mm. Essa temperatura maior melhora a ligação entre os filamentos adjacentes.

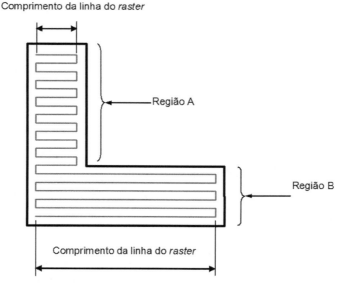

Figura 7.18 Influência do comprimento da linha do *raster* no tempo entre contato dos filamentos adjacentes.

Assim, a temperatura de contato pode variar desde a temperatura de extrusão até o limite da temperatura da câmara de construção do equipamento ou do ambiente, no caso de equipamentos mais simples. Quanto maior for essa variação de temperatura, maior será a variação de aderência entre os filamentos.

Outra origem de variação na aderência lateral entre filamentos advém da própria estratégia de preenchimento *raster*. Como observado na Figura 7.12, os trechos de *raster* criados podem não ser depositados sequencialmente. Dessa forma, ocorre um maior resfriamento do material entre a deposição desses trechos adjacentes e, consequentemente, o contato entre os filamentos vizinhos desses trechos pode se dar de forma não adequada, comprometendo a aderência lateral.

No caso da adesão entre camadas adjacentes, a temperatura de contato entre os filamentos também tende a ser variável. Dependendo do tempo entre uma camada e outra, o material da camada seguinte pode encontrar um substrato a uma temperatura menor ou maior. Isso leva a uma variação da aderência entre filamentos entre as camadas [39]. No caso do tempo entre camadas ser muito pequeno, o problema não é de aderência, mas de estabilidade dimensional, uma vez que o material pode ainda não ter se solidificado o suficiente para receber a pressão de deposição da próxima camada.

A adesão entre os filamentos na mesma camada e entre camadas adjacentes afeta diretamente a resistência mecânica do material. Sun et al. [28] analisaram, basicamente, o comprimento da ligação (pescoço) entre filamentos adjacentes e a resistência dessas ligações quando o material foi submetido ao teste de flexão em três pontos. Os autores salientaram que o comprimento da ligação entre filamentos adjacentes é um fenômeno conduzido pela energia térmica que circula na região ao redor destes. Essa energia advém do material extrudado, mas também da radiação do cabeçote extrusor ao passar por essa região após a deposição do filamento. Ao analisarem o perfil de temperatura em determinado ponto de uma peça, ao longo de seu processo de fabricação, verificaram que, mesmo após a deposição de algumas camadas, a temperatura da primeira camada ultrapassava a temperatura de transição vítrea (Tg) do ABS sempre que o cabeçote extrusor passava por esse ponto. Assim, o material depositado acabava ficando boa parte do tempo de fabricação acima da Tg, evidenciando uma contribuição significativa da condução do calor do cabeçote extrusor para a peça no histórico térmico do material durante o processo e, portanto, no desenvolvimento da ligação entre filamentos.

A tecnologia FDM e outras que operam com câmara de temperatura controlada permitem minimizar o problema de aderência lateral e entre camadas por meio do controle da temperatura da câmara de construção da máquina com ventilação forçada para reduzir gradientes de temperatura. Para cada material processado, existe uma temperatura de trabalho recomendada, abaixo da qual a aderência ou união é fraca. A câmara é, então, mantida acima dessa temperatura, de forma que, mesmo havendo um resfriamento maior entre as deposições, este nunca ocorra a um valor abaixo dessa temperatura recomendada. No entanto, a temperatura na câmara não pode ultrapassar um limiar de temperatura que impeça o resfriamento, o que pode implicar, nos casos extremos, a deformação da peça como um todo. Mesmo com o controle de temperatura da câmara, as variações de temperatura no momento do contato continuam existindo, o que afeta a qualidade da peça.

7.6.5 CARACTERÍSTICA ESTRUTURAL DAS PEÇAS

A qualidade estrutural das peças obtidas por processos de extrusão de material é uma consequência dos vários parâmetros detalhados na Tabela 7.2, sendo uma característica comum a anisotropia resultante do material. Por exemplo, a resistência à tração do material é maior quando o esforço é aplicado na direção axial dos filamentos que quando este é aplicado na direção transversal (esforço sobre as ligações laterais filamento-filamento) [2, 28, 22, 40, 41]. A identificação dos principais fatores que influenciam essa característica é uma tarefa importante para reduzir variações das propriedades.

O valor do *gap* e a orientação de deposição do *raster* possuem influências significativas na resistência à tração de peças produzidas pela tecnologia FDM. Um estudo realizado com o ABS P400 da Stratasys mostrou que a resistência à tração de uma amostra fabricada com *gap* negativo (–0,076 mm) foi superior à de outra produzida com *gap* nulo, independentemente das configurações de ângulos de *raster* testadas [40]. Nesse estudo, a maior variação na resistência à tração foi um aumento de 30% quando se utilizou o *gap* negativo para o ângulo de *raster* 0/90°. Outro estudo confirmou que, para o material PC, quando o *gap* negativo de –0,013 foi comparado ao nulo, a resistência à tração foi em média 16% maior para todas as orientações de *raster* testadas (ângulos de *raster* 0/90°, 30/–60° e 45/–45) [41]. Resultados semelhantes também foram obtidos com o material ULTEM 9085 [22]. Assim, é possível inferir que esse comportamento é inerente ao processo e independente do material utilizado.

Conhecendo-se, assim, a influência da orientação de deposição dos filamentos, essa orientação pode ser planejada combinando diferentes ângulos de *raster* em uma mesma amostra, em configurações na forma de "sanduíche". O conceito é melhorar as propriedades de uma peça na direção em que esta será submetida à maior solicitação de carga, sem maiores prejuízos para outras direções. Nesse contexto, o estudo realizado por Magalhães et al. [42], com ABS-P400 em tecnologia FDM, mostrou que todos os materiais obtidos nas configurações "sanduíche" testadas possuíam módulo de elasticidade maior (maior rigidez) que o da configuração-padrão (variação do ângulo de deposição de 45/–45° entre as camadas), isso nas duas direções principais de solicitação (longitudinal e transversal) (Figura 7.19). Já a resistência à tração na principal direção de aplicação da carga foi similar ou superior à configuração-padrão, mas com pouca redução na direção transversal.

Em adição a esses pontos, conforme mencionado na seção anterior, a resistência mecânica do material está também relacionada com a qualidade da adesão entre os filamentos ao longo do processo. Informações adicionais sobre modelagem e parâmetros de processo de extrusão, bem como suas implicações na peça final, podem ser encontradas na literatura [1, 22, 28, 35, 41, 43].

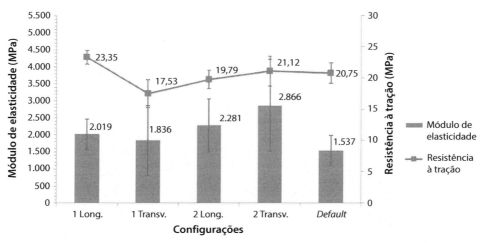

Figura 7.19 Resistência à tração e módulo de elasticidade do ABS P400 com diferentes configurações "sanduíche" variando ângulos de *raster*.

Fonte: adaptada de Magalhães et al. [42].

7.7 PÓS-PROCESSAMENTO PARA OS PROCESSOS DE EXTRUSÃO DE MATERIAL

Geralmente, os processos de extrusão mais comuns exigem pouco pós-processamento, restringindo-se à retirada de material de suporte. Como mencionado, essa remoção pode ser manual ou por dissolução em solução aquosa detergente, dependendo do material do suporte.

A melhoria do acabamento das superfícies das peças pode ser conseguida com ataque químico (com solvente líquido ou vapor) ou por meio de lixamento ou recobrimento da superfície (camada de *primers*, pintura ou metalização). Por exemplo, um composto químico utilizado para suavizar a superfície de peças em ABS é o metil etil cetona.

A infiltração do material com resinas, como as epóxis, em uma câmara de vácuo também é uma alternativa para melhorar a sua vedação, tornando a peça mais hermética e melhorando a resistência mecânica e à temperatura [21].

Já os processos que envolvem a mistura de polímeros com carga metálica ou cerâmica (comentados na Seção 7.2), cujo objetivo é extrair o polímero e deixar somente o material metálico ou cerâmico, exigem um pós-processamento adequado em forno a alta temperatura de acordo com o processo e o material [2, 5].

7.8 OUTRAS POTENCIALIDADES

Como forma de chamar a atenção para as diferentes potencialidades do princípio de extrusão de material, esta seção discute algumas alternativas de processamento que poderiam acelerar o processo, melhorar o acabamento da peça ou, ainda, a sua resistência mecânica.

Atualmente, praticamente todas as tecnologias AM comerciais utilizam espessuras de camada constantes ao longo do processo de fabricação. No entanto, os processos de extrusão de material não possuem nenhum impedimento tecnológico à utilização de fatiamento adaptativo. Com o fatiamento adaptativo, é possível utilizar espessura de camada variável ao longo da peça, com as vantagens de redução do efeito escada e redução do tempo de fabricação (mais detalhes no Capítulo 5). A única consideração a ser feita é que as espessuras das camadas possíveis seriam aquelas permitidas com um dado diâmetro de bico calibrado. Alguns estudos com o fatiamento adaptativo foram realizados utilizando, inclusive, sistemas comerciais FDM adaptados, mesmo sem essa possibilidade de fatiamento estar disponível originalmente no sistema de planejamento de processo comercial do referido equipamento [44, 45, 46, 47, 48, 49].

Uma variação dessa abordagem, visando reduzir ainda mais o tempo de fabricação, é aplicar o fatiamento adaptativo somente em uma casca externa de uma peça, obtendo-se um exterior com espessura refinada e deixando o interior para ser preenchido com uma camada mais espessa [50, 51]. A Figura 7.20 apresenta esquematicamente esse conceito. Para sua aplicação, a espessura da camada do interior deve, obrigatoriamente, ser um múltiplo da espessura das camadas mais refinadas da casca. Durante a fabricação, as camadas refinadas da casca são depositadas primeiro, em um número adequado, sendo seguidas por uma camada mais espessa do interior, mantendo o bico na mesma altura da última camada refinada. Com isso, atinge-se o preenchimento do mesmo nível das camadas da casca. Essa sequência é repetida até a finalização da peça.

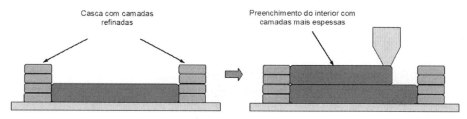

Figura 7.20 Possibilidade de fatiamento adaptativo somente na casca externa da peça no processo de extrusão, com o exterior refinado e o interior preenchido de forma mais rápida (camadas mais espessas).

Os processos de extrusão de material possuem também potencial para a adição de camadas não planas [52, 53, 54]. Essa opção tem particular interesse para aplicações em peças do tipo casca e peças curvas, possibilitando reduzir o efeito degrau de escada, diminuir o número de camadas e aumentar a resistência dessas peças. Uma possibilidade é depositar, inicialmente, as camadas de suporte de forma plana convencional e, depois, depositar as camadas da peça, conforme apresentado esquematicamente na Figura 7.21. Esse conceito tem algumas limitações e exigências adicionais em relação ao equipamento. Por exemplo, o sistema de controle da movimentação tem de permitir o deslocamento do cabeçote no mínimo em três eixos simultaneamente (X, Y e Z), e não mais em dois eixos, como nas tecnologias atuais. O ideal seria dispor de equipamento com a possibilidade de inclinar o bico (eixos adicionais de rotação) para mantê-lo o mais ortogonal possível à superfície depositada. No entanto, mesmo assim, em função das dimensões de detalhes nessas superfícies, continua existindo uma limitação física para a inclinação do bico e também para a curvatura mínima da superfície, para evitar que o diâmetro externo do bico entre em contato com a plataforma de construção, com as estruturas de suporte ou mesmo com as camadas já depositadas.

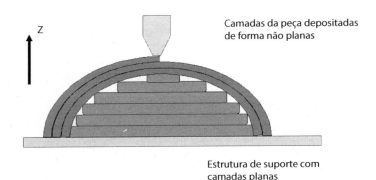

Figura 7.21 Possibilidade de deposição de camadas não planas.

Outro ponto que desperta interesse é a possibilidade de utilização de vários bicos extrusores em um mesmo equipamento. Isso pode tornar possível a fabricação de peças com materiais de diferentes composições ou mesmo com cores distintas [51, 55]. Um equipamento que incorpora essa funcionalidade e já está disponível no mercado é o CubePro®C da empresa Bot-Objects, adquirida pela 3D Systems [56]. Esse equipamento possui um sistema de bicos extrusores com cinco cores de PLA para construção da peça e um para PVA, como material de suporte. Essa solução permite a troca de cor ao longo das camadas, mas não ao longo de uma mesma camada. Esta última daria ainda mais versatilidade ao equipamento, o que aumentaria consideravelmente o seu potencial de aplicação em certas áreas (como, por exemplo, nas artes ou na fabricação de brinquedos).

Um desafio de se trabalhar com materiais distintos é a compatibilidade das propriedades térmicas da cada um dos materiais, de modo que as janelas de processamento sejam suficientemente próximas para que haja uma adesão adequada entre filamentos e camadas, reduzindo a possibilidade de fusão ou endurecimento precoce do material vizinho.

Os processos de extrusão apresentam também a facilidade de serem escaláveis para dimensões muito maiores, em especial quando se trata de deposição de materiais que não necessitam de um controle térmico refinado. Assim, a sua utilização na construção civil, como na fabricação de casas e até prédios, tem sido um foco de estudo nos últimos anos [57, 58]. Um trabalho pioneiro na área é o do Prof. Koshnevis, da University of Southern California [57]. A utilização do vidro como matéria-prima também tem sido explorada e tem apresentado resultados promissores para outros tipos de aplicações, desde a arte até produtos para o uso residencial [59].

7.9 CONCLUSÕES

Neste capítulo, foram apresentados vários aspectos dos processos de AM baseados no princípio de extrusão de material. As tecnologias desse grupo estão entre as mais utilizadas atualmente, seja nas aplicações industriais ou nas mais populares ou domésticas. De fato, a grande popularização da AM, observada recentemente, está fortemente associada ao princípio de extrusão de material, pois a maioria das impressoras 3D de baixo custo e pequeno porte baseia-se nesse princípio, em particular com alimentação por filamento.

A extrusão de material é bastante adequada e flexível, podendo trabalhar com polímeros puros, com compósitos de polímero com metais, cerâmicos etc. ou com qualquer outro material que esteja ou possa ser transformado em uma pasta, possibilitando a sua extrusão e posterior cura ou secagem. Várias alternativas de alimentação de material, de parâmetros e de planejamento de processo foram discutidas, bem como suas influências na qualidade das peças. Um entendimento desses aspectos do processo e das suas limitações é fundamental para se obter bons resultados com essas tecnologias.

Destacaram-se, ainda, oportunidades para melhoria dos processos atuais, bem como o desenvolvimento de novos processos e materiais.

REFERÊNCIAS

1 TURNER, B. N.; STRONG, R.; GOLD, S. A. A review of melt extrusion additive manufacturing processes: I. Process design and modeling. *Rapid Prototyping Journal*, Bradford, v. 20, n. 3, p.192-204, 2014.

2 AGARWALA, M. K. et al. Structural quality of parts processed by fused deposition. *Rapid Prototyping Journal*, Bradford, v. 2, n. 4, p. 4-19, 1996.

3 DANFORTH, S. C. et al. *Solid freeform fabrication methods*. US Patent No. 5, 738, 817, 1998.

4 JAFARI, M. A. et al. A novel system for fused deposition of advanced multiple ceramics. *Rapid Prototyping Journal*, Bradford, v. 6, n. 3, p. 161-174, 2000.

5 WU, G. et al. Solid freeform fabrication of metal components using fused deposition of metals. *Materials and Design*, [s.l.], v. 23, p. 97-105, 2002.

6 MASOOD, S. H.; SONG, W. Q. Development of new metal/polymer materials for rapid tooling using fused deposition modeling. *Materials and Design*, [s.l.], n. 25, p. 587-594, 2004.

7 BANDYOPADHYAY, A. et al. Application of fused deposition in controlled microstructure metal-ceramic composites. *Rapid Prototyping Journal*, Bradford, v. 12, n. 3, p. 121-128, 2006.

8 MAKERBOT. 2015. Disponível em: <http://store.makerbot.com/filament/composite>. Acesso em: 11 nov. 2015.

9 FABBSTER. 2015. Disponível em: <http://www.fabbster.com>. Acesso em: 11 maio 2015.

10 BELLINI, A.; SHOR, L.; GUCERI, S. I. New developments in fused deposition modeling of ceramics. *Rapid Prototyping Journal*, Bradford, v. 11, n. 4, p. 214-220, 2005.

11 ZENG, W. et al. Fused deposition modelling of an auricle framework for microtia reconstruction based on CT images. *Rapid Prototyping Journal*, Bradford, v. 14, n. 5, p. 280-284, 2008.

12 SILVEIRA, Z. C. et al. Study of the technical feasibility and design of a mini head screw extruder applied to filament deposition in desktop 3-D printer. *Key Engineering Materials (Online)*, Aedermannsdorf, v. 572, p. 151-154, 2014.

13 DOMINGOS, M. et al. Polycaprolactone scaffolds fabricated via bioextrusion for tissue engineering application. *International Journal of Biomaterials*, New York, v. 2009, Article ID 239643, 2009.

14 DAVID, not just a pellet 3D printer, it could even extrude a plastic bag. *3ders*. Aug. 25, 2014. Disponível em: <www.3ders.org/articles/20140825-david-not-just-a-pellet-3d-printer-it-could-even-extrude-a-plastic-bag.html>. Acesso em: 16 nov. 2015.

15 VOLPATO, N. et al. Experimental analysis of an extrusion system for additive manufacturing based on polymer pellets. *International Journal of Advanced Manufacturing Technology*, Bedford, v. 81, n. 9, p. 1.519-1.531, 2015.

16 MALONE, E.; LIPSON, H. Fab@Home: the personal desktop fabricator kit. *Rapid Prototyping Journal*, Bradford, n. 13, v. 4, p. 245-255, 2007.

17 HUANG, T. et al. Aqueous-based freeze-form extrusion fabrication of alumina components. *Rapid Prototyping Journal*, Bradford, v. 15, n. 2, p. 88-95, 2009.

18 LU, X. et al. Extrusion freeforming of millimeter wave electromagnetic bandgap (EBG) structures. *Rapid Prototyping Journal*, Bradford, v. 15, n. 1, p. 42-51, 2009.

19 KHALIL, S.; NAM, J.; SUN, W. Multi-nozzle deposition for construction of 3D biopolymer tissue scaffolds. *Rapid Prototyping Journal*, Bradford, v. 11, n.1, p. 9-17, 2005.

20 CHUA, C. K.; LEONG, K. F.; LIM, C. S. *Rapid prototyping*: principles and applications. 3. ed. Singapore: Manufacturing World Scientific Pub Co, 2010.

21 STRATASYS Ltd. Disponível em: <www.stratasys.com>. Acesso em: 17 mar. 2015.

22 BAGSIK, A. Mechanical properties of fuse deposition modeling parts manufactured with ULTEM*9085. *ANTEC 2011*, Boston.

23 FAB@HOME. 2015. Disponível em: <http://www.fabathome.org/wiki/index.php?title=Fab%40Home:Materials>. Acesso em: 11 maio 2015.

24 JONES, R. et al. Reprap – the replicating rapid prototyper. *Robotica*, Cambridge, v. 29, n. 1, p. 177-191, 2011.

25 REPRAP. 2015. Disponível em: <http://reprap.org/>. Acesso em: 12 maio 2015.

26 F3DB. 2015. Disponível em: <http://www.filamentos3dbrasil.com.br/filamentos-
-pva/filamento-pva-175mm-cor-natural-05-kg/>. Acesso em: 15 maio 2015.

27 SLIC3R MANUAL. *Slic3r*. 2015. Disponível em: <http://manual.slic3r.org/expert-
-mode/infill>. Acesso em: 13 maio 2015.

28 SUN, Q. et al. Effect of processing conditions on the bonding quality of FDM polymer filaments. *Rapid Prototyping Journal*, Bradford, v. 14, n. 2, p. 72-80, 2008.

29 VOLPATO, N. et al. Combining heuristics for tool-path optimization in additive manufacturing. In: PROCEEDINGS OF THE 23RD CAPE CONFERENCE, 2015, Edinburgh. *Proceedings...* University of Edinburgh, 2015.

30 WAH, P. K. et al. Tool path optimization in layered manufacturing. *IEEE Transactions*, New York, n. 34, p. 335-347, 2002.

31 TANG, K.; PANG, A. Optimal connection of loops in laminated object manufacturing. *Computer-Aided Design*, [s.l.], n. 35, p. 1.011-1.022, 2003.

32 WEIDONG, Y. Optimal path planning in rapid prototyping based on genetic algorithm. *Chinese Control and Decision Conference (CCDC)*, Guilin, p. 5.068-5.072, June 2009.

33 VOLPATO, N. et al. Reducing repositioning distances in fused deposition-based processes using optimization algorithms. In: PROCEEDINGS OF THE 6th VRAP, 2013, Leiria. *Proceedings...* Oxfordshire: Taylor & Francis, 2013. p. 417-422.

34 HAN, W.; JAFARI, M. A.; SEYED, K. Process speeding up via deposition planning in fused deposition-based layered manufacturing processes. *Rapid Prototyping Journal*, Bradford, v. 9, n. 4, p. 212-218, 2003.

35 TURNER, B. N.; STRONG, R.; GOLD, S. A. A review of melt extrusion additive manufacturing processes: II. Materials, dimensional accuracy, and surface roughness. *Rapid Prototyping Journal*, Bradford, v. 21, n. 3, p. 250-261, 2015.

36 VOLPATO, N.; FOGGIATTO, J. A.; SCHWARZ, D. C. The influence of support base on FDM accuracy in Z. *Rapid Prototyping Journal*, Bradford, v. 20, p. 182-191, 2014.

37 THOMAS, T. R.; ROSEN, B.-G.; AMINI, N. Fractal characterisation of the anisotropy of rough surfaces. *Wear*, [s.l.], v. 232, n. 1, p. 41-50, 1999.

38 GAJDOŠ, I.; SLOTA, J. Influence of printing conditions on structure in FDM prototypes. *Tehnički Vjesnik*, Slavonski Brod, v. 20, n. 2, p. 231-236, 2013.

39 FAES, M.; FERRARIS, E.; MOENS, D. Influence of inter-layer cooling time on the quasi-static properties of ABS components produced via Fused Deposition Modelling. In: 18th CIRP CONFERENCE ON ELECTRO PHYSICAL AND CHEMICAL MACHINING (ISEM XVIII), 2016, Tokyo. *Proceedings...* Procedia CIRP, v. 42, p. 748-753, 2016.

40 AHN, S. H. et al. Anisotropic material properties of fused deposition modeling ABS. *Rapid Prototyping Journal*, Bradford, v. 7, n. 4, p. 248-257, 2002.

41 HOSSAIN, M. S. et al. Improving tensile mechanical properties of FDM-manufactured specimens via modifying build parameters. In: SOLID FREEFORM FABRICATION SYMPOSIUM, 2013, Austin. *Proceedings...* Austin: University of Texas in Austin, 2013.

42 MAGALHÃES, L. C.; VOLPATO, N.; LUERSEN, M. A. Evaluation of stiffness and strength in fused deposition sandwich specimens. *Journal of the Brazilian Society of Mechanical Sciences and Engineering*, Rio de Janeiro, v. 36, p. 449-459, 2013.

43 ALI, F.; CHOWDARY, B. V.; MAHARAJ, J. Influence of some process parameters on build time, material consumption, and surface roughness of FDM processed parts: inferences based on the Taguchi design of experiments. In: PROCEEDINGS OF THE 4th IAJC/ISAM JOINT INTERNATIONAL CONFERENCE, 2014, Orlando. *Proceedings...*

44 DOLENC, A.; MÄKELÄ, I. Slicing procedures for layer manufacturing techniques. *Computer-Aided Design*, [s.l.], v. 26, n. 2, p. 119-126, 1994.

45 KULKARNI, P.; DUTTA, B. An accurate slicing procedure for layered manufacturing. *Computer-Aided Design*, [s.l.], v. 28, n. 9, p. 683-697, 1996.

46 SABOURIN, E.; HOUSER, S. A.; BØHN, J. H. Adaptive slicing using stepwise uniform refinement. *Rapid Prototyping Journal*, Bradford, v. 2, n. 4, p. 20-26, 1996.

47 TYBERG, J.; BOHN, H. Local adaptive slicing. *Rapid Prototyping Journal*, Bradford, v. 4, n. 3, p. 118-127, 1998.

48 TYBERG, J.; BOHN, H. FDM systems and local adaptive slicing. *Materials and Design*, [s.l.], v. 20, p. 77-82, 1999.

49 LIMA, M. V. A. de. *Modelo de fatiamento adaptativo para prototipagem rápida –* implementação no processo de modelagem por fusão e deposição (FDM). 2009. Dissertação (Mestrado em Engenharia Mecânica e de Materiais) – Universidade Tecnológica Federal do Paraná, Curitiba, 2009.

50 VOLPATO, N.; FOGGIATTO, J. A.; RADIGONDA, A. L. Implementação de uma variação do fatiamento adaptativo no processo FDM. In: 6º CONGRESSO BRASILEIRO DE ENGENHARIA DE FABRICAÇÃO – COBEF, 2011, Caxias do Sul. *Anais...* Associação Brasileira de Engenharia e Ciências Mecânicas, Rio de Janeiro, 2011.

51 ESPALIN, D. et al. Multi-material, multi-technology FDM: exploring build process variations. *Rapid Prototyping Journal*, Bradford, v. 20, n. 3, p. 236-244, 2014.

52 CHAKRABORTY, D.; REDDY, B. A.; CHOUDHURY, A. R. Extruder path generation for curved layer fused deposition modeling. *Computer-Aided Design*, [s.l.], v. 40, p. 235-243, 2008.

53 SINGAMNENIA, S. et al. Modeling and evaluation of curved layer fused deposition. *Journal of Materials Processing Technology*, Amsterdam, v. 212, p. 27-35, 2012.

54 ALLEN, R. J. A.; TRASK, R. S. An experimental demonstration of effective Curved Layer Fused Filament Fabrication utilising a parallel deposition robot. *Additive Manufacturing*, Amsterdam, v. 8, p. 78-87, 2015.

55 HERGEL, J.; LEFEBVRE, S. Clean color: improving multi-filament 3D prints, computer graphics forum. *EUROGRAPHICS*, Amsterdam, v. 33, n. 2, p. 469-478, 2014.

56 3D SYSTEMS. *3D Systems acquires 3D Printer Makerbot objects and introduces CubePro® C Full-Color 3D Printer.* Rock Hill, 2015. Disponível em: <http://www.3dsystems.com/press-releases/3d-systems-acquires-3d-printer-maker-botobjects-and-introduces-cubepror-c-full-color>. Acesso em: 13 maio 2015.

57 KHOSHNEVIS, B. Automated construction by contour crafting – related robotics and information technologies. *Journal of Automation in Construction*, Amsterdam, v. 13, n. 1, p. 5-19, 2004.

58 STARR, M. *World's first 3D-printed apartment building constructed in China.* Cnet, 2015. Disponível em: <http://www.cnet.com/news/worlds-first-3d-printed-apartment-building-constructed-in-china/>. Acesso em: 17 ago. 2015.

59 KLEIN, J. et al. Additive Manufacturing of Optically Transparent Glass. *3D Printing and Additive Manufacturing*, Singapore, v. 2, n. 3, p. 92-105, 2015.

CAPÍTULO 8
Processos de AM por jateamento de material e jateamento de aglutinante

Neri Volpato
Universidade Tecnológica Federal do Paraná – UTFPR

Jonas de Carvalho
Carlos Alberto Fortulan
Escola de Engenharia de São Carlos – USP

8.1 INTRODUÇÃO

Com o advento da manufatura aditiva (*additive manufacturing* – AM) no final dos anos 1980, muitos princípios de adição de material em camadas foram desenvolvidos, sendo que várias tecnologias correlatas existentes foram adaptadas para esse fim. Em particular, a tecnologia de jato de tinta (*inkjet printing*) teve um papel importante nessa área, servindo de base para alguns processos de AM. As duas principais linhas de uso das tecnologias de jato de tinta na AM foram: no jateamento direto do material da peça na forma líquida sobre uma plataforma que, por meio de algum processo, geralmente químico, se solidifica em camadas; e no jateamento de um fluido aglutinante sobre um leito de pó que se solidifica e forma as camadas. Essa última tecnologia foi desenvolvida pelo Massachusetts Institute of Technology (MIT) no início dos anos 1990 e, pela semelhança com a impressão 2D, foi inicialmente designada de impressão tridimensional (*three dimensional printing* – 3DP) [1]. Outras variações de tecnologias incluem, por exemplo, o jateamento de um fluido utilizado como agente facilitador ou inibidor de uma fusão seletiva de materiais na forma de pó, espalhado em um leito, ou então o jateamento de forma seletiva de um ou mais fluidos, que, por meio de uma reação química disparada por uma fonte de calor, dá origem a um material distinto.

Este capítulo apresenta as principais tecnologias AM que possuem o jateamento como elemento-chave do processo. Para facilitar o entendimento, essas tecnologias foram agrupadas nos princípios de jateamento de material, jateamento de aglutinante e jateamento de fluidos envolvendo a fusão de pó no processamento. Cabe ressaltar que as etapas iniciais dos princípios de deposição dos processos de AM aqui apresentados têm em comum o fato de o planejamento de processo (fatiamento e posteriores estratégias de contorno e preenchimento – vistos no Capítulo 5) gerar imagens digitais de cada camada, contendo os *pixels* a serem impressos, geralmente no formato *bitmap*.

Como base para um melhor entendimento dos processos de AM, as tecnologias tradicionais de jato de tinta são comentadas brevemente. Para cada tecnologia de AM abordada neste capítulo, destacam-se o seu funcionamento, alguns parâmetros de processo, materiais utilizados e exemplos de aplicações. Ao final, tendências e perspectivas de evolução são também apresentadas.

8.2 TECNOLOGIAS TRADICIONAIS DE JATO DE TINTA

As tecnologias de AM por jateamento tiveram como base as tecnologias convencionais de jato de tinta cujo desenvolvimento ocorreu durante os anos 1970 e 1980 para a impressão 2D, principalmente para papel. Existem, basicamente, duas abordagens de jato de tinta: a contínua (*continuous inkjet* – CIJ) e a sob demanda (*drop-on--demand* – DOD) [2, 3, 4]. Na tecnologia CIJ, a tinta é bombeada através de um orifício por um sistema formador de um jato. Em virtude da tensão superficial da tinta e do efeito de uma perturbação periódica (trem de pulsos), o jato se divide em microgotas uniformes e igualmente espaçadas (Figura 8.1). Um sistema de deflexão binário é então utilizado, no qual, por ação de um eletrodo, as microgotas são carregadas ou não com uma carga elétrica. Nesse sistema, as microgotas com carga se deslocam diretamente para o substrato (por exemplo, papel), enquanto as não carregadas são desviadas para uma calha coletora de um sistema de recirculação.

Na tecnologia DOD, o cabeçote de impressão forma uma microgota somente quando recebe um pulso do sistema de controle, que, então, ativa um dispositivo normalmente térmico ou piezoelétrico (Figura 8.2). No caso do princípio térmico, um aquecimento rápido do fluido provoca a sua evaporação, formando uma bolha de vapor que se expande rapidamente gerando uma microgota. Esse princípio, normalmente, utiliza água como solvente da tinta, o que limita o número de polímeros que podem ser empregados [3]. Já no princípio piezoelétrico, a geração da microgota é alcançada pela deformação deste material, causando uma alteração repentina do volume de tinta na câmara do cabeçote.

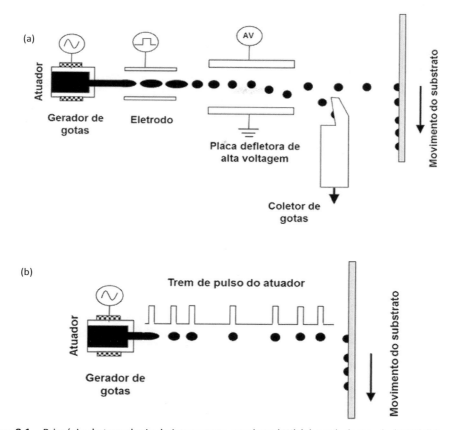

Figura 8.1 Princípio da tecnologia de jateamento contínuo (CIJ) (a) e sob demanda (DOD) (b).

Fonte: adaptada de Le [2].

A abordagem DOD elimina a necessidade da complexidade do sistema de carga e a deflexão da microgota, bem como reduz a falta de confiabilidade inerente ao sistema de recirculação de tinta da tecnologia CIJ [2]. O princípio DOD é adequado para uma variedade de fluidos e é o mais empregado para as tecnologias de AM [3, 4].

Uma parte crucial da tecnologia de impressão por jato de tinta é o conjunto de propriedades físicas da tinta, em particular a viscosidade e a tensão superficial. A viscosidade da tinta deve ser suficientemente baixa para permitir o jateamento, geralmente inferior a 20 mPa . s. A tensão superficial é responsável pela forma esferoidal da microgota que emerge do bocal, tendo-se registro de materiais jateados com tensão na faixa de 28 mN . m^{-1} a 350 mN . m^{-1} [3].

Muitos polímeros podem ser impressos pela tecnologia de jato de tinta a partir da sua fusão, ou seja, quando o sistema completo (cabeçote e material) for aquecido. Essa opção é bastante utilizada para a impressão de ceras na indústria gráfica. Outra possibilidade para impressão de polímeros é a utilização de suspensões coloidais de polímeros reticulados, que permitem que um polímero de elevado peso molecular seja apresentado em uma forma de baixa viscosidade e, portanto, com propriedades adequadas ao jateamento por cabeçotes [3, 5].

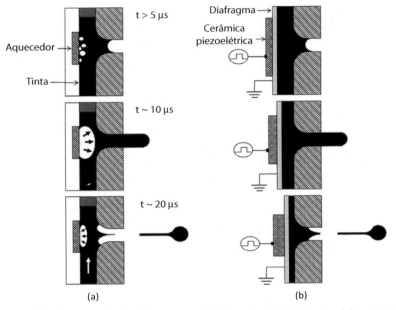

Figura 8.2 Princípio da tecnologia de jateamento sob demanda (DOD): térmico (a) e piezoelétrico (b).

Fonte: adaptada de Le [2].

Meira et al. [6] experimentaram variações na formulação de fluido aglutinante para aplicação em cabeçotes de atuação piezoelétrica e verificaram que o fluido deve apresentar resistividade acima de 290 kΩ. Observaram ainda que o cabeçote de impressão é muito pouco tolerante à presença de materiais sólidos, tanto em quantidade como em dimensão e formato.

Algumas tecnologias de AM, destacadas mais adiante, utilizam cabeçotes comerciais de impressoras 2D de jato de tinta, em que a tinta é substituída por um fluido aglutinante. Outras tecnologias tiveram desenvolvimento de seus próprios cabeçotes com características adequadas ao jateamento de um fluido específico. Portanto, a combinação fluido e cabeçote de impressão mantém uma relação de grande dependência.

8.3 PROCESSOS DE AM POR JATEAMENTO DE MATERIAL

Esse grupo de tecnologia engloba os processos que realizam o jateamento direto do material da peça na forma líquida sobre uma plataforma, e este, em seguida, é solidi-

Processos de AM por jateamento de material e jateamento de aglutinante **185**

ficado por uma ação física ou química. A primeira geração das tecnologias comerciais desse grupo limitava-se, basicamente, ao jateamento de cera aquecida como material de construção e, portanto, era mais adequada para modelo de conceito e para fundição por cera perdida. Atualmente, os materiais mais utilizados são as resinas acrílicas fotossensíveis, que permitem uma ampla variação das suas propriedades mecânicas, incluindo cores. Algumas empresas pioneiras nessa linha foram a 3D System Inc., a Solidscape Inc. e a antiga Objet Geometries Inc. – as duas últimas foram fundidas no grupo Stratasys Ltd.

Os processos de jateamento de material trazem como principais vantagens a elevada precisão dimensional que pode ser obtida, uma vez que as cabeças de impressão podem ser projetadas de maneira a liberar volumes muito pequenos de material, além da flexibilidade de se utilizar materiais com propriedades variadas, do rígido ao flexível, e também com distintas cores, no mesmo processo de construção da peça.

8.3.1 TECNOLOGIA DE IMPRESSÃO DA SOLIDSCAPE

A empresa americana Solidscape Inc., que iniciou suas atividades em 1994 e atualmente é subsidiária da Stratasys Ltd., desenvolveu impressoras que combinam a tecnologia DOD de termoplástico e o fresamento de alta precisão de cada camada depositada para conferir precisão ao processo [7]. A empresa se especializou na oferta de equipamentos para a produção de modelos de pequenas dimensões e de alta precisão, visando principalmente à aplicação em processos de fundição por cera perdida, especialmente para aplicações na indústria de joias e odontologia.

A tecnologia Solidscape utiliza dois diferentes materiais. O material da peça, que contém, entre outros componentes, resina de poliéster, tem ponto de fusão entre 95 °C e 115 °C. Já o material de suporte é composto de cera natural, cera sintética, diestearato de glicol e ácidos graxos, com ponto de fusão entre 50 °C e 72 °C [7]. Durante o processamento, o material que forma a peça é liquefeito e jateado, solidificando-se ao contato com a plataforma, no caso da primeira camada, ou com o material da camada precedente. O segundo cabeçote, então, deposita o material de suporte nas regiões necessárias (Figura 8.3). Após a impressão de uma camada, uma pequena fresa é passada sobre a superfície depositada para garantir a planicidade e a espessura corretas da camada. As partículas removidas são coletadas por um aspirador. Além das regiões que normalmente requerem estruturas de suporte, o material de suporte é depositado ao redor de toda a peça, aumentado, assim, a sua resistência para suportar o processo de fresamento a cada camada depositada. Após a finalização da fabricação, o bloco contendo a peça e o material de suporte é retirado e pós-processado, de modo que o material de suporte é dissolvido pela imersão da peça num banho de água, aquecido até a temperatura de derretimento do material de suporte.

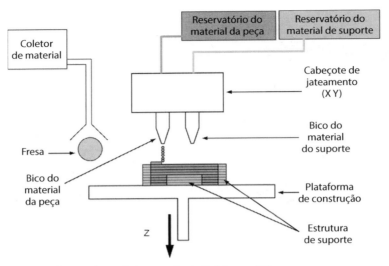

Figura 8.3 Princípio da tecnologia de impressão da Solidscape [1].

Os materiais disponíveis para esse processo se aplicam principalmente para obtenção de modelos para fundição pelo processo de cera perdida, podendo ser aplicados também para a avaliação visual de *design* e a prova de conceito. A tecnologia Solidscape possui alta precisão dimensional e a possibilidade de se obter pequenos detalhes, além de superfícies suaves. Como exemplo de resolução disponível, um dos equipamentos da Solidscape pode trabalhar com 5.000 dpi × 5.000 dpi no plano XY, e a espessura de camada pode chegar a 6,3 μm [7]. Essas características tornam o processo bastante atrativo para a confecção de peças pequenas com formas complexas e/ou de precisão, como no *design* de joias, peças para relógio, odontologia, entre outros. A Figura 8.4a mostra o exemplo de um modelo produzido por essa tecnologia, ainda envolto em material de suporte, e a Figura 8.4b, o modelo de um anel depois de removidas as estruturas de suporte, que, em seguida, poderá ser utilizado para o processo de fundição.

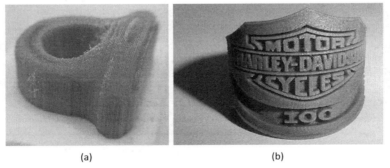

(a)   (b)

Figura 8.4 Exemplo de um modelo de anel impresso na Model Maker II com o plusCAST como material principal e o InduraFill como o material de suporte, antes da retirada das estruturas de suporte (a) e após a remoção (b).

Fonte: cortesia de Guilherme Lorenzoni de Almeida, Instituto Nacional de Tecnologia (INT).

8.3.2 TECNOLOGIA POLYJET

O princípio de funcionamento da tecnologia PolyJet, da Stratasys Ltd., baseia-se no jateamento de uma resina fotossensível sobre uma plataforma e na realização imediata da polimerização dessa resina utilizando uma fonte de luz ultravioleta (UV), conforme ilustrado esquematicamente na Figura 8.5. Apesar de não estar indicado na figura, o cabeçote contém ainda um rolo laminador, que é responsável por deixar a camada plana e na espessura programada. Essa tecnologia utiliza, na sua forma básica, pelo menos dois materiais diferentes para a fabricação. O primeiro deles é uma resina para a impressão da peça, e o outro, um material na forma de gel, também fotossensível, para gerar os suportes. A resina é totalmente curada durante o processo de deposição, não sendo necessária pós-cura da peça. Após o término do processo, o material de suporte pode ser removido com o auxílio de jato de água ou mesmo manualmente, com uma escova. Dependendo do tamanho, da geometria e dos detalhes da peça, a remoção do material do suporte pode ser trabalhosa ou mesmo impossibilitada. Nesse sentido, a empresa lançou recentemente um material de suporte solúvel para facilitar a sua remoção, principalmente de peças contendo detalhes pequenos e frágeis e também de cavidades pequenas [8].

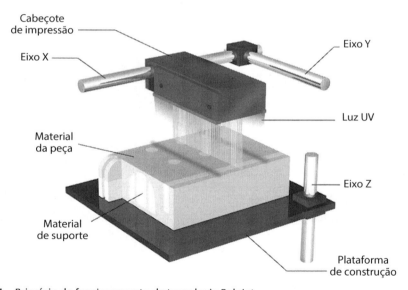

Figura 8.5 Princípio de funcionamento da tecnologia PolyJet.

Fonte: cortesia da Stratasys Ltd.

Em virtude da disposição linear dos furos de jateamento do cabeçote de impressão, entre uma camada de deposição e outra, o cabeçote é deslocado lateralmente na direção Y do plano XY, conforme indicado esquematicamente na Figura 8.6. Isso faz com que as linhas de jateamento de material (peça e suporte) sejam intercaladas entre as camadas, melhorando a disposição de material na peça.

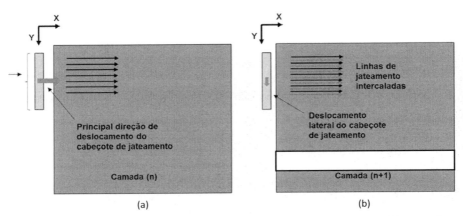

Figura 8.6 Representação do deslocamento do cabeçote de jateamento para permitir que os jatos dos materiais possam ser intercalados entre a camada n (a) e n+1 (b).

As gerações mais recentes da tecnologia PolyJet permitem a deposição simultânea de resinas com diferentes cores e propriedades mecânicas (dureza, resistência à tração, flexão etc.), incluindo materiais rígidos e flexíveis (elastômeros), além da combinação destes durante a deposição, em proporções pré-definidas, criando o que o fabricante denomina de material digital. Como exemplo, recentemente, foi disponibilizado comercialmente um equipamento denominado J750, que pode combinar até seis materiais para formar a peça, permitindo produzir mais de 360 mil cores em materiais com propriedades distintas e com repetibilidade [8]. Somada à elevada precisão dimensional, a possibilidade de trabalhar com material digital é outra grande vantagem dessa tecnologia. Isso significa que uma peça pode ser produzida a partir de materiais com diferentes propriedades e características, permitindo, assim, o projeto de material com gradação funcional (ver Capítulo 13). No entanto, suas propriedades para uso final em algumas aplicações ainda apresenta limitações.

Nessa tecnologia, normalmente, o usuário dispõe de poucas configurações de parâmetros de impressão oferecidas pelo fabricante. As opções envolvem, geralmente, um modo de alta velocidade e outro de alta qualidade, que altera basicamente a espessura de camada empregada (por exemplo, 32 μm ou 16 μm). Além disso, tem-se a possibilidade de um acabamento superficial brilhante ou opaco. No entanto, na opção brilhante, essa característica somente é obtida nas faces da peça que não estejam em contato com o material de suporte. As faces em contato com o suporte ficam sempre com acabamento opaco e, se necessário, devem ser polidas para se obter essa propriedade. A opção de acabamento opaco para toda a peça é conseguida de uma forma não muito econômica, uma vez que todas as faces são cobertas com material de suporte. Atualmente, os equipamentos permitem imprimir com uma resolução de 600 dpi × 600 dpi × 1.600 dpi (eixos X, Y e Z), com precisão de 20 μm a 85 μm para detalhes menores que 50 mm [8].

Com relação ao acabamento superficial, essa tecnologia permite reduzir consideravelmente o efeito degrau de escada, pelo fato de permitir a configuração de camadas finas. O acabamento pode ser melhorado com um pós-processamento de polimento.

No caso particular de uma superfície plana, fabricada paralela ao plano XY, observa-se um perfil característico que demonstra as linhas de jateamento do material ao longo da direção de deslocamento principal do cabeçote de jateamento (Figura 8.6). Como exemplo, a Figura 8.7 mostra o resultado da digitalização de uma superfície plana superior de uma peça impressa no material digital ABS, em um equipamento Connex 500, usando a opção brilhante. Em aplicações em que a peça produzida é utilizada como modelo para copiar a sua geometria para um produto final, esse perfil é transferido para o produto [9]. Para esse tipo de aplicação, torna-se necessária uma etapa de pós-processamento de polimento para melhorar a qualidade superficial.

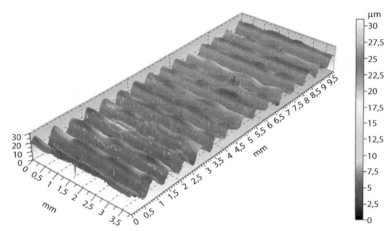

Figura 8.7 Digitalização da superfície plana superior de uma peça impressa em equipamento Connex 500 em digital ABS, mostrando o perfil característico do processo PolyJet [9].

A disposição das peças a serem fabricadas na plataforma de construção é realizada somente no plano XY (disposição 2D). Ainda, em função da largura do cabeçote de jateamento, é recomendado posicionar as peças da mais alta para a mais baixa, iniciando no canto superior esquerdo da bandeja e seguindo para a sua direita (ver mais detalhes na Seção 5.5 do Capítulo 5).

Existe uma gama de materiais que podem ser utilizados nas tecnologias PolyJet. Como exemplo, a Tabela 8.1 apresenta as principais propriedades mecânicas de três resinas rígidas atualmente disponíveis comercialmente.

Em função da qualidade superficial, da precisão dimensional e da possibilidade de obtenção de peças multimateriais, essa tecnologia encontra aplicação também na construção de modelos funcionais de precisão, biomodelos e dispositivos para aplicações médicas e odontológicas. A Figura 8.8 ilustra um exemplo de fabricação de guia cirúrgico para implante dentário que é comercializado como produto final, para ser utilizado apenas uma vez e descartado. A Figura 8.9 apresenta outros exemplos de peças e produtos impressos por essa tecnologia, tipicamente para realizar verificações de ajuste e forma, montagem ou como modelos de análise de *marketing* para avaliar a resposta a um novo *design* ou cor.

Tabela 8.1 Propriedades mecânicas de três resinas rígidas utilizadas nas tecnologias PolyJet [8].

Propriedade	Norma	DURUS WHITE RGD430	VEROBLACK-PLUS RGD875	RGD720
Resistência à tração (MPa)	D-638-03	20-30	50-65	50-65
Módulo de elasticidade (MPa)	D-638-04	1.000-1.200	2.000-3.000	2.000-3.000
Alongamento na ruptura (%)	D-638-05	40-50	10-25	15-25
Resistência à flexão (MPa)	D790-03	30-40	75-110	80-110
Módulo de flexão (MPa)	D790-04	1.200-1.600	2.200-3.200	2.700-3.300
Resistência ao impacto (*Notched Izod*) (J/m)	D256-06	40-50	20-30	20-30
Temperatura de distorção pelo calor (°C) (a 0,45 MPa)	D648-06	37-42	45-50	45-50

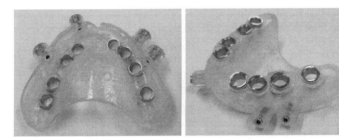

Figura 8.8 Guia cirúrgico para implante dentário fabricado pela tecnologia PolyJet.

Fonte: cortesia da empresa Neodent®.

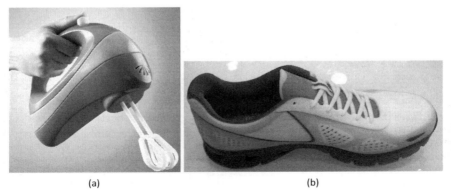

(a)   (b)

Figura 8.9 Modelos fabricados por tecnologias de impressão PolyJet com diferentes resinas e cores: modelo de batedeira produzido no equipamento Connex3 (a) e modelo de tênis produzido no equipamento J750 (b).

Fonte: cortesia da Stratasys Ltd.

8.3.3 IMPRESSÃO POR MÚLTIPLOS JATOS (*MULTIJET PRINTING* – MJP)

A 3D Systems está na terceira geração das tecnologias de jateamento de material, atualmente denominadas *MultiJet Printing* (MJP). Essa tecnologia teve início com a linha ThermoJet e a série InVision [10].

A tecnologia MJP utiliza cabeça de impressão a jato de tinta com sistema DOD piezoelétrico para depositar dois grupos distintos de materiais, as resinas fotossensíveis e/ou as ceras fundidas. De acordo com o fabricante, um sistema proprietário de controle de mudança de fase do material aquecido é utilizado para reduzir o espalhamento da microgota jateada e, com isso, melhorar a resolução na definição dos detalhes da peça [11].

O princípio de funcionamento desse processo utilizando resinas fotossensíveis é muito semelhante ao da tecnologia PolyJet e baseia-se no jateamento do material sobre uma plataforma, com posterior exposição de luz UV sobre a camada para a sua fotopolimerização, conforme ilustrado esquematicamente na Figura 8.10. Um rolo nivelador é acoplado ao cabeçote, de forma a melhorar a planicidade e a espessura da camada depositada. Nesse processo, também é necessária a criação de estruturas de suporte para algumas regiões da peça. O material das estruturas de suporte é uma cera que pode ser facilmente retirada por meio de aquecimento. Segundo o fabricante, isso facilita muito a etapa de pós-processamento, por evitar trabalho manual, permitindo que características mais delicadas das peças e também cavidades internas complexas possam ser limpas, sem danos [11].

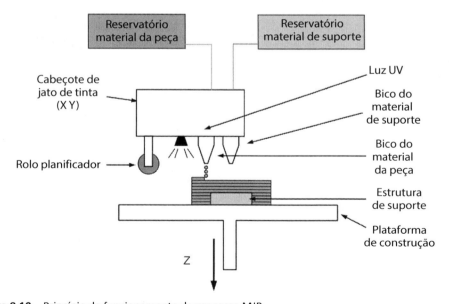

Figura 8.10 Princípio de funcionamento do processo MJP.

As últimas gerações de equipamentos da tecnologia MJP para resinas fotossensíveis, como o ProJet 5500X, permitem imprimir em uma variedade de cores e tons, incluindo tons opacos, transparentes, pretos, brancos e cinzas, além de imprimir simultaneamente materiais flexíveis e rígidos, gerando camada de compósitos com resolução na ordem de *pixels*. Mais de 100 combinações de compósitos podem ser configuradas para a obtenção de objetos de aparência realista e para algumas aplicações funcionais [11]. Semelhante à tecnologia PolyJet, essa tecnologia permite o projeto de material com gradação funcional (ver Capítulo 13). A Figura 8.11 mostra um exemplo de uma peça monolítica (um único componente) para uma carcaça de uma bomba que integra dutos de entrada e saída de fluxo de ar, juntamente com uma flange para sua montagem. A peça foi impressa no equipamento ProJet 3500 HDMax, usando o material VisiJet M3 preto, e utilizada como peça final em um carro de competição da Nissan [12].

Figura 8.11 Exemplo de um componente monolítico produzido pelo processo MJP no equipamento ProJet 3500 HDMax.

Fonte: cortesia da 3D Systems Inc.

Quando se utiliza cera como material principal, esta é aquecida, e as microgotas depositadas se solidificam ao entrarem em contato com a plataforma ou com a camada já depositada. O fabricante apresenta uma alternativa de material como sendo 100% cera (por exemplo, VisiJet® M3 Hi-Cast), o que torna bastante indicado para o processo de fundição por cera perdida [11]. O material de suporte é o mesmo utilizado na confecção da peça, motivo pelo qual o volume do suporte deve ser mínimo. A operação de remoção das estruturas de suporte deve ser realizada com cuidado para não danificar o modelo.

Tanto para resina fotossensível como para cera, para acelerar o processo de fabricação, é utilizado um cabeçote com vários jatos de impressão. As últimas gerações desses equipamentos trabalham com resolução de 750 dpi × 750 dpi × 1.600 dpi (eixos X, Y e Z), com espessura de camada de 16 μm e precisão dimensional de 25 μm a

Processos de AM por jateamento de material e jateamento de aglutinante **193**

50 μm/25,4 mm de dimensão. Em um modo denominado ultradefinição, esses equipamentos podem apresentar a resolução de impressão de 750 dpi × 750 dpi × 2.000 dpi (eixos X, Y e Z), trabalhando com espessura de camada de 13 μm [13].

Uma variedade considerável de resinas está disponível comercialmente e, para exemplificar as principais propriedades mecânicas, três resinas rígidas são listadas na Tabela 8.2.

Tabela 8.2   Propriedades mecânicas de três materiais rígidos utilizados pelas tecnologias MJP [11].

Propriedade	Norma	VisiJet M5-X	VisiJet M5 Black	VisiJet M5 MX
Cor		Branco	Preto	Âmbar claro
Resistência à tração (MPa)	ASTM D 638	39,4	32,8	31
Módulo de elasticidade (MPa)	ASTM D 638	1.925	1.555	1.267
Alongamento na ruptura (%)	ASTM D 638	7,8	15,4	20
Resistência à flexão (MPa)	ASTM D 790	51,4	43,8	39
Temperatura de distorção pelo calor (°C)	ASTM D 648 @ 66 PSI	65	54	39
Descrição		Alta rigidez, híbrido tipo ABS/PP	Alta resistência e flexibilidade, tipo PP	Alta durabilidade e resistência

8.3.4   IMPRESSÃO 3D POR POLIMERIZAÇÃO ANIÔNICA

Outra abordagem, ainda na forma de pesquisa, conduzida pela Universidade de Loughborough, Inglaterra, trata da impressão de componentes funcionais em plástico como a poliamida 6 (náilon 6) [5, 14].

O conceito é combinar a tecnologia de impressão por jato de tinta e a polimerização aniônica de caprolactama, que é um monômero de náilon 6. O princípio prevê a deposição de misturas de caprolactama com ativador (mistura A) e um catalisador (mistura B), um sobre o outro, como representado esquematicamente na Figura 8.12. Com a aplicação de radiação térmica, obtêm-se a reação dos componentes e a formação de uma camada de náilon 6. Os componentes das misturas vêm sendo testados com um cabeçote de jateamento tipo DOD piezoelétrico [5, 14].

Essa pesquisa é potencialmente interessante pela oportunidade de se trabalhar com polímeros termoplásticos de engenharia por meio do processo de jateamento direto do material.

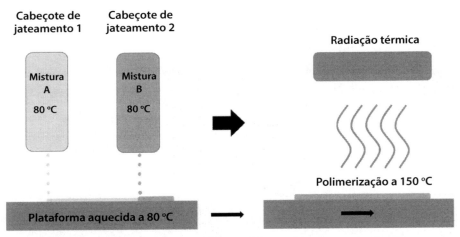

Figura 8.12   Processo de AM por jateamento de material para obter peça em náilon 6.

Fonte: adaptada de Fathi e Dickens [5].

8.4 PROCESSOS DE AM POR JATEAMENTO DE AGLUTINANTE

Esse grupo de processos possui em comum o fato de realizar o jateamento de um fluido sobre um leito de material na forma de pó, que é distribuído sob uma plataforma. Por consequência, os processos não requerem estrutura de suporte durante a fabricação, pois o pó não processado do leito atua como suporte. Adicionalmente, várias peças podem ser fabricadas empilhadas em operação única do equipamento. Aparentemente, não há limitação quanto aos materiais que podem ser utilizados por esse princípio, sendo comum a utilização de pós cerâmicos, metálicos, poliméricos e compósitos. Estes, no entanto, devem ser preparados para se adequarem ao processo, principalmente quanto aos espalhamento e mecanismo de aglutinação. O aglutinante deve ser desenvolvido especificamente para cada tipo de pó. Assim, a preparação do pó e as definições do aglutinante e dos parâmetros de processo são pontos-chave para o sucesso dessa tecnologia.

8.4.1 TECNOLOGIA COLORJET PRINTING (CJP)

A tecnologia ColorJet Printing (CJP) da 3D Systems Inc. corresponde ao antigo processo denominado 3DP, que era comercializado pela extinta empresa Z Corporation, originalmente desenvolvido pelo MIT. Essa tecnologia utiliza um reservatório para alimentação do pó e uma plataforma para a construção da peça (Figura 8.13), e a câmara de construção não necessita de atmosfera controlada.

O processo de construção da peça inicia-se pelo depósito de uma camada de pó por um rolo, responsável por espalhar e nivelar o material. Sobre essa camada, um fluido aglutinante é aplicado por um cabeçote de impressão do tipo jato de tinta. A impressão da camada ocorre dentro da área delimitada pelos contornos bidimensionais (2D) do desenho de cada camada da peça. O fluido depositado reage com o pó, consolidando cada camada da peça. O material que não recebe o fluido permanece livre para ser removido, após o processamento, dispensando o uso de materiais específicos para suporte da peça produzida. A plataforma que contém a camada de pó desce o equivalente à espessura de uma camada e uma nova camada de material é depositada. A nova camada é consolidada sobre a anterior por meio da difusão do fluido entre elas. Esse processo é repetido até que a peça seja impressa por completo. O pó envolto, que não recebeu o fluido aglutinante, é removido ao final do processo, podendo ser reutilizado.

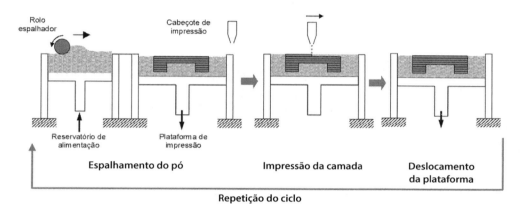

Figura 8.13 Princípio de funcionamento da tecnologia CJP.

Nesse processo, o rolo tem a função de distribuir uniformemente o pó e garantir uma espessura precisa da camada depositada. A impressão deve permitir o ajuste do volume de fluido depositado em função da molhabilidade e da saturação do fluido no pó. Após a impressão e depois de removida da plataforma, a peça deve ser limpa e, geralmente, receber infiltração de líquido polimérico ou verniz específico que se difunde da superfície externa para o interior da peça, formando uma estrutura mais resistente. A peça pode ainda receber algumas operações de acabamento, como pintura e acabamentos abrasivos, visando melhorar a sua aparência.

O material mais comum para esse processo é o pó baseado em gesso. Nesse caso, o ligante utilizado é à base de água e, após a impressão de cada camada, é iniciada uma reação química que confere uma resistência inicial ao manuseio da peça. O gesso mais comum é o sulfato de cálcio semi-hidratado ($CaSO_4 \cdot \frac{1}{2}H_2O_{(s)}$), que se estabiliza na forma reidratada ($CaSO_4 \cdot 2H_2O_{(s)}$), tornando-se em um material endurecido. Por ser uma matéria-prima de custo relativamente baixo, tem despertado muito interesse para aplicações em modelos conceituais.

Butscher et al. [15] relatam que as informações sobre os pós e os dados de saída para a impressão são pouco conhecidas e, geralmente, restritas aos fabricantes e aos fornecedores de material. O pó deve ter fluidez para espalhamento homogêneo pelo rolo, além de apresentar a maior densidade de empacotamento possível. O empacotamento deve ser superior a 50%, que é considerado um número decisivo para o desempenho mínimo das peças produzidas. Ainda segundo os mesmos autores, parâmetros como molhabilidade e saturação do pó pelo fluído devem ser controlados para que haja fluidez. É recomendado que os pós tenham grânulos esféricos menores que 90 μm de diâmetro. A possibilidade de formulação dos pós é muito ampla, e esse aspecto é também um potencial motivador para o desenvolvimento da tecnologia.

A tecnologia CJP faz uso de cabeçotes de jato de tinta de impressoras comerciais pelo princípio térmico de jateamento para a impressão do aglutinante. Nesse caso, estes oferecem a opção de descarga da tinta original contida no cabeçote e carregamento com um fluido próprio. O fluido aglutinante deve ser compatível com o cabeçote de impressão, apresentando características semelhantes às da tinta.

O fluido de impressão pode receber uma carga de corante, e alguns equipamentos trabalham com múltiplos cabeçotes e reservatórios de fluido aglutinante em diferentes cores, sendo possível a impressão de peças coloridas. Nesses casos, são usados quatro cartuchos, sendo um deles com o fluido transparente e os outros três com as cores do sistema CMYK de cores subtrativas formadas por ciano (*cyan*), magenta (*magenta*), amarelo (*yellow*) e preto (*black*), também denominado chave (*key*), por ser uma união das três cores anteriores. Dessa forma, é possível, por exemplo, imprimir o modelo de um produto utilizando cores realísticas em um só processamento.

A maioria dos equipamentos dessa tecnologia trabalha com espessuras de camadas da ordem de 100 μm. Considerando essa ordem de espessura, um *voxel* (*pixel* volumétrico) ilustrado na Figura 8.14 representa uma grade regular tridimensional que pode ter dimensões em torno de 100 μm. Em particular, esse processo pode ser potencialmente interessante para a construção de estruturas com porosidade controlada, dependendo do tamanho dos grãos e do pós-processamento.

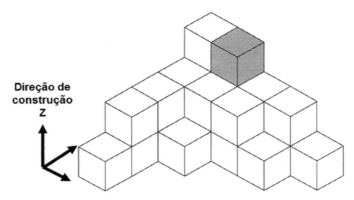

Figura 8.14 Representação de um *voxel* na constituição de uma peça.

Na etapa de fatiamento do planejamento de processo, o sistema discretiza cada camada em uma região de contorno e uma região interna de preenchimento. O contorno recebe uma maior quantidade de aglutinante (maior densidade de *pixels*), enquanto a parte interna é preenchida de uma forma menos densa, utilizando padrões estabelecidos pelo fabricante, para evitar a saturação do pó pelo fluido. A Figura 8.15

mostra um exemplo de uma camada jateada em que as regiões mais escuras correspondem àquelas de maior densidade de aglutinante.

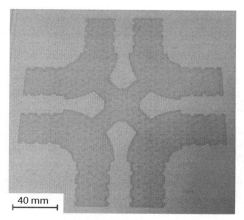

Figura 8.15 Estratégias de saturação do pó pelo fluido aglutinante, diferenciadas para os contornos e o preenchimento das camadas na tecnologia CJP.

Processo de impressão e remoção da peça

O início do processo se faz pelo carregamento do reservatório de alimentação, que deve ter volume superior ao previsto para a construção da peça, pois todo material excedente ao final do espalhamento é transbordado para um reservatório auxiliar.

Após a última camada da peça ter sido jateada, algumas camadas de pó são adicionadas a mais, de forma a cobrir toda a peça. Em seguida, é necessário que se aguarde um determinado tempo para que as reações ocorram e a peça adquira resistência inicial para manuseio. Após esse tempo, eleva-se o pistão da plataforma de construção, ficando parcialmente exposta a peça com o pó não processado. Em seguida, o pó não aglutinado deve ser removido com auxílio de pincel e aspirador (Figura 8.16). É comum retirar a peça juntamente com uma quantidade de pó, para ser levada a uma estufa que oferece maior facilidade de manuseio na limpeza, menor tempo de secagem das peças e maior qualidade superficial e dimensional. O método mais empregado de limpeza final é pela aplicação cuidadosa de um jato fino de ar dentro de uma câmara aspirada. Dessa forma, eventuais aglutinamentos de pó que permanecem ancorados na superfície impressa são removidos.

Como a peça nesse estado verde encontra-se com resistência mecânica relativamente baixa, da ordem de 0,5 MPa à flexão [16], é recomendado infiltrar a peça com um verniz ou adesivo que, em função de sua viscosidade e sua tensão superficial, penetra até uma determinada profundidade da peça, melhorando sua resistência. O material mais utilizado é um adesivo à base de cianoacrilato com várias viscosidades possíveis que, quando viscoso, pode ser aplicado com espátula de silicone ou, quando menos viscoso, pode ser aplicado por imersão. São preferíveis os de baixa viscosidade, pois garantem uma profundidade de penetração maior em relação aos mais viscosos.

Dependendo do verniz/adesivo utilizado, cuidado especial deve ser observado com relação à possível inalação de gases tóxicos e ao contato com os olhos e a pele. Sugere-se que essa operação seja feita, preferencialmente, em uma capela com fluxo de ar e com utilização de luvas. Alternativamente, máscaras apropriadas para vapores tóxicos podem ser utilizadas em substituição à capela, porém o manuseio em local não apropriado pode representar riscos.

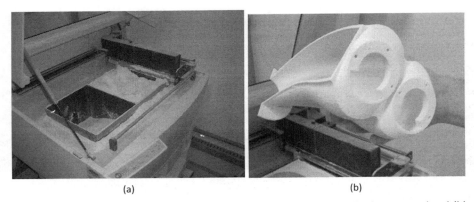

(a)   (b)

Figura 8.16   Remoção da peça ao final do processo (a) e peça após remoção do excesso de pó (b).

Aplicações

Em virtude da relativa baixa resistência do material e dos custos reduzidos de produção, as peças produzidas com essas tecnologias são usadas como modelos visuais, táteis (*design*) ou para réplica e moldes para serem preenchidos com cera, resina ou até mesmo metais não ferrosos fundidos.

Modelos visuais podem ser empregados para vários tipos de produtos, dentre os quais brinquedos, maquetes, componentes de máquinas domésticas (manipuladores, acionadores), carenagens, entre outros. As Figuras 8.17 e 8.18 exemplificam modelos visuais fabricados por AM pelo processo de jateamento de aglutinante na tecnologia CJP.

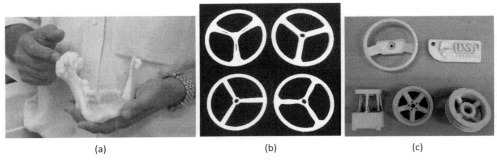

(a)   (b)   (c)

Figura 8.17   Exemplos de modelos visuais obtidos pelo processo CJP: mandíbula com patologia para estudo e planejamento cirúrgico (a), modelos conceituais de aros para cadeira de rodas (b) e elementos de máquinas (c).

Processos de AM por jateamento de material e jateamento de aglutinante 199

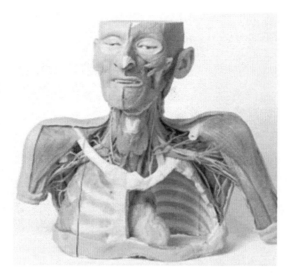

Figura 8.18   Exemplo de modelo produzido com a tecnologia CJP para estudo da anatomia humana.

Fonte: cortesia da 3D Systems Inc.

Um exemplo de modelo tátil (teste de empunhaduras de ferramentas e aparelhos) é ilustrado na Figura 8.19a, em que um modelo de aro para propulsão de cadeira de rodas é experimentado quanto à adaptabilidade de mão e dedos na superfície arredondada com sulcos. A Figura 8.19b mostra o projeto conceitual aplicado na cadeira de rodas.

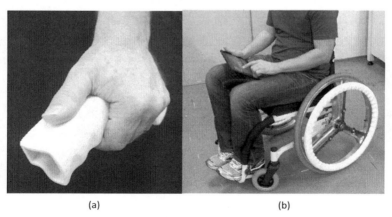

(a) (b)

Figura 8.19   Exemplo de modelo tátil de um aro de propulsão de cadeira de rodas: segmento do aro para avaliação tátil (a) e aro montado em uma cadeira de rodas (b) [17, 18].

Os modelos da tecnologia CJP podem ser utilizados para a obtenção de moldes de elastômeros como o silicone. A cavidade do molde pode, então, ser repetidamente preenchida por uma resina termorrígida, como poliuretano ou epóxi. As Figuras 8.20a e 8.20b ilustram peças para modelagem de coletores e para moldagem de segmentos de um aro de propulsão de cadeira de rodas, respectivamente. Mais detalhes sobre moldes de silicone podem ser encontrados no Capítulo 12.

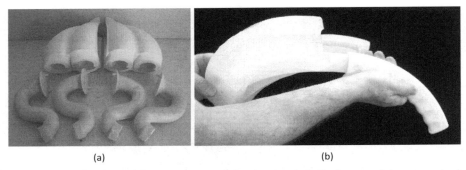

(a)　　　　　　　　　　　　　　　　　　(b)

Figura 8.20 Exemplos de modelos-mestre: para coletores de admissão de carros (a) e segmento de aro de propulsão de cadeira de rodas sendo removido de um molde de silicone (b) [17].

É possível também a aplicação no segmento de moldes de fundição. Para tanto, o pó refratário reativo ao aglutinante deve ser formulado de maneira a não se decompor na temperatura de fusão do metal. O fluido de impregnação deve ser totalmente consumido pela reação com o pó ou removido o excedente antes da fundição para que os subprodutos orgânicos sejam minimizados. Dependendo do projeto da peça e dos materiais empregados, várias moldagens são possíveis em um mesmo molde. A Figura 8.21 mostra uma peça de alumínio recém-fundida em um molde manufaturado pela tecnologia CJP (pó Visijet PXL Core-ZP151 e aglutinante Visijet PXL Clear-ZB63 da 3D Systems Inc.).

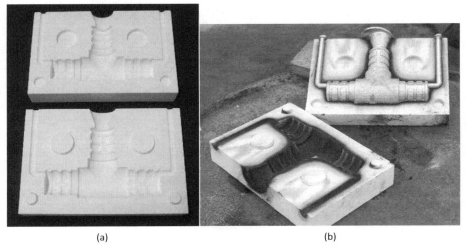

(a)　　　　　　　　　　　　　　　　　　(b)

Figura 8.21 Exemplo de molde para fundição direta de alumínio: as duas metades do molde manufaturado (a) e molde aberto após a quarta fundição (b) [19].

A área de aplicação biomédica foi fortemente influenciada pela tecnologia de impressão por jateamento de aglutinante, principalmente para manufatura de *scaffolds* (matrizes porosas para suporte e crescimento celular, utilizadas na medicina regenerativa) [21], em que a porosidade, tanto micro quanto macro, é desejada, e a interconexão, exigida. A técnica permite a fabricação rápida de *scaffolds* com formatos personalizados e porosidade interna comunicante, similar ao tecido ósseo humano. Nessa área biomédica, destacam-se alguns materiais cerâmicos como a alumina, a hidroxiapatita, a zircônia e os cimentos baseados em apatita [6, 16, 17, 18, 19, 20, 22].

8.4.2 TECNOLOGIA DE JATEAMENTO DE AGLUTINANTE DA EXONE

Desde 1997, a empresa Extrude Hone Corporation, dos Estados Unidos, vem oferecendo soluções baseadas no processo 3DP do MIT. A empresa possui, desde 1996, a licença para obtenção de componentes metálicos por esse processo. Em 2005, a ExOne Company surgiu como uma *spin-off* da Extrude Hone para se concentrar em suas tecnologias de AM [23].

A primeira tecnologia AM oferecida pela ExOne foi utilizada para obter componentes metálicos, por meio de um processo inicialmente denominado ProMetal. Alguns dos materiais disponibilizados são: aço, aço inox, ligas de níquel-cromo, aço-cromo--alumínio, cromo-cobalto e tungstênio, que podem ser infiltrados ou não com bronze em uma etapa de pós-processamento. A menor espessura de camada disponível está em torno de 50 μm [23].

A Figura 8.22 representa esquematicamente o princípio do processo da ExOne, que é semelhante ao CJP, descrito na seção anterior. Um sistema de deposição de material avança e derrama o pó metálico do reservatório de suprimento, que é espalhado e nivelado por um rolo sobre a superfície da plataforma de fabricação. Após a deposição, o sistema retorna para a posição inicial. O cabeçote de jateamento avança e deposita um líquido aglutinante fotopolimérico sobre as partículas do pó, descrevendo a geometria da camada. Em seguida, o sistema de deposição avança novamente com uma lâmpada de luz UV para curar o fluido ligante da camada impressa. Após a cura do fluido ligante, a plataforma desce verticalmente na direção Z um incremento correspondente à espessura de uma camada, e o sistema retorna e deposita mais uma camada de pó. Esse ciclo é repetido automaticamente até a finalização da peça [23].

Ao final do processo, todo o conjunto que contém o volume de construção é retirado da máquina e levado a um forno para finalizar a cura do aglutinante, conferindo resistência à peça verde. Após essa operação, a peça pode ser retirada do "bolo" formado pela peça verde envolta por pó solto. Como a peça verde não possui resistência suficiente para aplicação final, é necessária uma etapa de pós-processamento em um forno a alta temperatura, com atmosfera controlada, em que ocorre a sinterização e a infiltração de uma liga de bronze. Num primeiro estágio do pós-processamento, o aglutinante da peça é queimado, seguido da sinterização metálica das partículas. Na sequência, elevando-se ainda mais a temperatura, a liga de bronze funde e é infiltrada pela ação da capilaridade, obtendo-se uma peça completamente densa. Ao final dessa etapa, geralmente, são necessárias operações de acabamento envolvendo usinagem, polimento e tratamento superficial. Esse processo pode ser utilizado para fabricação de componentes metálicos em geral, sendo uma área particular de interesse a aplicação em ferramental (ver mais detalhes no Capítulo 12). A Figura 8.23 apresenta duas peças de aço inox 420 impressas pela tecnologia M-Flex e infiltradas com bronze.

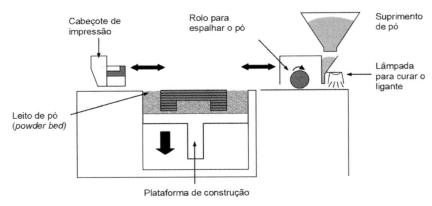

Figura 8.22 Processo de jateamento de aglutinante da empresa ExOne.

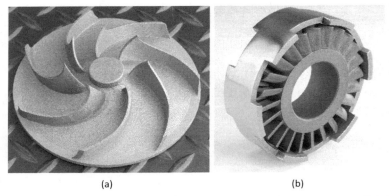

Figura 8.23 Exemplos de um rotor de bomba (a) e de um conjunto de rotor e estator (fabricados separadamente e depois usinados e montados) metálicos obtidos por jateamento de aglutinante da empresa ExOne (b).

Fonte: cortesia da empresa ExOne.

Esse mesmo princípio da tecnologia da empresa ExOne está disponível comercialmente para a obtenção de moldes e machos de areia de dimensões variadas. Para isso, a areia é inicialmente misturada com um ativador e, depois de espalhada a camada, um cabeçote jateia seletivamente o aglutinante que forma a geometria do molde ou macho. Esse aglutinante reage com a areia ativada e confere resistência ao componente construído. A espessura de camada, no caso de areia, varia de 280 μm a 500 μm. Mais detalhes sobre tipos de areias e aglutinantes para o setor de ferramental podem ser encontrados no Capítulo 12.

8.4.3 TECNOLOGIA DE JATEAMENTO DE AGLUTINANTE DA VOXELJET

A empresa alemã VoxelJet AG possui uma tecnologia similar à apresentada na seção anterior, diferenciada principalmente pelo sistema de deposição do material em pó, que utiliza uma tremonha com lâmina em vez de um rolo. A empresa utiliza cabeçote de impressão próprio. O principal foco dessa tecnologia é a fabricação de modelos para microfusão, obtidos a partir de pó polimérico de polimetilmetacrilato (PMMA), que são, em seguida, impregnados com cera. Adicionalmente, essa tecnologia aplica-se na obtenção de macho ou molde de fundição em areia [24]. A espessura de camada disponível nessa tecnologia está em torno de 150 µm para plástico e 300 µm para areia. Mais detalhes podem ser encontrados no Capítulo 12. A Figura 8.24 apresenta um modelo em PMMA de um corpo de motor de combustão, impregnado com cera, com dimensões externas de 72 mm × 59 mm × 75 mm, obtido com tecnologia de jateamento de aglutinante da VoxelJet.

Figura 8.24 Exemplo de um corpo de motor de combustão obtido pela tecnologia de jateamento de aglutinante da VoxelJet.

8.4.4 OUTRAS TECNOLOGIAS ENVOLVENDO JATEAMENTO DE AGLUTINANTE

Recentemente, houve a entrada no mercado de AM de uma das maiores produtoras de pó metálico do mundo, a empresa Höganäs AB, da Suécia. Essa empresa, com mais de 200 anos de mercado, adquiriu a Fcubic AB, de Gotemburgo, em 2012. A Höganäs AB denomina a sua tecnologia Digital Metal. A Fcubic vinha desenvolvendo essa tecnologia desde 2003, baseada em um princípio bastante semelhante ao 3DP para metal (Seção 8.4.2), ou seja, jateamento sobre um leito de pó com fluido aglutinante e posterior pós-processamento em forno [25]. O principal material disponível é o aço inoxidável, mas outros metais, como titânio, prata e cobre, estão em desenvolvimento [26]. A tecnologia vem sendo oferecida como opção para peças pequenas e precisas, trabalhando com espessura típica de camada de 45 μm. A tecnologia oferece tolerâncias de 100 μm, possibilitando a obtenção de detalhes (furos e paredes) com dimensões reduzidas de até 200 μm [27]. Como exemplo do seu potencial, a Figura 8.25 apresenta duas peças que destacam os detalhes que podem ser reproduzidos.

Figura 8.25 Exemplo de um parafuso oco de parede fina e de uma pequena peça de xadrez obtidos pelo processo Digital Metal® da empresa Höganäs AB.

A empresa MicroJet Technology Co. Ltd., estabelecida em 1996 em Taiwan, com experiência em projeto e fabricação de cartuchos, impressoras de jato de tinta e dispositivos piezoeléctricos, oferece tecnologia própria de impressão 3D colorida [28]. A tecnologia é denominada ComeTrue e utiliza princípio similar ao 3DP, ou seja, baseia-se em jateamento de aglutinante colorido sobre um leito de pó à base de gesso. Após a fabricação, também é necessário pós-processamento para infiltrar a peça e obter maior resistência e melhor acabamento final. A empresa utiliza sistema de planejamento de processo próprio, e o fabricante destaca como vantagens a qualidade e a velocidade de impressão e o custo-benefício dos equipamentos [28].

8.5 PROCESSOS DE AM PELO PRINCÍPIO DE JATEAMENTO DE FLUIDO ENVOLVENDO A FUSÃO DO PÓ

Existem tecnologias de AM que combinam distintos princípios de adição. Os processos relatados a seguir combinam o jateamento de um fluido sobre um leito de pó e sua subsequente fusão por radiação infravermelha (*infrared* – IR). O fluido jateado pode ter a função de auxiliar na fusão do pó ou, ao contrário, na inibição da sua fusão durante o processo, e esses dois tipos de fluidos podem ser usados em um mesmo processo. Essas tecnologias possuem um potencial de competir com o princípio de fusão de polímeros em leito de pó, ou seja, a já tradicional tecnologia de sinterização seletiva a *laser* (SLS), descrita no Capítulo 9. Os processos apresentados nesta seção poderiam ser enquadrados também no princípio de fusão de leito de pó, de acordo com a norma ISO/ASTM 52900:2015(E) [29].

Em geral, duas grandes vantagens destacadas nesses processos são a rapidez de processamento e o seu potencial menor custo, quando comparados ao processo SLS. Isso porque a sinterização ou fusão da camada da peça ocorre toda de uma vez, num tempo que é independente de tamanho, forma e quantidade dos perfis 2D em cada camada, dispensando a necessidade de *laser*. Consequentemente, tem-se o potencial de redução dos empenamentos característicos dos processos de *laser* (ver Capítulo 9).

8.5.1 PROCESSO DE SINTERIZAÇÃO POR INIBIÇÃO SELETIVA (*SELECTIVE INHIBITION SINTERING* – SIS)

A Universidade do Sul da Califórnia foi uma das pioneiras em pesquisar essa alternativa de combinar os princípios, por meio do desenvolvimento de um processo chamado sinterização por inibição seletiva (SIS) [30]. Esse processo pode atuar de duas formas. Na primeira, um fluido inibidor da sinterização é jateado na área externa ao contorno que contém a geometria da peça em cada camada (Figuras 8.26a e 8.26b). Assim, a área de cada camada da peça a ser fundida fica sem esse inibidor. Para reduzir a área do leito do pó que não se deseja sinterizar, ou seja, que precisaria ser jateada com o inibidor, placas refletoras móveis são ajustadas automaticamente sobre o leito de pó (Figura 8.26c). Isso reduz o volume de pó a ser exposto à radiação. Em seguida, uma fonte de radiação IR é ativada e sinteriza somente a área da secção transversal desejada da peça que se encontra sem o inibidor. O pó com o inibidor torna-se aglomerado, mas sem ser fundido (Figura 8.26d). Após o final do processo, esse pó aglomerado pode ser moído e reutilizado [30]. Existe, no entanto, uma preocupação com a reutilização desse pó moído, em função da contaminação do inibidor utilizado [10].

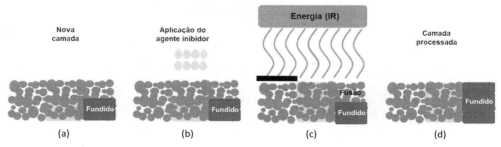

Figura 8.26 Esquemático do princípio de funcionamento da tecnologia SIS mostrando a camada de pó pronta para o processamento (a), a aplicação do agente inibidor da fusão na região externa ao contorno da peça (b), a proteção de parte do leito com uma placa refletora e a aplicação da energia provocando a fusão da região da peça (c) e a camada processada no final do ciclo (d).

Fonte: baseada em HP [31].

Uma segunda opção para o processo SIS é a alternativa de não ativar a fonte IR durante o processo. Dessa forma, o pó correspondente ao volume da peça permanecerá preso numa espécie de molde-casca, criado pelas sucessivas camadas de pó com o agente inibidor. Esse molde é, então, levado a um forno que funde o pó da peça todo de uma vez, sem fundir a casca com o inibidor. As vantagens destacadas dessa alternativa são a simplificação da máquina, não necessitando de aquecimento ou sistema de controle de temperatura e do ambiente interno da máquina, além da potencial menor deformação da peça, pela sinterização de toda a peça de uma só vez [30]. Esse processo pode ser utilizado para pós poliméricos, bem como para metálicos e cerâmicos [32, 33], sendo que se utiliza a opção de sinterização posterior em forno para esses dois últimos tipos de materiais.

8.5.2 PROCESSO DE SINTERIZAÇÃO A ALTA VELOCIDADE (*HIGH SPEED SINTERING* – HSS)

O processo denominado sinterização a alta velocidade (HSS) começou a ser desenvolvido na Universidade de Loughborough, na Inglaterra, em 2003 [34], e possui algumas semelhanças tanto com a tecnologia 3DP quanto com a SLS. O processo foi desenvolvido principalmente para pó de poliamida (PA), mas outros termoplásticos podem ser empregados. A seção transversal de cada camada da peça é jateada com um fluido denominado material de absorção à radiação (*radiation absorbing material* – RAM) (Figuras 8.27a e 8.27b). Em seguida, todo o leito de pó é exposto a uma lâmpada IR que causa a sinterização (fusão) do pó (Figuras 8.27c e 8.27d). O ponto-chave do processo é que o RAM cause uma absorção da radiação a uma taxa maior que a área do leito de pó não jateada. Segundo Hopkinson et al. [34], em uma questão de segundos, o PA impregnado com o RAM absorve energia térmica suficiente para atingir a sua temperatura de fusão. Em função da fusão do pó, a câmara de construção deve possuir atmosfera controlada semelhante à do processo SLS.

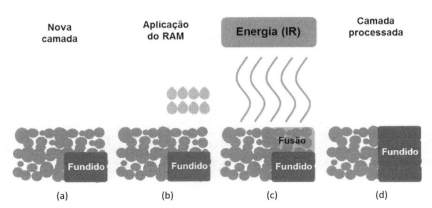

Figura 8.27 Esquemático do princípio de funcionamento da tecnologia HSS mostrando a camada de pó pronta para o processamento (a), a aplicação do agente de absorção à radiação na região da peça (b), a aplicação da energia e a fusão da região da peça (c) e a camada processada no final do ciclo (d).

Fonte: baseada em HP [31].

Os desenvolvedores defendem que o HSS terá a capacidade de competir com o processo tradicional de moldagem por injeção de plástico em termos de propriedades do material [34, 35, 36].

8.5.3 TECNOLOGIA DE FUSÃO DE MÚLTIPLOS JATOS (MULTI JET FUSION™)

A empresa Hewlett-Packard (HP) também vem investindo em uma tecnologia de AM própria, que se assemelha em parte à SIS e à HSS. Essa tecnologia, denominada fusão de múltiplos jatos (Multi Jet Fusion™), encontra-se ainda em desenvolvimento, mas um protótipo foi apresentado em outubro de 2014 [31].

Nessa tecnologia, há o jateamento de dois fluidos sobre o leito de pó de PA, sendo um deles definido como agente fundente, que promove a fusão do pó, e outro como não fundente, que inibe a fusão do pó. Após o pó polimérico ter sido espalhado, um cabeçote jateia o agente fundente sobre a região da camada da peça (Figura 8.28a). Em seguida, ocorre o jateamento do fluido não fundente em toda a área do leito de pó que não contém a peça (Figura 8.28b). Com a aplicação de uma fonte de energia IR sobre todo o leito, o agente fundente acelera a fusão do pó, e o não fundente inibe a fusão do restante do material em pó, produzindo a camada desejada (Figuras 8.28c e 8.28d).

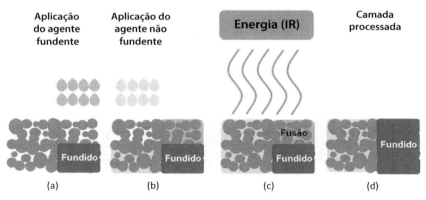

Figura 8.28 Esquemático do princípio de funcionamento da tecnologia Multi Jet Fusion™ mostrando a aplicação do agente fundente na região da peça (a), a aplicação do agende não fundente no restante do leito de pó (b), a aplicação da energia e a fusão da região da peça (c) e a camada processada no final do ciclo (d).

Fonte: adaptada de HP [31].

Segundo o fabricante, essa tecnologia terá o potencial de ser mais rápida que as existentes no mercado a um custo muito menor [31]. O sistema de jateamento DOD térmico da HP com a arquitetura de controle proprietária é capaz de imprimir mais de 30 milhões de microgotas por segundo em cada polegada quadrada da área de trabalho. O fabricante destaca o potencial de imprimir seletivamente cada *voxel* com uma cor diferente, com agentes contendo corantes ciano, magenta, amarelo ou preto (CMYK). Por meio da combinação dos agentes utilizados, o fabricante também prevê a possibilidade de variar as propriedades mecânicas ao longo do material da peça, obtendo-se um material com gradação funcional (ver Capítulo 13). Pode-se, assim, obter peças funcionais, com controle sobre textura, fricção, rigidez, elasticidade, propriedades elétricas, térmicas, entre outras [31].

8.6 CONCLUSÕES

As tecnologias básicas de impressão por jato de tinta foram fundamentais para o desenvolvimento de importantes processos de AM. A adequação dessas tecnologias para a impressão 3D permitiu processos com várias possibilidades de adição de material em camadas, seja na forma de pós ou líquidos (ou liquefeitos por temperatura). Os fluidos jateados podem ser o próprio material da peça ou um aglutinante que, ao reagir com um leito de pó, forma o material da peça. Após a deposição, o material jateado passa por um processo que pode envolver evaporação de um solvente, reações químicas ou simplesmente arrefecimento do material. Novas tecnologias e processos e/ou o amadurecimento de tecnologias baseadas nas tecnologias de jateamento aparecem com frequência.

Em particular, a AM por jateamento de aglutinantes é uma forma simples e de custo relativamente baixo para a fabricação de peças, principalmente aquelas voltadas à validação de conceitos. O emprego dessa tecnologia com materiais cerâmicos para aplicação na área da saúde tem sido bastante investigado nos últimos anos. A baixa densificação da peça verde é um dos obstáculos a ser superado na impressão de cerâmicas. O jateamento de aglutinante é também de grande interesse na área de engenharia tecidual.

Já os processos de jateamento de material destacam-se pela grande versatilidade em produzir peças multimateriais, ampliando o leque de aplicações da AM e possibilitando que peças com gradação funcional possam ser projetadas e fabricadas diretamente. Em função da precisão e das pequenas espessuras de camadas empregadas, esse princípio tem concorrido diretamente com a tradicional tecnologia de estereolitografia (vista no Capítulo 6), com a vantagem de não utilizar *laser*, além de não necessitar de pós-processamento em forno. Um ponto negativo desse grupo de tecnologias é o custo atual dos equipamentos, em especial das resinas utilizadas.

Por fim, os processos em desenvolvimento que se utilizam da fusão do pó prometem produzir peças com qualidade comparável à do tradicional processo de sinterização a *laser* de leito de pó não metálico com custo e tempo menores, o que pode impactar positivamente a difusão e as aplicações diretas das tecnologias de AM.

REFERÊNCIAS

1 VOLPATO, N. Os principais processos de prototipagem rápida. In: _____. (Ed.). *Prototipagem rápida*: tecnologias e aplicações. São Paulo: Blucher, 2007.

2 LE, H. P. Progress and trends in ink-jet printing technology. *Journal of Imaging Science and Technology*, Springfield, v. 42, n. 1, p. 49-63, 1998.

3 DE GANS, B. J.; DUINEVELD, P. C.; SCHUBERT, U. S. Inkjet printing of polymers: state of the art and future developments. *Advanced Materials*, v. 16, n. 3, p. 203-213, 2004.

4 HON, K. K. B.; LI, L.; HUTCHINGS, I. M. Direct writing technology – advances and developments, CIRP Annals. *Manufacturing Technology*, v. 57, p. 601-620, 2008.

5 FATHI, S.; DICKENS, P. Droplet analysis in an inkjet-integrated manufacturing process for nylon 6. *International Journal Advanced Manufacturing Technology*, Bedford, v. 69, p. 269-275, 2013.

6 MEIRA, C. R. et al. Desenvolvimento de pó à base de gesso e veículo para prototipagem rápida por impressão 3D. *Cerâmica*, v. 59, p. 401-408, 2013.

7 SOLIDSCAPE Inc. 2016. Disponível em: <www.solid-scape.com>. Acesso em: 11 fev. 2016.

8 STRATASYS Ltd. 2016. Disponível em: <www.stratasys.com>. Acesso em: 11 fev. 2016.

9 VOLPATO, N.; SOLIS, D. M.; COSTA, C. A. An analysis of Digital ABS as a rapid tooling material for polymer injection moulding. *International Journal of Materials and Product Technology*, Bedford, v. 52, p. 3-16, 2016.

10 GIBSON, I.; ROSEN, D. W.; STUCKER, B. *Additive manufacturing technologies*: rapid prototyping to direct digital manufacturing. New York: Springer, 2010.

11 3D SYSTEMS Inc. 2016. Disponível em: <www.3dsystems.com>. Acesso em: 11 fev. 2016.

12 3D SYSTEMS. *Australia's Evok3d uses direct digital manufacturing to rev up performance for Nissan Motorsports teams*. 2015. Disponível em: <http://www.3dsystems. com/learning-center/case-studies/australias-evok3d-uses-direct-digital-manufacturing-rev-performance>. Acesso em: 11 fev. 2016.

13 3D SYSTEMS. *Multijet plastic printers: functional precision plastic parts with ProJet® MJP 3D printers*. Disponível em: <http://www.3dsystems.com/sites/www.3dsystems. com/files/mjp_brochure_0216_usen_web_1.pdf>. Acesso em: 11 fev. 2016.

14 FATHI, S.; DICKENS, P. Jettability of reactive nylon materials for additive manufacturing applications. *Journal of Manufacturing Processes*, Dearborn, v. 14, p. 403-413, 2012.

15 BUTSCHER, A. et al. Printability of calcium phosphate powders for three-dimensional printing of tissue engineering scaffolds. *Acta Biomaterialia*, Oxford, v. 8, p. 373-385, 2012.

16 MEIRA, C. R. Processamento de hidroxiapatita bovina associada com prototipagem rápida visando implantes ósseos. 2014, 165 f. Tese (Doutorado em Engenharia Mecânica) – Escola de Engenharia de São Carlos, Universidade de São Paulo, São Carlos, 2014.

17 MEDOLA, F. O. *Projeto conceitual e protótipo de uma cadeira de rodas servo-assistida*. 2013. 195 f. Tese (Doutorado em Bioengenharia) – Escola de Engenharia de São Carlos, Universidade de São Paulo, São Carlos, 2013.

18 MEDOLA, F. O. et al. Conceptual project of a servo-controlled power-assisted wheelchair. In: 5th IEEE RAS & EMBS INTERNATIONAL CONFERENCE ON BIOMEDICAL ROBOTICS AND BIOMECHATRONICS (BioRob), 2014, São Paulo. *Proceedings...* 2014, p. 450-454.

19 ASSAD, D. A. B. *Desenvolvimento de barra de apoio modular removível para indivíduos com aparelho locomotor acometido*. 2013. 121 f. Dissertação (Mestrado em Bioengenharia) – Escola de Engenharia de São Carlos, Universidade de São Paulo, São Carlos, 2013.

20 BOSE, S.; VAHABZADEH, S.; BANDYOPADHYAY, A. Bone tissue engineering using 3D printing. *Materials Today*, Kidlington, v. 16, n. 12, p. 496-504, 2013.

21 CARVALHO, M. M. *Metodologia para otimização do projeto e fabricação de implantes ósseos personalizados em estruturas porosas (SCAFFOLDS)*. 2012. 135 f. Tese (Doutorado em Engenharia Mecânica) – Escola de Engenharia de São Carlos, Universidade de São Paulo, São Carlos, 2012.

22 GIBSON, L. Current status of calcium phosphate-based biomedical implant material in the USA. *Medical Devices Faraday*. 2003. Disponível em: <www.medical-devices-faraday.com>. Acesso em: 11 jul. 2015.

23 EXONE. 2015. Disponível em: <www.exone.com>. Acesso em: 13 jul. 2015.

24 VOXELJET AG. 2015. Disponível em: <www.voxeljet.de/>. Acesso em: 11 dez. 2015.

25 BASILIERE, P. Digital Metal: 200 years of technology innovation enables petite 3D printed stainless steel items and more. *Gartner Blog Network*, 28 Jan. 2015. Disponível em: <http://blogs.gartner.com/pete-basiliere/2015/01/28/digital-metal-200-years-of-technology-innovation-enables-petite-3d-printed-stainless-steel-items-and-more/>. Acesso em: 11 fev. 2016.

26 HÖGANÄS AB. 2016. Disponível em: <www.hoganas.com>. Acesso em: 11 fev. 2016.

27 EDITOR OF METAL AM. Höganäs Digital Metal produces highly complex and intricate designs with 3D printing. *Metal Additive Manufacturing*, 20 nov. 2013. Disponível em: <http://www.metal-am.com/articles/002731.html>. Acesso em: 15 fev. 2016.

28 MICROJET. 2016. Disponível em: <www.microjet.com.tw>. Acesso em: 13 fev. 2016.

29 ASM – AMERICAN SOCIETY OF THE INTERNATIONAL ASSOCIATION FOR TESTING AND MATERIALS. ISO/ASTM 52900:2015(E), Standard Terminology for Additive Manufacturing – General Principles – Terminology. Switzerland: ISO/ASTM International, 2016.

30 KHOSHNEVIS, B. et al. SIS – a new SFF method based on powder sintering. *Rapid Prototyping Journal*, Bradford, v. 9, n. 1, p. 30-36, 2003.

31 HP MULTI JET FUSION™ TECHNOLOGY. A disruptive 3D printing technology for a new era of manufacturing, Technical white paper, 4AA5-5472ENW. *HP*. Nov. 2015, Rev. 4. Disponível em: <www.hp.com/go/3DPrinting>. Acesso em: 11 fev. 2016.

32 KHOSHNEVIS, B.; YOOZBASHIZADEH, M.; CHEN, Y. Metallic part fabrication using selective inhibition sintering (SIS). *Rapid Prototyping Journal*, Bradford, v. 18, n. 2, p. 144-153, 2012.

33 KHOSHNEVIS, B. et al. Ceramics 3D printing by selective inhibition sintering. In: SOLID FREEFORM FABRICATION SYMPOSIUM PROCEEDINGS, 2014, Austin. *Proceedings...*

34 HOPKINSON, N.; HAGUE, R. J. M.; DICKENS, P. M. Rapid Manufacturing Chichester. New Jersey: John Wiley & Sons, 2005.

35 THOMAS, H. R.; HOPKINSON, N.; ERASENTHIRAN, P. High speed sintering – continuing research into a new rapid manufacturing process. In: SOLID FREEFORM FABRICATION SYMPOSIUM PROCEEDINGS, 2006, Austin. *Proceedings...*

36 ROUHOLAMIN, D.; HOPKINSON, N. Understanding the efficacy of micro-CT to analyse high speed sintering parts. *Rapid Prototyping Journal*, Bradford, v. 22, n. 1, p. 152-161, 2016.

CAPÍTULO 9
Processos de AM por fusão de leito de pó não metálico

Jorge Vicente Lopes da Silva
Centro de Tecnologia da Informação Renato Archer – CTI

9.1 INTRODUÇÃO

Os processos de manufatura aditiva (*additive manufacturing* – AM) por fusão de leito de pó não metálico permitem a construção de objetos tridimensionais, camada a camada, a partir de matéria-prima na forma de pó fino, na faixa de algumas dezenas de micrômetros de diâmetro, cujas partículas arredondadas são termicamente coalescidas por efeito de uma fonte de calor. Frequentemente, a fonte de calor utilizada é um feixe de *laser* que executa uma varredura automática, controlada por computador, na superfície do leito de pó, tendo como referência um modelo computacional 3D (digital). Esse processo de varredura do *laser* ocorre após a deposição de cada camada de material sobre uma camada anterior, definindo sucessivamente cada seção transversal da peça em função do modelo computacional 3D. O processo de fusão/sinterização do pó ocorre seletivamente apenas nos locais onde o *laser* incide. Como ocorre aumento na temperatura durante o processamento, há uma tendência natural à degradação térmica [1]. A oxidação do material polimérico é minimizada com o processamento ocorrendo em ambientes inertes por meio da injeção de gases como nitrogênio ou argônio, evitando, assim, o envelhecimento precoce do material, que poderá ser reutilizado mais adequadamente, e também a baixa qualidade da peça final. Apesar de serem processos muito versáteis e com potencial de se utilizar quaisquer materiais na forma de pó que fundem sob o efeito de temperaturas mais altas, ainda são poucos os materiais disponíveis comercialmente, possivelmente pela dificuldade de um processamento estável com resultados satisfatórios. Esse processo é capaz de produzir peças com propriedades mecânicas próximas daquelas produzidas pelos processos convencionais, como a injeção de plástico, por exemplo, o que o caracteriza como um processo já de uso intenso atualmente.

O trabalho pioneiro nesse conjunto de tecnologias foi um sistema que previa a deposição em camadas de pó por ação da gravidade, magnetostática, eletrostática ou por bicos e um aquecimento seletivo por *laser*, feixes de elétrons ou plasma [2]. Esse sistema foi patenteado na Alemanha em 1973 (patente solicitada em 1971) por P. Ciraud [3]. O primeiro sistema de fusão em leito de pó comercial foi disponibilizado em 1992 pela então DTM Corporation (adquirida em 2001 pela 3D Systems Inc.), subsidiária, na época, da BF Goodrich [4].

Neste capítulo, é tratado o uso dos polímeros termoplásticos nos processos de fusão em leito de pó não metálico. O maior foco é dado ao processamento dos polímeros, com informações que podem ajudar o leitor a ter uma melhor compreensão da interação *laser*-material no processamento, bem como dos parâmetros principais envolvidos nesse processo. Procurou-se também ajudar na busca de fontes mais específicas e detalhadas de informações. Os principais sistemas comerciais e materiais disponíveis são também destacados. O processamento de materiais cerâmicos é tratado com menos detalhes pelas suas dificuldades inerentes, bem como por sua menor importância comercial, apesar do seu grande potencial para aplicações especiais, como é o caso das áreas médica e aeroespacial.

9.2 PRINCÍPIO DA AM POR FUSÃO DE LEITO DE PÓ NÃO METÁLICO

Venuvinod e Ma [2] definem os elementos habilitadores das tecnologias de AM como os componentes tecnológicos (*lasers*, computadores, sistemas de controle, entre outros), as tecnologias tradicionais de manufatura (metalurgia do pó, soldagem, usinagem, extrusão, litografia etc.), as tecnologias de materiais (condutividade, fotossensitividade, pós finos, entre outras) e as tecnologias de modelagem tridimensionais baseadas em sistemas CAD (*computer-aided design*).

O processo de fusão em leito de pó não metálico corresponde a uma classe de tecnologias para obtenção de objetos físicos por meio do aquecimento de um leito de material em pó incidindo um feixe de *laser* de comprimento de onda específico. O feixe de *laser* interage aquecendo o material na proporção adequada e sob controle, promovendo a sua fusão/sinterização seletiva nas áreas de interesse em cada camada que é depositada sucessivamente, até a formação completa da peça. Vários livros-texto contemplam essa classe de processos, com diferentes níveis de profundidade, abordagens e ilustrações das aplicações dessa tecnologia [2, 4, 5, 6, 7, 8, 9, 10], o que pode complementar as informações aqui disponibilizadas.

A Figura 9.1 ilustra os componentes básicos de um sistema típico de fusão em leito de pó não metálico. Naturalmente, cada fabricante desses sistemas possui variações na estrutura do equipamento que podem divergir do apresentado. Um *laser* acoplado a um sistema de rastreamento X-Y automático, uma mesa com movimento no eixo Z, um sistema de alimentação de pó, um sistema de espalhamento do pó sobre o leito e uma câmara inertizada e preaquecida que envolve o leito de pó são os principais subsistemas.

Como em todos os outros processos de AM (comerciais), atualmente, a produção de uma peça tem início com um modelo 3D computacional, normalmente em formato de arquivo STL (*STereoLithography*). O modelo 3D é, então, fatiado computacionalmente em seções transversais que são transformadas, pelo *software* de processamento do equipamento, em linguagem interna da máquina, para que sejam dados os comandos de construção da peça, camada a camada, sucessivamente, utilizando os parâmetros de processo previamente definidos que são melhor explicados mais a frente neste capítulo.

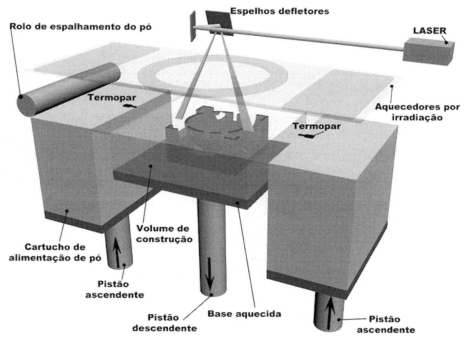

Figura 9.1 Sistema típico de fusão de leito de pó não metálico.

O sistema responsável por produzir as camadas empilhando-as de maneira organizada é composto por uma fonte geradora de *laser* integrada a um sistema óptico (lentes) e a um sistema de varredura X-Y do feixe de *laser* (também conhecido como sistema galvanométrico), controlado computacionalmente. O feixe de *laser* penetra na câmara de processamento por meio de uma abertura transparente ao seu comprimento de onda, chamada de janela. A varredura X-Y do *laser* ocorre sobre o leito em que foi depositado previamente o material, formando uma fina camada que é preaquecida por uma fonte irradiadora de calor. Depois de a camada ser processada, a plataforma abaixa o equivalente à espessura da camada no eixo Z. A nova camada é processada de modo a se unir à anterior. Esse processo se repete até o final, criando o volume chamado "bolo", no qual estarão localizados as peças e o material em pó não processado. Eventualmente, uma fonte de calor situada acima do leito de pó eleva a temperatura do material na câmara até um ponto próximo à sua temperatura de fusão, de modo que o feixe de *laser* entrega somente a energia necessária para que ocorra a sinterização ou fusão parcial na superfície do pó, de maneira localizada e controlada.

Um sistema alimentador de pó, também preaquecido, associado a um sistema de espalhamento de pó, normalmente um rolo ou uma lâmina, se encarrega de espalhar uma fina camada do material na superfície da mesa X-Y. O *laser* imprime a nova seção transversal do objeto, que, então, por efeito do calor, é aderida à seção anterior. Esse processo se repete de forma automática até que todo o objeto seja finalizado. Nos equipamentos comerciais, podem ser construídos vários objetos simultaneamente.

Na distribuição do material sobre o leito de pó, todo o excesso na alimentação do material é arrastado até o final do leito pelo sistema de espalhamento de pó e depositado em recipientes, que servem como depósito temporário e serão esvaziados no final do processamento.

Diferentemente de vários outros processos de AM, o pó não fundido é responsável por sustentar os objetos durante a construção, evitando-se a produção de estruturas de suporte. Isso facilita o pós-processamento e reduz possíveis erros decorrentes da remoção ou do resíduo desses suportes. Também fica facilitado o planejamento de vários objetos a serem construídos simultaneamente no volume útil de construção, visto que podem ser empilhados ou posicionados em paralelo, guardando uma distância mínima entre eles, com várias orientações espaciais de modo a aumentar a resistência mecânica, reduzir efeitos indesejáveis de degraus na peça ou aumentar a produtividade do equipamento [11, 12].

Todo o processamento é realizado dentro de uma câmara com atmosfera controlada para inibir a oxidação do material, preservando a integridade dos objetos produzidos. Normalmente, são injetados gases pouco reativos ou inertes, como nitrogênio e argônio, para manter baixo o nível de oxigênio na câmara.

O pó preaquecido nos alimentadores, com temperatura um pouco abaixo da temperatura da câmara, é responsável por alimentar o processo com uma nova camada de pó a cada ciclo. A temperatura da câmara sobre o leito de pó é controlada automaticamente por um sistema em malha fechada, em que o operador determina a temperatura de processamento e o sistema se encarrega de mantê-la fixa. No entanto, várias mudanças nos parâmetros de processo podem ser realizadas durante o processamento, sempre que o operador verifica que pode melhorar o processamento.

Normalmente, em um ciclo completo do processo, existe um estágio de aquecimento inicial, responsável pela estabilização das temperaturas na câmara, um estágio intermediário, quando são construídas as peças, e um estágio final de resfriamento ainda em atmosfera controlada, para evitar a deterioração do material não processado por exposição ao oxigênio ambiente e possíveis comprometimentos no objeto, como alterações de coloração e propriedades, empenamento e distorções. A câmara só poderá ser aberta depois de atingir uma temperatura que não comprometa o material

Processos de AM por fusão de leito de pó não metálico

nem o objeto produzido. Por isso, é necessário esperar que o material no seu interior atinja a temperatura mínima especificada antes de retirar o objeto de dentro do pó não fundido.

Após o resfriamento na máquina, o volume construído é retirado e colocado em uma estação de limpeza para o seu posterior resfriamento interno até à temperatura ambiente. Esse resfriamento pode ser feito no próprio equipamento, porém, por questão de otimização do uso, deve ser feito fora, disponibilizando o equipamento para outro ciclo de operação. Vários equipamentos comerciais já permitem esta troca rápida, logo após o processamento, de maneira a otimizar o uso do equipamento enquanto o material processado anteriormente repousa fora da câmara até atingir a temperatura adequada para a limpeza. Na estação de limpeza, e após resfriado completamente, o volume construído é desmontado, separando-se as peças do pó. As peças passam por processo mais apurado de limpeza por meio de escovas e/ou jateamento de areia para retirada de material aprisionado, principalmente em cantos ou dentro de pequenos detalhes. O pó retirado deve ser avaliado e reciclado para uso futuro. A reciclagem e a deterioração do material durante o processamento são brevemente discutidas na seção 9.6.

9.3 MECANISMOS DE AGLUTINAÇÃO DE PÓ NÃO METÁLICO

Como o processo de coalescência do material nos processos de leito de pó não metálico é altamente dependente do entendimento dos fenômenos de sinterização e/ou fusão decorrentes da interação do material com um feixe de *laser* que o aquece, apresentam-se, nos itens seguintes, alguns desses conceitos básicos, como subsídio para entendimento dos fenômenos que ocorrem no leito de pó.

O mecanismo de sinterização ocorre com a elevação da temperatura do pó simultaneamente ou posteriormente à sua compactação. A sinterização ocorre antes de o material atingir o seu ponto de fusão, o que não envolve uma fase líquida. A sinterização leva a uma redução da área específica de cada partícula de pó, interagindo com as suas vizinhas de modo a formar "pescoços" de ligação e poros interiores. Os pescoços são formados pela difusão atômica de material das partículas para essas regiões e são resultantes de um fenômeno de transporte de massa por meio de difusão superficial, difusão volumétrica, diluição, evaporação-condensação e difusão nos contornos de grão [13].

9.3.1 SINTERIZAÇÃO DE FASE SÓLIDA

O processo de sinterização ocorre abaixo da temperatura de fusão do material em pó e em até três diferentes estágios [2, 13]. No estágio inicial, há uma reorganização do material em pó, formando ligações fortes e um relativo aumento da densidade do material. No estágio intermediário, as ligações entre as partículas se tornam mais fortes ainda, com aumento significativo na densidade da peça, que se apresenta ainda porosa, porém com baixa permeabilidade. No estágio final, há uma eliminação quase por completo dos poros com o máximo de densidade.

A sinterização pode provocar várias mudanças nas propriedades dos materiais. O processo de sinterização em cerâmicas aumenta a resistência mecânica e a condutividade térmica, podendo ainda resultar em peças transparentes ou translúcidas. Os polímeros aumentam a sua densidade e a sua resistência mecânica, enquanto nos metais, normalmente, há um aumento da condutividade, da resistência mecânica em compressão e da tenacidade.

Para que ocorra a sinterização de fase sólida, é necessário ocorrer um processo de difusão atômica, que é geralmente lento, tornando essa técnica pouco adequada para a sinterização de polímeros em virtude das altas velocidades de varredura do *laser*. No entanto, a sinterização de fase sólida pode ser utilizada em alguns processos para sinterização de materiais cerâmicos baseada na deposição de energia por incidência de *laser*.

9.3.2 SINTERIZAÇÃO DE FASE LÍQUIDA

O processo de sinterização de fase líquida (*liquid phase sintering*) é bastante importante para os processos de leito de pó e ocorre envolvendo dois tipos de materiais: um material estruturante, que se mantém sólido durante o processo, e um material aglutinante, que é fundido durante o processo e se encarrega de manter o material estruturante ligado. Esse processo deriva da brasagem, que é um dos processos metalúrgicos mais antigos de que se tem conhecimento. De acordo com Kruth et al. [14], a sinterização de fase líquida pode utilizar, como matéria-prima, pós nas seguintes composições:

- **Pós na forma de diferentes materiais:** o material estruturante e o aglutinante são apresentados na forma separada, sendo o material estruturante um metal ou cerâmica e, normalmente, o material aglutinante, um metal. Poderiam também ser utilizados polímeros como material aglutinante e outros polímeros de maior temperatura de fusão, cerâmicas ou metais como materiais estruturantes (na forma de microesferas, microfibras ou outras estruturas). Assim, o polímero será quase completamente fundido para aglutinar o material estruturante. A dificuldade maior é manter a mistura de diferentes materiais em pó fluindo de maneira homogênea no leito. Em virtude das diferenças de densidade, os materiais podem sofrer segregação na manipulação.

- **Pós na forma de materiais compósitos:** cada partícula possui a presença do material estruturante e do aglutinante. Isso facilita a homogeneização da peça resultante e uma fusão quase completa. São usados, normalmente, na forma de materiais compósitos poliméricos como aglutinante e outros materiais estruturantes chamados de reforço. Como exemplos, estão os materiais comerciais compostos de poliamida com carga de vidro, como o DuraForm GF, da 3D Systems Inc., e o PA 3200 GF, da EOS GmbH. Nesses casos, o objetivo é que o material final do modelo possa ter melhores propriedades, como resistência mecânica e resistência ao desgaste, e suportar temperaturas mais elevadas durante o uso.

- **Pós na forma em que o material estruturante é revestido com um material aglutinante:** cada partícula do material na forma de pó metálico ou cerâmico é recoberta com algum tipo de polímero. Durante a sinterização, um feixe de *laser* de baixa potência provoca a sinterização de fase líquida com a fusão parcial do material polimérico e, por consequência, a aglutinação do material metálico ou cerâmico na forma de uma "peça verde", a qual não possui resistência mecânica para sua aplicação final pela sua alta porosidade e pelas ligações polímero-polímero. Para aumentar a resistência da peça verde, esta é submetida ao processo de pós-tratamento que consiste na queima controlada em fornos especiais, com atmosfera controlada e rampas de aquecimento/resfriamento específicas, seguida por infiltração de metal de menor ponto de fusão.

Em cada uma das formas de se realizar a sinterização de fase líquida, há diferenças, tanto do ponto de vista da complexidade dos fenômenos e dos resultados como da aplicação final e do controle do processo, em especial a potência e o comprimento de onda do *laser* que deve ser concebido para maximizar a absorção pelo material aglutinante para a obtenção de bons resultados.

A sinterização de fase líquida pode também ocorrer envolvendo somente um único material, que é o estruturante. Nesse processo, o material funde parcialmente preenchendo, também parcialmente, os espaços ou poros entre os grãos, ou seja, a energia cedida ao material não é suficiente para sua completa fusão, parte dele se torna aglutinante e outra parte, o material estruturante original, mantendo o núcleo de parte dos grãos intacto, especialmente os de maior diâmetro. Essa forma de consolidar material é bastante adequada para os processos em leito de pó de polímeros, em que não ocorre fusão completa, e a janela de processamento deve ser bastante controlada para que haja a maior fusão possível sem que ocorram efeitos indesejáveis, como empenamento e distorções geométricas e dimensionais na peça. De acordo com Kruth et al. [15], esse grupo de tecnologias não apresenta distinção nítida entre materiais aglutinantes e estruturantes, mas entre materiais fundidos e não fundidos e, portanto, uma melhor classificação seria fusão parcial e não sinterização de fase líquida.

9.4 PROPRIEDADES DOS POLÍMEROS PARA FUSÃO EM LEITO DE PÓ

Os polímeros são estruturas formadas por moléculas organizadas em grandes cadeias, cujas ligações principais são as de carbono-carbono. As moléculas são formadas por um processo de polimerização das várias unidades químicas menores, que se repetem (monômeros) e formam o polímero. Os polímeros podem ser classificados em elastômeros (flexível em temperaturas mais baixas, ou seja, as borrachas), termofixos (são os polímeros que, depois de sua reação de polimerização, não mais se fundem, mas só degradam com a temperatura) e termoplásticos (podem ser fundidos inúmeras vezes). No caso dos processos de AM por fusão de leito de pó, a classe de polímeros mais utilizada é a dos termoplásticos, que, por sua vez, podem ser classificados em cristalinos (cujas cadeias são dispostas de maneira organizada) e amorfos (cujas cadeias são distribuídas de forma aleatória). As propriedades térmicas dos polímeros cristalinos e amorfos são bastante diferentes, fazendo com que os polímeros cristalinos (ou, verdadeiramente, semicristalinos, por nunca serem 100% cristalinos) sejam os que possuem melhores características para o processamento em AM por leito de pó, por apresentarem temperaturas características de fusão (Tm) e de cristalização (Tc) bem determinadas (Figura 9.2), como apresentado adiante. Adicionalmente, um maior grau de cristalinidade de um polímero confere propriedades como melhores resistência mecânica, dureza, estabilidade e resistência química.

Um dos métodos para estudo das transições térmicas dos polímeros é a calorimetria diferencial de varredura (*differential scanning calorimetry* – DSC) [16]. Por meio dessa técnica, uma amostra de um material polimérico que será analisado e uma amostra referência são submetidas a uma rampa lenta e equivalente de aquecimento. O fluxo de calor para cada uma das amostras é continuamente monitorado. Dessa forma, é possível detectar, num gráfico chamado termograma, as temperaturas típicas, como a temperatura de transição vítrea (Tg), a Tc e a Tm. A Tg está associada à fase amorfa do polímero e é considerada uma transição de segunda ordem por não envolver uma mudança significativa na entalpia, mas uma maior mobilidade de suas cadeias, o que leva a um estado de amolecimento do polímero, que se apresenta, nessa fase, mais "borrachoso". As temperaturas de cristalização e de fusão são consideradas de primeira ordem por envolverem mudança na entalpia, apresentando um pico exotérmico e outro pico endotérmico, respectivamente, mudando significativamente as propriedades de fluidez e tensão superficial, fatores fundamentais para um bom processamento em AM. Por outro lado, há uma grande variação no volume dos polímeros semicristalinos, o que não é bom para o processamento. A Figura 9.2 mostra um termograma típico de um polímero termoplástico semicristalino e suas temperaturas médias de transição vítrea, cristalização e de fusão.

Um material polimérico semicristalino que apresenta propriedades desejáveis para ser processado em AM é o que possui uma maior janela de processamento, ou seja, é importante que a diferença entre o vale e o pico (Tc e Tm) seja a mais ampla possível para que a janela de processamento seja a maior possível, resultando em um melhor processo em termos de objeto final com menor porosidade (fusão mais homogênea) e também de distorções, como os empenamentos, resultantes de regiões com diferentes temperaturas durante o processamento [17]. Materiais como o náilon 11 e, em especial, o náilon 12 (poliamida) são de amplo uso devido à ampla janela de processamento. A Figura 9.2 mostra também a janela de processamento e um diferencial de temperatura (dT) a ser aplicado ao material, normalmente menor que a temperatura de fusão. Para Bourell et al. [18], o valor do diferencial de temperatura dT deve estar compreendido entre 2 °C e 4 °C para que seja utilizada uma menor energia para fundir o pó e, ao mesmo tempo, manter o polímero fundido nesse estado, evitando sua cristalização localizada e consequentes empenamentos e distorções na peça. Adicionalmente, para que o material seja considerado de bom potencial de processamento em AM, é desejável que os picos e os vales sejam únicos, pronunciados e estreitos, o que significa uma faixa de fusão e cristalização estreita, ou seja, uma mudança de estado do polímero em uma temperatura bem definida.

Próximo à Tm, o volume de um polímero semicristalino muda significativamente, o que provoca uma grande variação em suas dimensões. Isso significa que, no seu processamento, um resfriamento inadequado e sem controle no processo de recristalização pode implicar em distorções significativas.

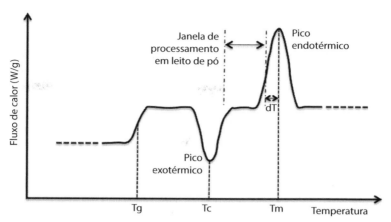

Figura 9.2 Transições térmicas em um polímero semicristalino típico.

Fonte: adaptada de Kruth et al. [19] e Schmid et al. [20].

Durante o seu processamento, é muito importante garantir a estabilidade e a uniformidade das temperaturas no leito de pó e também na direção vertical com o aquecimento do recipiente em que está sendo construída a peça, dentro da cuba de pó. Estratégias de varredura do *laser* são importantes para evitar concentração ou redução excessiva de calor em pontos específicos do leito de pó, em função das massas e do material da peça que está sendo construída, o que igualmente causa empenamentos e deformações nos objetos construídos. Essas estratégias podem envolver, primeiramente, a definição do contorno e, depois, o preenchimento interior, ou o inverso, dependendo do material. O número de vezes que o *laser* entrega energia a uma certa região do leito de pó é também uma estratégia a ser considerada [17], bem como a sequência das regiões do leito de pó a serem fundidas. Esta última é também dependente do material, sendo que cada fabricante determina empiricamente a sua estratégia. Normalmente, os parâmetros de varredura estão disponíveis para que um operador experiente possa definir sua própria estratégia. Uma estratégia de varredura mal definida pode, nos casos mais extremos, causar empenamentos de algumas regiões das peças durante a produção. Nesses casos, a passagem do rolo ou raspador, que distribui uma nova camada de material no leito de pó, pode provocar um deslocamento dessa peça, colocando em risco não somente a integridade desta como também a de todas as outras e até do equipamento.

Como o polímero é exposto ao calor durante o processamento, há uma degradação do material devido à quebra das ligações covalentes com modificação nas cadeias moleculares. Isso acarreta um pior acabamento e uma menor densidade da peça. Em casos extremos de uso, a superfície da peça passa a apresentar grandes deformações, como o "efeito casca de laranja" que é mostrado mais adiante neste capítulo. Assim, a cada novo ciclo de processamento, há um maior estreitamento da janela de processamento, com necessidade de se aumentar as temperaturas de processamento e a potência do *laser*, com a consequente degradação no resultado final da peça produzida em termos estruturais e dimensionais.

Bourell et al. [18] afirmam que, se a temperatura do leito de pó estiver muito alta, haverá fusão em regiões do polímero com menor massa molecular, com endurecimento do bolo de material dentro da cuba de pó, além de distorções dimensionais. Por outro lado, se a temperatura do leito for muito baixa, não haverá fusão suficiente, e a peça se apresentará porosa, ou, nos casos de recristalização de regiões do leito de pó, haverá empenamentos.

Os polímeros amorfos não apresentam temperaturas de fusão e de transição vítrea características, mas um processo de amolecimento com o aumento da temperatura, próximo à temperatura de transição vítrea, o que dificulta o seu processamento, em especial pelos processos de AM em leito de pó, resultando em peças frágeis e porosas. Polímeros amorfos são em grande parte transparentes e, diferentemente dos semicristalinos, apresentam mínima variação de volume, porosidade elevada e menor resistência mecânica resultante do processamento, o que pode ser benéfico, por exemplo, para a produção de modelos de fundição por fusão em leito de pó não metálico, como é o caso do poliestireno.

9.5 *LASER* E INTERAÇÃO *LASER*-MATERIAL

A palavra *laser* é um acrônimo da expressão inglesa *light amplification by stimulated emission radiation*, ou a amplificação da luz por emissão estimulada de radiação. Apesar de a teoria de emissão estimulada da radiação datar de 1917 com as pesquisas de Einstein, somente em 1960 foi construído o primeiro *laser*, por Theodore Maiman. O que diferencia, basicamente, o *laser* de uma fonte de luz convencional são as três propriedades básicas: monocromaticidade (emitem num comprimento de onda específico), coerência (as ondas que compõem o feixe estão em fase) e alta direcionalidade (pequena dispersão do feixe no espaço). Para a ocorrência do fenômeno *laser*, são necessários quatro elementos: um meio ativo (líquido, sólido ou gás) em que ocorre a emissão estimulada; um mecanismo de excitação ou bombeamento que fornece a energia para provocar a emissão estimulada; um mecanismo de realimentação responsável pela amplificação e pelo direcionamento do feixe; e um acoplador óptico que é responsável por deixar somente parte do feixe escapar da cavidade óptica [2].

Como citado, um elemento principal que diferencia os *lasers* da luz convencional é a monocromaticidade, o que faz com que a frequência da emissão seja exata dentro do espectro eletromagnético. As frequências de emissão dos *lasers* atuais, dependendo do material do meio ativo com o qual foi construído, podem abranger as faixas do ultravioleta (180 nm $\leq \lambda \leq$ 400 nm), passando pelo espectro visível (400 nm $\leq \lambda \leq$ 700 nm) até o infravermelho (700 nm $\leq \lambda \leq$ 1 mm), em que λ é o comprimento de onda, que é inversamente proporcional à frequência de emissão e à energia de fóton (eV).

9.5.1 INTERAÇÃO *LASER*-PÓ

De acordo com Allmen e Blatter [21], a interação *laser*-material tem sido foco de estudo desde o primeiro *laser* de rubi de Theodore Maiman em 1960. Por ser uma luz monocromática e emitida em um plano de ondas coerentes, é uma forma eficiente de aplicar energia localizada em um material. De fato, para que o *laser* provoque qualquer efeito que persista no material, ele deve, primeiramente, ser absorvido.

Quando um feixe de *laser* incide em um material, ocorre a reflexão e a absorção. A absorção, nesse caso, considera a energia que o material absorve diretamente pela sua estrutura mais a energia transmitida para suas camadas mais profundas. Assim, a absorção de um material pode ser definida como a razão entre a radiação absorvida e a radiação incidente. Normalmente, é obtida medindo-se a reflexão do material (refletância). Portanto, a soma da absorção com a reflexão da radiação pelo material resulta no valor unitário [22, 23]. A reação do material ao *laser* é uma função do comprimento de onda do *laser*, do grau de absorção do material (definido como uma relação entre a radiação absorvida e a radiação incidente), da natureza do material, da geometria da superfície, da presença de gases e da temperatura. Além disso, o tempo e o número de irradiações, bem como o intervalo entre elas, pode provocar mudanças nas propriedades da superfície e na densidade do material durante o processamento [22]. Como uma regra geral, materiais particulados têm uma maior capacidade de absorção que o mesmo material mais denso, ou agregado. Isso se deve ao fato de que parte da radiação é absorvida pela superfície externa das partículas, e outra parte penetra nos interstícios das partículas soltas, interagindo com partículas mais abaixo da superfície, ocorrendo reflexões múltiplas e, portanto, multiplicando o valor da absorção efetiva do material. A Tabela 9.1 ilustra a propriedade de absorção de certos materiais para os dois diferentes tipos de *lasers* (radiação eletromagnética) mais usados na AM por fusão em leito de pó. O valor máximo de absorção de 1 é considerado para o "corpo negro", ou seja, 100% da radiação incidente é absorvida. Ao contrário, o "corpo branco" tem valor de absorção 0, ou seja, nenhuma radiação incidente é absorvida pelo corpo.

Tabela 9.1 Absorção de alguns materiais na forma de pó sob ação de *lasers* Nd:YAG (λ = 1,06 µm) e CO_2 (λ = 10,6 µm) numa escala de 0-1.

Material	Nd:YAG	CO_2
Cobre	0,59	0,26
Titânio	0,77	0,59
Alumina	0,03	0,96
Óxido de Silício	0,04	0,96
Politetrafluoroetileno (PTFE)	0,05	0,73
Polimetilmetacrilato (PMMA)	0,06	0,75

Fonte: baseada em Tolochko et al. [22].

9.5.2 MODELOS DE INTERAÇÃO *LASER*-PÓ

A modelagem de qualquer sistema permite não somente a simulação e um melhor entendimento desse sistema em várias condições operacionais e paramétricas, sem colocar em riscos o sistema real, como também que o seu controle seja mais refinado, atingindo condições operacionais otimizadas e seguras. No entanto, a absorção e a interação da radiação eletromagnética com materiais não são mecanismos simples de serem modelados, apresentando um alto grau de empirismo.

Os processos de fusão em leito de pó apresentam uma importante vantagem quando comparados às outras tecnologias de AM, pelo fato de que, praticamente, qualquer material na forma de pó que possa ser fundido pelo *laser* é candidato a ser usado como matéria-prima nesse processo. Isso o torna um processo versátil para a pesquisa e o desenvolvimento de novos materiais ou a adaptação de materiais existentes aos processos comercialmente disponíveis [17]. Há, na literatura científica especializada, alguns modelos propostos de interação *laser*-pó para os processos por fusão em leito de pó. Nos próximos parágrafos, serão apresentados alguns dos modelos presentes na literatura especializada, de maneira sucinta e qualitativa.

Um modelo descrito com mais detalhes é o de Williams e Deckard [24]. Nesse modelo, os resultados de um processo de fusão em leito de pó são avaliados pelas propriedades geométricas e mecânicas das peças produzidas. Alguns dos problemas geométricos envolvem empenamento, distorções, bordas sem definição e alteração nas propriedades físicas, como densidade, resistência e degradação, que determinam as propriedades mecânicas. Todas essas propriedades são influenciadas pela quantidade e pelo tempo em que a energia é aplicada à superfície do material. Assim, esses autores propõem um modelo que avalia a quantidade de energia cedida à superfície do leito de pó em função de vários parâmetros do *laser* e das características de varredura do *laser* sobre a superfície, como apresentado nas Figuras 9.3 e 9.4. Vale notar que, na Figura 9.4, o espaçamento da varredura Hs é sempre menor que o diâmetro do foco de *laser*, para evitar áreas sem incidência do *laser* e também manter uma densidade de energia [Equação (9.1)] mais uniforme na superfície, pelo fato de que a distribuição de potência no foco do *laser* não é uniforme, mas uma distribuição gaussiana. Na distribuição gaussiana, quanto mais próximo ao centro do foco, mais intensa é a energia por área, e, supostamente, não há uma fronteira definidamente clara em que o foco termina. Portanto, a calibração prévia e a manutenção do foco do *laser* durante o processamento são de grande importância, não somente para a estabilidade deste, mas também para a qualidade das peças resultantes.

$$E_L = P_L / V_S H_S d_L \tag{9.1}$$

Em que:

E_L = densidade de energia (J/mm³); P_L = potência do *laser* (W); H_S = distância entre varreduras do *laser* (mm); V_S = velocidade de varredura (mm/s) e d_L = espessura da camada (mm).

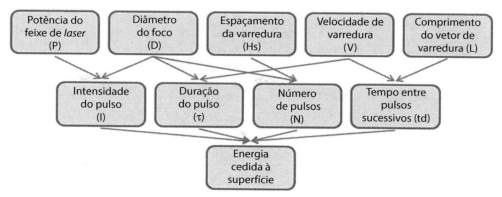

Figura 9.3 Parâmetros que influenciam a densidade de energia depositada na superfície do material.

Fonte: adaptada de Williams e Deckard [24].

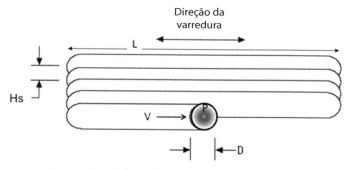

Figura 9.4 Parâmetros da varredura do feixe de *laser* no leito de pó.

Fonte: adaptada de Williams e Deckard [24].

A Figura 9.5 mostra um diagrama básico de fusão em leito de pó e da interação do *laser* com o material adaptado de Liou [10] e Williams e Deckard [24]. Observa-se que a radiação do feixe de *laser* é responsável por ceder energia ao pó de forma localizada. Como resultado dessa interação, o pó atingido pelo feixe de *laser* é fundido, enquanto o restante do pó ainda não atingido pelo *laser* se mantém desagregado. Na interação *laser*-pó, o efeito de sinterização liga as partículas de uma mesma camada e esta com as camadas anteriores. Assim, a energia absorvida pelo material é transmitida sob a forma de condução do calor no espaço tridimensional, interna ao material, além da irradiação e da convecção na superfície, para fora da área de incidência do *laser*. Assim, Williams e Deckard [24] assumem, no seu modelo, que a região do leito de pó é um sólido semi-infinito com propriedades térmicas efetivas e utilizam equações de difusão do calor para modelar o fenômeno de transferência de calor por meio de equações diferenciais, cujas condições de contorno devem considerar a temperatura ambiente, a emissividade efetiva (capacidade do material em absorver a energia do *laser*) e a temperatura próxima ao foco, para o cálculo da energia perdida por irradiação e convecção na superfície, além de considerarem que não há perda de calor pelo fundo do material. Portanto, combinando os parâmetros que influenciam a densidade de energia depositada na superfície do material, anteriormente descritos, as propriedades do material e o equacionamento proposto, é possível determinar a quantidade de energia cedida ao material. O modelo foi validado por meio de resultados de modelos numéricos simulando tais fenômenos, comparando com corpos de prova produzidos em plataformas experimentais de leito de pó.

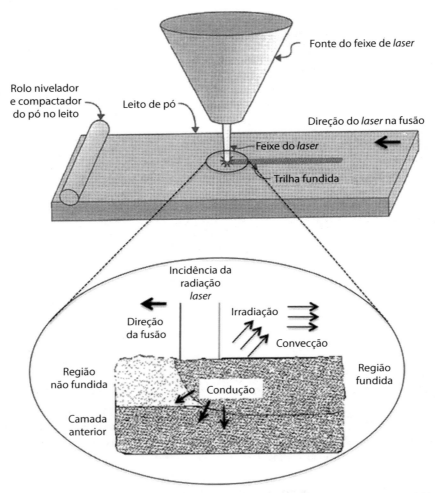

Figura 9.5 Diagrama esquemático do processo básico de fusão em leito de pó e da interação *laser*-pó.

Fonte: adaptada de Liou [10] e Williams e Deckard [24].

Kumar [25] propõe um modelo de interação *laser*-pó tendo como princípio a modelagem do processo de sinterização ou fusão em leito de pó, sua profundidade e sua largura. Para tal, devem ser considerados os seguintes parâmetros: tamanho do grão de pó, velocidade de varredura do *laser*, densidade do pó, frequência e tamanho dos

Processos de AM por fusão de leito de pó não metálico

pulsos de *laser*, potência do *laser*, tamanho do foco, espaçamento entre linhas de varredura, temperatura do leito de pó, espessura da camada, energia do *laser*, distribuição de potência no foco, tamanho médio dos grãos e relação entre elemento aglutinante e elemento estruturante (para os processos de fusão parcial ou sinterização de fase líquida). Para o caso de sistemas AM específicos, esse autor inclui, também como parâmetros, a velocidade de espalhamento do material com o rolo no leito de pó, o tamanho do volume de construção (tamanho do bolo de material) e o volume da peça. Um parâmetro crucial para essa tecnologia de AM, não listado por esse autor e que vem da experiência ao longo de muitos anos de uso desses equipamentos, é a temperatura de alimentação do pó no leito de pó, ou seja, esse parâmetro é muito importante para determinar a estabilidade da temperatura do leito de pó, resfriando a superfície ligeiramente para manter a temperatura do leito de pó sob controle.

Kruth et al. [14] propõem um modelo de interação *laser*-pó denominado *ray tracing* (traçado de raios), que, diferentemente de simulações realizadas pelos métodos de elementos finitos, considera algumas simplificações críticas no modelo de interação como a distribuição de calor apenas na superfície. O modelo *ray tracing*, originalmente utilizado como uma técnica para visualização em computação gráfica, é baseado em simulações geométricas de incidência, reflexão e absorção de um grande número de raios, que formam o feixe de *laser*, incidindo no leito de pó. Em resumo, os raios que incidem numa partícula têm as suas energias de absorção e reflexão calculada, bem como o caminho para atingir outras partículas por meio dos poros. O modelo se propõe a calcular a absorção total das partículas em função do coeficiente de absorção do material, a absorção em cada material em caso de misturas de dois ou mais materiais diferentes, a penetração do feixe de *laser*, o perfil de absorção em função da profundidade e a profundidade e a largura da fusão provocada pela passagem de um feixe.

Algumas formulações específicas sobre as propriedades do pó nos modelos consideram que o tamanho, a distribuição, a forma e a densidade (grau de compactação) das partículas são fatores significantes no processo, e que o nível de compactação de um material pode ser modelado por meio de equações que descrevem uma densidade relativa [2]. Deve-se, então, considerar a absorção da energia como um modelo tridimensional poroso [14] que modifica as suas propriedades de absorção em função do tempo de processamento [22, 24].

Drummer et al. [26] utilizam a formulação abaixo para determinar, em função de alguns parâmetros de processo, a estratégia de irradiação em dois materiais comerciais e outros três experimentais, utilizando um equipamento Sinterstation 2000 (3D Systems) modificado. A variação dos parâmetros foi obtida pela Equação (9.1) até que as camadas dos materiais pudessem ser completamente fundidas umas nas outras e propriedades mecânicas ótimas pudessem ser alcançadas.

Outras formulações, como a de Das [27], postularam que uma das formas mais simples de modelar o processo de fusão de leito de pó é considerar o pó como um sólido semi-infinito aquecido por uma fonte *laser* que provoca um aquecimento num determinado tempo. Para isso, os parâmetros que influenciam na profundidade da sinterização são o diâmetro do feixe *laser*, a velocidade de varredura, a potência do *laser* e a temperatura inicial do meio.

Em resumo, a interação *laser*-material não é uma modelagem simples, em especial pelo fato de o material ser em pó, o que lhe confere outras propriedades e, portanto, maiores complicações na formulação de um modelo matemático. Apesar de complexos, os modelos discutidos qualitativamente nesta seção são incompletos, e há ainda muito espaço para investigações nessa área. No entanto, a contribuição desses modelos para os processos de leito de pó são de grande valia. Vale, portanto, a citação do estatístico inglês George E. P. Box, falecido em 2013, de que "essencialmente, todos os modelos são errados, mas alguns são úteis" [28].

A Figura 9.6 ilustra uma compilação de alguns dos parâmetros mais importantes para o processo de fusão em leito de pó não metálico. Foram divididos em dois grandes grupos: parâmetros de processo e parâmetros de materiais, que concorrem para os resultados da peça produzida, tanto do ponto de vista dimensional como do morfológico e estrutural. Todos esses, em certo grau, devem ser considerados e otimizados para se obter uma peça de qualidade, minimizando seus defeitos.

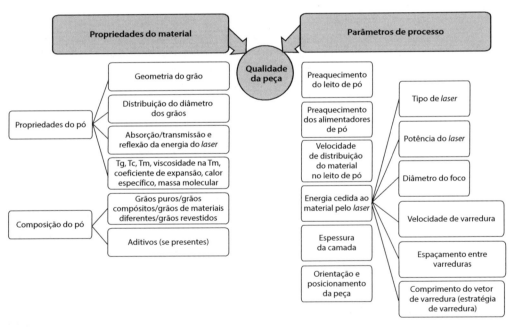

Figura 9.6 Parâmetros de processo e propriedades dos materiais para fusão em leito de pó não metálico.

9.6 DEGRADAÇÃO E RECICLAGEM DE POLÍMEROS

A degradação de polímeros ocorre naturalmente sempre que esses materiais são expostos às condições ambientais (temperatura, umidade, iluminação, radiação etc.) e pode ser acelerada com a intensificação de qualquer um desses fatores em sistemas artificiais. Em especial, os polímeros são degradados por meio de fenômenos físicos e químicos, diferentemente de metais, que sofrem processos corrosivos, basicamente químicos e eletroquímicos. A complexidade química dos polímeros faz com que o seu processo de degradação seja, atualmente, ainda muito estudado. Quando exposto a líquidos, ocorre inchamento (o polímero é pouco solúvel no líquido, e apenas algumas pequenas moléculas solubilizam e provocam um afastamento das macromoléculas, em virtude de uma redução das forças de ligação intermoleculares) e dissolução (o polímero é solúvel no líquido e ocorre um processo mais intenso de solubilização das moléculas). Quanto mais próximas as estruturas do polímero e do solvente, maior é a dissolução. Calor, radiações e reações químicas também provocam quebra de ligações covalentes e consequente degradação. Invariavelmente, a degradação dos polímeros leva a um enfraquecimento de sua estrutura mecânica e uma perda de integridade física [13]. De acordo com Callister [13] e Venuvinod e Ma [2], a oxidação no polímero ocorre pela reação do oxigênio ambiente com o hidrogênio do polímero, formando hidroperóxidos que são decompostos em radicais livres.

A combinação de temperatura e oxigênio pode ser um par danoso para o polímero que está sendo processado. Se a temperatura não pode ser eliminada no processo de fusão em leito de pó, pela necessidade intrínseca desta, a quantidade de oxigênio deve ser reduzida ao mínimo. Para isso, a câmara de construção, na qual ocorre o processo de sinterização, deve ser inertizada com a injeção de nitrogênio ou de outro gás inerte não reativo ao polímero, de modo a reduzir ao máximo a oxidação.

Para aplicações industriais da AM, normalmente, há uma busca por polímeros de altas durabilidade, resistência mecânica e resistência química, de modo a suportar aplicações exigentes em termos de carregamento e exposição a intempéries, solventes, entre outros. Além disso, do ponto de vista dos usuários de sistemas comerciais de AM, o ideal é que o material sofra a menor degradação possível durante o processamento. Apesar de uma busca por materiais cada vez mais estáveis e recicláveis por parte de pesquisadores e fabricantes, um aumento na qualidade desses materiais pode significar uma redução de receita dos fornecedores de materiais.

É possível que aditivos estabilizadores possam também estar presentes para minimizar os efeitos de oxidação, radiações e altas temperaturas, que provocam a cisão das ligações na cadeia molecular. Por se tratar de segredo industrial, as empresas não divulgam proporções e tipos de aditivos presentes nos polímeros para uso em leito de pó. Além dos aditivos antioxidantes, é de se esperar que outros aditivos sejam adicionados, como aqueles para facilitar a fluência e a distribuição o mais uniforme possível do polímero no leito de pó pelo sistema de distribuição, bem como aditivos que possam ressaltar cores. Um exemplo são as pesquisas realizadas por Drummer et al. [26], que utilizaram, dentre alguns materiais comerciais e experimentais, o polioximetileno (POM), também conhecido como poliacetal, em grãos, obtidos por meio de moagem criogênica e tratados com um aditivo fluidificante, denominado aerosil (0,2% em massa), e com negro de fumo (0,4% em massa) para limitar a profundidade alcançada pelo *laser* de CO_2 no leito de pó. Alguns métodos têm sido propostos para mediar a capacidade de fluir dos materiais em pó para os processos de AM [20].

Para Drizo e Pegna [29], no contexto da degradação de peças poliméricas obtidas por AM, verifica-se que pouco estudo tem sido conduzido na área ambiental sobre os seus possíveis impactos. No entanto, essa nova forma de produção parece ser um campo promissor na redução dos efeitos maléficos ao meio ambiente decorrentes dos métodos convencionais de produção em massa.

Se a tecnologia de fusão em leito de pó não metálico vier a ser utilizada com grande intensidade no futuro, como aplicação final, deverão ser tomadas ações para o aproveitamento e a reciclagem do material naturalmente degradado no processo, o qual, potencialmente, poderá gerar passivos ambientais. Assim, com base na experiência do CTI Renato Archer, que utiliza essas tecnologias desde 1999, propõe-se algumas práticas que podem ser adotadas para a reduzir o descarte e otimizar a utilização do material polimérico em pó. Essas ações são: (1) reciclagem do material para o processamento; (2) boas práticas de operação do equipamento; (3) tolerâncias dimensionais e morfológicas menos restritas nas aplicações que não demandam maior rigor dimensional, morfológico ou estrutural, como o exigido para as aplicações industriais. Cada uma dessas ações é brevemente discutida a seguir.

9.6.1 RECICLAGEM DO MATERIAL PARA O PROCESSAMENTO

Nos processos comerciais, a reciclagem do material utilizado a cada batelada, bem como a sistematização, o controle e aplicação de boas práticas, devem ser considerados como fundamentais para a boa qualidade da peça produzida com o melhor custo-benefício. O efeito do calor deteriora rapidamente o material, e é recomendada, pelas empresas produtoras das tecnologias, uma adição significativa de material virgem a cada vez que o processo for iniciado. Segundo Dotchev e Yusoff [30], a reciclagem nos processos comerciais recomendada pela 3D Systems Inc. para o seu material poliamida 12 (DuraForm) é de, no mínimo, 30% a cada rodada, enquanto a EOS recomenda a adição de 30% a 50% de material virgem (PA2200), também poliamida 12, a cada rodada. Acrescentam que as variações das propriedades dos materiais novo e reciclado são ainda problemas em aberto na prática dos usuários de processos de AM por leito de pó não metálico.

A experiência do CTI Renato Archer mostra que é possível otimizar o uso do material sem a reciclagem a cada novo processamento, apenas monitorando alguns parâmetros básicos das peças produzidas como o desvio dimensional e distorções. Logicamente, há uma variação estrutural no material, que pode ser considerada desprezível para a aplicação específica, e, dessa forma, o monitoramento determina o momento da troca de toda a carga do material, sem adição de material virgem. Verificou-se, empiricamente, que a adição de material virgem a cada processamento reduz significativamente o seu uso levando à utilização de maior quantidade de material como um todo para garantir a qualidade da peça final.

Há aplicações, no entanto, que exigem o uso de 100% de material virgem a cada processamento e seu descarte posterior, como é o caso da On-Demand Manufactu-

Processos de AM por fusão de leito de pó não metálico

ring Inc. – ODM [31], empresa criada como *spin-off* da Boeing e propriedade da RMB Products Inc., que reprojeta e adapta peças estruturais para aplicações aeroespaciais. Exemplo típico e já consolidado é a substituição de conjunto que compõe o duto de ar montado em dez peças para o avião-caça F18 em uma peça única em polímero obtida por fusão em leito de pó [32]. Como são peças de alto valor agregado, todas são inspecionadas individualmente, e os materiais nunca são reutilizados, para evitar peças de mais baixa qualidade dimensional e estrutural. Para a validação das peças, elas são construídas conjuntamente com corpos de prova que são submetidos a testes mecânicos, de modo a validar ou não o conjunto de peças para a aplicação a que se destina.

9.6.2 BOAS PRÁTICAS DE OPERAÇÃO DO EQUIPAMENTO

Um parâmetro que é fundamental para a boa qualidade de peça resultante, não discutido anteriormente, é a compactação adequada do pó. O rolo ou outro mecanismo de distribuição espalha o material no leito de pó de maneira homogênea. Porém, no carregamento dos alimentadores de materiais, há de se compactar manualmente o material, de maneira que não haja possibilidade de subalimentação na região do leito de pó. Uma compactação adequada promove uma distribuição uniforme, com a superfície do material no leito de pó com a aparência mais lisa possível. A aparência da superfície depende da temperatura do leito de pó e da vida útil do pó.

Em virtude do efeito de redução de volume do material quando passa da fusão para a recristalização e da contração até a temperatura ambiente, é necessário o cálculo e a aplicação de escalas para compensar a redução das dimensões. Peças com geometrias bem conhecidas, denominadas escalas, são fabricadas e medidas, de maneira que é possível calibrar o processo pelas variações da potência do *laser* e das temperaturas. Isso é realizado por meio de uma planilha que calcula o percentual de aumento e também o parâmetro de correção de *offset* do *laser* a ser aplicado nas peças antes do processamento para compensar o resfriamento. As escalas devem ser recalculadas para cada troca de material ou de parâmetros de processo.

Naturalmente, a manutenção das condições de uso do equipamento são críticas para um bom processamento, como calibrações de sensores, alinhamento do sistema galvanométrico, limpeza de sensores e da janela do *laser*, sendo estas práticas-base. Algumas dessas práticas são executadas antes de cada processamento, e outras com menor frequência, como a verificação da calibração do sistema galvanométrico. Sewell et al. [33] sugerem que a limpeza e a manutenção rigorosa da máquina podem aumentar a vida útil do material, em especial a limpeza dos sensores de infravermelho (*infrared* – IR) e da lente da janela que permite a entrada do *laser* na câmara de processamento. Isso permitiria uma leitura mais real dos valores de temperaturas durante o processamento de transferência, bem como a transferência mais eficaz de energia do *laser* para o leito de pó.

Outro elemento importante que influencia fortemente na qualidade da peça é a sua orientação e o seu posicionamento no momento em que é produzida. As características anisotrópicas das peças obtidas nos processos comerciais disponíveis têm sido motivo de vários estudos há muito tempo, bem como a necessidade de se minimizar esses efeitos [17, 34, 35]. Assim, o entendimento dessas questões no momento de estabelecer o posicionamento e a orientação das peças é determinante para a qualidade final da peça, evitando-se possíveis empenamentos com aumento da resistência mecânica em pontos de interesse, bem como para uma boa definição de detalhes, evitando-se efeitos como degraus na peça. Essa é uma solução de compromisso que depende em alto grau da experiência do operador do equipamento. Além disso, como é um processo que deposita camadas, estas devem ser configuradas adequadamente, para que o *laser* possa penetrar na sua profundidade por completo e fundir uma camada com a seguinte, evitando delaminações entre elas. Normalmente, esse parâmetro não é modificado com frequência. Também é importante evitar que peças críticas sejam posicionadas nas bordas, para que a temperatura nessas peças seja a mais uniforme possível, mantendo a sua integridade. Por se tratar de processos em batelada, a otimização do volume de maneira adequada reduz os custos de produção e, portanto, o custo unitário das peças, o que implica adicionalmente menor quantidade de material a ser reciclado.

9.6.3 TOLERÂNCIAS DIMENSIONAIS E MORFOLÓGICAS MENOS RESTRITAS

O material em pó já degradado pode ser ainda útil como matéria-prima, desde que as exigências estruturais, dimensionais e morfológicas da peça produzida não sejam tão restritas. Normalmente, o material degradado não atende às exigências de peças industriais cuja tolerância pode ser na faixa de centésimo de milímetro, com detalhes da peça muito bem definidos e superfícies com bom acabamento. Portanto, é fundamental, neste caso, o uso de material íntegro com o equipamento devidamente calibrado, bem como a escolha adequada da estratégia de varredura, da orientação e do posicionamento da peça. A utilidade do material degradado tem sido constatada e colocada em prática desde o ano 2000 no CTI Renato Archer. Com a evolução do uso mais amplo e diverso das tecnologias de AM, bem como as parcerias estabelecidas no decorrer desses anos, foi criado, em 2006, o programa ProExp (tecnologias 3D para a aceleração de experimentos científicos), que tem apoiado diversas universidades e centros de pesquisa, provendo peças produzidas em vários processos de AM disponíveis na instituição, de modo a facilitar a execução de experimentos científicos de diversas naturezas [36]. Um dos materiais amplamente utilizados é a poliamida 12 já degradada para processos industriais. Assim, pode-se oferecer no contexto do ProExp, e sem custos, peças de grande porte e massa de material para as áreas médica, odontológica, forense, de paleontologia, de egiptologia e de arquitetura, veículos experimentais e dispositivos especiais para várias aplicações.

Para aplicações em componentes para os quais poderá haver, no futuro, a necessidade da sua degradação mais rápida ou até mesmo controlada, pode-se aproveitar as características de degradação dos polímeros como um efeito benéfico e desejável. Tipicamente, será o caso das aplicações em que possam ser necessários descarte e deterioração rápidos pelos efeitos de intempéries nos produtos ou protótipos quando descartados na natureza, ou mesmo para aplicações na área médica, quando deseja-se a absorção do material pelo organismo.

9.7 SISTEMAS COMERCIAIS MAIS IMPORTANTES

Os mais importantes sistemas comerciais atualmente disponíveis que utilizam a fusão em leito de pó não metálico são os disponibilizados pela empresa 3D Systems Inc., por meio da tecnologia SLS, e os equipamentos da empresa alemã EOS GmbH, que disponibiliza a tecnologia de sinterização a *laser* (*laser sintering* – LS). Essas duas empresas oferecem vários sistemas de diferentes portes, além de materiais. A seguir, são descritas as duas principais tecnologias comercialmente disponíveis, sendo apresentadas a evolução histórica e alguns detalhes delas. Além disso, serão listados os sistemas e os materiais mais comumente disponíveis desses fornecedores atualmente. Essas informações, obviamente, têm validade limitada e temporária. No entanto, não são observadas mudanças significativas nos últimos anos nesse cenário, mas melhorias e modificações nos materiais básicos. Todas as informações relativas aos modelos de equipamentos e materiais oferecidos foram obtidas da base de informações dessas empresas, publicamente disponíveis. São, portanto, apresentadas somente as informações principais desses equipamentos e materiais.

Provavelmente, os materiais mais utilizados atualmente sejam a poliamida 12 e, em seguida, a poliamida 11. Em especial, destaca-se a poliamida 12 por sua ampla janela de processamento, garantindo uma estabilidade durante e após o processamento, bem como a sua versatilidade para aplicações diversas. É também um material com longo histórico na AM, de custo razoavelmente acessível, podendo ser utilizado na forma de compósito com vários outros materiais, além da facilidade de pós-processamento por meio de processos convencionais como usinagem ou infiltração com outro polímero para reduzir a porosidade e conferir melhores propriedades mecânicas. Esse material também aceita muito bem os tratamentos superficiais como pintura, deposição metálica, entre outros.

9.7.1 SINTERIZAÇÃO SELETIVA A *LASER* (SLS) – 3D SYSTEMS INC.

O processo SLS da 3D Systems Inc. teve a patente americana concedida em 1989 (solicitada em 1986) sob o número 4863538 em favor de Carl R. Deckard, da Universidade do Texas, em Austin [37]. Essa patente foi adquirida pela DTM Corporation, empresa fundada em 1987 como subsidiária da BF Goodrich. Em 2001, a DTM foi incorporada pela 3D Systems Inc., que obteve os direitos sobre a tecnologia SLS. Desde a sua patente, a tecnologia tem experimentado uma grande evolução tecnológica, tanto do ponto de vista de automatismo do sistema comercial como dos materiais que podem ser utilizados.

A tecnologia SLS utiliza um *laser* de CO_2 com potência variando entre 30 W e 200 W, dependendo do modelo do equipamento e de sua configuração para fundir parcialmente um material polimérico na forma de pó, cujo maior fornecedor é a própria empresa. Os sistemas de grande porte dessa empresa já permitem a reciclagem do material e a limpeza das peças produzidas com um alto grau de automatização.

Materiais para o processo SLS da 3D Systems Inc.

A 3D Systems Inc. oferece uma linha de materiais baseados na poliamida 12 e na poliamida 11 (não declarado nas especificações dos materiais) chamados comercialmente de DuraForm®. Os materiais não necessariamente podem ser utilizados em todos os equipamentos da linha de produtos SLS, em virtude de configurações específicas para maior produtividade e automação, em especial nos equipamentos de maior volume de produção. Algumas informações dos principais materiais oferecidos pela 3D Systems Inc. são apresentadas no Quadro 9.1, compiladas de base de informações pública dessa empresa [38].

Quadro 9.1 Materiais para processo SLS [38].

Denominação comercial (3D Systems)	Material-base	Características
DuraForm® ProX™	Poliamida 12	Voltado à produção de peças finais com superfícies mais lisas, definições de detalhes e aparência de peças injetadas, além de bom custo-benefício e alta reciclabilidade
DuraForm ProX™ EX	Poliamida 11	Excelente resistência mecânica ao impacto, com durabilidade e flexibilidade
DuraForm® ProX™ GF	Poliamida 12 com carga de vidro	Adiciona maiores resistências mecânica e à temperatura ao material original
DuraForm® ProX™ AF+	Poliamida 12 com carga de fibra de alumínio	Adiciona extremas resistências mecânica, à temperatura e à capacidade de carregamento, com aparência de material metálico fundido
CastForm™ PS	Estireno	Para a produção de modelos de sacrifício, compatíveis com os processos-padrão de fundição de titânio, alumínio, magnésio, zinco e metais ferrosos
DuraForm® EX (versões Black ou Natural)	Poliamida 11	De cor negra ou natural, com resistência ao impacto equivalente à do polipropileno (PP) e do ABS injetados. Possui boa reprodução de detalhes, paredes finas, e é adequado para peças com encaixes e partes móveis
DuraForm® Flex	Não disponível	Material borrachoide, durável e de boa resistência ao rasgo
DuraForm® FR 100	Não disponível	Retardante de chama, sem halogênios e antimônio, para peças aeroespaciais e outras aplicações que demandem esse tipo de material
DuraForm® GF	Poliamida 12 com carga de vidro	Boas propriedades mecânicas e resistência à temperatura e isotrópico
DuraForm® HST Composite	Não disponível	Excelentes rigidez, resistência mecânica e resistência à temperatura
DuraForm® PA	Poliamida 12	Propriedades mecânicas balanceadas com bom acabamento superficial e capaz de reproduzir detalhes

Uma aplicação para uso final utilizando materiais poliméricos foi realizada no contexto do projeto BDA (*Brazilian decimetric array*) desenvolvido no Instituto de Pesquisas Espaciais (Inpe). Nesse projeto, o CTI Renato Archer colaborou na tomada de decisão da tecnologia e do material a ser usado para o encapsulamento da eletrônica e a proteção da antena. Foi escolhido o processo SLS com o uso da poliamida 12. A Figura 9.7a mostra detalhes da proteção da antena e da base utilizada para encapsular a eletrônica. Observa-se a entrada de tubos para a passagem de ar proveniente do subsolo pelas laterais da base, de maneira que a eletrônica confinada mantenha a mesma temperatura de referência em todas as antenas do sistema. Observa-se também que o material apresenta deposição superficial de musgo verde pela exposição há anos às intempéries. A Figura 9.7b mostra algumas das várias antenas que compõem o sistema com distribuição espacial na forma de "T". O projeto BDA tem por objetivo suprir a falta de interferômetros no hemisfério sul, dedicados à observação na faixa de ondas decimétricas provenientes do sol. Dessa maneira, trabalhando em cooperação com outros cinco rádio-heliógrafos instalados no Japão, na Índia, na Rússia, na França e nos Estados Unidos, poderá ser feito o monitoramento da física solar, como liberação de *flares*, aquecimento coronal e efeitos do clima espacial durante as 24 horas do dia.

Figura 9.7 Utilização de proteção de antena e encapsulamento da eletrônica por peças produzidas em poliamida pelo processo SLS para o projeto BDA do Inpe (a) e distribuição espacial de algumas antenas que trabalham coordenadamente (b).

A Figura 9.8 ilustra várias peças, produzidas no ano de 2000, incluindo hélice otimizada no material poliamida 11, impressas no equipamento SinterStation 2000 (3D Systems) para um dirigível robótico autônomo da divisão de robótica e visão computacional do CTI Renato Archer. As peças foram integradas com os outros sistemas do dirigível e produzidas sob medida na complexidade geométrica necessária para a aplicação, conferindo resistência mecânica, química e a vibrações, com redução de peso e tempo de desenvolvimento. Algumas peças foram submetidas a furação e acabamento superficial [39].

Figura 9.8 Dirigível robótico autônomo com várias peças customizadas em poliamida para a aplicação direta.

9.7.2 SINTERIZAÇÃO SELETIVA (LS) – EOS GMBH

Quase simultaneamente, Hans Langer e Miguel Cabrera, na Alemanha e na França, respectivamente, trabalharam em um processo similar ao de Carl Deckard e depositaram patente na base alemã no final de 1990. Em 1989, Hans J. Langer and Hans Steinbichler fundaram a EOS GmbH Electro Optical Systems, que até hoje comercializa a tecnologia patenteada. A empresa depositou também patente na base americana, em 1995, sob o número 5460758 [37]. O primeiro sistema por fusão de leito de pó comercial da EOS GmbH foi disponibilizado em 1995. Em 1997, as empresas EOS GmbH e 3D Systems Inc. entraram em acordo de comercialização, e a EOS GmbH passou a oferecer seus produtos mundialmente. A empresa continua sendo gerenciada por Hans J. Langer, PhD em *laser* pelo Instituto Max-Planck da Universidade Ludwig-Maximilians de Munique, com passagem pela indústria General Scanning, também da área de *lasers*.

A tecnologia LS da EOS GmbH também utiliza *laser* de CO_2, com potência variando entre 30 W e 70 W. Dependendo do modelo e da configuração do equipamento, utiliza dois sistemas de *laser* de 50 W cada um, em equipamentos maiores ou para processar material especial como o PEEK HP3. O princípio básico é o mesmo, com a deposição controlada de camadas de material e a fusão parcial do material a cada camada, sempre controlado computacionalmente, até o final de produção da peça. As maiores diferenças dos sistemas de AM da EOS GmbH para os da concorrente 3D Systems estão na forma de distribuição do material no leito de pó, que, no caso da EOS, utilizam um sistema de palheta ou raspador (*recoater*) no sistema de aquecimento, que é distribuído na câmara de maneira diferente da 3D Systems, e no sistema de alimentação de pó, que é majoritariamente realizado por gravidade, em vez de sistemas de elevadores com pistões, como o da 3D Systems.

Há também inúmeras diferenças entre os sistemas EOS e 3D Systems no que diz respeito a configurações de equipamentos, controle óptico, ajustes de parâmetros, sistemas supervisórios e de controle, entre muitos, porém não serão explorados neste capítulo.

Materiais para o processo LS da EOS GmbH

Os materiais da EOS GmbH são, na sua maioria, também baseados na poliamida 12 e na poliamida 11. Porém, essa empresa possui também materiais exclusivos. Os materiais não podem ser necessariamente utilizados em todos os equipamentos da linha de produtos LS dessa empresa, em virtude de configurações específicas para maior produtividade e automação, em especial nos equipamentos de maior volume de produção. Algumas informações dos materiais oferecidos pela EOS GmbH são apresentadas no Quadro 9.2, compilada à base de informações públicas dessa empresa [40].

Quadro 9.2 Materiais para processo LS [40].

Denominação comercial (EOS GmbH)	Material-base	Características
PA 2200/2201	Poliamida 12	Em cor branca, com propriedades balanceadas e aplicações gerais. O PA 2201 é o mesmo material, porém de cor natural, para a comercialização nos Estados Unidos
PA 2202 Black	Poliamida 12	Em cor negra, com propriedades balanceadas e aplicações gerais
PA 1101/1102 Black	Poliamida 11	Nas cores natural e negra, respectivamente, com altas ductilidade e resistência ao impacto, provenientes de fontes naturais e com propriedades balanceadas similares às do PA 2200
PA 2210 FR	Poliamida 12	Em cor branca, com propriedade retardante de chama, sem halogênios, para as indústrias aeroespacial e eletroeletrônica
PrimePart FR (PA 2241 FR)	Poliamida 12	Em cor branca, com material retardante de chama, de custo econômico, para aplicações aeroespaciais

(*continua*)

Quadro 9.2 Materiais para processo LS [40]. (*continuação*)

Denominação comercial (EOS GmbH)	Material-base	Características
PA 3200 GF	Poliamida 12 com carga de microesferas de vidro	Em cor esbranquiçada, apresenta resistência à abrasão e alta rigidez com resistência a temperaturas mais altas
Alumide®	Poliamida 12 com carga de alumínio	Em cor cinza metálico e com facilidade de pós-processamento como usinagem. Possui condutividade térmica limitada, alta rigidez e boa resistência a temperaturas mais altas
CarbonMide®	Poliamida 12 com reforço de fibras de carbono	Em cor negra, possui resistência mecânica e rigidez extremas. Possui condutividades térmica e elétrica limitadas
PrimePart PLUS (PA 2221)	Poliamida 12	Em cor natural, possui propriedades balanceadas, de multiuso e de bom custo-benefício
PrimePart® ST (PEBA 2301)	Copolímero TPE-A polieteramida	Em cor branca, borrachoide, sem a necessidade de infiltrações de outros materiais para melhoria da resistência
PrimeCast® 101	Poliestireno	Em cor cinza, possui grande precisão dimensional e baixo teor de cinzas, para máster de fundição e moldes a vácuo
EOS PEEK HP3®	Poliariletercetona	Em cor bege-marrom, possui excelente desempenho a altas temperaturas, com resistências mecânica e química. Possui resistência à abrasão, sendo a propriedade de ser retardante de chama inerente ao material. Possui potencial de biocompatibilidade e é esterilizável. Para aplicações diversas, desde substituição de peças metálicas, aeroespacial, automotiva, eletroeletrônica, até área médica e aplicações industriais em geral

9.8 FUSÃO DE LEITO DE PÓ CERÂMICO

A obtenção de peças integralmente cerâmicas por meio da AM pode ocorrer por várias tecnologias, porém, em sua maioria, se dá por meio de processos indiretos, em que um pós-processamento é necessário para tratar uma peça verde, incluindo a produção de moldes por AM em que a cerâmica é conformada. Essa peça verde é normalmente estruturada por meio de resinas fotocuráveis (processos de polimerização) ou mesmo obtida pela deposição, também em leito de pó, de um material aglutinante. São processos mais simples e controlados, porém a etapa seguinte de sinterização em forno é bastante empírica, dependendo da massa e da geometria da peça, além de outros parâmetros, para se definir tempos e rampas de processamento. Maiores detalhes desses processos, bem como o estado da arte nas pesquisas mundiais, podem ser encontrados no Capítulo 8, bem como em Zocca et al. [41], que apresentam uma revisão mais pormenorizada.

Peças verdes para um pós-processamento em forno também podem ser obtidas por meio da sinterização de fase líquida em leito de pó. Nesse caso, são utilizados *lasers* para o processamento de um material cerâmico com recobrimento polimérico ou mesmo dois componentes cerâmicos diferentes, em que a fase líquida é o polímero, no primeiro caso, ou o cerâmico de menor ponto de fusão, no segundo caso. Há também a possibilidade de uso de materiais cerâmicos formados por somente um componente, que são parcialmente sinterizados pela aplicação do *laser* e, em seguida, processados para aumentar a densidade da peça.

As tentativas de fusão direta de materiais cerâmicos em leito de pó pelo efeito de um *laser* ainda não obtiveram o sucesso de outras tecnologias, como o dos materiais poliméricos ou metálicos. A alta taxa de aquecimento e resfriamento durante o processamento provoca tensões/deformações térmicas que levam à formação de trincas, o que demanda um controle preciso do gradiente térmico, o qual é normalmente feito por meio de estratégias de varredura do *laser* e/ou pré-aquecimento do leito de pó. Pode ser necessário o controle da atmosfera em que ocorre o processo, por meio de vácuo ou gases inertes, como o argônio. No entanto, algumas reações durante o processamento podem ser de interesse, como é o caso de atmosfera contendo oxigênio ou nitrogênio, na qual reações de redução e oxidação podem ocorrer, formando oxinitretos ou nitretos [42].

Em última instância, o que se busca são peças finais com qualidade, reduzindo deformações e deterioração de suas propriedades. Isso é conseguido com um controle refinado das distribuições de temperaturas e tensões térmicas por meio de estratégias de varredura do *laser* na superfície do leito de pó. A complexidade do entendimento desse processo é ainda maior que nos processamentos em leitos de pós poliméricos e metálicos. Assim, modelos matemáticos têm grande potencial de melhorar o entendimento desses fenômenos complexos. Nesse contexto, Tian et al. [43] postularam um modelo utilizando elementos finitos para simular a influência do padrão de varredura do *laser* nas distribuições de temperaturas e tensões residuais.

Características inerentes do material, como o alto ponto de fusão, dificultam o seu processamento. O *laser* de CO_2 é altamente absorvido por materiais cerâmicos, no entanto, o foco do *laser* é de grande diâmetro e não concentra energia suficiente para atingir o ponto de fusão. Por outro lado, o *laser* de Nd:YAG possui foco com diâmetro em torno de 10 vezes menor que o do CO_2, mas a absorção de sua energia pelo material cerâmico é baixa. Assim, sistemas experimentais utilizando o melhor dos dois tipos de *laser* já foram testados. Um *laser* de CO_2 para o pré-aquecimento do leito de pó e outro *laser* de Nd:YAG para sinterizar o material cerâmico foram desenvolvidos para fundir ZrO_2-Al_2O_3 (zircônia-alumina), denominado um sistema eutético, em que o ponto de fusão da liga é menor que o de seus componentes individualmente. Consegue-se, nesse caso, redução da temperatura de fusão de quase 1.000 °C no leito de pó, peças quase 100% densas, baixa contração dimensional, nenhuma formação de trincas, pelas características de superplasticidade da zircônia-alumina em altas temperaturas, e propriedades mecânicas superiores às da alumina ou da zircônia individualmente [44].

A fusão de leito de pó cerâmico, em virtude de suas características de obter transformações e reações químicas localizadas, pode produzir peças com estruturação heterogênea, o que dificilmente poderia ser conseguido com processos convencionais de sinterização cerâmica, criando um grande potencial tecnológico. Além de estudos para um melhor entendimento desses sistemas e montagens de equipamentos experimentais, vários materiais têm sido testados em ambientes de pesquisa [42, 44].

Para melhorar as propriedades da peça, o sistema como o LSD (*layerwise slurry deposition*), patenteado em 2002 pela Universidade de Tecnologia de Clausthal, na Alemanha, propõe a sinterização seletiva a *laser* de cerâmica molhada, para que haja um melhor empacotamento das partículas, o que gera peças com melhores propriedades para serem, posteriormente, pós-processadas em forno [45].

Atualmente, não há oferta de sistemas para a obtenção direta de peças por fusão em leito de pó cerâmico no mercado além do sistema Phenix (3D Systems). Esse sistema foi criado em 2000, na França, com o propósito de oferecer um sistema de fusão de leito de pó que combinasse a possibilidade de fundir metais e cerâmicos em um mesmo equipamento. Essa empresa foi adquirida pela 3D Systems Inc., que atualmente comercializa os produtos e os materiais dela originados. Os sistemas são oferecidos em três tamanhos e configurações que suportam o uso de metais e de materiais cerâmicos, como a alumina e o cermet. Para fundir esses materiais no leito de pó (com diâmetro de 6 a 9 micrômetros), em camadas de até 20 micrômetros, é utilizado um *laser* de fibra de comprimento de onda de 1.070 nm, com potência que depende do equipamento, variando entre 300 W e 500 W [38].

9.9 VANTAGENS E DESVANTAGENS DOS SISTEMAS POR FUSÃO DE LEITO DE PÓ NÃO METÁLICO

As principais vantagens e desvantagens, em geral, dessa classe de tecnologia comercial comparada com outros processos de AM, também comerciais [2, 4, 6, 7, 9, 17, 23, 46, 47], são resumidas a seguir.

Algumas vantagens:

1) Possibilita produzir peças funcionais e resistentes com propriedades semelhantes àquelas dos processos convencionais.

2) Necessita de um mínimo de pós-processamento (limpeza e jateamento) e não necessita de pós-cura da peça.

3) Não necessita de estrutura de suporte, já que o pó não fundido cumpre essa função. Isso gera peças sem marcações ou sinais de retirada de suportes.

4) Possibilita a construção de peças complexas e até mesmo com partes móveis (montagem) numa mesma estrutura, pela não necessidade de remoção de suportes e pela facilidade na remoção do pó remanescente.

5) Disponibiliza vários materiais puros e compósitos. A poliamida 12, por ser muito adequada ao processo e por ter grande gama de aplicações, é de grande uso nesse processo.

6) Permite uma excelente otimização do volume em que são construídas as peças, por meio de encaixes de espaços vazios, desde que sejam respeitados critérios mínimos de distanciamento, orientação e posicionamento das peças em função de detalhes das peças e sua aplicação.

7) Potencialmente, qualquer material polimérico na forma de pó pode ser usado nesse processo.

8) Oferece uma barreira natural aos produtos tóxicos, sendo possível o seu contato com o organismo humano.

9) Oferece materiais duráveis e, muitas vezes, prontos para uma aplicação final.

Algumas desvantagens dos processos por fusão em leito de pó.

1) A superfície é porosa e altamente dependente do tamanho do grão.

2) O processo pode ser demorado em função de aquecimento e resfriamento necessários.

3) Sistemas de alto custo de aquisição, operação e manutenção.

4) Materiais poliméricos sofrem forte degradação durante o processamento, pelo efeito do calor, obrigando descarte excessivo de material.

5) Processo gera, inevitavelmente, muito resíduo de pó no ambiente, em virtude de sua manipulação, mesmo que cuidados sejam tomados. Essa afirmação pode não ser válida para os processos automatizados de reciclagem e carregamento de pó. De toda forma, é necessária uma limpeza constante do ambiente.

6) Mesmo com toda a evolução e automatismos, exige que a operação seja feita por um técnico especializado, para adequada escolha dos parâmetros de processo e decisões sobre a qualidade e a reciclagem do material em uso. A capacitação técnica impacta diretamente na melhoria da qualidade da peça, minimizando os defeitos e a degradação do material. Esse é um fator crítico no Brasil, onde a formação de mão de obra especializada na área ainda é incipiente.

7) A fusão incompleta do material pode gerar peças não completamente homogêneas, apresentando pontos frágeis ou mais porosos. As regiões não homogêneas e a possível concentração de tensões em pontos da superfície podem reduzir as propriedades mecânicas e resistência à fadiga.

8) Pode gerar peças com alto grau de anisotropia, em função da não observação de parâmetros ideais.

9) Tem precisão dimensional inferior aos processos de polimerização de resinas fotocuráveis.

9.10 OUTROS MATERIAIS E APLICAÇÕES PARA PROCESSAMENTO POR FUSÃO EM LEITO DE PÓ NÃO METÁLICO

Uma das aplicações potencialmente importantes para a fusão de leito de pó não metálico é a produção de estruturas porosas denominadas *scaffolds*, para engenharia tecidual. Os *scaffolds* são estruturas temporárias, produzidas a partir de biomateriais, que se decompõem no organismo e prestam a função de serem estruturas com forma predefinida para a colonização por células-tronco do próprio paciente, promovendo a regeneração de um tecido ou órgão que, em seguida, é implantado. Esses biomateriais devem atender a requisitos muito rigorosos no que diz respeito aos efeitos dos produtos de sua degradação no organismo. Em resumo, devem ter a menor toxicidade possível para facilitar a adesão e a proliferação de células sadias, além de produzirem, na sua degradação, o menor impacto possível na liberação de subprodutos que serão processados por órgãos como os rins do paciente, após a implantação. Esse é um ramo muito promissor, e resultados clínicos preliminares estão em andamento em pesquisas, em especial na regeneração de tecidos ósseos e cartilagem.

Muitos materiais têm sido testados no processo por fusão em leito de pó para a produção de *scaffolds* para engenharia tecidual de ossos, pelo potencial intrínseco dessa tecnologia de poder processar materiais diversos e produzir formas complexas com porosidade controlada. Dentre os materiais, destacam-se a policaprolactona (PCL), poli(L-ácido lático) (PLLA); poli(3-hidroxibutirato-co-3-hidroxivalerato) (PHBV), nano-hidroxiapatita (HA), beta fosfato tricálcico (β-TCP), fosfato de cálcio (CaP)+PHBV e hidroxiapatita carbonatada (CHAp)+PLLA [48]. Os três primeiros são polímeros, os dois seguintes, cerâmicos, e os dois últimos são compósitos polímero-cerâmicos.

Na Divisão de Tecnologias Tridimensionais do CTI Renato Archer, foram processados experimentalmente, utilizando a fusão em leito de pó não metálico, em parceria com a Universidade Federal de São Carlos, a Universidade Estadual de Campinas, a Universidade Federal do Rio de Janeiro e a Universidade Simón Bolívar, vários biomateriais para a engenharia tecidual, como o biovidro, o polimetilmetacrilato (PMMA), o poli-hidroxibutirato (PHB) e a policaprolactona (PCL).

9.11 CONCLUSÕES

Os processos por fusão de leito de pó não metálico foram uma das primeiras tecnologias de AM disponibilizadas comercialmente, com a primeira máquina sendo colocada no mercado em 1992, em especial, pelo estágio de maturidade e pelo avanço na área de *lasers* de potência. Essa classe de processos, por suas características de versatilidade, pode ser aplicada em diferentes materiais, como cerâmicas, polímeros e metais, além de compósitos e ligas. Não é um processo de fácil entendimento, e a modelagem dos fenômenos envolvidos nas complexas interações *laser*-material pode ser uma ferramenta de ajuda, reduzindo o empirismo e facilitando o seu controle e, consequentemente, a estabilidade e a qualidade dos resultados.

De uma maneira geral, em termos de materiais para os processos de AM, há ainda grandes limitações, e esses, na maioria das vezes, tentam imitar as propriedades de materiais de uso estabelecido na indústria. Para os processos por fusão de leito de pó não metálico, não é diferente, sendo ainda mais limitado em termos de variedade (normalmente, poliamidas 12 e 11), apesar de esse processo ser um dos mais utilizados e versáteis, inclusive para muitas aplicações de uso final da peça. Diante dessas limitações, há uma necessidade de desenvolvimentos científicos e tecnológicos para um melhor entendimento das propriedades fundamentais e do processamento desses materiais na forma de pó, bem como das caracterizações e das propriedades do material após ser processado.

Neste capítulo, foram tratados, também, os principais sistemas e materiais comercialmente disponíveis, bem como o processo de degradação do material e boas práticas no seu uso. O foco principal do capítulo foi o processamento de polímeros por sua importância econômica atual. O processamento de cerâmica foi tratado de forma sumária, por estar ainda em estágio inicial de aplicações pela grande complexidade envolvida.

Finalmente, a área de engenharia tecidual pode ser também bastante beneficiada pela produção de *scaffolds* para crescimento tecidual via fusão em leito de pó; é uma área de pesquisa bastante ativa, que está apenas no início.

9.12 AGRADECIMENTOS

Agradeço a contribuição dos colegas da Divisão de Tecnologias Tridimensionais do Centro de Tecnologia da Informação Renato Archer (CTI), pelos resultados e pelas inúmeras sugestões e discussões apresentadas neste capítulo.

REFERÊNCIAS

1 STARR, T. L.; GORNET, T. J.; USHER, J. S. The effect of process conditions on mechanical properties of laser-sintered nylon. *Rapid Prototyping Journal*, Bradford, v. 17, n. 6, p. 418-423, 2011.

2 VENUVINOD P.; MA, W. *Rapid Prototyping*: laser-based and other technologies. Norwell: Kluwer Academic Publisher, 2004.

3 SANTOS, E. C. et al. Rapid manufacturing of metal components by laser forming. *International Journal of Machine Tools & Manufacture*, Oxford, v. 46, p. 1.459-1.468, 2006.

4 COOPER, K. *Rapid prototyping technology:* selection and application. New York: Marcel Dekker, 2001.

5 PHAM, D.; DIMOV, S. *Rapid manufacturing:* the technologies and applications of rapid prototyping and rapid tooling. New York: Springer-Verlag, 2001.

6 CHUA, C.; LEONG, F.; LIM, C. S. *Rapid prototyping:* principles and applications. Singapore: World Scientific Co. Pte. Ltd., 2003.

7 NOORANI, R. *Rapid prototyping:* principles and applications. New Jersey: John Wiley & Sons, 2006.

8 KAMRANI, A.; NASR, E. *Rapid prototyping*: theory and practice. New York: Birkhäuser, 2006.

9 VOLPATO, N. Os principais processos de prototipagem rápida. In: _____. (Org.). *Prototipagem rápida*: tecnologias e aplicações. São Paulo: Blucher, 2007. p. 55-100.

10 LIOU, F. *Rapid prototyping and engineering applications:* a toolbox for prototype development. Boca Raton: CRC Press, 2008.

11 SILVA, J. V. L. Planejamento de processo para prototipagem rápida. In: VOLPATO, N. (Org.). *Prototipagem rápida:* tecnologias e aplicações. São Paulo: Blucher, 2007. p. 101-162.

12 XU, F.; LOH, H. T.; WONG, Y. S. Considerations and selection of optimal orientation for different rapid prototyping systems. *Rapid Prototyping Journal*, Bradford, v. 5, n. 2, p. 54-60, 1999.

13 CALLISTER, W. Material science and engineering: an introduction. New York: John Wiley & Sons, 2008.

14 KRUTH, J. P. et al. Lasers and materials in selective laser sintering. *Assembly Automation*, Bedford, v. 23, n. 4, p. 357-371, 2003.

15 KRUTH, J. P. et al. Binding mechanisms in selective laser sintering and selective laser melting. *Rapid Prototyping Journal*, Bradford, v. 11, n. 1, p. 26-36, 2005.

16 KRUTH, J. P. et al. Consolidation phenomena in laser and powder-bed based layered manufacturing. *CIRP Annals: Manufacturing Technology*, Amsterdam, v. 56, n. 2, p. 730-759, 2007.

17 GOODRIDGE, R. D.; TUCK, C. J.; HAGUE, R. J. M. Laser sintering of polyamides and other polymers. *Progress in Materials Science*, v. 57, p. 229-267, 2012.

18 BOURELL, D. L. et al. Performance limitations in polymer laser sintering. *Physics Procedia*, Amsterdam, v. 56, p. 147-156, 2014.

19 KRUTH, J. P. et al. Consolidation of polymer powders by selective laser sintering. *International Conference on Polymers and Moulds Innovations*, v. 1, p. 15-30, 2008.

20 SCHMID, M.; AMADO, A.; WEGENER, K. Polymer powders for selective laser sintering (SLS). *AIP Conference Proceedings* 1664, v. 1, p. 1-5, 2015.

21 ALLMEN, M.; BLATTER, A. *Laser-Beam interactions with materials:* physical principles and applications. Berlin: Springer Verlag, 1998.

22 TOLOCHKO, N. K. et al. Absorptance of powder materials suitable for laser sintering. *Rapid Prototyping Journal*, Bradford, v. 6, n. 3, p. 155-160, 2000.

23 HOPKINSON, N.; HAGUE, R.; DICKENS, P. *Rapid manufacturing:* an industrial revolution for the digital age. Chichester: John Wiley & Sons, 2006.

24 WILLIAMS, J.; DECKARD, C. Advances in modeling the effects of selected parameters on the SLS process. *Rapid Prototyping Journal*, Bradford, v. 4, n. 2, p. 90-100, 1998.

25 KUMAR, S. Selective laser sintering: a qualitative and objective approach. *Journal of the Minerals, Metals and Materials Society*, New York, v. 55, n. 10, p. 43-47, 2003.

26 DRUMMER, D.; RIETZEL, D.; KÜHNLEIN, F. Development of a characterization approach for the sintering behavior of new thermoplastics for selective laser sintering. *Physics Procedia*, Amsterdam, v. 5, p. 533-542, 2010.

27 DAS, S. Selective laser sintering of polymers and polymer-ceramic composites. In: BIDANDA, B.; BÁRTOLO, P. (Ed.). *Virtual prototyping & bio manufacturing in medical applications*. New York: Springer, 2008. v. 1. p. 229-260.

28 BOX, G. E. P.; DRAPER, N. R. *Empirical model-building and response surfaces*. New York: John Wiley & Sons, 1987.

29 DRIZO, A.; PEGNA, J. Environmental impacts of rapid prototyping: an overview of research to date. *Rapid Prototyping Journal*, Bradford, v. 12, n. 2, p. 64-71, 2006.

30 DOTCHEV, K.; YUSOFF, W. Recycling of polyamide 12 based powders in the laser sintering process. *Rapid Prototyping Journal*, Bradford, v. 15, n. 3, p. 192-203, 2009.

31 ODM. On Demand Manufacturing. Disponível em: <http://www.ondemandmfg.com>. Acesso em: 11 mar. 2010.

32 WOHLERS, T. *State of the industry annual worldwide progress report*. Fort Collins: Wohlers Associates, 2007.

33 SEWELL, N. T. et al. A study of the degradation of DuraForm PA due to cyclic processing. In: BÁRTOLO, P. et al. (Ed.). *Virtual and rapid manufacturing*. London: Taylor and Francis, 2008. v. 1. p. 299-304.

34 GIBSON, I.; SHI, D. Material properties and fabrication parameters. *Rapid Prototyping Journal*, Bradford, v. 3, n. 4, p. 129-136, 1997.

35 CAULFIELD, B.; MCHUGH, P. E.; LOHFELD, S. Dependence of mechanical properties of polyamide components on build parameters in the SLS process. *Journal of Materials Processing Technology*, Amsterdam, v. 182, p. 477-488, 2007.

36 OLIVEIRA, M. F. *Aplicações da prototipagem rápida em projetos de pesquisa*. Dissertação (Mestrado) – Faculdade de Engenharia Mecânica, Universidade Estadual de Campinas, Campinas, 2008.

37 UNITED STATES PATENT AND TRADEMARK OFFICE. Disponível em: <http://www.uspto.gov>. Acesso em: 11 mar. 2010.

38 3D Systems. Disponível em: <www.3dsystems.com>. Acesso em: 13 jul. 2015.

39 PEIXOTO, R. P. et al. Desenvolvimento de elementos mecânicos para um dirigível robótico não-tripulado através de prototipagem rápida. In: CONGRESSO BRASILEIRO DE ENGENHARIA MECÂNICA, 2001, Uberlândia. *Anais...*, v. 1, 2001.

40 EOS. Disponível em: <www.eos.info>. Acesso em: 14 jul. 2015.

41 ZOCCA, A. et al. Additive manufacturing of ceramics: issues, potentialities, and opportunities. *Journal of the American Ceramic Society*, v. 98, n. 7, p. 1.983-2.001, 2015.

42 BIN, Q.; ZHIJIAN, S. Laser sintering of ceramics. *Journal of Asian Ceramic Society*, v. 1, p. 315-321, 2013.

43 TIAN, X. et al. Scan pattern, stress and mechanical strength of laser directly sintered ceramics. *International Journal of Advanced Manufacturing Technology*, Bedford, v. 64, p. 239-246, 2013.

44 WILKES, J. et al. Additive manufacturing of ZrO_2-Al_2O_3 ceramic components by selective laser melting. *Rapid Prototyping Journal*, Bradford, v. 19, n. 1, p. 51-57, 2013.

45 MÜHLER, T. et al. Slurry-Based additive manufacturing of ceramics. *International Journal of Applied Ceramic Technology*, v. 12, p. 18-25, 2015.

46 UPCRAFT, S.; FLETCHER, R. The rapid prototyping technologies. *Assembly Automation*, Bedford, v. 23, n. 4, p. 318-330, 2003.

47 MAJEWSKI, C. E. et al. The use of off-line part production to predict the tensile properties of parts produced by Selective Laser Sintering. *Journal of Materials Processing Technology*, Amsterdam, v. 209, p. 2.855-2.863, 2009.

48 BOSE, S.; VAHABZADEH, S.; BANDYOPADHYAY, A. Bone tissue engineering using 3D Printing. *Materials Today*, Kidlington, v. 16, n. 12, p. 496-504, 2013.

CAPÍTULO 10
Processos de AM por fusão de leito de pó metálico

André Luiz Jardini Munhoz

Maria Aparecida Larosa

Guilherme Arthur Longhitano

Universidade Estadual de Campinas – Unicamp

Aulus Roberto Romão Bineli

Universidade Tecnológica Federal do Paraná – UTFPR

Cecília Amélia de Carvalho Zavaglia

Universidade Estadual de Campinas – Unicamp

Jorge Vicente Lopes da Silva

Centro de Tecnologia da Informação Renato Archer – CTI

10.1 INTRODUÇÃO

O interesse por tecnologias de manufatura aditiva (*additive manufacturing* – AM) em metal tem crescido nos últimos anos pelas suas possibilidades de aplicação em diversos campos. Essas tecnologias nasceram por volta de 1990 e têm sido desenvolvidas e guiadas pelo propósito de serem tão bem aceitas quanto as tecnologias tradicionais de manufatura subtrativa são hoje [1].

Os métodos subtrativos como a usinagem (torneamento, fresagem etc.) criam os modelos físicos por meio da remoção de material a partir de ferramentas de corte. Mas, embora tenham sido realizados grandes avanços com o advento do controle numérico computadorizado (CNC) e das tecnologias de usinagem de alta velocidade, uma das maiores desvantagens desses métodos é a limitação quanto à produção de peças com alta complexidade geométrica. Determinadas características, como pequenos furos ou cavidades internas dentro de um bloco, são difíceis ou até impossíveis de serem reproduzidas e, mesmo quando a peça é pequena, o tempo de planejamento para a produção pode constituir uma porção significante desses processos [2].

O objetivo deste capítulo é abordar a tecnologia de AM por fusão em leito metálico, que, diferentemente dos métodos subtrativos, é uma técnica aplicada para uma produção de peças complexas diretamente a partir do pó metálico, seja aço inoxidável, níquel, alumínio, titânio ou outras ligas. Nesses processos, o *laser* ou um feixe de elétrons varre a superfície do pó metálico, provocando uma sinterização ou fusão das partículas do metal, e cria as peças consolidando as finas camadas umas às outras [3]. Adicionalmente, em virtude da flexibilidade de aplicação dos materiais, formas geométricas e controle dos parâmetros do processo, componentes metálicos com características porosas podem ser obtidos [4], o que abre novas possibilidades de uso dessas tecnologias.

10.2 PROCESSOS DE FUSÃO DE LEITO DE PÓ METÁLICO UTILIZANDO *LASER*

O princípio de AM por fusão de leito de pó metálico tem sido desenvolvido e comercializado por empresas que utilizam diferentes denominações comerciais para designar processos similares.

A sinterização seletiva a *laser* (*selective laser sintering* – SLS) é o primeiro processo do qual derivaram muitos outros semelhantes, como o processo de sinterização direta de metal a *laser* (*direct metal laser sintering* – DMLS) adotada pela empresa EOS GmbH – Electro Optical Systems [1, 5, 6, 7] e a fusão seletiva a *laser* (*selective laser melting* – SLM) adotada pelas empresas MCP Realizer, Renishaw e SLM Solutions, as quais são algumas das empresas fabricantes de equipamentos comerciais do processo [8, 9, 10]. A empresa EOS foi pioneira em técnicas de AM na Europa, com seu primeiro equipamento (EOSINT M250) produzido em 1994 [1, 3]. A empresa Concept Laser utiliza uma denominação comercial própria para o processo, denominado LaserCUSING. A empresa Arcam desenvolveu o processo denominado fusão por feixe de elétrons (*electron beam melting* – EBM), que é similiar ao DMLS e ao SLM, no entanto, utiliza um feixe de elétrons em vez de *laser* para fundir o material. A velocidade de construção das peças do processo EBM é maior em virtude da maior velocidade de varredura do feixe e da elevada temperatura alcançada, o que, por outro lado, tem como resultado um acabamento inferior [8, 10].

A Tabela 10.1 apresenta uma comparação entre as diferentes características das máquinas com base em processos por fusão de leito de pó metálico.

Tabela 10.1 Comparação entre as características das principais máquinas [11].

Fabricante	Modelo	Fonte de energia	Volume de construção (mm)	Precisão (mm)
EOS	DMLS M280	*Laser* de fibra (200 W ou 400 W)	250 × 250 × 325	0,06
SLM Solutions	SLM 280	*Laser* (400 ou 1.000 W)	280 × 280 × 350	0,24
Concept Laser	M2 Cusing	*Laser* (200 W ou 400 W)	250 × 250 × 280	-
Renishaw	SLM 250	*Laser* (200 W ou 400 W)	250 × 250 × 300	-
Arcam	Q10	Feixe de elétrons (3.000 W)	200 × 200 × 180	0,10

10.2.1 PRINCÍPIO DE FUNCIONAMENTO

Dentre as tecnologias por fusão de leito de pó metálico, podem-se destacar aquelas que utilizam *laser*, ou seja, DMLS (EOS), LaserCUSING (Concept Laser) e SLM (SLM Solutions, MCP Realizer, Renishaw). Estas são tecnologias similares, normalmente utilizando um feixe de *laser* de infravermelho controlado por um conjunto de espelhos, o qual irradia a superfície do leito, fundindo as partículas de pó. A espessura de cada camada, em geral, pode ser regulada entre 20 e 40 micrômetros. Uma fina camada de pó do material é espalhada pela lâmina do espalhador sobre a plataforma de construção, formando uma camada nivelada de pó (denominada leito de pó). O *laser* percorre todas as regiões predefinidas, fundindo as partículas umas às outras e à camada anterior. Após a formação de uma camada, a plataforma de construção da peça desce, e uma nova camada de pó é distribuída na superfície do leito, sendo esse processo repetido camada a camada, até a obtenção da peça final. A atmosfera no interior da câmara é mantida com gás inerte para evitar a oxidação do material [3, 6, 8, 12, 13, 14]. O pó não sinterizado é removido ao final do processo e pode ser reutilizado. A Figura 10.1 mostra um esquema do processo.

As peças podem obter propriedades finais para determinada aplicação, no entanto, dependendo do caso, podem ser necessários pós-processamentos, como tratamento térmico para alívio de tensões residuais, têmpera ou tratamentos de superfície como jateamento ou polimento.

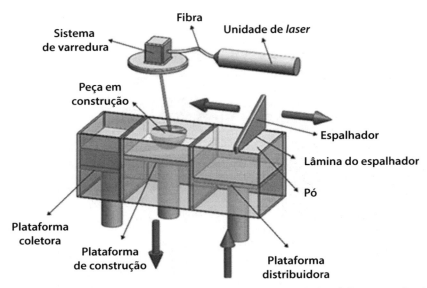

Figura 10.1 Diagrama esquemático do processo de fusão de leito de pó metálico que utiliza *laser* [6].

10.2.2 PARÂMETROS DE PROCESSAMENTO

Os principais parâmetros de processamento são: estratégia de varredura, potência do feixe de *laser*, velocidade de varredura, distância entre linhas de varredura e espessura da camada de pó. A estratégia de varredura envolve o modo como será utilizado o vetor de velocidade de varredura do *laser* sobre a superfície a ser fundida. A Figura 10.2 ilustra quatro estratégias de varredura diferentes: unidirecional sem (a) e com (c) mudança entre camadas, em zigue-zague sem mudança entre camadas (b) e em zigue-zague girando em 90° a cada camada (d) [15, 16]. A potência do *laser* e a velocidade de varredura na superfície do leito de pó definem a energia a ser aplicada pelo feixe do *laser* na fusão do material. A distância entre linhas de varredura é a distância entre dois vetores de escaneamento vizinhos, e é também função do diâmetro do foco do *laser* e da estratégia de varredura entre duas passadas do *laser*. A escolha dos parâmetros define o tamanho da poça de fusão, o tempo total de manufatura da peça, a qualidade da superfície, a porosidade e as propriedades mecânicas [6, 15, 17], além de evitar empenamentos ou outros efeitos indesejáveis no processamento.

Para se atingir uma boa qualidade estrutural da peça durante sua construção, é necessário o entendimento sobre alguns parâmetros do processo. Em virtude da exposição à alta energia térmica em um curto período de tempo, necessária para densificação e rearranjo atômico (na Figura 10.3, é possível visualizar o efeito da varredura do *laser* sobre a camada de pó do material durante a produção), alguns problemas inerentes podem ocorrer, como trincas e empenamentos [18]. Esses problemas podem ser resultado do aquecimento induzido pelo *laser* e o consequente resfriamento rápido do material, o que provoca campos de temperatura não homogêneos. Além disso, durante o resfriamento, a morfologia do material passa da fase amorfa para a semicristalina. As regiões cristalinas têm uma densidade maior que as regiões amorfas, o que leva a uma perda de volume. Como o processo é baseado na sobreposição de camadas, elas podem sofrer com diferentes tensões, resultando num efeito de distorções e empenamentos [19].

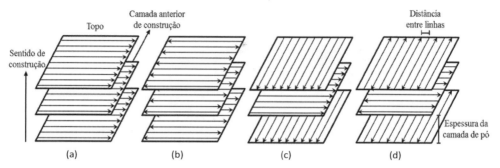

Figura 10.2 Diferentes estratégias de varredura no processo DMLS: unidirecional, sem mudança entre camadas (a); em zigue-zague, sem mudança entre camadas (b); unidirecional, girando em 90° a cada camada (c); e em zigue-zague, girando em 90° a cada camada (d).

Figura 10.3 Efeito da varredura do *laser* durante a produção por DMLS [20].

A estratégia de varredura da peça também condiciona o processo. A varredura pode ser efetuada em banda, em linha ou em quadrado. Pode-se realizar o varrimento do *laser* em X, em Y, ou alternadamente em X e Y (horizontalmente). As Figuras 10.4 e 10.5 mostram esquematicamente os tipos de estratégias de varredura [21]. A forma como o *laser* efetua os varrimentos (estratégia de irradiação) determina não só a densificação do material como o tempo de construção das peças, por exemplo, no hachuramento do tipo quadrados, essa estratégia é utilizada em alguns tipos de materiais (CoCr) para minimizar a geração de tensões residuais que podem ocasionar empenamento na peça.

Existe, na literatura, uma recomendação de não se utilizar linhas de varredura muito longas. Alguns autores recomendam reduzir o tamanho dos vetores, criando uma estratégia do tipo tabuleiro de xadrez – *island scanning* (Figura 10.5) [24].

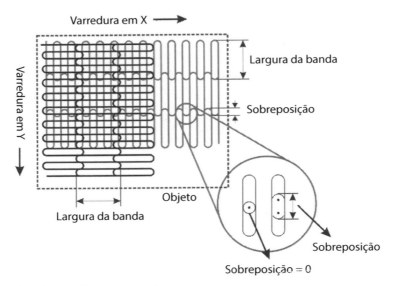

Figura 10.4 Varredura do tipo *up-down stripes*.

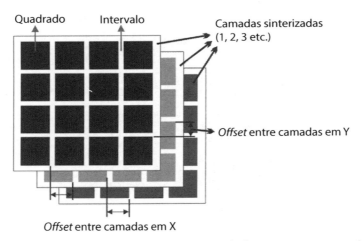

Figura 10.5 Varredura tipo *quadrados* com destaque para deslocamento entre camadas (*offset*).

As variáveis que condicionam o tempo de construção são identificadas pelas seguintes condições: área da camada sinterizada, altura de construção, velocidade de varrimento do *laser*, distância entre linhas de varrimento do *laser* e estratégia de varredura.

Na Figura 10.6, tem-se um esquema de varredura da tecnologia DMLS para material Ti6Al4V que ilustra os parâmetros de velocidade de varredura, distância entre linhas e espessura da camada de pó. Nota-se que é adotado um ajuste da área irradiada do feixe de *laser* com relação às dimensões originais do projeto, visto que o diâmetro da poça de fusão acarretada pelo *laser* é maior que o diâmetro do feixe de *laser* [6].

A Figura 10.6 também ilustra esquematicamente a varredura do *laser* sobre uma camada do pó, formando uma seção bidimensional do objeto. Inicialmente, todo contorno é exposto ao *laser* com determinadas potência (L_{pw}) e velocidade de varredura (C_{sp}). Entretanto, segundo Senthilkumaran et al. [22], como o diâmetro da região fundida é sempre maior que o diâmetro do feixe de *laser* (0,05 mm), o erro dimensional é corrigido por meio do parâmetro de deslocamento do feixe (*beam offset*), para que haja uma boa correspondência às dimensões originais da peça projetada. Na etapa de preenchimento (*hatching*), o *laser* move-se várias vezes, linha a linha, para assegurar que o processo de fusão se desenvolva por completo. A distância entre as linhas de varredura (H_s – *hatch spacing*) é normalmente configurada como 1/4 do diâmetro do feixe do *laser*. Nesse ponto, o valor de deslocamento do feixe é novamente definido com relação ao contorno, pois, se esse for alto ou baixo, as partículas da região irradiada serão fundidas em excesso ou parcialmente fundidas [23].

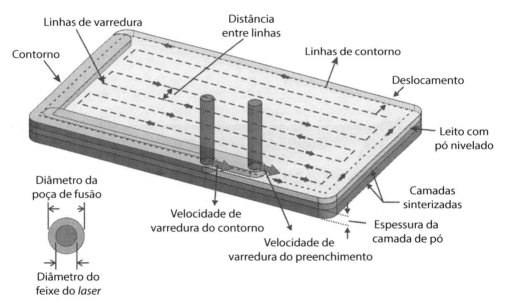

Figura 10.6 Estratégia de varredura [6].

Esse tipo de varredura utilizado pela DMLS permite que o *laser* irradie a superfície do metal, dependendo da geometria da peça, podendo ser deslocado de forma contínua (liga) ou descontínua (desliga) na extremidade das linhas (ligação entre as linhas de varredura). Esse recurso pode ser configurado no equipamento DMLS.

10.2.3 CONSTRUÇÃO DE SUPORTES

Um ponto de grande relevância em processos de AM por fusão de leito de pó metálico é a necessidade de construção de estruturas de suporte em determinadas partes da peça a ser produzida. Essas estruturas desempenham várias funções durante o processamento. Inicialmente, servem para fixar a peça na plataforma de construção do equipamento, evitando que esta se desloque e também que ocorra empenamento por meio das tensões geradas. Elas atuam também como dissipadoras de calor do material fundido, reduzindo os gradientes térmicos. Adicionalmente, são necessárias para evitar que geometrias com faces negativas (para baixo) e inclinação abaixo de um certo ângulo sejam comprometidas, como a construção de furos na horizontal, que podem ficar ovalizados. O ângulo de inclinação que precisará gerar suporte depende do tipo de cada material. Por exemplo, para o material Ti6Al4V, geometrias com inclinações inferiores a 45° necessitam da criação de estruturas de suporte.

Os suportes são gerados a partir do próprio material em pó e podem ser definidos em diferentes formas geométricas (blocos, linhas, pontos, sólidos, entre outras). As diferenças entre cada tipo de suporte podem aparecer nos contornos, no preenchimento interno, na robustez do suporte e, se necessário para facilitar a remoção, na fragilidade dele.

A remoção das estruturas de suporte, muitas vezes, é realizada com ferramentas simples, como alicates ou retificadoras manuais. Para os casos em que o suporte deve ser mais robusto (sólido), para que não ocorra empenamento da peça durante a construção, muitas vezes são realizadas eletroerosão a fio, usinagem ou até mesmo eletroerosão por penetração, em que um eletrodo é construído para remover o suporte. Portanto, o tipo e a quantidade de suportes dependerão da geometria da peça a ser produzida e, principalmente, da qualidade superficial de maior exigência da peça, uma vez que esta deverá ser orientada nos eixos X, Y e Z, de acordo com tal necessidade.

A Figura 10.7 representa a geração de estruturas de suporte do tipo bloco em várias partes do motor a ser produzido em metal.

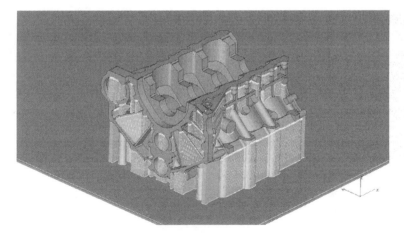

Figura 10.7 Estruturas de suporte tipo bloco para produção de motor em material metálico geradas pelo *software* Magics, da Materialize [23].

10.3 PROCESSO DE FUSÃO DE LEITO DE PÓ METÁLICO UTILIZANDO FEIXE DE ELÉTRONS

O processo EBM teve origem com a empresa sueca Arcam AB, fundada em 1997. A patente desse processo foi depositada na base americana (USPTO) em abril de 2001 e concedida sob o número US 7.537.722 B2 em 26 de maio de 2009. O primeiro sistema produzido pela Arcam AB foi entregue em 2003.

10.3.1 PRINCÍPIO DO PROCESSO EBM

A Figura 10.8 apresenta um diagrama esquemático do sistema EBM da Arcam AB. A construção da peça, como nas outras tecnologias de AM, é realizada de maneira automática, seguindo o fatiamento do modelo virtual em finas camadas, em função do planejamento de processo com posicionamento, orientação e geração de suportes da peça no volume de construção, bem como dos parâmetros de processamento definidos pelo usuário ou preestabelecidos para cada material e modelo de equipamento. As fatias do modelo virtual são transformadas em comandos para que a máquina possa fundir cada uma delas no momento certo. A cada fatia enviada para ser fundida, um sistema de distribuição espalha automaticamente uma fina camada de pó metálico, de no mínimo 0,05 mm, dependendo do modelo de equipamento, para formar o leito de pó. Um controle automático da quantidade de pó atua a cada camada depositada para evitar falhas na alimentação do material. O diâmetro dos grãos de pó varia entre 45 e 100 micrômetros [25].

No processo EBM, um feixe de elétrons livres provenientes de um cátodo aquecido é acelerado e focalizado em um leito de pó. Quando os elétrons atingem a superfície do leito de pó, sofrem uma desaceleração repentina, e a energia cinética dos elétrons é convertida em energia térmica, elevando bruscamente a temperatura do leito de pó, podendo chegar até o ponto de fusão do material [26].

Esse feixe de elétrons é gerado por uma diferença de potencial de 60 kV entre um cátodo, em que está o filamento emissor de elétrons, e um ânodo, imediatamente abaixo, de onde sairá o feixe de elétrons em direção a uma coluna sob controle de uma grade. Na coluna do feixe de elétrons, o feixe propriamente dito será tratado e orientado por três conjuntos de bobinas denominadas lentes magnéticas: primeiramente, o feixe de elétrons será tratado para correção do astigmatismo, que trata a forma do foco. Em seguida, por uma que trata e ajusta o diâmetro do foco do feixe e, por último, por uma de deflexão [25]. Este último conjunto de bobinas de deflexão é responsável pela varredura do feixe de elétrons no leito de pó para que possa atingir e fundir todas as regiões programadas em função da geometria da peça. Durante o processamento do contorno da camada 2D, o feixe de elétrons é dividido formando vários pontos de fusão descontínuos. Com a divisão do feixe de elétrons, o efeito da sua aplicação no leito de pó aparenta ser simultâneo nos vários pontos de fusão descontínuos, em função da alta velocidade de varredura. Os vários pontos descontínuos de fusão do contorno se conectam, então, para formar os contornos completos da camada. A divisão do feixe de elétrons é realizada por meio da tecnologia proprietária da Arcam AB, denominada *MultiBeam*™. Essa estratégia permite uma melhoria no acabamento superficial, na precisão e na velocidade de construção da peça. A parte interior dos contornos é varrida pelo feixe de elétrons com o foco maior segundo uma estratégia de varredura [25].

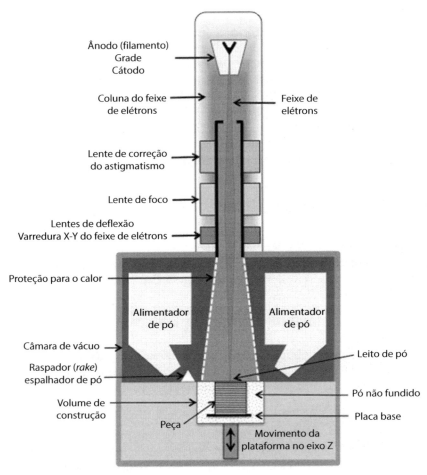

Figura 10.8 Diagrama esquemático do sistema de manufatura aditiva por fusão de leito de pó utilizando o processo de fusão por feixe de elétrons (EBM) da Arcam AB.

A fusão do material no leito de pó ocorre em uma câmara com atmosfera de vácuo controlado de aproximadamente 5×10^{-4} mbar. A coluna do feixe de elétrons fica sob vácuo mais alto de 8×10^{-7} mbar. As duas regiões são conectadas por um orifício de 3 mm de diâmetro, por onde passa o feixe de elétrons, sendo o volume da coluna muito pequeno se comparado com o da câmara e, portanto, não afetando a relação de vácuo entre elas. Durante o processamento, gás hélio é introduzido a 2×10^{-3} mbar, para manter sob controle o ambiente da câmara e, consequentemente, as especificações químicas do material processado [25]. Cada camada de pó é preaquecida logo após ser espalhada por meio de uma varredura do feixe de elétrons com o foco aberto (grande diâmetro), em toda a superfície do leito de pó. O preaquecimento é função do material usado, e estará entre 650 °C e 1.000 °C. Murr et al. [27] relatam que a temperatura de preaquecimento deve ser da ordem de 80% da temperatura de fusão do material, o que melhora o processamento e resulta em uma melhor estrutura da peça. O preaquecimento reduz as tensões residuais e as estruturas martensíticas [25]. Após a finalização de todo o processo, a câmara é resfriada para menos de 100 °C pela passagem de gás hélio, retirando-se o calor e mantendo-se a atmosfera controlada até que a câmara possa ser aberta para retirada da peça, sem riscos de oxidação.

O preaquecimento é responsável por provocar uma "quase sinterização" do pó, aumentando a sua condutividade, que, juntamente com uma pequena quantidade de gás hélio introduzido na câmara, cria o chamado vácuo controlado, evitando-se o efeito "névoa" (*smoke*). Essa é uma situação indesejável, em que as partículas do pó ficam eletricamente carregadas pela interação com o feixe de elétrons e se repelem, formando o efeito névoa na câmara, o que prejudica os resultados e a qualidade da peça, em função de deflexão do feixe e espalhamento do foco [28, 29].

10.3.2 CARACTERÍSTICAS GERAIS DO PROCESSO EBM

Diferentemente dos sistemas de *laser*, em que a deflexão do feixe para executar a varredura é realizada por um sistema de espelhos, no sistema EBM, a deflexão, como visto anteriormente, é feita por um conjunto de bobinas eletromagnéticas. Por não haver sistemas mecânicos envolvidos, o sistema EBM permite a varredura do feixe de elétrons a altíssima velocidade, atingindo até 8.000 m/s. A potência máxima do feixe de elétrons é de 3 kW, e o diâmetro mínimo, de 100 micrômetros. Algumas variações nas especificações do diâmetro do feixe de elétrons e do vácuo podem ocorrer em função do modelo de equipamento da empresa [25].

Uma das grandes vantagens da tecnologia EBM é que praticamente 100% da energia do feixe de elétrons é transferida para o material, ou seja, o processo é de altíssima eficiência energética. Em função disso, é capaz de atingir altas temperaturas no ponto de incidência do feixe de elétrons. A alta velocidade de varredura, bem como as altas temperaturas possíveis de serem alcançadas e o preaquecimento, possibilitam materiais processados com melhores propriedades mecânicas e estruturais, além de menores concentrações de tensões térmicas [30].

O processo EBM é mais eficiente energeticamente em virtude da redução de outros fenômenos que não envolvem a transferência direta da energia para o leito de pó, como acontece nos sistemas a *laser* [31]. Isso implica maior velocidade de produção e melhores propriedades estruturais do material resultante, inclusive com menores tensões térmicas residuais, podendo não necessitar de pós-tratamento térmico. Pode ser utilizado o pós-processamento por prensagem isostática a quente (*hot isostatic pressing* – HIP) para redução da porosidade e alívio de tensões residuais.

Dentre as limitações dessa tecnologia, estão a resolução e as propriedades superficiais, que tendem a ser menos precisas e mais rugosas que nos processos utilizando *laser* e, em decorrência, menos resistentes à fadiga [30]. Além disso, somente materiais e ligas metálicos podem ser utilizados, pelo efeito do feixe de elétrons. O processo EBM é ainda de difícil entendimento, e a modelagem analítica com foco na simulação desse processo pode levar a resultados melhores no que tange ao processamento e aos materiais resultantes, tanto das propriedades estruturais como dimensionais e de qualidade da superfície. Gong et al. [32] ressaltam a importância desse processo e a carência de literatura disponível sobre a modelagem e sua simulação computacional. Para o leitor interessado, esses autores apresentam, resumidamente, alguns dos modelos de simulação que têm sido desenvolvidos ultimamente.

Do ponto de vista de aplicação do processo EBM, não há limitações e, pelo fato de o material resultante ter excelentes propriedades mecânicas, esse processo é ainda mais promissor. No entanto, os dois focos principais de mercado da empresa Arcam AB são a indústria médica de implantes e dispositivos e a indústria aeroespacial. Essa empresa oferece, atualmente, ligas Ti6Al4V e Ti6Al4V ELI, titânio puro Grau 2, liga Co-Cr e níquel superliga 718 (conhecida como Inconel 718) [33].

10.3.3 PARÂMETROS DE PROCESSAMENTO EBM

De acordo com Murr [34], os principais parâmetros e estratégias que podem ser modificados e otimizados em um sistema EBM, e que influenciam a estrutura ou a microestrutura da camada de pó fundida, incluem a tensão e a corrente para produzir o feixe de elétrons, o diâmetro do foco, a taxa de varredura (velocidade) e a estratégia de varredura. Aumento na corrente e redução na velocidade de varredura implicam uma maior transferência de energia localmente e consequente maior fusão do pó. Outros elementos, como a espessura da camada e o nível de compactação, são importantes e dependem da distribuição no diâmetro das partículas de pó. A taxa de resfriamento é também fundamental na determinação estrutural e microestrutural da peça. Peças grandes e volumosas, naturalmente, promovem um resfriamento mais lento, enquanto peças pequenas e com pouco volume promovem uma taxa de resfriamento rápida e efeitos significantes na microestrutura, em especial as que envolvem a transformação de fase do material metálico. Para manter a temperatura mais estável e no nível mais alto para uma completa fusão de cada camada da peça, aplica-se uma varredura do feixe de elétrons no leito de pó a cada camada de pó depositada. Isso provoca um pós-aquecimento na peça, que é função da estratégia e da velocidade de varredura, bem como da corrente produtora do feixe de elétrons. A falta do devido controle pode levar a outros problemas na microestrutura como crescimento de grãos, recozimento (*annealing*) ou mesmo destruição estrutural (*annihilation*), com efeitos maléficos às propriedades mecânicas da peça final.

O controle do processo EBM é extremamente complexo, e a definição e a otimização desses parâmetros são estabelecidas como *default* para cada material e modelo de equipamento da Arcam AB. Em usos mais avançados, é possível desenvolver outros materiais e mudar parâmetros, porém com autorização e treinamento especial dessa empresa. Nessa tecnologia, é possível realizar o monitoramento contínuo das camadas, tomando imagens durante o processo, por meio de câmera infravermelho (*LayerQam*), para avaliação da qualidade do processamento e possível validação das peças. Também é necessário realizar calibrações do feixe de elétrons, do espalhador de pó (*rake arm*) e de quanto material ele retira nos alimentadores laterais de pó, além da calibração do alinhamento da mesa em que o leito de pó é inicialmente espalhado.

10.4 MATERIAIS E LIGAS EM PÓ

Os processos baseados no princípio de fusão de leito de pó metálico possuem, atualmente, uma ampla gama de materiais disponível. Além das ligas comerciais, há também ligas desenvolvidas por grupos de pesquisa ou até por empresas, de acordo com suas necessidades. Além disso, desde que respeitadas as capacidades dos equipamentos, novas ligas podem ser desenvolvidas e estudadas para diferentes aplicações.

Os processos de fusão de leito de pó metálico utilizam uma gama de materiais metálicos em pó para diversas aplicações. O Quadro 10.1 apresenta alguns dos materiais disponibilizados pelos fabricantes.

Quadro 10.1 Materiais e suas aplicações.

Material	Processo	Ambiente da câmara de construção	Aplicações
Ti6Al4V (liga titânio) TiCp (puro)	DMLS EBM SLM	argônio vácuo argônio	Peças funcionais, aeroespaciais, médicas e odontológicas
Aço inox 17-4	DMLS	nitrogênio	Peças funcionais, mecânicas, insertos para moldes, motores, aeroespaciais e médicas
Aço maraging (liga Ni-Co-Mb-Ti)	DMLS SLM	nitrogênio nitrogênio	
In718, In625, HX (liga Inconel)	DMLS EBM SLM	argônio vácuo argônio	Indústrias aeroespacial, biomédica e petroquímica
Co-Cr-Mo (liga cobalto-cromo)	DMLS EBM SLM	argônio vácuo argônio	Peças funcionais, médicas e odontológicas
AlSi10Mg	DMLS	argônio	Indústrias automobilística e aeroespacial

Dentre as ligas comerciais, a liga AlSi10Mg possui boas propriedades mecânicas e é utilizada em aplicações em que há solicitação mecânica, necessidade de boas propriedades térmicas e redução de peso (indústrias automobilística de alto desempenho e aeroespacial). Além disso, as peças produzidas podem ser pós-processadas por meio de soldagem, usinagem, jateamento e recobrimento, caso necessário.

Dentre os materiais para AM por fusão de leito de pó metálico, também estão disponíveis comercialmente as ligas de cobalto-cromo (Co-Cr). A liga Co-Cr é indicada para aplicações em que há altas solicitações mecânicas em altas temperaturas e necessidade de resistência à corrosão, como em turbinas e motores. Além disso, essa liga possui aplicações biomédicas, em especial para ortodontia.

Ademais, existem três ligas comerciais diferentes de níquel: HX, IN625 e IN718, as quais, em virtude da resistência à fadiga e da fluência, e por possuírem alta resistência à corrosão e elevadas propriedades mecânicas em altas temperaturas, têm suas principais aplicações nas indústrias química, aeroespacial e automobilística de alto rendimento, em câmaras de combustão, ventiladores, rolamentos e fornos industriais. Para os aços inoxidáveis, 17-4 e 316L, as duas ligas possuem aplicações biomédicas, assim como em produtos customizados (pequenos lotes), protótipos, joias, itens decorativos e locais onde há a necessidade de resistências mecânica e à corrosão. Essas ligas possuem ótimas propriedades mecânicas, boa usinabilidade e podem ser levadas ao tratamento de envelhecimento para obtenção de elevadas resistência e dureza. Suas principais aplicações são em ferramentas e moldes de injeção. Os aços maraging são aços de ultra-alta resistência com vasta aplicação, desde vasos de pressão, moldes, componentes aeronáuticos e cascos submarinos. Atualmente, estão sendo estudados para a utilização em rotores de alta velocidade em motores elétricos.

Por fim, existem duas ligas de titânio disponíveis, a Ti6Al4V e a Ti6Al4V ELI. Ambas as ligas apresentam excelente resistência mecânica, resistência à corrosão e baixa densidade e, por isso, são utilizadas nos setores aeroespacial, automobilístico de alto rendimento e biomédico [10, 23, 35].

10.5 PÓS-PROCESSAMENTO DE PEÇAS OBTIDAS POR PROCESSOS DE FUSÃO DE LEITO DE PÓ METÁLICO

Os processos de AM por fusão em leito de pó metálico ainda não são capazes de produzir peças que atendam aos requisitos de todas as aplicações, o que torna necessária a aplicação de pós-processamento, de maneira que algumas propriedades sejam alcançadas, como propriedades mecânicas, acabamento de superfície, rugosidade e geometria.

A superfície das ligas metálicas pode ser modificada para atender às exigências de sua aplicação. Os métodos de acabamento de superfície são classificados em mecânicos, químicos ou físicos segundo o mecanismo de formação da camada modificada, podendo resultar em alterações de topografia, rugosidade e composição, aumento das resistências à corrosão e ao desgaste e limpeza da superfície. A modificação mecânica envolve tratamento, deformação ou remoção da superfície do material por meio da ação de outro material sólido [36].

Dentre os processos, estão o jateamento e o tamboreamento utilizando materiais abrasivos especiais e o eletropolimento, bem como processos convencionais de retirada de materiais como a usinagem (fresagem, torneamento, furação etc.). Esses pós-processamentos tornam as peças mais agradáveis ao toque, com melhor aparência, menor retenção de resíduos na superfície, passivação superficial, redução de pontos de concentração de tensões superficiais e adequação às montagens em outros componentes e sistemas.

O jateamento consiste no bombardeamento de uma superfície com partículas abrasivas em altas velocidades. A colisão causa remoção de material e deformação plástica. O jateamento pode ser usado para limpeza e para garantir rugosidade às superfícies. O tamanho das partículas abrasivas é o principal parâmetro para a topografia final. Quanto maior o tamanho das partículas, maior é a rugosidade obtida [37, 38].

Na Figura 10.9, é possível observar a superfície de uma amostra da liga Ti6Al4V produzida pelo processo DMLS antes e após a modificação mecânica por jateamento. A deformação e a remoção de material causadas pelo jateamento com partículas de 200 μm fazem as linhas de varredura do *laser* (Figura 10.9a) desapareceram completamente, resultando em uma superfície acidentada (Figura 10.9b) [39].

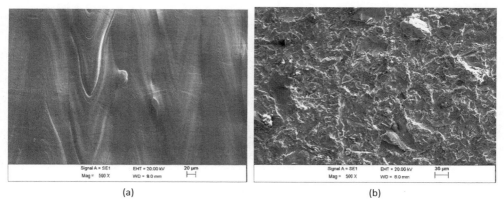

Figura 10.9 Superfície de amostra da liga Ti6Al4V produzida pelo processo DMLS antes (a) e após (b) modificação mecânica por jateamento [39].

Segundo Lausmaa [37] e ASM Handbook [40], os métodos químicos são baseados nas reações químicas que ocorrem na interface entre o material e a solução, tendo como base de funcionamento a corrosão. Como exemplos, podem-se citar o tratamento químico, o polimento eletroquímico e a modificação bioquímica. O tratamento ou ataque químico é designado para atuar na superfície da peça, promovendo sua limpeza [38] e gerando rugosidade em função das condições iniciais de acabamento e da microestrutura do material. Se atacada por tempo suficiente, a superfície final será determinada apenas pelo ataque químico, sendo independente do acabamento inicial [37]. O ataque químico realizado em solução de 2% de ácido fluorídrico (HF) e 20% de ácido nítrico (HNO_3) na superfície da liga Ti6Al4V produzida pelo processo DMLS resulta em remoção de material, e os grãos da microestrutura são revelados pela reação com a solução (Figura 10.10a) [39].

O polimento eletroquímico, ou polimento eletrolítico, é similar ao ataque químico, exceto pela utilização de uma corrente externa [40]. Esse método tem como objetivo a obtenção de superfícies espelhadas, reduzindo a rugosidade. A peça a ser tratada é utilizada como ânodo que, junto a um cátodo e um eletrólito, cria um circuito, fazendo com que seja gerada uma corrente devida às reações de redução e oxidação nos eletrodos e à condução de íons no eletrólito. O polimento ocorre pela formação de uma camada viscosa na superfície, a qual é menos espessa nas partes protuberantes, gerando maiores correntes e, por consequência, dissolvendo-as mais rapidamente e levando a um acabamento mais uniforme [37, 38, 41]. Quando aplicado à liga Ti6Al4V produzida via DMLS, utilizando uma solução de 5% de ácido perclórico ($HClO_4$) (60%) em ácido acético ($C_2H_4O_2$), com voltagem de 55 V e corrente de 0,3 A, as linhas de varredura do *laser* não são visíveis e a superfície se apresenta livre de grandes imperfeições (Figura 10.10b) [39].

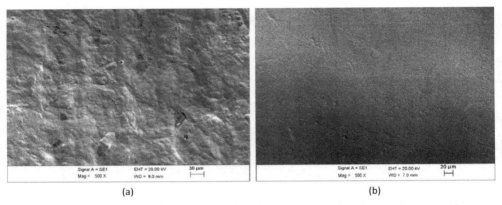

Figura 10.10 Superfície da liga Ti6Al4V produzida pelo processo DMLS após os acabamentos de ataque químico (a) e polimento eletroquímico (b) [39].

Dentre os métodos químicos, também se encontram o processo de deposição química por vapor (CVD), o qual envolve reações químicas entre os produtos químicos da fase gasosa e a superfície da amostra, resultando na deposição de um composto não volátil sobre o material; e o processo sol-gel, no qual as reações químicas ocorrem na solução e não na interface entre a superfície do material e a solução. No caso dos métodos físicos, como não ocorre reação química, a modificação de uma camada da superfície ou a formação de filmes e revestimentos estão relacionadas às energias térmica, cinética e elétrica. Os exemplos mais comuns são deposição física por vapor (PVD), plasma *spray* e implantação iônica [36].

10.6 VANTAGENS E LIMITAÇÕES DOS PROCESSOS POR FUSÃO DE LEITO DE PÓ METÁLICO

As vantagens desse princípio de tecnologia de AM são a liberdade geométrica de construção (formas livres), a disponibilidade de várias ligas metálicas, a produção tanto de protótipos como de peças funcionais, a reutilização do pó não sinterizado, a possibilidade de empilhamento de mais de uma peça na fabricação, a possibilidade de trabalhar com materiais com alto ponto de fusão e a capacidade de fabricar peças com alto grau de complexidade.

Como desvantagens, podem-se citar a necessidade de um equipamento ou configuração especial para cada tipo de material, o alto custo de aquisição e operação do equipamento, a tensão residual nas peças e a elevada rugosidade superficial [8, 15, 17].

10.7 APLICAÇÕES

A fabricação de insertos e cavidades para moldes de injeção de plástico constitui uma das áreas de aplicação das tecnologias por fusão de leito de pó metálico. Essa tecnologia apresenta ainda a vantagem de poder incluir canais de resfriamento nos insertos (*conformal cooling*). Esse aspecto é importante, principalmente, quando o canal de resfriamento tem de contornar a geometria do produto (Figura 10.11) (mais detalhes de aplicação dessa área podem ser encontrados no Capítulo 12). Entretanto, a possibilidade de se utilizar vários tipos de materiais (alumínio, Inconel, bronze, aço inoxidável, titânio, entre outros) permite que essa tecnologia seja empregada em diversas outras aplicações, como os setores automotivo, aeroespacial e médico e a indústria de eletrodomésticos e produtos em geral, conforme pode-se observar a seguir.

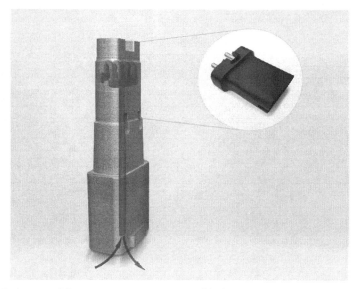

Figura 10.11 Ferramental: insertos e componentes moldados por injeção.

Fonte: cortesia da empresa EOS.

A Figura 10.12 apresenta exemplos de aplicação de AM por fusão em leito de pó metálico para a área aeroespacial, utilizando diferentes materiais, como Inconel (IN718), Ti6Al4V, entre outros.

A Figura 10.13 apresenta exemplos de aplicação de AM para a área automotiva, utilizando diferentes materiais, como alumínio, aço inoxidável, entre outros.

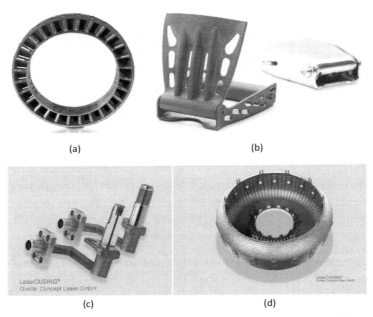

Figura 10.12 Exemplos de aplicações na área aeroespacial: anel extrator, em material Inconel IN718 (a), presilha do cinto do assento, em material Ti6Al4V (b), válvula de alimentador de oxigênio (c), câmara de combustão (d).

Fonte: cortesias da empresa EOS (a e b) e Concept Laser (c e d).

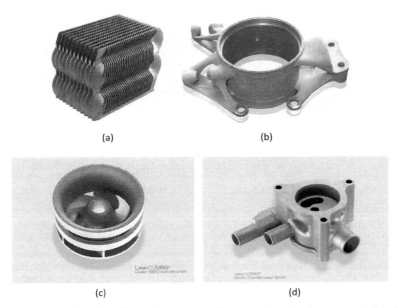

Figura 10.13 Exemplos de aplicações na área automotiva: trocador de calor, em material alumínio (a), junta, em material alumínio (b), turbina para bomba de água (c), corpo de bomba de óleo (d).

Fonte: cortesias das empresas EOS (a e b) e Concept Laser (c e d).

Processos de AM por fusão de leito de pó metálico 265

A Figura 10.14 apresenta exemplos de aplicação para as áreas médica e odontológica, utilizando materiais biocompatíveis, como Ti6Al4V e Co-Cr-Mo, entre outros.

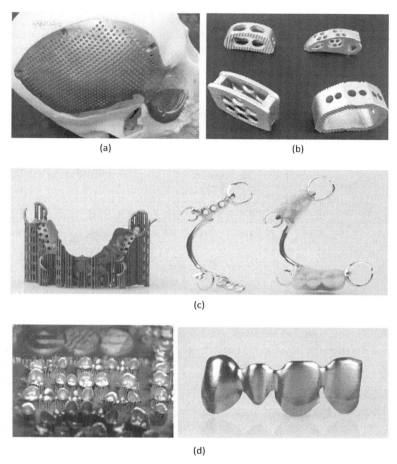

Figura 10.14 Exemplos de aplicações nas áreas médica e odontológica: próteses customizadas em Ti6Al4V para uso no tratamento de deformidade de crânio (a), implantes customizados intervertebrais lombares em Ti6Al4V (b), próteses em Co-Cr-Mo na área odontológica (c), plataforma de construção para área odontológica e produto final polido x (d).

Fonte: cortesias da Biofabris (a e b) e EOS (c e d).

10.8 CONCLUSÕES

As tecnologias de AM dentro do princípio de fusão de leito de pó metálico permitem a fabricação rápida e precisa de componentes e ferramentas de produção com forma quase definitiva, necessitando apenas de remoção de suporte e acabamento superficial, a partir da sinterização/fusão de misturas de pós metálicos, com base numa geometria virtual gerada em sistemas CAD 3D. As propriedades das misturas de pós e os parâmetros do processo condicionam os mecanismos de ligação entre partículas e o grau de densificação do material, que, por sua vez, determinam as propriedades mecânicas e térmicas do material sinterizado e a precisão dimensional da peça. A redução de tempo e custo de produção de peças com geometria complexa é significativa em relação às tecnologias convencionais.

Como todo processo inovador e de alta tecnologia, algumas melhorias ainda devem ser realizadas para aperfeiçoamento da tecnologia e da qualidade das peças finais obtidas. Esforços estão sendo realizados pelos fabricantes para que plataformas maiores de fabricação possam ser utilizadas, e, dessa forma, peças com dimensões acima de 1 m possam ser fabricadas, pois ainda existe uma limitação dimensional da área de construção. Outro avanço deverá ser o desenvolvimento e a oferta de uma maior gama de materiais e ligas que poderão ser utilizados nesses processos, uma vez que os processos de atomização e esferoidização têm colaborado para que novos materiais possam ser transformados em pó com granulometria adequada para a AM em metal.

Do ponto de vista de *software*, acredita-se que novos algoritmos poderão ser implementados para otimizar a estratégia de varredura camada a camada, agilizando a forma de construir peças de grandes dimensões de forma sólida, ou até mesmo possibilitando a formação de canais internos.

REFERÊNCIAS

1 SHELLABEAR, M.; NYRHILÄ, O. DMLS – Development history and state of the art. In: 4th LASER ASSISTED NET SHAPE ENGINEERING, 2004, Erlangen. *Proceedings...* v. 1, 2004, p. 21-24.

2 YU, N. *Process parameter optimization for direct metal laser sintering (DMLS)*. Thesis (Phd) – Department of Mechanical Engineering, National University of Singapore, Singapore, 2005.

3 KHAING, M. W.; FUH, J. Y. H.; LU, L. Direct metal laser sintering for rapid tooling: processing and characterization of EOS parts. *Journal of Materials Processing Technology*, Amsterdam, v. 113, p. 269-272, 2001.

4 GU, D.; SHEN, Y. Processing conditions and microstructural features of porous 316L stainless steel components by DMLS. *Applied Surface Science*, Amsterdam, v. 255, p. 1.880-1.887, 2008.

5 JARDINI, A. L. et al. Application of direct metal laser sintering in titanium alloy for Cranioplasty. In: 6TH BRAZILIAN CONFERENCE ON MANUFACTURING ENGINEERING, 2011, Caxias do Sul. *Proceedings...*

6 BINELI, A. R. R. *Projeto, fabricação e teste de um microrreator catalítico para produção de hidrogênio a partir da reforma a vapor do etanol*. Tese (Doutorado) – Universidade Estadual de Campinas, Campinas, 2013.

7 CIOCCA, L. et al. Direct metal laser sintering (DMLS) of a customized titanium mesh for prosthetically guided bone regeneration of atrophic maxillary arches. *Medical & Biological Engineering & Computing*, New York, v. 49, n. 11, p. 1.347-1.352, 2011.

8 MURR, L. E. et al. Microstructure and mechanical behavior of Ti-6Al-4V produced by rapid-layer manufacturing for biomedical applications. *Journal of the Mechanical Behavior of Biomedical Materials*, Amsterdam, v. 2, n. 1, p. 20-32, 2009.

9 THÖNE, M. et al. Influence of heat-treatment on Selective Laser Melting products – e.g. Ti6Al4V. 23rd SOLID FREEFORM FABRICATION SYMPOSIUM, 2012, Austin. *Proceedings...*

10 GUO, N.; LEU, C. Additive manufacturing: technology, applications and research needs. *Frontiers of Mechanical Engineering*, v. 8, n. 3, p. 215-243, 2013.

11 BHAVAR, V. et al. A review on powder bed fusion technology of metal additive manufacturing. In: 4th INTERNATIONAL CONFERENCE AND EXHIBITION ON ADDITIVE MANUFACTURING TECHNOLOGIES-AM-2014, 2014, Banglore. *Proceedings...*

12 VOLPATO, N. Os principais processos de prototipagem rápida. In: _____. (Org.). *Prototipagem rápida*: tecnologias e aplicações. São Paulo: Blucher, 2007. p. 55-100.

13 BERTOL, L. S. et al. Medical design: direct metal laser sintering of Ti-6Al-4V. *Materials & Design*, Kidlington, v. 31, n. 8, p. 3.982-3.988, 2010.

14 SALMI, M. et al. Patient-specific reconstruction with 3D modeling and DMLS additive manufacturing. *Rapid Prototyping Journal*, Bradford, v. 18, n. 3, p. 209-214, 2012.

15 THIJS, L. et al. A study of the microstructural evolution during selective laser melting of Ti-6Al-4V. *Acta Materialia*, Kidlington, v. 58, n. 9, p. 3.303-3.312, 2010.

16 FACCHINI, L. et al. Ductility of a Ti-6Al-4V alloy produced by selective laser melting of prealloyed powders. *Rapid Prototyping Journal*, Bradford, v. 16, n. 6, p. 450-459, 2010.

17 VRANCKEN, B. et al. Heat treatment of Ti6Al4V produced by Selective Laser Melting: microstructure and mechanical properties. *Journal of Alloys and Compounds*, Lausanne, v. 541, n. 15, p. 177-185, 2012.

18 SIMCHI, A.; PETZOLDT, F.; POHL, H. Direct metal laser sintering: material considerations and mechanisms of particle bonding. *The International Journal of Powder Metallurgy*, Princeton, v. 37, n. 2, p. 49-62, 2001.

19 HELD, M.; PFLIGERSDORFFER, C. Correcting warpage of laser-sintered parts by means of a surface-based inverse deformation algorithm. *Engineering with Computers*, New York, v. 25, p. 389-395, 2009.

20 SILVA, A. Laboratório testa próteses biofabricadas em humanos. *Jornal da Unicamp*, n. 572, 2013. Disponível em: <http://www.unicamp.br/unicamp/ju/572/laboratorio-testa-proteses-biofabricadas-em-humanos>. Acesso em: 11 ago. 2015.

21 ESPERTO, L.; OSÓRIO, A. Rapid tooling: sinterização directa por laser de metais. *Revista da Associação Portuguesa de Análise Experimental de Tensões*, Lisboa, v. 15, p. 117-124, 2008.

22 SENTHILKUMARAN, K.; PANDEY, P. M.; RAO, P. V. M. Influence of building strategies on the accuracy of parts in selective laser sintering. *Materials & Design*, Kidlington, v. 30, n. 8, p. 2.946-2.954, 2009.

23 EOS. *EOSint M 270 User Manual*. EOS, 2009.

24 KRUTH, J.-P. et al. Part and material properties in selective laser melting of metals. In: 16th INTERNATIONAL SYMPOSIUM ON ELECTROMACHINING (ISEM XVI), 2010, Shanghai. *Proceedings...*

25 ARCAM. *Arcam Q10 User Manual*. 3. ed. Arcam, 2015.

26 SIGL, M.; LUTZMANN, S.; ZÄH, M. F. Transient physical effects in electron beam sintering. In: 17th SOLID FREEFORM FABRICATION SYMPOSIUM, 2006, Austin. *Proceedings...* p. 464-477.

27 MURR, L. E. et al. Metal fabrication by additive manufacturing using laser and electron beam melting technologies. *Journal of Material Science and Technology*, Amsterdam, v. 28, n. 1, p. 1-14, 2012.

28 KARLSSON, J. Optimization of electron beam melting for production of small components in biocompatible titanium grades. *Digital Comprehensive Summaries of Uppsala Dissertations from the Faculty of Science and Technology 1206*. Uppsala: Acta Universitatis Upsaliensis, 2015.

29 MAHALE, T. R. *Electron Beam Melting of advanced materials and structures*. Thesis (PhD) – Graduate Faculty of North Carolina State University, North Carolina, 2009.

30 FRAZIER, W. E. Metal additive manufacturing: a review. *Journal of Materials Engineering and Performance*, New York, v. 23, n. 6, p. 1.917-1.928, 2014.

31 KOK, Y. et al. Fabrication and microstructural characterization of additive manufactured Ti6Al4V parts by electron beam melting. *Virtual and Physical Prototyping*, Abingdon, v. 10, n. 1, p. 13-21, 2015.

32 GONG, X.; ANDERSON, T.; CHOU, K. Review on powder-based electron beam additive manufacturing technology. *Manufacturing Review*, New York, v. 1, n. 2, p. 1-12, 2014.

33 ARCAM. *Arcam Technical Data*: Products and materials. Disponível em: <www.arcam.com/technology/products>. Acesso em: 11 jul. 2015.

34 MURR, L. E. Metallurgy of additive manufacturing: examples from electron beam Melting. *Additive Manufacturing*, Amsterdam, v. 5, p. 40-53, 2015.

35 SHELLABEAR, M.; NYRHILÄ, O. *Advances in materials and properties of direct metal laser-sintered parts.* [S. l.]: Whitepaper, 2004.

36 LIU, X.; CHU, P. K.; DING, C. Surface modification of titanium, titanium alloys, and related materials for biomedical applications. *Materials Science and Engineering*, New York, v. 47, n. 3-4, p. 49-121, 2004.

37 LAUSMAA, J. Mechanical, thermal, chemical and electrochemical surface treatment of titanium. In: BRUNETTE, D. M. et al. *Titanium in Medicine.* Heidelberg: Springer, 2001. p. 231-266.

38 BLOYCE, P. H. Surface engineering of titanium and titanium alloys. In: COTELL, C. M. et al. *Surface engineering.* [S. l.]: ASM Handbook, 1994. p. 835-851.

39 LONGHITANO, G. A. et al. Surface finishes for Ti-6Al-4V alloy produced by direct metal laser sintering. *Materials Research*, v. 18, n. 4, p. 838-842, 2015.

40 ASM Handbook. Chemical and electrolytic polishing. In: VANDER VOORT, G. F. *Metallography and microstructures.* [S. l.]: ASM Handbook, 2004. p. 281-293.

41 RAJURKAR, K. P. Nonabrasive finishing methods. In: COTELL, C. M. et al. *Surface engineering.* [S. l.]: ASM Handbook, 1994. p. 110-117.

42 EOS. *Materials for metal manufacturing.* Disponível em: <http://www.eos.info/material-m>. Acesso em: 12 ago. 2015.

43 CONCEPT LASER. *Individual solutions for aerospace.* Disponível em: <http://www.concept-laser.de/en/industry/aerospace.html>. Acesso em: 11 ago. 2015.

44 CONCEPT LASER. *Individual solutions for automotive construction and motor racing.* Disponível em: <http://www.concept-laser.de/en/industry/automotive.html>. Acesso em: 11 ago. 2015.

45 BIOFABRIS. Disponível em: <www.biofabris.com.br>. Acesso em: 11 ago. 2015.

CAPÍTULO 11

Processo de AM por adição de lâminas, por deposição com energia direcionada e híbridos

Milton Sergio Fernandes de Lima

Divisão de Fotônica, Instituto de Estudos Avançados – IEAv

11.1 INTRODUÇÃO

A manufatura aditiva (*additive manufacturing* – AM) compreende uma série de tecnologias nas quais um objeto tridimensional é fabricado, camada a camada, com uso de um sistema computacional de planejamento e controle. Dois exemplos de AM são a adição de lâminas e a deposição com energia direcionada.

O princípio de adição de lâminas concerne a produção de estruturas tridimensionais pela sobreposição de laminados na geometria correspondente a cada camada. A manufatura laminar de objetos (*laminated objects manufacturing* – LOM) é um dos processos de AM mais utilizados mundialmente para a produção de objetos complexos feitos em papel. A alimentação do material pode ser de cada peça em separado ou por meio de esteira ou cilindro, o que é mais comum para o processo LOM.

A deposição com energia direcionada (*direct energy deposition* – DED) é um processo AM no qual o material é projetado sobre a peça ao mesmo tempo em que o *laser* atinge tanto o substrato como o material de adição, promovendo fusão e consolidação.

A combinação de tecnologias aditivas e subtrativas também oferece a possibilidade de fabricação de peças com acabamento melhorado.

11.2 O USO DO *LASER* NA MANUFATURA ADITIVA

Este capítulo trata de dois tipos de tecnologias AM, a manufatura laminar de objetos e a deposição com energia direcionada. Além desses tipos de tecnologias, será também abordado o conceito de tecnologias híbridas, que se caracterizam pelo uso conjugado de duas técnicas de fabricação.

11.2 O USO DO *LASER* NA MANUFATURA ADITIVA

Uma característica comum aos processos modernos de AM é o emprego do *laser* como fonte concentrada de calor. Atualmente, existem vários tipos de *laser* no mercado, havendo variação do meio ativo, do comprimento de onda e da qualidade do feixe. É de grande importância o conhecimento das características do equipamento para a especificação do tipo de *laser* a ser usado em cada aplicação e, em particular, na AM.

A palavra *laser* é um acrônimo de *light amplification by stimulated emission of radiation*, ou amplificação da luz por emissão estimulada de radiação. Os *lasers* são fontes de radiação monocromática, coerente e com baixa divergência, ou seja, produzem ondas de luz com o mesmo comprimento de onda, em fase e na mesma direção [1]. Os comprimentos de onda característicos dessas radiações estão contidos entre o infravermelho e o ultravioleta do espectro eletromagnético [2].

Um equipamento *laser* consiste basicamente em dois espelhos alinhados paralelamente, formando um oscilador óptico onde a luz viaja de um lado a outro ininterruptamente. Entre os dois espelhos, há um meio ativo que é capaz de amplificar as oscilações de luz por um mecanismo de emissão estimulada [3]. O meio ativo é excitado por uma fonte de energia externa, também chamada de fonte de bombeamento, que se dá por meio de uma descarga elétrica ou outra fonte de luz. Finalmente, uma parcela da radiação deixa o meio para ser usada em aplicações. Então, o *laser* é composto de três partes principais: a) uma fonte de energia externa, para excitar o meio; b) o meio ativo, que pode ser sólido, líquido ou gasoso, em que será criada a inversão de população e c) um oscilador óptico, geralmente composto por dois espelhos: um totalmente reflexivo e outro parcialmente reflexivo.

Para a AM, empregam-se cinco tipos de *laser*: CO_2, Nd:YAG, a fibra, a disco e semicondutores. A molécula de CO_2 é composta de três átomos alinhados com um átomo de carbono no meio. Ao ser excitada, a molécula de CO_2 vibra segundo estados quantizados de energia e emite um fóton, preferencialmente na linha 10,6 µm do infravermelho. Esse comprimento de onda possui uma baixa absortividade nos metais de transição, como cobre e alumínio, mas é bem absorvido pelos materiais cerâmicos, sendo um importante meio *laser* para o corte de celulose, polímeros e cerâmicas em LOM e para a AM de cerâmicas em DED.

O *laser* do tipo Nd:YAG possui um comprimento de onda de 1,06 µm, o qual é mais apropriado para absorção em materiais metálicos. A radiação proveniente dessa fonte advém de um cristal de granada de ítrio-alumínio dopado com neodímio, e a inversão da população se faz pela excitação dos elétrons do átomo de neodímio. Esses *lasers* estão se tornando obsoletos em virtude da necessidade constante de manutenção e alinhamento e da baixa qualidade do feixe, dando lugar aos *lasers* a fibra, a disco e semicondutores, vistos na sequência.

No *laser* a fibra, o meio ativo é a própria fibra óptica, que é dopada com terras raras. As redes de Bragg, inscritas diretamente na própria fibra, funcionam como espelhos para determinado comprimento de onda e são transparentes à radiação do bombeamento [4]. Essa classe de *lasers* é a mais vendida no mundo para operações de AM de materiais metálicos, sobretudo porque são livres de manutenção e pelo fato de possuírem uma excelente qualidade de feixe [5].

O *laser* a disco é composto por um fino disco de vidro dopado por terras raras, e a amplificação da radiação se faz pela reflexão múltipla nas suas paredes. Tem características semelhantes aos *lasers* a fibra, tanto no comprimento de onda como na qualidade do feixe, e compete com este no mercado de processamento de materiais metálicos (corte, furação, soldagem e AM). Tanto o *laser* a disco como o *laser* a fibra operam em comprimentos de onda em torno de 1 μm.

O último tipo de *laser* à disposição para a AM é o *laser* semicondutor, também chamado de *laser* diodo. Esses *lasers* são fabricados de forma que a cavidade de Fabry-Perrot emita luz quando se estabelece uma diferença de potencial entre dois eletrodos. Esse é o *laser* com maior eficiência energética, chegando a 60%, comparativamente com os *lasers* CO_2 (10-20%) e a fibra ou a disco (20% a 30%) [6]. A eficiência energética é definida como a razão entre a potência óptica na saída do *laser* e a potência de alimentação de energia elétrica.

A entrega do feixe de *laser* se faz de duas formas: (a) por meio de cabeça galvanométrica ou (b) com uso de mesa ou robô. A cabeça galvanométrica é aquela que confere as maiores velocidades de corte, embora a potência esteja limitada pela capacidade da óptica. Nesse caso, um feixe de *laser* colimado é emitido na direção de dois espelhos montados sobre galvanômetros. O deslocamento angular de ambos os espelhos, combinado com a óptica de focalização, permite o deslocamento nos eixos X e Y. As velocidades máximas de escaneamento nas direções X e Y são da ordem de m/s. No entanto, a intensidade máxima obtida está ligada ao limite de dano nos espelhos do sistema. A resolução espacial é da ordem de micrômetros.

O feixe de *laser* também pode ser movimentado em mesa do tipo pórtico ou robô. Nesse caso, o limite de potência é dado pela fonte, a qual pode chegar a dezenas de kW de potência óptica. No entanto, a velocidade do processo é reduzida, em relação à cabeça galvanométrica, para dezenas de cm/s. O uso do robô pode resultar em um processo mais flexível, no entanto, os robôs ordinários têm uma resolução espacial inferior às mesas de controle numérico computadorizado (CNC).

Independentemente do tipo de entrega do feixe, a qualidade do feixe tem papel fundamental sobre o perfil deste em Z. Sabe-se que o diâmetro do feixe do *laser* é decorrente de uma cintura (*waist*), com diâmetro mínimo em torno do chamado plano focal. Quanto melhor a qualidade do feixe, menor o diâmetro na cintura do feixe, e mais afunilado se torna o perfil do feixe. Comparando-se um feixe de qualidade inferior com um de qualidade superior, este último promoverá uma conicidade em Z muito pequena. Quanto mais espessa a camada a ser fabricada por passe, mais importante é a qualidade do feixe. Uma revisão sobre a qualidade óptica do feixe e sua influência no processamento de materiais é apresentada por Ion [7].

A qualidade do feixe também influencia na queima da placa base. Como é comum o uso de papel, papelão e madeira nos processos LOM que utilizam *laser*, a energia concentrada de um feixe de alta qualidade promove um corte "limpo". Um feixe de qualidade inferior transfere muita energia luminosa fora da região de corte, favorecendo a queima e aumentando a zona carbonizada.

Quando se pretende escolher um *laser* para um processo de AM, deve-se ter em mente a interação da luz com a matéria, o comprimento de onda, a qualidade do feixe, o seu modo de operação, a intensidade, a distribuição de intensidade, a polarização, a escolha da óptica, entre outros fatores. A escolha do *laser*, certa ou errada, influencia decisivamente o sucesso da operação de manufatura e impacta diretamente nos custos diretos e indiretos. Portanto, para uma escolha correta da óptica, do *laser* e das condições operacionais, é importante o conhecimento dos fundamentos da tecnologia e dos métodos.

11.3 PROCESSO POR ADIÇÃO DE LÂMINAS

O processo de AM por adição de lâminas se vale do corte de lâminas que, uma vez sobrepostas, permitem a fabricação da peça. Essa técnica se faz muito presente nas áreas de arte e de mobiliário, uma vez que o corte, a colagem e a prensagem de laminados têm sido empregadas desde muito cedo na fabricação de objetos de decoração. Num processo similar, as escolas de samba fazem extenso uso de isopor para compor suas alegorias. Comumente, essas placas de isopor são cortadas no tamanho certo para serem encaixadas e coladas ao redor de uma coluna e produzirem a forma desejada. Ao artista, cabe o acabamento final, na faca ou na lixa, e a decoração do isopor. A ferramenta de corte para produzir o segmento pode ser estilete, fio quente ou serra, de forma manual como preferem os artistas. Porém, por questões de eficiência e automatização, é comum que o cortador seja um *laser*. Avançando nesses assuntos do nosso dia a dia, é visto como chapas de materiais diversos podem ser empilhadas para construir uma peça.

11.3.1 MANUFATURA LAMINAR DE OBJETOS – LOM

O projeto original de LOM foi concebido, inicialmente, pela empresa Helisys Inc. (atualmente Cubic Technologies Inc., Torrance, CA 90505, Estados Unidos) [8]. A patente 5.876.550, de 1999 [9], não trata somente do corte de laminados, mas também da consolidação de um pó seguida por compressão e corte. No entanto, o foco principal é o corte de papel a *laser* seguido de colagem sobre um substrato.

A tecnologia LOM se baseia na deposição sucessiva de folhas de materiais contendo adesivo em um dos lados para construir a peça camada por camada. O material utilizado vem enrolado em uma bobina, como mostra a Figura 11.1 [10]. Após a deposição de uma folha, um rolo aquecido é passado sobre a sua superfície, ativando o adesivo da parte inferior da folha e unindo-a à anterior. Um feixe de *laser* CO_2, com potências típicas entre 25 W e 50 W e direcionado por um conjunto de espelhos controlados por um sistema de deslocamento X-Y, é utilizado para cortar o perfil da geometria da peça na camada em questão. Adicionalmente, o *laser* também picota em pequenos retângulos o material que não faz parte da peça, facilitando, assim, a sua posterior retirada. A plataforma desce em Z (Figura 11.1) e uma nova seção de material avança. O processo continua até que a peça seja finalizada.

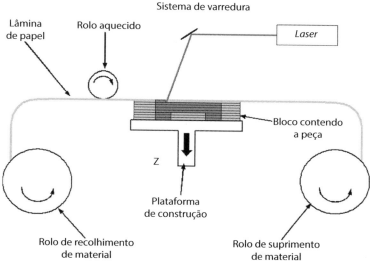

Figura 11.1 Princípio do processo LOM [10].

O material que não pertence à peça, ou seja, que fica ao seu redor, serve como suporte natural para esta durante a construção. Assim, torna-se desnecessária uma etapa de determinação das regiões que deveriam ter suporte durante o processamento da geometria da peça. Ao final do processo, tem-se um bloco retangular de material com a peça no seu interior, que necessita ser extraída por uma operação manual.

Em LOM, o planejamento do picotamento é de fundamental importância para o pós-processamento. O picotamento segue a mesma programação da interface e pode produzir aparas descontínuas para reciclagem ou ser usado para gerar outro tipo de peça incluso no planejamento da peça principal. A retirada das aparas ao redor da peça é manual, assim como as demais operações de acabamento necessárias para a peça. É preciso ressaltar a necessidade de aplicar selante (verniz) para impedir delaminação e inchamento por umidade.

Mak et al. [11] estudaram o efeito da deformação e da temperatura sobre a estabilidade da estrutura de celulose e do polímero obtido pelo processo LOM. Esses autores utilizam a união da rede de polímeros em temperaturas de até 45 °C em vez de cola e realizaram uma teoria construtiva de fluência do sistema polímero-papel pela qual foi possível prever a dimensão final do compósito.

Segundo Cui et al. [12], é possível o uso de um látex do tipo estireno-acrílico como cola termossensível para LOM. Segundo os autores, a resina pode ser facilmente desbobinada para o LOM ao mesmo tempo que confere adesão adequada durante o processamento, alta viscosidade e baixa retração.

A questão da sustentabilidade não é um problema muito importante para o LOM, pois as aparas de papel ou papelão podem ser recicladas posteriormente. No entanto, o uso de colas ambientalmente corretas para a união das folhas é algo importante, como aquelas à base de emulsão aquosa de álcool polivinílico (PVA).

O uso de LOM em papel tem como desvantagem a necessidade de pós-processamento manual, que gera custos e diminui a produtividade. Alguns autores sugerem que o processamento LOM seja realizado em duas etapas: a primeira, convencional, com a eliminação de excesso por picotamento; e uma segunda etapa na qual o modelo é cortado novamente no mesmo equipamento [13]. O *laser* é, então, usado para o LOM e também para cortar as arestas.

Para ilustrar uma peça fabricada por LOM, a Figura 11.2 apresenta uma escultura realizada por LOM [14]. A escultura faz parte do Augmented Sculpture Project, o qual pretende oferecer uma possibilidade de interação com a obra de arte por meio de toque e conformação.

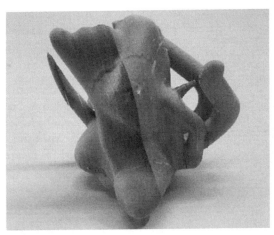

Figura 11.2   Exemplo de obra em papel fabricada por LOM [14].

11.3.2 VARIAÇÕES DOS PROCESSOS LOM

Uma variante do processo LOM na qual o laminado dá lugar a uma pasta cerâmica foi proposta por Tang e Yen [15]. O processo se dá pelo corte com *laser* de uma pasta, na qual a sinterização se dá nas arestas, consolidando previamente a peça. O excesso é picotado pelo *laser*, em similaridade com o processo LOM convencional. Peças de alumina "a verde" foram produzidas pelos autores, mostrando a aplicabilidade da técnica.

Outro estudo propôs a construção de um protótipo simples de LOM para papel, no qual um cortador, tipo lâmina, é posicionado sobre uma mesa CNC [16]. Foram encontrados muitos defeitos devidos às protuberâncias causadas pelos esforços mecânicos da lâmina na superfície do material. Conforme as camadas de papel se sobrepõem, esse defeito se amplifica até o ponto de inviabilizar a construção 3D. O uso de lâmina sempre implica a necessidade de várias operações de acabamento na peça.

Já foi proposto o uso de uma configuração de LOM em ponte [17]. No processo, o laminado fica suspenso no ar e é estampado sobre a superfície com uso de um punção. Na elevação do punção, uma cola é aspergida sobre a superfície, de forma a unir a próxima lâmina estampada. Segundo os autores, o uso dessa variante permite a união de chapas metálicas, pelo fato de o substrato já consolidado não ser aquecido.

Uma das desvantagens dos sistemas atuais de AM reside na necessidade de trabalhar com camadas muito finas para obter a resolução necessária para o acabamento superficial da peça [18]. Uma alternativa é a técnica *variable lamination manufacturing process using expandable polystyrene foam* (VLM). Nesse processo, o perfil de poliestireno é cortado com ajuda de um fio quente, de forma que o ângulo de corte pode ser programado com precisão de décimos de grau. O polímero cortado é, então, empilhado com ajuda de um pino guia e colado. Nesse caso, não há a necessidade de retirar o material picotado do entorno da peça, e tem-se a redução dos degraus advindos do processo de fabricação. O limitante é o ângulo de ataque do cortador a quente, que, no caso específico, está limitado a 20°. A patente do processo VLM é detida pelo Korea Advanced Institute of Science and Technology (Taejon, Coreia), segundo a patente norte-americana 6.627.030 [19].

Schindler e Roosen [20] descrevem a combinação do LOM com a *cold low pressure lamination* para fabricação de peças cerâmicas a verde. Nesse processo, em vez da sinterização em altas temperaturas, cada fatia de cerâmica é unida à outra por meio de fitas adesivas. Em temperaturas baixas e sob baixa pressão, as fitas fundem, mantendo as peças unidas. A peça, já com boa rigidez, pode ser, então, submetida à sinterização em forno.

O uso de metais no lugar de papel, papelão ou madeira já foi cogitado. No entanto, esbarra na alta rigidez do metal. Na verdade, o processo de união entre as chapas metálicas pode causar deformações em virtude do calor residual do processo de corte, o que pode inviabilizar a colagem. Uma possibilidade é o corte antes da laminação de perfis metálicos. Isso já é feito em uma série de processos industriais, como estampagem. Yi et al. [21] propõem a soldagem por difusão de chapas metálicas obtidas por estampagem para a fabricação de peças em aço. Cada lâmina de 1 mm de espessura foi unida de forma a obter um conjunto com baixa retração (menos de 1%) e alta resistência mecânica.

Existe o relato da AM de moldes em alumínio produzidos por corte e brasagem de chapas individuais [22]. A manufatura se inicia com o corte a *laser* de chapas de alumínio com a dimensão necessária para conter a cavidade do molde. Depois, as chapas são colocadas no forno para a brasagem. Finalmente, o conjunto é usinado de forma a produzir a cavidade do molde com as dimensões e o acabamento relativos ao projeto. Peças fabricadas e aplicadas para a moldagem por injeção de plástico indicam que a estrutura laminada não influencia na qualidade do produto. Com uso dessa técnica, a necessidade de grandes blocos metálicos e maciças operações de usinagem é evitada.

Materiais compósitos também podem ser usados na fabricação de peças tridimensionais usando o princípio por adição de lâminas. No caso de compósitos estruturais, como fibras de carbono em epóxi ou fibras de vidro em polipropileno, o limitante é o meio de corte, que deve ser impreterivelmente o *laser*. O *laser* já mostrou ser capaz de cortar com precisão compósitos aeroespaciais, como o CFRP (*carbon fiber reinforced plastic*) [23]. No entanto, o controle da intensidade e da interação do feixe com o material precisa ser cuidadosamente estudado, uma vez que materiais diferentes reagem diferentemente à intensidade luminosa.

Algumas variações do princípio do LOM deram origem a produtos comerciais. A empresa irlandesa MCor [24] desenvolveu uma técnica chamada de deposição seletiva de laminados (*selective deposition lamination* – SDL), usando papel comum de escritório. No processo, a cola é dispersa de forma seletiva, diferentemente do LOM, em que todas as superfícies de contato se encontram úmidas. Quando picotado, o processo SDL produz filamentos soltos de papel. A deposição da cola é feita por um cabeçote de jateamento controlado com alta precisão. A laminação do papel se faz na mesma impressora que empilha e cola as folhas de papel. O pós-processamento do laminado pode envolver corte e furação e até a pós-impregnação de verniz hidrorrepelente. Um diferencial do processo é a possibilidade de inserir cores em cada camada sendo jateada com cola, permitindo imprimir peças coloridas.

A empresa israelense Solidimension [25] extendeu o conceito de adição de lâminas para folhas laminadas de policloreto de vinila (PVC). A empresa vende as suas máquinas com nome Solido ou com os nomes de XD700, pela Graphtec Corp. (Japão), e InVision LD 3D-Modeler, pela 3D Systems (Estados Unidos). Os equipamentos são plotters X-Y que cortam o PVC com pontas diamantadas, em que a adesão ou não das camadas subsequentes é definida pelo programa CNC. Para facilitar o pós-processamento, o equipamento passa o adesivo somente na área da seção transversal da peça e aplica um desmoldante nas regiões fora da seção. Isso facilita a retirada do material ao redor da peça ao final do processo. A empresa mostrou ser viável a AM de placas cerâmicas (SiC, Al_2O_3 etc.) com o mesmo equipamento.

Outra empresa que investe no conceito de AM, desde os anos 1980, é a francesa CIRTES com o seu Stratoconception® [26]. O diferencial da empresa está no *software* proprietário das máquinas, as quais permitem um melhor acabamento da peça em menor tempo. A empresa oferece soluções para uma ampla faixa de aplicações, inclusive caixas de papelão concebidas para o transporte de materiais delicados.

11.4 PROCESSO POR DEPOSIÇÃO COM ENERGIA DIRECIONADA

A deposição com energia direcionada é um processo de AM no qual o material é projetado sobre a peça ao mesmo tempo que o *laser* atinge tanto o substrato como o

Processo de AM por adição de lâminas, por deposição com energia direcionada e híbridos   **279**

material de adição, promovendo fusão e consolidação. Foi uma evolução natural do revestimento com *lasers* (*laser cladding*), no sentido de que as camadas de revestimento foram se sobrepondo, de forma a construir uma estrutura ou volume. No entanto, conforme se realiza o crescimento de camada sobre camada, os desafios aumentam em relação à aplicação do revestimento sobre o substrato. Os principais desafios estão ligados aos defeitos gerados pela evolução térmica e microestrutural, ao controle dimensional e à epitaxia. A epitaxia é caracterizada pela continuidade da estrutura cristalina do substrato em relação ao material depositado. Considerando os desenvolvimentos atuais, os processos de revestimento com *lasers* e DED podem ser realizados na mesma cabeça de processo *laser*.

O princípio de DED cobre uma extensa variedade de tecnologias, como fabricação próxima à forma final obtida com *laser* (*laser engineered net shaping* – LENS), fabricação direta com luz (*directed light fabrication*), deposição direta de metal (*direct metal deposition*) e revestimento a *laser* tridimensional (*3D laser cladding*). Trata-se de um princípio de AM de múltiplas variáveis e possibilidades, normalmente associado ao reparo ou à construção 3D sobre componentes já existentes [27].

Uma máquina DED típica consiste de um cabeçote, montado sobre um braço de vários eixos, o qual deposita material fundido sobre uma superfície na qual a solidificação ocorre. O cabeçote de deposição pode mover-se em múltiplas direções, uma vez que não está fixado a um eixo específico, como nos processos convencionais de fundição. O material de adição, que pode ser depositado a partir de qualquer ângulo, é fundido com uso de um feixe de *laser* de alta intensidade, ou, menos comumente, com uso de um feixe de elétrons ou de plasma. O processo pode ser realizado com uso de polímeros ou cerâmicos, mas é normalmente realizado com metais, sob a forma de pó ou de fio. Aplicações típicas incluem o reparo e o recondiciomento de peças estruturais de alto valor agregado.

11.4.1 FORMA FINAL OBTIDA COM *LASER* – LENS

Talvez o primeiro documento relatando o desenvolvimento de um tipo de DED, chamado LENS, veio dos laboratórios da Sandia (Albuquerque, Novo México, Estados Unidos), em 1998 [28]. Os laboratórios da Sandia já trabalhavam secretamente em processos de AM com *lasers* desde a década de 1980. Essa tecnologia é considerada estratégica para o U. S. Department of Energy's National Nuclear Security Administration (NNSA), tanto do ponto de vista comercial quanto de defesa nacional, e também recebeu aportes significativos de recursos da Lockheed Martin Corporation nos últimos trinta anos. Atualmente, o nome LENS é uma marca registrada do Sandia National Laboratories [29] e comercializada pela empresa Optomec [30] em quatro versões. A empresa vende desde máquinas para um envelope de $10 \times 10 \times 10$ cm^3, utilizando um *laser* a fibra de 400 W, até equipamentos para a fabricação de peças de $90 \times 150 \times 90$ cm^3, utilizando um *laser* a fibra de 1 kW.

O processo LENS é apresentado na Figura 11.3, segundo Volpato [10]. Na figura, é apresentado o crescimento de uma camada, com os pontos de incidência do feixe de *laser* e dos fluxos de pó bem delimitados. Nota-se que o cabeçote é dotado de bicos para injeção de pó. O bico central constringe o feixe de *laser* ao mesmo tempo que sopra argônio sobre a peça. A proteção gasosa é garantida por esse fluxo axial e pelo gás de assopramento, tipicamente argônio, dos outros bicos de injeção de pó. A formação de uma poça de fusão dimensionalmente estável, com uma pequena zona termicamente afetada e uma frente de solidificação contínua, é preferível para estabilizar o processo.

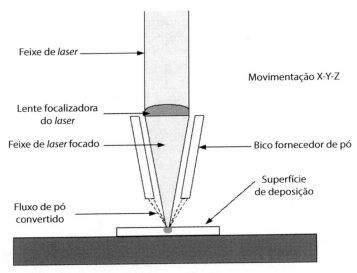

Figura 11.3 Princípio do processo LENS da Optomec [10].

A altura da camada depositada durante o processo LENS é um parâmetro complexo a ser definido *a priori* pelo grande número de variáveis de processo. Existem vantagens evidentes no uso de um algoritmo que permita o aprendizado da máquina durante o processamento. Por exemplo, a precisão do modelo *least square support vector machine* (LS-SVM) aplicado à teoria de aprendizado estatístico se mostrou uma metodologia viável para a produção de peças metálicas 3D por LENS [31].

Purtonen et al. [32] revisaram o estado da arte em monitoramento e controle adaptativo dos processos *laser*. Segundo esses autores, o monitoramento de um processo LENS é semelhante ao processo de cladeamento, consistindo no sensoriamento da temperatura da poça com imageamento térmico ou pirômetros, além do controle adaptativo da distância do cabeçote à peça por meio tátil ou óptico. O controle do processo por imageamento térmico é sensível à evolução térmica durante o processo, uma vez que a emissividade não é constante durante este. Ademais, a resolução espacial é restrita, uma vez que é comum a poça em fusão ter dimensões da ordem de milímetros.

Uma questão que se faz pertinente na análise do processo de sopramento de partículas metálicas no espaço entre o cabeçote do *laser* e a superfície da peça é a quantidade de calor absorvida pelo pó durante o seu tempo de voo. Ibarra-Medina e Pinkerton [33] realizaram um estudo fluido-dinâmico sobre o processo de revestimento com *lasers* (*laser cladding*), considerando a interação do pó com a irradiância do *laser* durante o

Processo de AM por adição de lâminas, por deposição com energia direcionada e híbridos **281**

trajeto até o substrato. Embora a trajetória da partícula seja bastante complexa, os autores mostraram que a distância de trabalho influencia significantemente a massa depositada, o calor absorvido pelo pó e a distribuição de partículas sobre a superfície. A distância de trabalho não precisa ser, necessariamente, a distância focal da óptica do *laser*, mas deve ser alterada conforme a qualidade do depósito e a qualidade do feixe de *laser*. De uma forma geral, a absorção de energia pelo pó é mais efetiva ao redor de uma faixa imediatamente abaixo do plano focal.

Para fins de comparação, foram realizados experimentos usando pó de aço inoxidável com tamanhos entre 50 μm e 150 μm aspergido sobre uma superfície de aço inoxidável com uso da técnica DED. Para *laser* diodo com potência de 1.000 W, fluxo de pó de 0,58 g/s e fluxo de argônio de 8,33 $\times$ 10^{-5} m^3/s, a temperatura máxima do pó no entorno do plano focal se situa em 686 °C e aumenta rapidamente com a distância, chegando à fusão cerca de 15 mm abaixo do ponto do plano focal [33].

Para revestimentos relativamente largos, pode-se trabalhar tranquilamente em posições bem abaixo do plano focal, pois a energia extra, absorvida durante o tempo de voo, permitirá a consolidação do pó. Por outro lado, para linhas mais refinadas, o feixe de *laser* precisa estar confinado ao plano focal. Nesse caso, como o tempo de voo é menor, uma potência maior de *laser* precisa ser utilizada.

A partícula que sai do bico de assopramento não é a mesma que atinge o substrato. Liu e Lin [34] fizeram um modelo simples para o aquecimento de uma partícula esférica iluminada por um feixe de CO_2 no trajeto até o substrato. Esses autores mostraram que a partícula pode perder até 25% de massa por evaporação.

11.4.2 OUTROS PROCESSOS DED

Vários grupos de pesquisa em materiais projetaram e construíram as suas próprias máquinas DED. Milewski et al. [35] projetaram uma máquina de cinco eixos para o que chamaram de *direct light fabrication* (DLF), na qual o depósito pode ser efetuado em qualquer direção, inclusive verticalmente. Esses autores realizaram estudos com a liga 316 para formar capas esféricas em várias posições.

Quando a AM substitui as operações subtrativas, é importante assegurar que as propriedades físicas do material para a aplicação específica sejam preservadas. Na área de fabricação mecânica, é comum iniciar as investigações pelas características microestruturais e, depois, realizar ensaios mecânicos, como dureza, tensão uniaxial, dobramento, absorção de impacto ou fadiga. Por exemplo, Zhang et al. [36] caracterizaram peças de aço inoxidável 316 produzidas por *laser metal deposition shaping* com comportamento mecânico similar ao do metal-base. Amano e Rohatgi [37] utilizaram LENS para construção de um aço SAE 4140, também obtendo grande similaridade entre as propriedades do material lingotado e daquele crescido camada a camada.

A empresa francesa IREPA [38] desenvolve, desde os anos 1990, aplicações *laser* em materiais, inclusive na área chamada de *laser cladding 3D*. O cabeçote de processo patenteado pela empresa possui um sistema de aspersão de pó, o qual permite o controle preciso da quantidade e da direção do fluxo. O sistema provou ser efetivo na AM de peças para as indústrias metal-mecânica, aeroespacial e relojoeira, tanto para reparo quanto para criação de paredes tão finas como 0,4 mm. Utilizando o cabeçote de *microcladding 3D* da IREPA, Lima e Sankare [39] propuseram a construção 3D de longarinas de aço inoxidável 316. Os autores verificaram a possibilidade de construção de estruturas com alta razão de aspecto e com propriedades mecânicas similares às do material volumétrico. A fase delta, responsável pelo decréscimo das características de resistência à corrosão, não foi verificada nas estruturas fabricadas.

Em termos de peças AM, o DED tem adquirido notoriedade nas peças com alto valor agregado nas áreas biomédica, de esportes e aeroespacial.

11.4.3 PROCESSOS DED PARA A ÁREA DA SAÚDE

O desenvolvimento de próteses biocompatíveis de titânio por meio da AM já é uma realidade em vários países, inclusive no Brasil [40]. A vantagem do processo aditivo é a liberdade de projetos possíveis, permitindo ao clínico determinar as dimensões e o acabamento necessários para a necessidade do paciente. Além disso, a vantagem da AM é que o titânio é conhecido como um material de difícil usinagem e relativamente caro para se permitir muito refugo e desperdício de matéria-prima.

Existem vantagens evidentes na AM de ligas biocompatíveis, como a Ti6Al4V, em relação aos processos convencionais de fundição e forjamento. Primeiro, a economia no material justifica a sua implementação em AM. Segundo, as características mecânicas e químicas, assim como a sua qualidade de superfície, se mostram perfeitamente adequadas para o uso *in vivo*. Heigel et al. [41] realizaram LENS de liga Ti6Al4V e um estudo por modelamento de elementos finitos para a temperatura e a convecção na superfície da liga em solidificação. Kriczky et al. [42] realizaram uma pesquisa objetivando comparar as características térmicas obtidas por imagem digital com a qualidade do depósito numa construção aditiva de Ti6Al4V. Carroll et al. [43] investigaram o efeito da direção de crescimento de camadas sobre a isotropia do comportamento mecânico em tensão uniaxial do Ti6Al4V. Independentemente da direção na qual o corpo de prova é retirado, seu comportamento mecânico é semelhante ao do material volumétrico, sem necessidade de tratamentos térmicos adicionais. No entanto, a ductilidade é significativamente maior na direção transversal ao crescimento. Os autores associaram esse efeito aos contornos de grão da fase alfa que sofrem dano acelerado na direção longitudinal ao feixe de *laser*. Segundo os autores, a contaminação com 0,0125% (em peso) de oxigênio não alterou a tenacidade da liga processada. As primeiras camadas apresentaram grãos mais finos que as últimas e, portanto, as camadas mais juntas à base são mais resistentes que aquelas próximas ao topo.

Na maioria das vezes, o processo de consolidação de camadas visa a um objeto com o mínimo de porosidades. No entanto, em alguns nichos de aplicação, existe a necessidade de criar material poroso. No caso de implantes ortopédicos, é comum o uso da liga CoCrMo, por ser resistente a desgaste e corrosão. Vários autores utilizaram o DED para a fabricação de liga CoCrMo porosa para implantes [44, 45]. Peças AM tratadas a 1.200 °C/45 min e envelhecidas a 830 °C/2 h possuem dureza de 520 HV, comparada com 440 HV do material como fabricado, o que confere vantagens adicionais ao controle do desgaste em ortopedia [42].

Esse também é o caso de implantes porosos de titânio fabricados por DED [46]. Por meio do controle de parâmetros de processo, é possível produzir estruturas com porosidade entre 17% e 58%, com poros de até 800 μm, promovendo uma região propícia ao crescimento de células osteoblásticas humanas. As condições de processamento também puderam ser ajustadas de modo a equalizar as propriedades mecânicas do titânio próximas às do osso.

No campo dos materiais com memória de forma (*shape memory alloys*), existe a possibilidade de manufatura de próteses customizadas, as quais são difíceis de serem obtidas por usinagem convencional. Hamilton et al. [47] mostraram ser possível o depósito de camadas da liga de memória de forma NiTi, obtendo resultados de temperatura de transformação martensítica semelhantes aos do material volumétrico.

11.4.4 PROCESSOS DED DE CERÂMICAS

Em condições bem controladas, é possível crescer camadas cerâmicas com uso de DED. No entanto, o material cerâmico será fundido, e o produto é comumente um vidro. Uma vez que os vidros são conhecidos pela sua baixa tenacidade em condições de tensão de origem térmica, fissuras podem ocorrer. Isso foi verificado por Balla et al. [48], que desenvolveram o processo de crescimento de camadas de zircônia estabilizada com ítria com uso de LENS. Diferentemente dos métodos tradicionais de aspersão com *high velocity oxygen fuel spraying* (HVOF), o uso do *laser* provou ser eficiente na aderência e na densificação das camadas sobre o substrato de aço 316L.

O eutético cerâmico baseado no sistema Al_2O_3-$ZrO_2(Y_2O_3)$ foi desenvolvido com uso de LENS [49]. As partículas cerâmicas foram completamente fundidas durante o processo, resultando em material eutético com espaçamento interlamelar de 100 nm. A tenacidade dos depósitos é comparável com aquela obtida por métodos de crescimento direcional. Esses mesmo autores [50] estabeleceram a base matemática para a produção de alumina por LENS, mostrando que os principais parâmetros são fluxo de pó, velocidade do cabeçote e potência. Os autores mostraram que a calorimetria pode ser usada para a fabricação de camadas vitrificadas do material.

Boegelein et al. [51] propõem o uso do SLM para a consolidação de aços ferríticos com endurecimento por dispersão de óxido (*oxide dispersion strengthened* – ODS), no caso, óxido de ítrio. Os autores mostraram que uma parte do ítrio se dilui em solução na liga Fe-19Cr-5,5Al-0,5Ti-0,5Y_2O_3 (% peso) e se reprecipita em dispersoides com diâmetros entre 10 nm e 60 nm. Os autores mostraram um decréscimo na resistência em tração, particularmente na direção perpendicular ao crescimento.

O uso de pó durante o assopramento abre a possibilidade de realizar camadas com diferentes composições e, consequentemente, com diferentes propriedades. Dessa forma, é possível fabricar compósitos do tipo Ti/TiC com uso de LENS. As camadas foram fabricadas pelo modo de gradiente funcional partindo do Ti puro até uma camada com 95% vol. TiC [52]. Durejko et al. [53] aplicaram LENS para a formação de camadas em tubo com gradação funcional baseadas no sistema Fe-Al. O uso de *laser* permite uma transição suave entre o aço 316L e a liga Fe_3Al. No entanto, a peça apresentou alta dureza e tensões residuais que precisaram ser relaxadas com tratamento térmico depois da fabricação. Balla et al. [54] relataram o crescimento de camadas funcionais do sistema Ti-TiO_2 usando LENS. O objetivo foi produzir uma camada superficial que possuísse os requisitos de biocompatibilidade de implantes e, ao mesmo tempo, diminuísse o atrito entre o titânio e o anel de poliestireno. O desgaste foi reduzido à metade nas condições de uso de próteses de fêmur-bacia.

Nem sempre o sucesso é garantido. Xiong et al. [55] propuseram a fabricação de metal duro (WC-Co) diretamente do pó por meio de LENS. O método não produziu depósitos regulares, como visto na sinterização no estado líquido, e a dureza variou ao longo da amostra. A coalescência dos grãos de WC tende a criar regiões de grãos muito maiores. Portanto, pelo menos nesse estudo, os resultados da fabricação de insertos de metal duro a partir dos pós de cobalto e carboneto não foram animadores.

11.4.5 PROCESSOS DED PARA APLICAÇÕES ESPECIAIS

Uma das áreas que está recebendo especial atenção dos processos DED é a formação de ligas para estocagem de hidrogênio. Uma das tendências mais atuais para a mobilidade urbana é o uso do hidrogênio como alternativa limpa à queima de combustíveis fósseis. O uso de hidretos metálicos tem sido amplamente divulgado [56], embora ainda existam obstáculos para a fabricação tradicional desses metais. A AM oferece a vantagem de permitir a elaboração de uma série de ligas de difícil metalurgia, em dimensões próximas à da célula combustível. Kunce et al. [57] produziram a liga de alta entropia ZrTiVCrFeNi por meio de LENS, seguido de tratamento de homogeneização a 1.000 °C por 24 h. A capacidade de estocagem de hidrogênio foi de 1,8% em peso após o processamento. No entanto, a desorpção do hidrogênio foi dificultada pela presença de uma fase de hidreto C14.

Polanski et al. [58, 59] utilizou o processo LENS para a elaboração de ligas binárias FeTi e ternárias FeTiNi a partir dos pós elementares. Desse modo, foi possível verificar qual composição melhor se adequa a uma característica específica, como a absorção de hidrogênio (1,6% peso para o FeTi). No entanto, a capacidade de estocagem de H é menor nas ligas obtidas por LENS em comparação com as ligas volumétricas. No caso da liga TiZrNbMoV, os autores obtiveram uma absorção de 2,3% em peso após a síntese, com desorpção limitada pela formação de hidretos.

Outra área que tem recebido particular atenção dos métodos DED é o reparo de elementos de turbinas. Turbinas a gás são equipamentos projetados para converter a energia química de um combustível líquido em energia mecânica por combustão interna e expansão de produtos gasosos, no que é conhecido em termodinâmica como ciclo de Brayton [60]. As turbinas a gás consistem, basicamente, de três partes principais: o compressor, a área de combustão e a turbina. Particularmente na propulsão

Processo de AM por adição de lâminas, por deposição com energia direcionada e híbridos

aeronáutica, as palhetas das turbinas são compostas por superligas de níquel mono-cristalinas e são extremamente caras.

Uma das aplicações mais avançadas da AM visa ao recondicionamento de palhetas de turbinas monocristalinas compostas por superligas de níquel e usadas na fabrica-ção de turbinas para motores a jato [61]. Em virtude das condições extremas de tem-peratura e tensões mecânicas às quais esses componentes estão sujeitos, fissuras normal-mente ocorrem. Uma vez que o preço unitário desses componentes é muito elevado, um procedimento para o seu reparo e recondicionamento é particularmente desejável. O uso da AM a *laser* já provou ser eficaz nesse aspecto, contanto que a epitaxia e a direção cristalográfica original sejam obedecidas [62].

Um trabalho pioneiro de Gaumann et al. [62] mostrou ser possível reparar compo-nentes monocristalinos de turbinas por DED. Na sequência, os maiores produtores de motores aeronáuticos, Pratt and Whitney, Rolls-Royce, MTU, GE, Alstom Power, Siemens, Mitsubishi, GHH Borsig e Honeywell LTS, estabeleceram programas mais ou menos cooperativos de reparo com esses meios.

Wilson et al. [63] demonstraram que a remanufatura de palhetas de turbinas com deposição a *laser* é um método economicamente viável para a extensão do tempo de vida desses componentes. Os autores puderam reparar vazios em turbinas quando estes são relativamente pequenos (< 5 mm). No que tange ao impacto ambiental, quando o volume a reparar é de 10% (1,56 kg), existe uma melhoria da pegada am-biental (*carbon footprint improvement*) em cerca de 45% e uma economia de 36% no consumo de energia total, em comparação com a substituição por uma nova palheta.

A aplicabilidade do reparo por DED de palhetas monocristalinas só é viável em con-dições nas quais se estabeleça a epitaxia entre o substrato e a nova camada depositada. A questão da epitaxia no crescimento de camadas é de fundamental importância para a continuidade das propriedades físicas. A epitaxia só é possível quando a superfície do substrato se encontra plana, lisa e livre de óxidos e outras impurezas. As partículas inci-dentes também devem estar completamente fundidas, e as condições devem ser propí-cias para o crescimento colunar. Essas condições são revistas no artigo de Gaumann [62] e, depois, patenteadas por Kurz et al. [64] e Mokadem e Pirch [65].

A empresa canadense Liburdi especializou-se no reparo de palhetas de turbinas por *laser* e microplasma com uso de ligas especialmente desenvolvidas para estender o tempo de vida das peças em condições normais de operação [6]. Em 2013, a empresa recebeu o certificado de autorização para reparo de quatro tipos de turbinas aeronáu-ticas da Rolls-Royce, mostrando, assim, a maturidade da tecnologia.

Uma variação do processo DED na qual o precursor da camada não é um pó sendo injetado concomitantemente com a energia do *laser* é a exposição de uma mistura lí-quida ao *laser*. Essa técnica permite a realização de estruturas nanométricas dentro das camadas. Deng e colaboradores [67] propõem a deposição de prata sobre substrato de poliestireno com uso de *laser* de He-Cd a partir de uma solução de nitrato de prata e citrato de sódio. Camadas nanoestruturadas com alturas variando entre 60 nm e 200 nm podem ser fabricadas nesse modo.

11.5 TECNOLOGIAS HÍBRIDAS

Os processos híbridos abordam dois objetos: a combinação de fontes e a AM combinada com a usinagem. Os processos em que o material de adição é um arame em vez de pó têm avançado na área de soldagem, sendo inevitável o seu uso para *overlay cladding* e, no futuro, para a construção 3D. O uso do *laser* híbrido, quando o *laser* é combinado com o arco voltaico e com a transferência metálica, já se consolidou na indústria. O fato interessante é que o processo MIG/MAG (*metal inert gas/metal active gas*) precisa de alguns avanços para estar pronto para atuar junto com *laser*, sobretudo nos quesitos resolução espacial da transferência metálica, espessura do arame, automação e controle do arco. Esses avanços serão determinantes para a construção de peças metálicas, camada a camada, em dimensões relativamente grandes (3 a 5 mm por passe).

Estendendo essa tecnologia para DED, pode-se verificar que o processo de *overlay cladding* pode ser usado para cobrir grandes superfícies em camadas relativamente grossas, com 3 a 10 mm por passe. No entanto, o acabamento final será um limitante do método, uma vez que existe um efeito de acúmulo de calor, no qual a peça pode apresentar empenamentos e distorções. Baufeld et al. [68] propuseram um método de AM chamado *shaped metal deposition*, no qual o aporte de calor se faz por meio de uma tocha TIG. Esse método foi usado para a formação de depósitos de Ti6Al4V com espessuras de parede entre 5 mm e 20 mm.

No que concerne o uso de tecnologia aditiva-subtrativa no mesmo equipamento, a empresa Sauer Lasertec, em conjunto com a empresa DMG Mori, parece ter resolvido o dilema entre as tecnologias subtrativa (usinagem) e aditiva (DED). Uma máquina híbrida permite realizar ambas as operações no mesmo ambiente, sem necessidade de adquirir duas máquinas em separado. O equipamento chamado Lasertech 65 Hybrid machine® [69] permite peças fabricadas e com acabamento superior. O equipamento faz uso de um *laser* semicondutor de 2.000 W, com cabeçote de *cladding* com capacidade de 2,2 kg por hora, e um centro de usinagem de 5 eixos com capacidade de 600 kg de carga útil. A Figura 11.4 apresenta as etapas de manufatura aditiva (a) e furação (b) em um equipamento Lasertec 65 3D da empresa DMG Mori.

 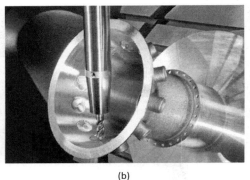

(a)   (b)

Figura 11.4 Operação de manufatura aditiva (a) seguida por usinagem (b) em um equipamento Lasertec 65 3D da empresa DMG Mori.

11.6 CONCLUSÕES

Os nichos de mercado de AM com técnicas DED e por adição de lâminas estão se ampliando pelo esforço das empresas no desenvolvimento de soluções focadas em um determinado produto. Existe, efetivamente, um movimento tecnológico em direção às técnicas como LENS, DLF e todas as suas congêneres como novo paradigma de produção industrial. Ainda é cedo para determinar se as técnicas de AM com *lasers* suplantarão aquelas de fundição, lingotamento e tratamentos termomecânicos, no entanto, parece bastante provável que essas técnicas DED permitam um ganho de escala em pouco tempo. Nichos de mercado como biomédico, aeroespacial e de equipamento esportivo já contam com a tecnologia de AM. Outros setores, como de bens de consumo duráveis e indústria de transformação pesada, continuarão a desenvolver os seus métodos tradicionais de manufatura e sofrerão menor impacto do desenvolvimento de tecnologias DED nos próximos anos.

REFERÊNCIAS

1 STEEN, W. M. *Laser materials processing.* London: Springer Verlag, 1998.

2 CARVALHO, S. M. *Soldagem com laser a fibra do aço ligado 300M de alta resistência.* Tese (Mestrado em Mecânica dos Sólidos e Estruturas) – Instituto Tecnológico de Aeronáutica, São José dos Campos, 2009.

3 READY, J. F. *Industrial applications of lasers.* San Diego: Academic Press, 1997.

4 VERHAEGHE, G. The fiber laser: a newcomer for material welding and cutting. *Welding Journal*, v. 84, n. 8, p. 56-60, 2005.

5 BELFORTE, D. 2012 Annual economic review and forecast. *Industrial Laser Solutions*, v. 28, p. 6-16, 2013.

6 READY, J. F. *LIA handbook of laser materials processing.* Orlando: Magnolia, 2001.

7 ION, J. C. *Laser processing of engineering materials*: principles, procedure and industrial application. Burlington: Elsevier, 2005.

8 CUBIC Technologies. Disponível em: <http://www.cubictechnologies.com>. Acesso em: 11 jul. 2015.

9 FEYGIN, M.; PAK, S. S. *Laminated object manufacturing apparatus and method.* US5730817 A. Disponível em: <http://www.google.com/patents/US5730817>. Acesso em: 11 jul. 2015.

10 VOLPATO, N. Os principais processos de prototipagem rápida. In: _____. (Ed.). *Prototipagem rápida*: tecnologias e aplicações. São Paulo: Blucher, 2007.

11 MAK, C. K. Y. et al. Deformation prediction of the laminated object modeling composite laminates. *Journal of Materials Processing Technology*, Amsterdam, v. 103, p. 261-266, 2000.

12 CUI, X. et al. A study on green tapes for LOM with water-based tape casting processing. *Materials Letters*, Amsterdam, v. 57, p. 1.300-1.304, 2003.

13 CHO, I. et al. Development of a new sheet deposition type rapid prototyping system. *International Journal of Machine Tools & Manufacture*, Oxford, v. 40, p. 1.813-1.829, 2000.

14 ADZHIEV, V. et al. Functionally based augmented sculpting. *Computer Animation and Virtual Worlds*, West Sussex, v. 16, p. 25-39, 2005. Disponível em: <http://hyperfun.org/wiki/doku.php?id=apps:asp>. Acesso em: 11 abr. 2016.

15 TANG, H. H.; YEN, H. C. Slurry-based additive manufacturing of ceramic parts by selective laser burn-out. *Journal of the European Ceramic Society*, Barking, v. 35, p. 981-987, 2015.

16 YU, G. et al. A low cost cutter-based paper lamination rapid prototyping system. *International Journal of Machine Tools & Manufacture*, Oxford, v. 43, p. 1.079-1.086, 2003.

17 CHIU, Y. Y.; LIAO, Y. S.; HOUB C. C. Automatic fabrication for bridged laminated object manufacturing (LOM) process. *Journal of Materials Processing Technology*, Amsterdam, v. 140, p. 179-184, 2003.

18 AHN, D. G.; LEE, S. H.; YANG, D. Y. Development of transfer type variable lamination manufacturing (VLM-ST) process. *International Journal of Machine Tools & Manufacture*, Oxford, v. 42, p. 1.577-1.587, 2002.

19 YANG, D. Y. et al. *Variable lamination manufacturing (VLM) process and apparatus*. US 6627030 B2. Disponível em: <http:// www.google.com.ar/patents/US6627030>. Acesso em: 14 jul. 2015.

20 SCHINDLER, K.; ROOSEN, A. Manufacture of 3D structures by cold low pressure lamination of ceramic green tapes. *Journal of the European Ceramic Society*, Barking, v. 29, p. 899-904, 2009.

21 YI, S. et al. Study of the key technologies of LOM for functional metal parts. *Journal of Materials Processing Technology*, Amsterdam, v. 150, p. 175-181, 2004.

22 HIMMER, T.; NAKAGAWA, T.; ANZAI, M. Lamination of metal sheets. *Computers in Industry*, Amsterdam, v. 39, p. 27-33, 1999.

23 LIMA, M. S. F. et al. Laser processing of carbon fiber reinforced polymer composite for optical fiber guidelines. *Physics Procedia*, Amsterdam, v. 41, p. 572-580, 2013.

24 3D PRINTING and Rapid Prototyping. Mcor Technologies. Disponível em: <http://mcortechnologies.com>. Acesso em: 20 mar. 2016.

Processo de AM por adição de lâminas, por deposição com energia direcionada e híbridos

25 SOLIDO. Disponível em: <www.solido3d.com>. Acesso em: 20 mar. 2016.

26 STRATOCONCEPTION. Fabrication Additive (Prototypage Rapide, Outillage Rapide, Impression 3D). Disponível em: <http://www.stratoconception.com>. Acesso em: 20 abr. 2016.

27 GIBSON, I.; ROSEN, D. W.; STUCKER, B. *Additive manufacturing technologies*: rapid prototyping to direct digital manufacturing. New York: Springer-Verlag, 2010.

28 ATWOOD, C. et al. *Laser Engineered Net Shaping (LENS™)*: a tool for direct fabrication of metal parts. Sandia Report SAND98-2473C, 1998.

29 HOFMEISTER, W. et al. Investigating solidification with the Laser-Engineered Net Shaping (LENS™) Process. *Journal of Materials*, Philadelphia, v. 51, n. 7, 1999. Disponível em: <http://www.tms.org/pubs/journals/JOM/9907/Hofmeister/Hofmeister-9907.html>. Acesso em: 11 jul. 2015.

30 OPTOMEC. Disponível em: <www.optomec.com>. Acesso em: 20 jul. 2015.

31 LU, Z. L. et al. The prediction of the building precision in the Laser Engineered Net Shaping process using advanced networks. *Optics and Lasers in Engineering*, London, v. 48, p. 519-525, 2010.

32 PURTONEN, T.; KALLIOSAARI, A.; SALMINEN, A. Monitoring and adaptive control of laser processes. *Physics Procedia*, Amsterdam, v. 56, p. 1.218-1.231, 2014.

33 IBARRA-MEDINA, J.; PINKERTON, A. J. Numerical investigation of powder heating in coaxial laser metal deposition. *Surface Engineering*, v. 27, p. 754-761, 2011.

34 LIU, C. Y.; LIN, J. Thermal processes of a powder particle in coaxial laser cladding. *Optics & Laser Technology*, Oxford, v. 35, p. 81-86, 2003.

35 MILEWSKI, J. O. et al. Directed light fabrication of a solid metal hemisphere using 5-axispowder deposition. *Journal of Materials Processing Technology*, Amsterdam, v. 75, p. 165-172, 1998.

36 ZHANG, K. et al. Characterization of stainless steel parts by Laser Metal Deposition Shaping. *Materials and Design*, v. 55, p. 104-119, 2014.

37 AMANO, R. S.; ROHATGI, P. K. Laser engineered net shaping process for SAE 4140 low alloy steel. *Materials Science and Engineering*, Lausanne, v. 528, p. 6.680-6.693, 2011.

38 IREPA LASER. Centre de recherche et de développement de l'Institut Carnot Mica. Disponível em: <http://www.irepa-laser.com>. Acesso em: 20 maio 2016.

39 LIMA, M. S. F.; SANKARE, S. Microstructure and mechanical behavior of laser additive manufactured AISI 316 stainless steel stringers. *Materials and Design*, v. 55, p. 526-532, 2014.

40 FÁBRICA DE Protótipos. Disponível em: <http://fabricadeprototipos.com>. Acesso em: 20 ago. 2015.

41 HEIGEL, J. C.; MICHALERIS, P.; REUTZEL, E. W. Thermo-mechanical model development and validation of directed energy deposition additive manufacturing of Ti-6Al-4V. *Additive Manufacturing*, Amsterdam, v. 5, p. 9-19, 2015.

42 KRICZKY, D. A. et al. 3D spatial reconstruction of thermal characteristics in directed energy deposition through optical thermal imaging. *Journal of Materials Processing Technology*, Amsterdam, v. 221, p. 172-186, 2015.

43 CARROLL, B. E.; PALMERA, T. A.; BEESE, A. M. Anisotropic tensile behavior of Ti-6Al-4V components fabricated with directed energy deposition additive manufacturing. *Acta Materialia*, Tarrytown, v. 87, p. 309-320, 2015.

44 ESPAÑA, F. A. et al. Design and fabrication of CoCrMo alloy based novel structures for load bearing implants using laser engineered net shaping. *Materials Science and Engineering C*, Amsterdam, v. 30, p. 50-57, 2010.

45 MALLIK, M. K.; RAO, C. S.; KESAVA RAO, V. V. S. Effect of heat treatment on hardness of Co-Cr-Mo alloy deposited with laser engineered net shaping. *Procedia Engineering*, Amsterdam, v. 97, p. 1.718-1.723, 2014.

46 XUE, W. et al. Processing and biocompatibility evaluation of laser processed porous titanium. *Acta Biomaterialia*, Kidlington, v. 3, p. 1.007-1.018, 2007.

47 HAMILTON, R. F.; PALMER, T. A.; BIMBER, B. A. Spatial characterization of the thermal-induced phase transformation throughout as-deposited additive manufactured NiTi bulk builds. *Scripta Materialia*, Tarrytown, v. 101, p. 56-59, 2015.

48 BALLA, V. K. et al. Compositionally graded yttria-stabilized zirconia coating on stainless steel using laser engineered net shaping (LENS™). *Scripta Materialia*, Tarrytown, v. 57, p. 861-864, 2007.

49 NIU, F. et al. Nanosized microstructure of Al_2O_3-ZrO_2 (Y_2O_3) eutectics fabricated by laser engineered net shaping. *Scripta Materialia*, Tarrytown, v. 95, p. 39-41, 2015.

50 NIU, F. et al. Power prediction for laser engineered net shaping of Al_2O_3 ceramic parts. *Journal of the European Ceramic Society*, Barking, v. 34, p. 3.811-3.817, 2014.

51 BOEGELEIN, T. et al. Mechanical response and deformation mechanisms of ferritic oxide dispersion strengthened steel structures produced by selective laser melting. *Acta Materialia*, Tarrytown, v. 87, p. 201-215, 2015.

52 LIU, W.; DUPONT, J. N. Fabrication of functionally graded TiC/Ti composites by Laser Engineered Net Shaping. *Scripta Materialia*, Tarrytown, v. 48, p. 1.337-1.342, 2003.

53 DUREJKO, T. et al. Thin wall tubes with $Fe_3Al/SS316L$ graded structure obtained by using laser engineered net shaping technology. *Materials and Design*, v. 63, p. 766-774, 2014.

54 BALLA, V. K. et al. Fabrication of compositionally and structurally graded $Ti-TiO_2$ structures using laser engineered net shaping (LENS). *Acta Biomaterialia*, Tarrytown, v. 5, p. 1.831-1.837, 2009.

55 XIONG, Y. et al. Fabrication of WC-Co cermets by laser engineered net shaping. *Materials Science and Engineering A*, Libertyville, v. 493, p. 261-266, 2008.

56 LOTOTSKYY, M. V. et al. Metal hydride systems for hydrogen storage and supply for stationary and automotive low temperature PEM fuel cell power modules. *International Journal of Hydrogen Energy*, Oxford, v. 40, n. 35, p. 11.491-11.497, 2015.

57 KUNCE, I.; POLANSKI, M.; BYSTRZYCKI, J. Structure and hydrogen storage properties of a high entropy ZrTiVCrFeNi alloy synthesized using Laser Engineered Net Shaping (LENS). *International Journal of Hydrogen Energy*, Oxford, v. 38, p. 12.180-12.189, 2013.

58 POLANSKI, M. et al. Combinatorial synthesis of alloy libraries with a progressive composition gradient using laser engineered net shaping (LENS): Hydrogen storage alloys. *International Journal of Hydrogen Energy*, Oxford, v. 38, p. 12.159-12.171, 2013.

59 KUNCE, I.; POLANSKI, M.; BYSTRZYCKI, J. Microstructure and hydrogen storage properties of a TiZrNbMoV high entropy alloy synthesized using Laser Engineered Net Shaping (LENS). *International Journal of Hydrogen Energy*, Oxford, v. 39, p. 9.904-9.910, 2014.

60 BRAYTON CYCLE. Disponível em: <http://web.mit.edu/16.unified/www/SPRING/propulsion/notes/node27.html>. Acesso em: 11 jul. 2015.

61 BEWLAY, B. P.; JACKSON, M. R. *Method for replacing blade tips of directionally solidified and single crystal turbine blades*. US5822852 A. Disponível em: <https://www.google.com/patents/US5822852>. Acesso em: 11 jul. 2015.

62 GAUMANN, M. et al. Epitaxial laser metal forming: analysis of microstructure formation. *Materials Science and Engineering A*, Libertyville, v. 271, n. 1, p. 232-241, 1999.

63 WILSON, J. M. et al. Remanufacturing of turbine blades by laser direct deposition with its energy and environmental impact analysis. *Journal of Cleaner Production*, Oxford, v. 80, p. 170-178, 2014.

64 KURZ, W. et al. *Method for producing monocrystalline structures*. US6024792 A. Disponível em: <https://www.google.com/patents/US6024792>. Acesso em: 11 ago. 2015.

65 MOKADEM, S.; PIRCH, N. *Method for welding depending on a preferred direction of the substrate*. US20110031226 A1. Disponível em: <http://www.google.co.ug/patents/US20110031226>. Acesso em: 11 ago. 2015.

66 LIBURDI. *Enabling Technologies*. Disponível em: <http://www.liburdi.com/turbine-services-enabling-technologies>. Acesso em: 14 maio 2016.

67 DENG, R. et al Laser directed deposition of silver thin films. *Thin Solid Films*, Amsterdam, v. 519, p. 5.183-5.187, 2011.

68 BAUFELD, B.; VAN DER BIEST, O.; GAULT, R. Additive manufacturing of Ti-6Al-4V components by shaped metal deposition: microstructure and mechanical properties. *Materials and Design*, v. 31, p. S106-S111, 2010.

69 DMG MORI. Lasertec 65 3D. Disponível em: <http://us.dmgmori.com/products/lasertec/lasertec-additivemanufacturing/lasertec-65-3d>. Acesso em: 25 jul. 2015.

CAPÍTULO 12
Fabricação de ferramental

Neri Volpato
Universidade Tecnológica Federal do Paraná – UTFPR

Carlos Henrique Ahrens
Universidade Federal de Santa Catarina – UFSC

12.1 INTRODUÇÃO

Uma aplicação das tecnologias de manufatura aditiva (*additive manufacturing* – AM) que desperta particular interesse, em função do potencial oferecido, é a fabricação de ferramental. Neste capítulo, as principais aplicações da AM em ferramental são apresentadas. Entre elas, destaca-se a obtenção de gabaritos e dispositivos, modelos-mestre, modelos de "sacrifício", ferramentais de "sacrifício" e moldes permanentes para vários processos de fabricação, desde os de baixa produção (moldes-protótipo) até os de alta produção. Procurou-se inserir exemplos, na medida do possível, para cada uma dessas alternativas, visando ilustrar melhor as possíveis aplicações em ferramentais. A denominação de ferramental rápido (*rapid tooling*) é muitas vezes empregada para descrever essa aplicação. No entanto, em virtude da variedade de formas de se utilizar a AM nessa área e de nem sempre o conceito rápido ser bem contextualizado, optou-se por não enfatizar essa terminologia.

12.2 FORMAS DE APLICAÇÃO DA AM NA FABRICAÇÃO DE FERRAMENTAL

As tecnologias AM podem auxiliar de forma indireta ou direta na fabricação do ferramental desejado. A Figura 12.1 apresenta, de uma forma geral, as várias alternativas indiretas e diretas dessa aplicação. Na forma indireta, o componente obtido pela tecnologia de AM é utilizado como modelo para transferir, por meio de um processo posterior, a sua geometria para um molde (ferramental), sendo este, então, utilizado para a obtenção do(s) produto(s) desejado(s). São os casos dos modelos-mestre e de sacrifício. Já na forma direta, o ferramental é fabricado diretamente pelo equipamento de AM, podendo ser gabaritos e dispositivos, ferramentais de sacrifício, moldes permanentes, tanto de baixa como de média/alta produção. Em particular, os moldes para os processos de moldagem por injeção, sopro, termoformagem etc. são ferramentais para os quais a aplicação da AM tem despertado especial interesse, pela grande presença destes no setor produtivo.

Figura 12.1   Possíveis aplicações da AM em ferramentais.

Assim, de uma maneira geral, os moldes obtidos, direta ou indiretamente, podem ser considerados como ferramentas "moles" (*soft tooling*), quando são capazes de produzir, em média, até 20 peças; "de transição" (*bridge tooling*), quando a produção situa-se na faixa de 20 a 1.000 peças; e "duras" (*hard tooling*), quando a produção é maior que 1.000 peças [1, 2]. Na Figura 12.1, essas opções foram agrupadas em moldes permanentes de baixa produção (moles) e moldes permanentes de média e alta produção (de transição e duras).

As aplicações em moldes, normalmente, se concentram na obtenção dos insertos (macho e cavidade), que, juntos, formam o espaço vazio a ser ocupado pelo material da peça a ser fabricada. Em alguns casos, somente os insertos são requeridos para se produzir as peças. Em outros, os insertos necessitam ser montados em um porta-molde preparado para recebê-los e, então, submetidos ao processo de fabricação. A Figura 12.2 apresenta, de forma simplificada, duas metades de um molde de injeção de plástico, destacando-se o inserto macho e o inserto cavidade.

Os moldes podem ser utilizados para a obtenção de protótipos funcionais, que devem ser, preferencialmente, do mesmo material do produto final e utilizar o mesmo processo de fabricação, bem como para a obtenção de componentes finais. Algumas tecnologias já permitem produzir moldes metálicos finais de produção, para um elevado número de peças, equiparando-se em durabilidade aos moldes fabricados pelos métodos tradicionais. Essa e as demais aplicações estão detalhadas nas próximas seções.

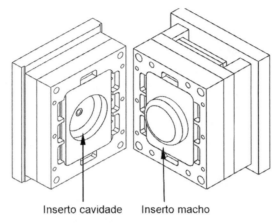

Figura 12.2 Exemplo de um molde de injeção, destacando-se os insertos (macho e cavidade).

12.3 MODELOS-MESTRE

Modelo-mestre pode ser entendido como um modelo físico utilizado para transferir ou copiar a sua forma para um molde, como um modelo para se obter um molde de silicone ou um molde de areia. Esse modelo não é perdido nesse processo, ou seja, pode ser extraído do molde depois da sua obtenção e ser reutilizado para a fabricação de outros moldes. A grande dificuldade dos processos de fabricação de moldes baseados em modelos-mestre é justamente a obtenção desses modelos com a precisão dimensional e o acabamento superficial necessários. As técnicas tradicionalmente utilizadas variam desde as puramente artesanais até a usinagem CNC.

A grande contribuição da AM nessa área está na rapidez e na facilidade de se obter modelos físicos para servir como modelos-mestre. Os vários processos de ferramentais que envolvem a utilização de modelos-mestre para obtenção de moldes já existiam bem antes das tecnologias de AM, mas eles têm se beneficiado muito dessa tecnologia. Várias tecnologias de AM podem ser empregadas para essa finalidade, mas os melhores resultados em termos de transferência de geometria são obtidos por aquelas que oferecem melhor precisão dimensional e acabamento superficial.

A seguir, são apresentadas algumas alternativas de obtenção de moldes que utilizam modelos-mestre, destacando-se o papel destes nos processos.

12.3.1 MOLDES DE SILICONE

Moldes de silicone são obtidos num processo de vulcanização à temperatura ambiente (*room temperature vulcanizing* – RTV). Esses moldes são normalmente empregados para moldar material à base de poliuretano, sendo possível produzir, em média, de 20 a 30 peças por molde. Outra característica relevante é a excelente reprodução de superfícies e detalhes das peças [2]. Existe uma grande variedade de tipos de poliuretano disponível comercialmente, com propriedades mecânicas bastante diversificadas, podendo apresentar comportamentos semelhantes a, por exemplo, elastômero, náilon, acrílico, polipropileno etc [2].

Por ser um processo indireto, o primeiro passo para a fabricação de um molde de silicone é a construção de um modelo-mestre da peça a ser moldada, que, a princípio, pode ser produzido por qualquer processo de fabricação. No entanto, o uso de moldes de silicone passou a ser mais facilitado após o surgimento da AM, principalmente pelo potencial de se construir rapidamente modelos-mestre. Geralmente, os modelos obtidos por AM necessitam de processos de acabamento, como infiltração, lixamento, polimento, entre outros, visando melhorar a sua qualidade superficial.

Algumas variações no método de se obter um molde de silicone podem ser encontradas. A Figura 12.3 apresenta os principais passos de um método tradicional, bem como para a produção das peças de poliuretano. Nesse método, após a fabricação do modelo, já com a geometria do futuro canal de alimentação incorporada, ele é posicionado e fixado de forma que fique suspenso no interior de uma caixa de moldagem. Essa caixa é preenchida com silicone, que envolve todo o modelo. O silicone é misturado e desgaseificado, normalmente em câmaras de vácuo. Após sua cura (vulcanização), o conjunto é retirado da caixa de moldagem. O molde é, então, cortado manualmente, com uso de estilete ou bisturi, para que o modelo possa ser retirado. Posteriormente o molde é fechado e, em seguida, ocorre a preparação da mistura de poliuretano líquido com um endurecedor; esta é, então, vazada para o interior do molde, por gravidade, com ou sem auxílio de vácuo. No caso do uso de vácuo para auxiliar o preenchimento do molde, o processo é conhecido como fundição a vácuo (*vacuum casting*). Após a cura do material, abre-se o molde de silicone e retira-se a peça. A Figura 12.4 mostra um molde de silicone e as respectivas peças por ele produzidas. Como pode ser observado, esse processo permite obter peças com excelente acabamento superficial. Apesar de ser basicamente manual, este possui um bom custo-benefício para série limitada de protótipos. Salienta-se, no entanto, que os protótipos obtidos não possuem as mesmas propriedades da peça final de produção, pois não são obtidos no mesmo material e nem no mesmo processo de moldagem que será utilizado na produção.

Fabricação de ferramental 297

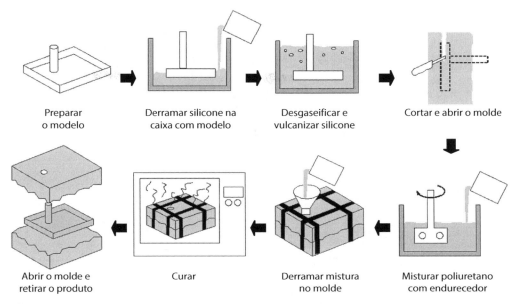

Figura 12.3 Etapas do processo de fabricação de peças com uso de moldes de silicone [3].

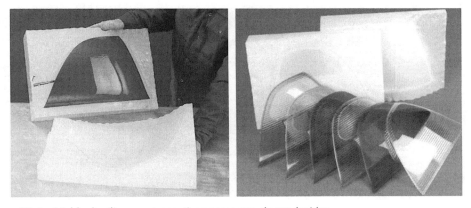

Figura 12.4 Molde de silicone e respectivas peças por ele produzidas.

Fonte: cortesia da empresa Robtec, atual 3D Systems Brasil.

A Figura 12.5 apresenta um modelo de um pingente fabricado pela Envisiontec Aureus em uma resina fotocurável, rígida e resistente à temperatura, que foi utilizado como modelo-mestre para obtenção de um molde de silicone para produzir o positivo em cera e, então, seguir o processo tradicional de fundição de joias.

Figura 12.5 Exemplo de modelo de um pingente impresso pela Envisiontec Aureus na resina RCP30 e pingente em prata 950 com detalhes esmaltados e de resina poliéster.

Fonte: cortesia de Natascha Scagliusi.

12.3.2 MOLDES DE EPÓXI

O molde de epóxi, também conhecido por ferramental de compósito à base de epóxi (*epoxy-based composite tooling*), também requer um modelo-mestre para sua obtenção. Utiliza-se, no entanto, um composto à base de epóxi, geralmente com carga de alumínio, gerando um molde rígido (Figura 12.6). Esses moldes podem ser utilizados em vários processos de moldagem, e, no caso da injeção, é possível obter pequenas séries de peças de termoplásticos (de 50 a 1.000 peças) [1].

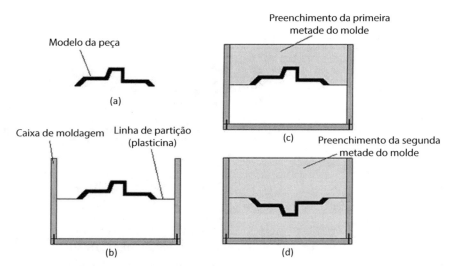

Figura 12.6 Principais passos para a fabricação de um molde de resina epóxi com carga de alumínio [4].

A fabricação do molde se inicia a partir de um modelo-mestre, que pode ser obtido por uma das tecnologias de AM. O processo requer pelo menos duas etapas para obtenção das duas metades do molde (macho e cavidade). O modelo-mestre é posicionado

Fabricação de ferramental

e fixado em uma caixa de moldagem, e a linha de partição do molde, definida com o auxílio de um material apropriado, normalmente plasticina [1]. As geometrias dos canais de alimentação e do ponto de injeção podem ser incorporadas nesse passo ou usinadas posteriormente. O modelo é recoberto com um desmoldante, e a primeira metade do molde é preenchida com a resina. Tubos de cobre podem ser posicionados dentro da caixa de moldagem, antes do preenchimento com a resina, para compor o sistema de refrigeração do molde e, assim, favorecer a remoção de calor do moldado durante sua fabricação no molde de epóxi. Após a cura do epóxi, a caixa de moldagem é invertida, para realizar o preenchimento da segunda metade do molde. Após a cura, o molde é aberto e o modelo é retirado, gerando a cavidade do molde. Moldes de epóxi também podem ser utilizados para vazar resinas de poliuretano, mas são geralmente usados em processos de moldagem por injeção, sendo muitas vezes necessário alojá-lo em um porta-molde.

Uma limitação desse processo é que a cura da resina epóxi é uma reação exotérmica e, com isso, dependendo das propriedades do material do modelo-mestre de algumas tecnologias de AM, estes podem ser danificados. Recomenda-se utilizar modelos fabricados em material mais resistente à temperatura e com uma boa resistência mecânica para essa aplicação.

12.3.3 MOLDES POR PULVERIZAÇÃO METÁLICA

Alguns processos se baseiam na pulverização de uma fina casca metálica sobre um modelo-mestre para fabricar um molde. Existem, basicamente, duas técnicas que vêm sendo utilizadas por diferentes empresas. A fabricação de moldes por pulverização metálica a gás (*gas spray metal tooling*) ou a arco elétrico (*arc spray metal tooling*) são as mais utilizadas [1]. A primeira utiliza uma liga de baixo ponto de fusão, normalmente à base de chumbo e estanho, que é direcionada para passar através de uma pistola de gás inerte comprimido, similar às pistolas de pintura. A segunda utiliza uma pistola, na qual um arco elétrico entre dois fios provoca a fusão do metal. O material fundido (alumínio ou zinco) é, então, pulverizado por gás comprimido. Esses moldes têm permitido a moldagem por injeção de pequenas e médias quantidades de peças em termoplásticos, variando de 50 a 1.000 unidades, dependendo da complexidade geométrica da cavidade [5].

Seja qual for o método utilizado, as etapas de fabricação do molde são similares. O processo inicia-se com a confecção do modelo-mestre a ser usado na fabricação do molde. Para a obtenção de um molde, o modelo deverá incorporar ângulos de saída, sistema de alimentação (canal de alimentação e ponto de injeção) e bom acabamento superficial. O modelo é, então, posicionado e fixado em uma caixa emoldurada, estabelecendo a linha de abertura do molde [2]. Uma fina camada metálica, de aproximadamente 2 a 3 mm, é depositada sobre o modelo e a base. Uma vez que uma casca metálica foi criada sobre o modelo, tubos de cobre (para refrigeração) podem ser posicionados na parte de trás, e esta é preenchida, normalmente, com uma mistura de resina epóxi, com ou sem partículas de alumínio, ou com uma liga metálica de baixo ponto de fusão, para dar resistência ao molde. O processo é repetido para a outra face. Após a abertura da base emoldurada, o modelo é retirado, e a casca metálica, preenchida na parte de trás, torna-se o inserto para o molde. Uma desvantagem desses processos é que requerem uma posterior etapa de acabamento mediante operações de usinagem para ajustes no porta-molde. A Figura 12.7 apresenta os principais passos envolvidos na fabricação de um molde por processo de pulverização metálica.

A maior limitação da pulverização metálica é que não é apropriada para geometrias que possuem detalhes finos e profundos, que impedem ou obstruem a passagem e a deposição uniforme do metal pulverizado. Por essa razão, esse processo é mais restrito à obtenção de moldes com superfícies grandes e ligeiramente curvas [1].

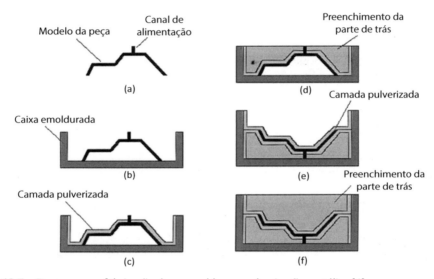

Figura 12.7 Etapas para a fabricação de um molde por pulverização metálica [4].

Um processo de pulverização metálica, que realiza a deposição sobre um substrato de cerâmica, é o Sprayform, sendo que os materiais de revestimento comuns são o zinco, o alumínio, as ligas à base de níquel e muitos tipos de aço [6]. A empresa Ford Motor utiliza esse processo principalmente para obtenção de ferramentas de estampagem para prototipagem de chapas metálicas (300 a 400 peças). As cascas metálicas obtidas são tipicamente de 19 mm [7].

12.3.4 MOLDES METÁLICOS POR ELETRODEPOSIÇÃO

O processo de fabricação do molde inicia-se com a obtenção dos insertos do molde pela tecnologia de estereolitografia (SL) ou em cera. Cada parte é, então, alojada e montada em placas individuais (camisas). Cada conjunto, por sua vez, servirá de modelo para o processo de eletrodeposição, sendo inicialmente recoberto com uma tinta condutora de eletricidade para, em seguida, ser colocado num "banho ácido" contendo partículas de cobre e/ou níquel. Uma tensão elétrica é aplicada ao "banho", e o cobre ou níquel é atraído para a tinta condutora por eletrólise, formando uma casca ou camada metálica. Uma vez produzidas as camadas metalizadas por eletrodeposição, o processo segue as etapas subsequentes e similares às do processo de pulverização para completar a fabricação dos insertos. Estes são, então, montados nas placas de um molde, como no exemplo mostrado na Figura 12.8. Uma empresa que oferece moldes por eletrodeposição é a RePliForm Inc., apesar de esse não ser mais o seu produto principal [8]. Os moldes têm sido usados, basicamente, para moldagem por injeção de termoplásticos para uma produção de até 5.000 peças, quando a camada superficial for de cobre, e até 50.000 peças, quando for de níquel [5].

Figura 12.8 Molde com inserto de cobre fabricado por eletrodeposição.

Fonte: cortesia da empresa RePliForm Inc.

12.3.5 MOLDES A PARTIR DE PÓS METÁLICOS

Modelos-mestre obtidos por SL podem também ser utilizados para gerar moldes metálicos a partir de pó metálico, que é posteriormente sinterizado, num processo denominado 3D Keltool, cuja patente foi adquirida pela empresa 3D Systems Inc. Nesse processo, um modelo negativo dos insertos é fabricado pela tecnologia SL e, a partir desse modelo, é criado um molde positivo em silicone. Esse molde é, então, preenchido com uma mistura de pó metálico e aglutinante. Depois da cura do aglutinante, obtém-se o inserto no estado "verde". Este é colocado em um forno, onde o aglutinante é eliminado, e o inserto, sinterizado, sendo ainda necessário passar por uma etapa de infiltração de cobre. Após uma etapa de acabamento superficial, os insertos podem ser montados em um porta-molde, para a produção das peças injetadas [3]. Esse processo não é mais comercializado pela 3D Systems [7].

Um processo bastante similar ao anterior é o MetalCopy, diferindo em relação aos materiais utilizados, como pó metálico, aglutinante e metal de infiltração. Esse processo deixou de ser ofertado pela empresa Prototal, da Suécia, em meados de 2005 [7].

12.3.6 MOLDES EM AREIA

Também os processos tradicionais de fundição, seja em areia compactada ou ligada quimicamente, ou em gesso, podem se beneficiar da AM. Tradicionalmente, os modelos-mestre empregados são em madeira. No entanto, estes podem ser construídos rapidamente por meio de praticamente todos os processos de AM, desde que tenham resistência suficiente para suportar a preparação do molde. Os processos de AM que constroem pela adição de lâminas de papel, como a manufatura laminar de objetos (*laminated object manufacturing* – LOM) ou a deposição seletiva de laminados (*selective deposition lamination* – SDL), da empresa MCor Technologies Ltd. [9], permitem a obtenção de modelos-mestre muito próximos aos normalmente utilizados. Dessa forma, com um modelo similar ao de madeira, menos alterações são necessárias no processo tradicional de obtenção dos moldes de areia.

12.4 MODELOS DE SACRIFÍCIO

Modelos de "sacrifício" são aqueles utilizados para transferir sua forma para um molde e, diferentemente dos modelos-mestre, estes não podem ser reutilizados, ou seja, são perdidos durante o processo de produção do molde. Geralmente, os modelos são removidos do interior do molde pela queima ou por fusão durante a etapa de finalização do processo.

Um processo tradicional que utiliza modelo de sacrifício é o processo de microfusão (*investment casting*), também conhecido como fundição por cera perdida. A Figura 12.9 apresenta as principais etapas desse processo, sendo estas: um ou mais modelos de cera (a) são montados em uma árvore (b), que corresponderá ao sistema de alimentação; esta é, então, revestida com sucessivos banhos de cerâmica (c), formando um molde em forma de casca rígida ao seu redor; esse molde cerâmico é aquecido para a remoção da cera (d) e, posteriormente, levado a um forno a alta temperatura para a sinterização da casca cerâmica; ainda com o molde aquecido do forno, o metal fundido é vazado para o interior dessa casca (e), dando origem à peça desejada; após a solidificação do metal, a casca cerâmica é quebrada (f), e a peça metálica é retirada da árvore formada (g); dependendo da aplicação, processos posteriores de acabamento (h), como jateamento de areia e polimento, podem ser necessários [10].

As tecnologias de AM tiveram um grande impacto no processo de microfusão, pois algumas permitem fabricar, rapidamente, modelos de sacrifício em cera ou em algum polímero que podem ser utilizados diretamente no processo. Isso acelera consideravelmente a obtenção de componentes metálicos, sejam eles protótipos ou peças de produção. As tecnologias de AM podem também contribuir indiretamente para a produção em escala, uma vez que possibilitam produzir um molde permanente para se vazar os modelos de sacrifício em cera (Seção 12.7).

Fabricação de ferramental 303

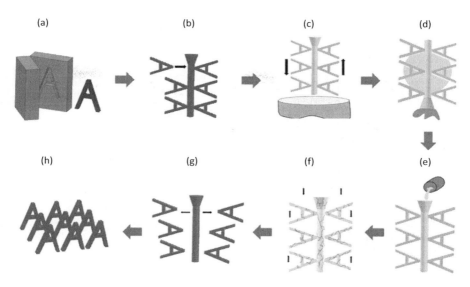

Figura 12.9   Figura esquemática do processo de microfusão.

12.4.1 MODELOS TIPO CERA PARA MICROFUSÃO

Conforme visto no Capítulo 8, que abordou os processos de jateamento de material, algumas tecnologias permitem a construção de modelos de sacrifício diretamente em cera, ou em materiais que possuem cera na sua composição ou que se comportam como tal. Isso implica que os modelos obtidos podem ser utilizados diretamente nos processos de microfusão tradicional.

A impressão de alta precisão de cera da tecnologia da Solidscape garante, de acordo com o fabricante, modelos com nenhuma ou muito pouca necessidade de acabamento superficial [11]. Pode trabalhar com resolução de 5.000 dpi × 5.000 dpi (podendo chegar até 8.000 dpi) e espessura de camada de 6,3 µm, que é obtida com o fresamento desta. Assim, a tecnologia garante elevados acabamento superficial e precisão dos modelos. Isso leva a um tempo curto entre a impressão e a utilização do modelo no processo de fundição. De especial interesse para essa tecnologia é o mercado de joias e peças precisas de pequenas dimensões. A Figura 12.10 mostra exemplos de modelos de anéis impressos em cera pelo equipamento Model Maker.

A tecnologia ProJet, da 3D System, possui a possibilidade de chegar a uma resolução de até 694 dpi × 750 dpi (xyz) com uma espessura de camada de 16 µm. A Figura 12.11 mostra um exemplo de modelo de um pingente impresso no equipamento ProJet 1200 da PUC-Rio, em um material fotossensível tipo cera.

Na linha de tecnologias de fotopolimerização em cuba, a empresa Envisiontec desenvolveu várias resinas que são recomendadas para microfusão, incluindo algumas misturadas com cera, que, segundo o fabricante, produzem zero resíduos. Durante o ciclo de queima, a cera derrete primeiro, permitindo uma queima da resina sem expansão excessiva ou pressão da desgaseificação, que são problemas normalmente associados com os materiais de base polimérica, durante o ciclo de queima [12].

Figura 12.10 Exemplos de anéis impressos na Model Maker II com o plusCAST como material principal e o InduraFill como material de suporte.

Fonte: cortesia de Guilherme Lorenzoni de Almeida/INT.

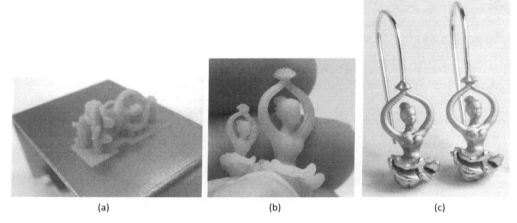

(a) (b) (c)

Figura 12.11 Exemplo de modelo de pingentes produzidos em resina Visijet Cast no equipamento ProJet 1200, ainda na plataforma da máquina (a) e após remoção das estruturas de suporte (b), e peça final em prata (c).

Fonte: cortesia do Núcleo de Experimentação Tridimensional da PUC-Rio e de Natascha Scagliusi.

12.4.2 MODELOS POLIMÉRICOS PARA MICROFUSÃO

Várias tecnologias AM que não trabalham com materiais tipo cera desenvolveram estratégias e materiais alternativos para prover modelos de sacrifício ao processo de microfusão. Uma preocupação quando se utiliza esses modelos que não são de cera é justamente com a etapa de remoção destes do interior da casca cerâmica. Problemas relacionados à dilatação do modelo e à consequente ruptura da casca cerâmica, bem como à permanência de resíduos da remoção (queima) no interior da casca e à liberação de vapores tóxicos, podem ser observados.

Modelos em resina obtidos por fotopolimerização em cuba

A empresa 3D Systems Inc. apresentou, já em meados dos anos 1990 [13], uma alternativa para a utilização dos modelos obtidos por SL para o processo de microfusão. O estilo de construção foi denominado QuickCast e consistia em fabricar o modelo em estrutura do tipo colmeia, contendo vazios na ordem de 88% a 92% [13]. Durante a queima do modelo, este se colapsava e não provocava a quebra da casca cerâmica. O uso eficaz desse tipo de modelo-mestre pelas empresas de fundição requer uma adequação ao processo tradicional e o desenvolvimento de *know-how* na etapa de queima. A Figura 12.12 ilustra algumas peças (insertos de um molde de injeção) sendo produzidas por microfusão utilizando-se modelos de resina epóxi obtidos por SL.

(a)   (b)   (c)

Figura 12.12 Etapas do processo de fabricação com modelos QuickCast: modelos fabricados por SL (a), etapa de produção do molde em casca cerâmica (b) e insertos metálicos fabricados por vazamento no molde cerâmico (c) [14].

Modelos em polimetilmetacrilato (PMMA) da VoxelJet

O processo de jateamento de aglutinante utilizando pó de PMMA da empresa VoxelJet foi desenvolvido especialmente para obter modelos para microfusão. Após a obtenção do modelo na tecnologia, este é impregnado com cera para fechar as porosidades e melhorar o acabamento superficial, alcançando um melhor resultado durante a obtenção do molde cerâmico.

Segundo a empresa, o molde cerâmico pode ser queimado em forno tradicional, com baixa emissão de gases e teores de cinzas residuais menores que 0,02%, para um determinado tipo de ligante proprietário [15]. A Figura 12.13 apresenta os principais passos para se obter um modelo de sacrifício e posterior fundição do produto final. Após o modelo de PMMA ter sido impregnado com cera, um sistema de alimentação é montado para a posterior geração do molde de cerâmica de forma tradicional. O modelo em questão tem dimensões externas de 500 mm × 500 mm × 45 mm e foi impresso em 1,8 horas, com espessura de camada de 0,15 mm.

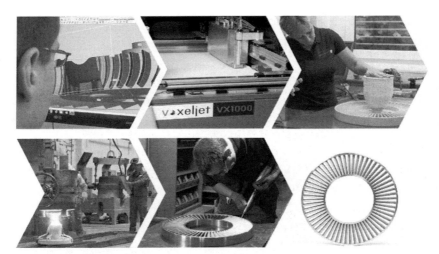

Figura 12.13 Exemplo de modelo de sacrifício obtido em PMMA e respectiva peça metálica obtida por microfusão.

Fonte: cortesia da empresa VoxelJet.

Modelos em poliestireno das tecnologias de fusão em leito de pó

A empresa EOS GmbH disponibiliza um material denominado PrimeCast 101 à base de poliestireno para o seu processo de sinterização a *laser*. Uma precisão dimensional excelente e o seu baixo ponto de fusão são as características destacadas pelo fabricante. A temperatura de decomposição é indicada como sendo entre 229 °C e 555 °C, com resíduo de 0,002% após a queima [16]. Os parâmetros de sinterização são definidos de forma a deixar o modelo com uma densidade não muito alta, adequada para ser infiltrado com cera após a retirada da máquina. A Figura 12.14 apresenta um exemplo de uma carcaça de um turbo de motor à combustão fabricada em PrimeCast 101 a ser utilizada no processo de microfusão.

Figura 12.14 Exemplo de modelo de sacrifício obtido em PrimeCast 101.

Fonte: cortesia da empresa EOS GmbH.

Fabricação de ferramental 307

A 3D Systems também possui o seu pó à base de poliestireno denominado Cast-Form™ PS para o seu processo de sinterização seletiva a *laser* (SLS). Segundo o fabricante, esse material funciona como cera de fundição, sendo que o resíduo de cinza após a queima é de menos de 0,02% (ASTM D482) [17]. A Figura 12.15 mostra um exemplo de modelo obtido nesse material e utilizado no processo de fundição.

Figura 12.15 Exemplo de modelo de poliestireno e peça final fundida obtida pela tecnologia SLS.

Fonte: cortesia da empresa 3D Systems Inc.

12.5 GABARITOS E/OU DISPOSITIVOS

Vários tipos de gabaritos e dispositivos podem ser necessários durante a manufatura de um produto. Estes são ferramentais customizados a um determinado componente ou produto, que podem ser utilizados para controlar a localização de um componente, localizar e guiar uma ferramenta, visando à realização de uma certa operação, e manter um componente fixo em uma determinada localização durante a realização de uma operação [10]. Além de localizar e fixar, outros ferramentais podem servir para proteger ou organizar componentes. Assim, estes são empregados no auxílio a fabricação, montagem, inspeção, testes de engenharia, transporte de componentes etc.

Como requisitos ou características desses ferramentais, destacam-se baixa quantidade requerida (de uma a poucas dezenas), alta precisão dimensional, alterações frequentes de acordo com o produto, geometrias complexas e resistência adequada à aplicação. Além disso, deseja-se um ferramental leve e que seja projetado favorecendo a ergonomia e, assim, o conforto do usuário. Esse conjunto de exigências pode ser atendido de forma bastante eficiente por várias tecnologias de AM. Adicionalmente, a diversidade de possibilidades de gabaritos e dispositivos é tão grande que mesmo os processos de AM mais simples podem ser utilizados para esse fim.

Como forma de ilustrar essa possibilidade, a Figura 12.16 apresenta um exemplo de um gabarito utilizado para auxiliar um operador de linha de montagem a colar um adesivo num local-padrão na parte traseira de um automóvel. A Figura 12.17 mostra exemplos de dispositivos utilizados para fixação de peças durante a inspeção dimensional em uma máquina de medir por coordenadas. Esses ferramentais foram construídos pela tecnologia FDM da Stratasys Ltd.

Figura 12.16 Exemplo de um gabarito construído em FDM utilizado para auxiliar o operador de uma linha de montagem.

Fonte: cortesia da empresa Stratasys Ltd.

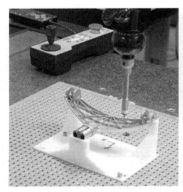 

Figura 12.17 Exemplo de dispositivos de fixação construídos em FDM para inspeção dimensional.

Fonte: cortesia da empresa Stratasys Ltd.

12.6 FERRAMENTAIS DE SACRIFÍCIO

Um ferramental de sacrifício é aquele que se destina à obtenção de uma única peça, sendo destruído no final do processo para permitir a remoção da peça produzida. Moldes e machos de areia são exemplos comuns de ferramental de sacrifício utilizados para fundição de metais. Chama-se a atenção para o fato de os moldes de cerâmica obtidos no processo de microfusão também serem de sacrifício, mas estes não são obtidos diretamente pelos processos de AM, por isso, estão apresentados na seção anterior. Nesta seção, são apresentados somente os processos de AM que permitem obter diretamente ferramentais de sacrifício.

As tecnologias AM que mais têm se destacado para trabalhar com areia ou cerâmica para obter ferramentas de sacrifício são as de jateamento de aglutinante. Alguns pontos que contribuem para esse desempenho: não utilizam calor no processo (temperatura ambiente), minimizando problemas de contração e geração de estresse residual, permitem trabalhar com areias e aglutinantes muito similares aos tradicionais

Fabricação de ferramental

da área de fundição, oferecem elevada velocidade de impressão e permitem fabricar peças de grandes dimensões.

12.6.1 MOLDES E MACHOS DE AREIA DA VOXELJET

A empresa VoxelJet AG oferece equipamentos que permitem obter moldes e machos para fundição metálica utilizando areia de sílica (quartzo) e aglutinante inorgânico. O componente está pronto para a utilização logo que é retirado do equipamento AM, possuindo resistência adequada para suportar o processo de fundição. Recentemente, a empresa apresentou um novo material aglutinante à base de resina fenólica, menos tóxica, que permite que as partículas de areia não impregnadas sejam 100% recicláveis. Esse aglutinante não requer que a areia de sílica seja pré-tratada, como exigido pelos aglutinantes convencionais, o que significa que ela pode ser facilmente retornada para o processo. A Figura 12.18 mostra os principais passos na obtenção de um macho para se obter um rotor de turbina Francis. O tamanho do macho é de 426,3 mm × 426,3 mm × 227,4 mm e foi fabricado em 9,5 horas, com uma espessura de camada de 0,3 mm. O processo original exigia um macho em várias partes, o que aumentava a imprecisão da peça fundida [18].

Figura 12.18 Exemplo de um macho para molde de areia para fundição de aço.

Fonte: cortesia da empresa VoxelJet AG.

12.6.2 MOLDES E MACHOS DE AREIA DA EXONE

Exatamente na mesma linha, a empresa ExOne oferece tecnologia para obtenção de moldes e machos de areia de pequenas a grandes dimensões. A areia é, inicialmente, misturada com um ativador e, depois que a camada é espalhada e nivelada, um cabeçote jateia seletivamente o aglutinante que vai formar a geometria do molde ou macho. Esse aglutinante reage com a areia ativada e confere a resistência à peça sendo construída.

Vários tipos de materiais estão disponíveis para fabricar molde e macho para fundição; entre eles, estão areia de sílica, cerâmica esférica sintética composta de silicato de alumínio, areia natural que consiste de óxidos de cromo e de ferro e areia de zirconita, natural de praias. Alguns tipos de aglutinantes normalmente utilizados nas fundições estão disponíveis, como resinas furânica e fenólica. Recentemente, um novo aglutinante à base de silicato foi disponibilizado que, segundo o fabricante, é mais adequado (amigável) ao meio ambiente, pois produz menos gases durante a fundição. Com a resina furânica, após o molde e o macho serem retirados do equipamento, e o excesso de areia removido, eles já estão prontos para uso, não necessitando de etapas de pós-processamento. Com os outros aglutinantes, é necessária uma etapa posterior de cura com tecnologia de micro-ondas para adquirirem a resistência final necessária [19].

A Figura 12.19 ilustra um exemplo de um macho de areia para fundição de um tambor de freio e a respectiva peça fundida em aço.

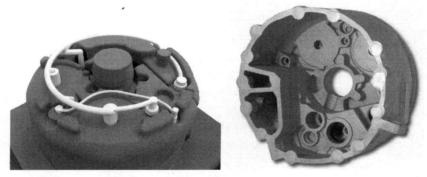

Figura 12.19　Exemplo de um macho de areia para fundição de um tambor de freio e peça final fundida.

Fonte: cortesia da empresa ExOne.

12.7 MOLDES PERMANENTES DE BAIXA PRODUÇÃO

As tecnologias de AM podem ser utilizadas para obter diretamente moldes para injeção, sopro, termoformagem e outros processos de moldagem de polímeros. Esses moldes são, geralmente, denominados moldes-protótipo, podendo ter como destino desde a obtenção de protótipos funcionais até a produção final em baixa tiragem (pequenos lotes). Adicionalmente, estes também podem ser empregados para a obtenção de modelos de sacrifício. Como o objetivo é geralmente a produção de umas dezenas de peças, algumas tecnologias AM oferecem opções de materiais poliméricos específicos para essa aplicação.

Uma das vantagens dessa aplicação é a rapidez com que se consegue fabricar os insertos quando comparada aos processos de usinagem. Além disso, muitas análises podem ser realizadas durante a injeção com esses moldes, como: a identificação do caminho da frente de fluxo do polímero, a posição de linhas de solda e locais de aprisionamento de gases, a necessidade de extratores etc. Essas informações podem contribuir para corrigir problemas que, caso contrário, poderiam ser levados ao projeto final do molde.

Uma preocupação em geral, quando se utiliza moldes poliméricos para se produzir protótipos funcionais, é o efeito do material do molde e dos parâmetros de injeção no moldado. Em função da menor condutividade térmica do material do molde, que resulta em longos ciclos de injeção, e dos parâmetros de injeção mais brandos, para evitar danos nos insertos, as propriedades dos moldados podem ser afetadas. Esses efeitos podem ser sentidos no percentual de contração do material, na sua morfologia (cristalinidade, tamanho de esferulites e formação da pele) e nas propriedades mecânicas dos polímeros [20, 21]. O conhecimento dessas possíveis alterações de propriedades é relevante para que os resultados das análises de engenharia de um protótipo funcional não levem à tomada de decisões de projeto que possam comprometer o funcionamento do produto final.

12.7.1 INSERTOS DE RESINA OBTIDOS PELAS TECNOLOGIAS DE FOTOPOLIMERIZAÇÃO EM CUBA

Insertos obtidos por SL

No passado, a 3D Systems Inc. denominava de Direct AIM a fabricação de moldes por SL. Neste caso, o inserto pode ser fabricado de forma totalmente sólida (maciço) (Figura 12.20a) ou em forma de casca (Figura 12.20b), com espessura de 1,5 a 3 mm. No caso de casca, é necessário um preenchimento da parte interna do inserto com algum tipo de material capaz de propiciar resistência mecânica a esse. Para acelerar o processo de resfriamento da peça durante a injeção, um estudo propôs incluir pequenos orifícios na casca (denominados aletas), permitindo o contato do polímero injetado com o material utilizado no preenchimento de reforço do inserto, que possui uma melhor condutividade térmica (Figura 12.20c) [22].

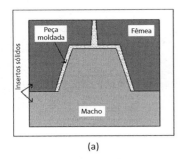
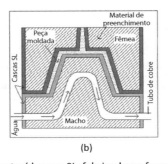
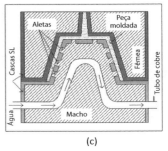

(a)   (b)   (c)

Figura 12.20 Tipos de insertos construídos por SL: fabricado no formato sólido (a), fabricado em forma de casca (b) e fabricado em forma de casca, com orifícios (aletas) (c) [22].

Uma das limitações do emprego desses moldes é a sua reduzida vida útil – entre 50 a 500 componentes injetados em polipropileno (PP) [23]. Uma das principais causas dessa limitação é a baixa resistência mecânica das resinas, pois a tensão de ruptura e o módulo de elasticidade destas diminuem significativamente com o aumento da temperatura [24]. Alternativas para aumentar a vida dos moldes foram pesquisadas, como a de utilizar o recobrimento da superfície da cavidade com uma fina camada de cobre ou níquel+fósforo, por um processo *electroless*. Resultados de pesquisa desenvolvida na Universidade Federal de Santa Catarina (UFSC) sugerem que moldes fabricados por essa técnica podem aumentar a quantidade de peças injetadas, se comparados a um molde sem o recobrimento metálico [25].

Contudo, em função da baixa resistência do material, o uso desses moldes em processo de injeção não se tornou muito popular, se restringindo mais aos processos de moldagem menos exigentes. Exemplo disso é a fabricação de molde por SL (metalizado) para a produção de machos para o processo de fundição em areia aglomerada por resinas de tipo caixa fria, como o ilustrado na Figura 12.21 [25]. Outra aplicação interessante é a fabricação de moldes para a obtenção de modelos de cera para o processo de microfusão.

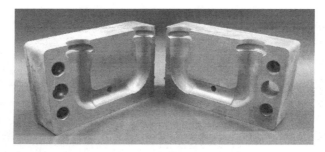

Figura 12.21 Moldes de SL recobertos com NiP usados na produção de machos de areia aglomerada com resina [25].

Insertos da Envisiontec

A empresa Envisiontec Inc. também oferece uma resina fotossensível, de base acrílica, especialmente desenvolvida para fabricar moldes para moldagem por injeção de termoplásticos, denominada E-Tool. O fabricante destaca que ela é ideal para um baixo volume de produção ou para a criação de múltiplas iterações de um molde durante a fase de protótipo [12].

12.7.2 INSERTOS DE RESINA OBTIDOS PELAS TECNOLOGIAS DE JATEAMENTO DE MATERIAL

A empresa Stratasys lançou, recentemente, um material denominado Digital ABS visando à obtenção direta de molde-protótipo por meio da tecnologia PolyJet. De acordo com o fabricante, esse material possui uma resistência à temperatura

Fabricação de ferramental 313

mais elevada que as resinas comerciais da sua família. Os seguintes polímeros são indicados no processo de injeção: polietileno (PE), PP, poliestireno (PS), acrilonitrila butadieno estireno (ABS), elastômero termoplástico (TPE), poliamida (PA), poliacetal (POM), mistura de policarbonato (PC) e ABS (PC-ABS) e resinas com fibra de vidro [26]. A Figura 12.22 apresenta um molde de injeção de um componente da indústria automotiva e uma das dez peças injetadas em polietileno de alta densidade (HDPE).

Figura 12.22   Exemplo de molde-protótipo para injeção obtido no material Digital ABS.

Fonte: cortesia da empresa Stratasys Ltd.

Um estudo recente observou que houve somente um leve aumento no módulo de elasticidade e nas resistências à tração e à flexão e que não houve alteração na dureza do PP copolímero CP204 da Braskem S.A. quando injetado em insertos do material Digital ABS. No entanto, constatou-se um expressivo aumento de 30% na sua resistência ao impacto [21].

A Figura 12.23 mostra exemplos de aplicação desse material em moldes de sopro. Entre os materiais já testados estão o PET, o PP e os PE de baixa e alta densidade [26].

Figura 12.23   Exemplo de molde-protótipo para sopro obtido em digital ABS.

Fonte: cortesia da empresa Stratasys Ltd.

12.7.3 INSERTOS POLIMÉRICOS OBTIDOS PELAS TECNOLOGIAS DE EXTRUSÃO DE MATERIAL

Foram realizadas algumas tentativas de produzir insertos para o processo de injeção com o processo FDM utilizando acrilonitrila butadieno estireno (ABS) P400, policarbonato e polifenilsulfona (PPSF) [27]. Houve, inclusive, um esforço no sentido de desenvolver um material termoplástico reforçado com partículas metálicas para a fabricação de moldes, denominando o processo de FDMet [28]. No entanto, algumas limitações do processo FDM restringem o seu emprego no processo de injeção, entre elas a resolução, o acabamento superficial e a resistência de alguns materiais. Contudo, é possível encontrar aplicações de molde de FDM para vários outros processos de moldagem, como sopro, termoformagem, moldagem de polpa de papel (como molde para forma de ovos) e até conformação metálica (Figura 12.24). O molde de conformação metálica da Figura 12.24b foi obtido em ULTEM 9085 e pode trabalhar com chapas metálicas, como ligas de alumínio, aços, aços inoxidáveis, titânio e Inconel, de até 2,54 mm de espessura. Segundo o fabricante, esses moldes podem resistir de 400 a 600 ciclos, sem sinais de desgaste [26].

(a) (b)

Figura 12.24 Exemplo de molde-protótipo para termoformagem em ABS (a) e conformação metálica obtida em ULTEM 9085 (b).

Fonte: cortesia da empresa Stratasys Ltd.

12.8 MOLDES PERMANENTES DE MÉDIA E ALTA PRODUÇÃO

Uma grande vantagem atribuída aos processos de AM na obtenção de moldes de média e alta produção é a possibilidade de se incorporar nos insertos canais de refrigeração com geometria livre (canais de refrigeração conformados – *conformal cooling channels*), que se adaptam à geometria da cavidade (Figura 12.25a), ou até mesmo uma malha ou rede de circulação de água mais complexa, para refrigeração conformada à superfície (*conformal surface cooling*) (Figura 12.25b). Essa possibilidade permite que seja projetado um sistema de refrigeração bem mais balanceado e eficiente que o possível pelos métodos tradicionais de usinagem (furação, por exemplo). Isso permite uma redução no tempo de ciclo na ordem de 15% a 50%, variando de acordo com a geometria da cavidade [29, 30]. Existem três diferentes técnicas que podem ser empregadas na concepção de canais de refrigeração conformados: zigue-zague, paralela e em espiral. Mais detalhes e recomendações sobre essas opções podem ser encontradas em Park e Pham [31]. Para tirar vantagens desses sistemas de refrigeração, é necessário que os projetistas de moldes assimilem essa possibilidade e identifiquem seus limites e suas potencialidades. No entanto, projetar esses sistemas sem o auxílio de uma ferramenta computacional não é uma tarefa fácil, e existem estudos propondo modelos para essa tarefa [32, 33]. Além disso, é preciso empregar uma ferramenta de análise numérica (CAE) do processo de injeção de plástico contendo módulo de refrigeração que auxilie na verificação da eficiência desses sistemas.

Essa opção de refrigeração pode também ser utilizada nos moldes poliméricos de baixa produção, vistos na seção anterior, mas com uma eficiência bem mais baixa pela baixa condutividade térmica dos materiais poliméricos.

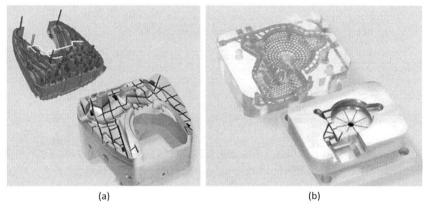

(a) (b)

Figura 12.25 Representação esquemática de canais de refrigeração com a forma da cavidade (a) e de malha de refrigeração conformada à superfície da cavidade (b).

Fonte: cortesia da empresa Concept Laser GmbH.

Outra vantagem de se empregar molde de produção obtido por AM que merece destaque é a possibilidade de se prever mais de um molde na vida do produto. Isso é possível em função do menor tempo de obtenção dos insertos. Assim, ao se utilizar uma alternativa de insertos de menor tiragem, abre-se a possibilidade de se prever alterações mais frequentes do produto, atendendo a possíveis readequações do projeto (*redesign, facelift*). Essa maior liberdade pode ser utilizada para agregar mais valor ao produto, aumentando a sua competitividade, mesmo estando dependente de um ferramental. Essa observação está em consonância com o fato de que há, no mercado atual, uma tendência de customização dos produtos, adequando-os cada vez mais às exigências dos clientes, aumentando-se, assim, a variedade e diminuindo-se a quantidade a ser produzida. Nesses casos, é natural a opção por um ferramental adequado às séries cada vez menores, com menores custo e prazo para a sua obtenção.

Contudo, cabe destacar que algumas tecnologias de AM já conseguem competir diretamente com os moldes tradicionais usinados mesmo para um elevado volume de produção.

Ressalta-se, porém, que nenhum processo AM de metais consegue obter uma geometria de cavidade que consiga ser utilizada diretamente no processo de moldagem. Normalmente, os insertos obtidos necessitam de um processo de acabamento por usinagem para atender à qualidade dimensional e superficial dos processos de moldagem [34]. Estes, então, precisam ser fabricados com um sobrematerial, que deve ser posteriormente removido por usinagem.

12.8.1 INSERTOS METÁLICOS POR FUSÃO DE LEITO DE PÓ

Insertos metálicos por sinterização seletiva a *laser* (SLS)

A 3D Systems foi uma das empresas pioneiras em lançar materiais para fabricação de moldes metálicos. A primeira geração de materiais (RapidSteel) envolvia partículas de aço misturadas com um material polimérico, sendo gerada uma peça verde no equipamento SLS. Os insertos eram, então, colocados num forno a alta temperatura e atmosfera controlada para a remoção do polímero e a completa sinterização do inserto metálico. Em virtude da porosidade resultante no inserto, era realizada uma infiltração de bronze e, posteriormente, uma etapa de polimento [1].

Atualmente, a empresa recomenda o uso de aço maraging para a produção direta de ferramentas e moldes, assim como para peças de alto desempenho que requerem alta resistência e dureza. Esse aço possui um alto teor de níquel, cobalto e molibdênio. Ao sair da máquina SLS, esse material possui uma densidade próxima de 100%, resistência à tração máxima de 1.110 ± 50 MPa, resistência ao escoamento de 860 ± 50 MPa e dureza de 37 ± 2 HRC. Após tratamento térmico, a dureza pode chegar a 55 ± 2 HRC [35]. A Figura 12.26 ilustra um molde fabricado com o material maraging.

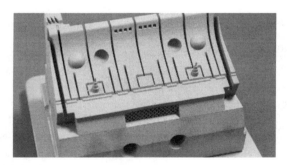

Figura 12.26   Molde fabricado em aço maraging.

Fonte: cortesia da empresa 3D Systems Inc.

Insertos metálicos por sinterização a *laser* (*direct metal laser sintering* – DMLS)

Outra empresa pioneira em dispor de materiais para fabricação de moldes metálicos é a EOS GmbH, por meio da sua tecnologia de sinterização a *laser* DMLS [3]. Os primeiros materiais se baseavam em utilizar a mistura de um pó metálico de alto com um de baixo ponto de fusão. Durante o processamento com o *laser*, as partículas metálicas de baixo ponto de fusão se fundiam e envolviam as de maior ponto de fusão.

O processo DMLS evoluiu consideravelmente nos últimos anos e, atualmente, oferece vários materiais metálicos particulados (em forma de pós) que podem ser sinterizados diretamente sem a presença de metal de baixo ponto de fusão. Vários materiais metálicos estão disponíveis para o DMLS, mas o aço maraging MS1 é indicado pelo fabricante para fabricação de moldes. Esse material pode ser utilizado exatamente como é produzido na máquina com 35 HRC, mas as suas propriedades podem ser melhoradas com um processo de envelhecimento em forno a 490 °C por 6 h, podendo chegar a 54 HRC [36].

Uma alternativa interessante oferecida pela empresa, denominada método de projeto híbrido, é realizar a sinterização do inserto partindo de uma base pré-usinada. A base é fixada por parafusos na plataforma da máquina, que identifica a altura dessa, e, então, a preenche de pó metálico até essa altura. O processo DMLS, então, começa depositando a primeira camada de pó cobrindo a base pré-usinada com a espessura programada. A partir daí, o processo segue normalmente camada após camada. Esse método facilita o pós-processamento, evitando a usinagem posterior para ajustar o inserto em um porta-molde. Essa mesma alternativa pode ser utilizada para reparo de insertos, obviamente dependendo da geometria da região a ser reparada [37].

A utilização dos canais de refrigeração conformados é um dos principais destaques da tecnologia, permitindo reduzir a deformação dos moldados, diminuindo pontos quentes e também o tempo de ciclo de injeção de plástico. Esse foi o caso do molde de injeção do descanso de braço da indústria automotiva, em que o inserto do molde foi projetado com canais de refrigeração de 3 mm de diâmetro alcançando os pontos mais extremos do inserto (Figura 12.27). Nesse caso, além da melhoria da qualidade do moldado, o ciclo de injeção foi reduzido em 17% [37].

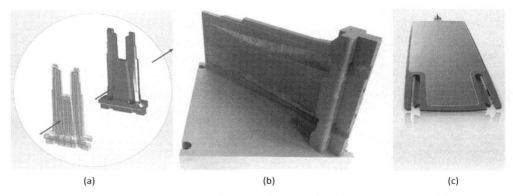

(a)   (b)   (c)

Figura 12.27 Inserto de molde para um descanso de braço da indústria automotiva fabricado pelo processo DMLS no material maraging, destacando a geometria dos canais de refrigeração no modelo CAD (a), o inserto após retirado da máquina (b) e a peça injetada (c).

Fonte: cortesia da empresa EOS GmbH.

Insertos metálicos pelo processo LaserCUSING da Concept Laser

O processo LaserCUSING se assemelha à tecnologia DMLS e à fusão seletiva a *laser* (*selective laser melting* – SLM). O termo foi cunhado utilizando a letra C de Concept Laser e a palavra *fusing*, de fusão completa. De acordo com o fabricante, um diferencial desse processo é a estratégia patenteada de varredura do *laser*, que reduz significativamente as tensões no interior do componente. Isso permite que componentes de volume sólido e grande sejam gerados com baixa deformação [38]. Mais detalhes do processo podem ser encontrados no Capítulo 10.

Para a aplicação em ferramental, também se destacam as possibilidades de projetar canais de refrigeração com geometria livres, sejam esses dutos ou malhas de refrigeração (o que a empresa denomina de *close-contour cooling*), e de se trabalhar com espessuras de camada, em alguns materiais, de até 20 μm, o que oferece um bom acabamento superficial. Vários metais estão disponíveis para a fabricação de moldes de injeção de produção; entre eles, estão aços de alta liga, aços para trabalho a quente, aços inox para trabalho a quente e ligas à base de níquel. Em um caso de uso relatado pelo fabricante, um inserto de um molde já tinha produzido, em 7 anos, 2 milhões de peças injetadas. Isso demonstra a qualidade do material produzido pelo processo. A Figura 12.28 apresenta, à esquerda, um exemplo de um molde obtido pelo processo LaserCUSING e, à direita, um modelo CAD destacando a malha de refrigeração ao redor da cavidade.

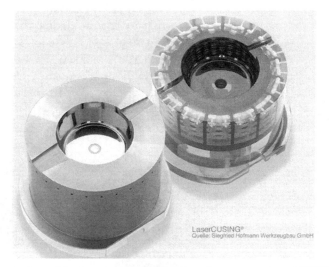

Figura 12.28 Inserto de molde de uma lente fabricado pelo processo LaserCUSING à esquerda e, à direita, um modelo CAD destacando a malha de refrigeração ao redor da cavidade.

Fonte: cortesia da empresa Concept Laser GmbH.

Outras tecnologias de obtenção de insertos metálicos

O processo SLM se assemelha à tecnologia DMLS e ao LaserCUSING, utilizando pós metálicos e permitindo a formação de uma estrutura de elevada densidade de forma direta. Algumas empresas oferecem processos SLM, que são bem semelhantes. Entre essas empresas, estão a ReniShaw, da Inglaterra, a SLM Solution, da Alemanha, e a também alemã Realizer GmbH.

Apesar de não ser o foco da empresa Arcam, o processo fusão por feixe de elétrons (*electron beam melting* – EBM) pode também ser utilizado na fabricação de moldes metálicos, incluindo canais de refrigeração conformados [39, 40]. Rochman e Borg [40] chamam a atenção para a influência dos parâmetros do processo na facilidade de remoção do pó metálico do interior dos canais de refrigeração e para a possibilidade de utilizar ligas metálicas resistentes à corrosão de alguns materiais poliméricos.

12.8.2 INSERTOS METÁLICOS POR DEPOSIÇÃO COM APLICAÇÃO DIRETA DE ENERGIA

Em função do princípio de deposição das tecnologias desse grupo, duas características em comum se destacam: o acabamento superficial grosseiro e a sua baixa resolução. Isso exige o planejamento de um sobremetal adicional nos modelos, sendo necessária uma etapa de usinagem e posterior acabamento superficial para a sua finalização. Em função disso, existem, inclusive, esforços no sentido de desenvolver tecnologias híbridas, combinando esses processos com a usinagem CNC [41,42]. Esta última alternativa é discutida no Capitulo 11.

O processo de fabricação da forma final a *laser* (*laser engineered net shaping* – LENS), da empresa Optomec Inc., oferece a possibilidade de obtenção de insertos metálicos para moldes de produção, principalmente pela excelente propriedade do material obtido. Outro potencial interessante para esse processo é a capacidade para fabricar peças grandes. No entanto, conforme exposto anteriormente, é necessária uma etapa de usinagem e posterior acabamento superficial. Observa-se, porém, que a aplicação específica na fabricação direta de insertos para moldes não é muito destacada na página na *internet* do fabricante [43].

A tecnologia de deposição direta de metal (*direct metal deposition* – DMD), da empresa DM3D Technology LLC., é bastante similar à LENS. Esta é recomendada para fabricação de moldes diretamente em metal, reparo de moldes e cobertura de superfícies com metais de alta resistência. Em especial, a empresa destaca a aplicação em molde para moldagem por injeção de alta produtividade, molde metálico para fundição e também ferramental para forjamento de alta tenacidade. Em função do potencial do processo, a empresa sugere também a possibilidade de transformar um molde-protótipo feito em um aço de baixo carbono em um molde definitivo, cobrindo o inserto com um metal de alta resistência [44].

Em função do acabamento e da resolução, o fabricante oferece o processo como sendo de fabricação da forma próxima à final (*near-net shape*), sendo recomendado pós-processamento por usinagem CNC, eletroerosão e, se necessário, retífica e polimento.

12.9 CONSIDERAÇÕES FINAIS

Este capítulo apresentou uma visão geral sobre as várias formas de aplicar as tecnologias de manufatura aditiva na obtenção direta ou indireta de ferramental. Vários tipos de ferramentais que podem ser utilizados durante o desenvolvimento de um produto foram abordados, com destaque para dispositivos e gabaritos, modelos-mestre e de sacrifício, ferramental de sacrifício e fabricação de moldes permanentes, seja para obtenção de protótipos (molde-protótipo) ou para alta produção.

Para a aplicação em prototipagem no desenvolvimento do produto, o uso de ferramentais pode complementar a AM, principalmente nos casos em que se deseja obter protótipos para testes funcionais de engenharia, bem como quando se requer um maior número de protótipos.

As tecnologias de AM estão em constante evolução, procurando, principalmente, aumentar a sua precisão e reduzir o tempo de fabricação, além de disponibilizar materiais novos e mais resistentes. Pode-se afirmar que a aplicação na área de ferramental tem ajudado a acelerar o desenvolvimento dos processos de AM como um todo. Nesse sentido, um dos objetivos de algumas tecnologias, principalmente as que trabalham com materiais metálicos, é competir com os processos tradicionais de usinagem. As principais vantagens de se utilizar a AM na fabricação de moldes permanentes foram apresentadas, com destaque para a possibilidade de se utilizar um sistema de refrigeração mais eficiente e a rapidez de se obter os insertos, mesmo considerando que operações de acabamento posterior são necessárias.

Por fim, é fundamental ressaltar que as ferramentarias (empresas especializadas em fabricar ferramental em geral) devem atentar para essa nova alternativa de fabricação, especialmente no caso de peças com formas geométricas de elevada complexidade, que, apesar de poder ter um custo mais elevado inicialmente, pode resultar em melhor qualidade do produto moldado e em um menor custo final, considerando a redução de ciclos de processamento.

REFERÊNCIAS

1 PHAM, D. T.; DIMOV, S.; LACAN, F. Firm tooling – bridging the gap between hard and soft tooling. *Prototyping Technology International'98*, UK & Int. Press, England, 1998, p. 196-203.

2 JACOBS, P. F. *Stereolithography and other RP&M technologies*: from rapid prototyping to rapid tooling. [S.l.]: ASME Press, 1996.

3 AHRENS, C. H.; VOLPATO, N. Ferramental rápido. In: VOLPATO, N. (Ed.). *Prototipagem rápida*: tecnologias e aplicações. São Paulo: Blucher, 2007.

4 GOMIDE, R. B. *Fabricação de componentes injetados com uso de insertos de resina termofixa produzidos por estereolitografia*. Dissertação (Mestrado, Programa de Pós-Graduação em Engenharia Mecânica) – Universidade Federal de Santa Catarina, Florianópolis, 2000.

5 WOHLERS, T. *Rapid prototyping and tooling state of the industry*: 2001 Worldwide Progress Report. Colorado: Wohlers Associates, 2002.

6 HOILE, S. et al. Oxide formation in the Sprayform Tool Process. *Materials Science and Engineering*: A, v. 383, n. 1, p. 50-57, 2004.

7 WOHLERS, T. *Tooling Options*. Wohlers Report 2015. Disponível em: <www.wohlersassociates.com/tooling2015.pdf>. Acesso em: 11 jul. 2015.

8 REPLIFORM Inc. 2015. Disponível em: <www.repliforminc.com>. Acesso em: 5 set. 2015.

9 MCOR Technologies Ltd. 2015. Disponível em: <http://mcortechnologies.com>. Acesso em: 5 set. 2015.

10 DEGARMO, E. P.; BLACK, J. T.; KOHSER, R. A. *Materials and processes in manufacturing*. 9. ed. Hoboken: John Wiley & Sons, 2003.

11 SOLIDSCAPE Inc. 2015. Disponível em: <www.solid-scape.com>. Acesso em: 8 set. 2015.

12 ENVISIONTEC. 2015. Disponível em: <www.envisiontec.com>. Acesso em: 8 jul. 2015.

13 HILTON, P. D.; JACOBS, P. F. *Rapid tooling*: technologies and industrial applications. New York: Marcel Dekker, 2000.

14 GRELLMANN, D. A. *Utilização das tecnologias de estereolitografia e microfusão para aplicações em prototipagem rápida e ferramental rápido*. Dissertação (Mestrado, Programa de Pós-Graduação em Engenharia Mecânica) – Universidade Federal de Santa Catarina, Florianópolis, 2001.

15 VOXELJET AG. *White paper*: high-precision models for lost-wax casting, 2012.

16 EOS. *PrimeCast 101 OS datasheet*, 2010-10-15. 2010. Disponível em: <www.materialdatacenter.com>. Acesso em: 16 jul. 2015.

17 3D SYSTEMS Inc. *CastForm™ PS plastic for use with all selective laser sintering (SLS) systems*. PN 70458 Issue Date – 05 mar. 2007. Disponível em: <http://www.3dsystems.com/products/datafiles/lasersintering/datasheets/ds-castform_ps_0307.pdf>. Acesso em: 10 fev. 2017.

18 VOXELJET AG. 2015. Disponível em: <www.voxeljet.de>. Acesso em: 16 jul. 2015.

19 EXONE. 2015. Disponível em: <www.exone.com>. Acesso em: 16 jul. 2015.

20 MARTINHO, P. G.; BARTOLO, P. J.; POUZADA, A. S. Hybrid moulds: effect of the moulding blocks on the morphology and dimensional properties. *Rapid Prototyping Journal*, Bradford, v. 15, n. 1, p. 71-82, 2009.

21 VOLPATO, N.; SOLIS, D. M.; COSTA, C. A. An analysis of digital ABS as a rapid tooling material for polymer injection moulding. *International Journal of Materials and Product Technology*, Geneva, v. 52, p. 3-16, 2016.

22 RIBEIRO JR., A. R.; HOPKINSON, N.; AHRENS, C. H. Thermal effects on stereolithography tools during injection moulding. *Rapid Prototyping Journal*, Bradford, v. 10, n. 3, p. 176-180, 2004.

23 DICKENS, P. M. Rapid tooling techniques. In: EUROMOLD'99 CONFERENCE, RP's STRATEGIC BENEFITS AND RISKS, 1999, Frankfurt. *Proceedings...*

24 HOPKINSON, N.; DICKENS, P. M. Predicting stereolithography injection mould tool behavior using models to predict ejection force and tool strength. *International Journal of Production Research*, Abingdon, v. 38, n. 16, p. 3.747-3.757, 2000.

25 LENCINA, D. C. *Fabricação rápida de ferramentas produzidas por estereolitografia e recobertas com niquel-fósforo depositado por eletroless* – com estudos de caso em moldagem de plásticos por injeção e fundição em areia aglomerada por resinas do tipo caixa fria. Tese (Doutorado, Programa de Pós-Graduação em Engenharia Mecânica) – Universidade Federal de Santa Catarina, Florianópolis, 2004.

26 STRATASYS Ltd. Disponível em: <http://www.stratasys.com>. Acesso em: 16 jul. 2015.

27 FOGGIATTO, J. A. *Utilização do processo de modelagem por fusão e deposição (FDM) na fabricação rápida de insertos para injeção de termoplástico.* Tese (Doutorado, Programa de Pós-Graduação em Engenharia Mecânica) – Universidade Federal de Santa Catarina, Florianópolis, 2005.

28 WU, G. et al. Solid freeform fabrication of metal components using fused deposition of metals. *Materials & Design*, Kidlington, n. 23, p. 97-105, 2002.

29 GUILONG, W. et al. Analysis of thermal cycling efficiency and optimal design of heating/cooling systems for rapid heat cycle injection molding process. *Materials & Design*, Kidlington, v. 31, n. 7, p. 3.426-3.441, 2010.

30 HALL, M.; KRYSTOFIK, M. *Conformal Cooling.* Rochester Institute of Technology, 2 out. 2015. Disponível em: <http://www.rit.edu/gis/public/Conformal%20Cooling%20White%20Paper-1.pdf>. Acesso em: 11 ago. 2015.

31 PARK, H. S.; PHAM, N. H. Design of conformal cooling channels for an automotive part. *International Journal of Automotive Technology*, Seoul, v. 10, n. 1, p. 87-93, 2009.

32 WANG, Y. et al. Automatic design of conformal cooling circuits for rapid tooling. *Computer-Aided Design*, v. 43, p. 1.001-1.010, 2011.

33 AU, K. M.; YU, K. M.; CHIU W. K. Visibility-based conformal cooling channel generation for rapid tooling. *Computer-Aided Design*, v. 43, p. 356-373, 2011.

34 ILYAS, I. et al. Design and manufacture of injection mould tool inserts produced using indirect SLS and machining processes. *Rapid Prototyping Journal*, Bradford, v. 16, n. 6, p. 429-440, 2010.

35 3D SYSTEMS Inc. *Maraging steel* – for ProX™ 200 and 300 Direct Metal Printers. jul. 2015.

36 EOS GmbH. *MaragingSteel MS1 Material data sheet*, 10/2011. 2011. Disponível em: <http://www.eos.info/material-m>. Acesso em: 15 jul. 2015.

37 EOS GmbH. 2015. Disponível em: <www.eos.info/en>. Acesso em: 15 jul. 2015.

38 CONCEPT LASER GmbH. *Company*. Disponível em: <www.concept-laser.de/en/company.html>. Acesso em: 18 set. 2015.

39 GIBBONS, G. J.; HANSELL, R. G. Direct tool steel injection mould inserts through the Arcam EBM free-form fabrication process. *Assembly Automation*, Bedford, v. 25, n. 4, p. 300-305, 2005.

40 ROCHMAN, A.; BORG, A. K. Rapid manufacturing of corrosion resistant tools using electron beam melting. In: 6th INTERNATIONAL PMI CONFERENCE, 2014, Guimarães. *Proceedings...* 2014. p. 317-322.

41 ZHU, Z. et al A review of hybrid manufacturing processes – state of the art and future perspectives. *International Journal of Computer Integrated Manufacturing*, Abingdon, v. 26, n. 7, p. 596-615, 2013.

42 ZELINSKI, P. Easing the entry into additive manufacturing, modern machine shop, 8 jan. 2015. Disponível em: <http://www.mmsonline.com/articles/easing-the--entry-into-additive-manufacturing>. Acesso em: 11 set. 2015.

43 OPTOMEC Inc. 2015. Disponível em: <www.optomec.com>. Acesso em: 16 jul. 2015.

44 DM3D Technology, LLC. 2015. Disponível em: <www.pomgroup.com>. Acesso em: 16 jul. 2015.

CAPÍTULO 13
Aplicação direta da manufatura aditiva na fabricação final

Neri Volpato
Universidade Tecnológica Federal do Paraná – UTFPR

Jorge Vicente Lopes da Silva
Centro de Tecnologia da Informação Renato Archer – CTI

13.1 INTRODUÇÃO

Algumas das tecnologias de manufatura aditiva (*additive manufacturing* – AM) possuem potencial para serem utilizadas na fabricação final de produtos. Este capítulo apresenta algumas das principais vantagens e desvantagens de se considerar a AM para a fabricação de peças de uso final, o seu campo de aplicação, as necessidades e as oportunidades em termos de projeto de produto (projeto para AM, otimização topológica etc.) e as novas exigências de modelagem 3D impostas aos sistemas CAD (*computer-aided design*). Alguns estudos de caso serão apresentados, destacando-se o potencial de várias tecnologias de AM para a fabricação final de produtos.

13.2 CONSIDERAÇÕES GERAIS

A possibilidade de utilização da AM na fabricação final de produtos, até há pouco tempo, podia ser encontrada na literatura denominada como manufatura rápida (*rapid manufacturing*). No entanto, o termo "rápido" nem sempre corresponde à velocidade de fabricação das peças por essas tecnologias, refletindo mais o fato de passar rapidamente de ideia, conceito e projeto de um produto à sua materialização física. Recentemente, alguns autores e empresas vêm propondo o uso do termo manufatura digital direta (*direct digital manufacturing*) [1, 2] ou mesmo tecnologia de fabricação direta [3]. Embora contemplem características relevantes como digital e direta, outros processos de fabricação que não a AM também se enquadrariam nessas denominações. Nesse sentido, optou-se por não se utilizar uma nomenclatura diferenciada, pois trata-se simplesmente da aplicação direta de um processo na fabricação de peça ou produto totalmente funcional, que será utilizado pelo usuário final, atendendo aos requisitos de projeto durante o tempo que estiver em uso. Isso ocorre com vários outros processos de fabricação tradicionais (usinagem, fundição, conformação etc.) e nem por isso utiliza-se um termo diferenciado para indicar quando um desses processos é utilizado para a produção final ou para a prototipagem, por exemplo. Assim, neste capítulo, resolveu-se tratar essa opção como sendo uma aplicação direta da AM na fabricação final de uma peça ou componente.

Algumas aplicações na fabricação de ferramental (Capítulo 12) e na área da saúde (Capítulo 14) são também aplicações como produtos finais. Essas aplicações somente foram tratadas separadamente por questões didáticas e pela importância destas para dois setores bem específicos, um da indústria (ferramentaria) e outro da saúde.

13.3 AM COMO PROCESSO DE FABRICAÇÃO FINAL

Muitas tecnologias de AM têm buscado se consolidar como processo de fabricação direta. No início da utilização das tecnologias AM, vários estudos de caso buscaram comparar o custo entre peças moldadas por injeção e as fabricadas pelos processos de AM. Como exemplo, em 2001, um estudo apontou que o custo equivalente de peças de plástico injetadas e fabricadas por estereolitografia (SL) foi atingido com 27 mil peças, isso quando o processo de SL foi ajustado especificamente para as peças analisadas [4]. Vale ressaltar que, na época, o estudo assumiu que o material obtido pelo processo SL atenderia à finalidade do produto, o que não era exatamente a realidade. Outro estudo comparou o custo entre peças moldadas por injeção e fabricadas pelo processo de sinterização seletiva a *laser* (SLS) [5]. Neste, o componente (soquete de uma lâmpada fluorescente) foi reprojetado para ser fabricado pelo processo SLS, e o custo equivalente foi atingido com 87 mil peças para o equipamento P390, e com 73 mil peças para o P730, ambos equipamentos da empresa EOS GmbH. O estudo também mostrou que o custo do molde de injeção é responsável pela maior parcela do custo do moldado e, no caso da tecnologia SLS, um terço do custo do componente é atribuído ao material, enquanto o restante é principalmente devido ao custo de depreciação do equipamento. Essa realidade não é muito diferente para outras tecnologias de AM. No entanto, ainda existem deficiências de alguns processos de AM, se comparados com processos tradicionais, em termos dos materiais e das características do processo utilizado [6].

Uma questão inicial relevante é quando se deve considerar a AM como uma opção de processo para a fabricação final. As considerações encontradas na literatura e apresentadas a seguir podem auxiliar neste entendimento [4, 5, 7, 8, 9, 10]. Primeiramente, observa-se que a AM já tem potencial para competir com os processos tradicionais em setores que trabalham com lotes unitários ou pequenos, em especial com produtos de alto valor agregado. Produtos que requerem customização para atender às necessidades específicas de usuários são também grandes potenciais candidatos para esse processo. Também devem ser considerados os produtos que podem ter sua funcionalidade melhorada a partir da AM, agregando-se um diferencial competitivo. Por exemplo, em função da facilidade para se obter geometrias complexas, é possível, por meio de técnicas de otimização de estrutura externa e interna, reduzir a quantidade de material utilizado em componentes. É possível também reprojetar produtos visando reduzir o número de peças na sua montagem. Essas melhorias podem tornar a AM atrativa do ponto de vista de redução do custo de manufatura. Adicionalmente, a agilidade na mudança de versões do produto, com a possibilidade, inclusive, de múltiplas versões de um produto, pode ser mais um fator positivo a favor da AM. Por fim, produtos que podem se diferenciar pela sua aparência estética, melhorando forma, relevo ou *design,* ou mesmo pela sua personalização tendem a oferecer um bom resultado com a AM.

Klahn et al. [10] chamam a atenção para o fato de que nem todas as peças são adequadas para serem fabricadas por AM, pois os custos finais não seriam competitivos. Os autores sugerem quatro critérios para selecionar peças que seriam vantajosas se fossem reprojetadas para explorar todo o potencial da fabricação por AM. Os critérios sugeridos de reprojeto seriam: consolidação de peças, individualização/customização, projeto visando à redução de peso e projeto visando à eficiência no funcionamento do componente.

Alguns estudos também chamam a atenção para o fato de que é possível reduzir o custo unitário de componentes por meio de um planejamento de processo de AM mais otimizado. Por exemplo, o aumento de número de peças por lote por meio de empacotamento e ajuste de parâmetros específicos para determinados componentes (Capítulo 5) ajuda a aumentar a competitividade da fabricação por AM [4, 5, 7, 9].

A aplicação direta na fabricação final já é realidade em alguns setores, com previsão de lotes pequenos e de alto valor agregado, como: aeroespacial, automobilístico (esportivo e veículos especiais, customizados), ferramental, saúde, artes, joalheria, museus/arquitetura, componentes de máquinas de AM, entre outros. Além dos exemplos apresentados ao final deste capítulo, vários outros podem ser encontrados nos demais capítulos deste livro que apresentam as tecnologias específicas.

Alguns fabricantes de tecnologia de AM vêm concentrando esforços para orientar cada vez mais suas tecnologias em processos de produção final, em especial as de processos metálicos, expandindo o campo de aplicação para além da prototipagem conceitual ou funcional. Para que essas aplicações possam ser cada vez mais bem-sucedidas e eficientes, além da evolução das tecnologias, o que ocorre frequentemente, vários aspectos devem ser considerados também no processo de desenvolvimento dos produtos, com novos desafios enfrentados. As seções a seguir abordam vários desses aspectos ressaltando oportunidades, necessidades e desafios no projeto de um componente a ser fabricado diretamente por AM.

13.4 PROJETO PARA AM

Todo projeto de produto possui restrições impostas pelos meios de fabricação. Por exemplo, no projeto tradicional de peças de plástico a serem injetadas, deve-se observar a definição de espessura constante das suas paredes, a utilização de ângulo de saída, a não especificação de cantos vivos etc. Outra característica bastante conhecida em um projeto tradicional é que existe uma ligação direta entre o custo do componente e a sua complexidade de projeto [11]. Os projetistas procuram sempre ajustar os componentes aos meios de fabricação disponíveis, de forma a torná-los viáveis com o menor custo possível. Essa abordagem é conhecida como projeto para manufatura (*design for manufacturing* – DFM) [7].

Quando se projeta uma peça para ser fabricada por AM, também é necessário levar em consideração as características desse meio de produção. Deve-se tirar o máximo de proveito das suas vantagens, considerando também as suas limitações, que são apresentadas nos Capítulos 1 e 5, bem como ao longo dos demais capítulos referentes às diversas tecnologias.

Uma recomendação básica de projeto é não se pensar em fazer as mesmas peças (projetos tradicionais), simplesmente empregando AM como uma nova tecnologia de fabricação. Os produtos devem ser pensados ou repensados visando tirar o máximo de benefícios das tecnologias AM, inclusive com possibilidades de se projetar produtos altamente inovadores, até então impossíveis de serem fabricados pelos processos convencionais. Os projetistas não somente devem ser mais imaginativos/criativos para explorar as vantagens da AM, mas também ter um bom domínio das tecnologias AM candidatas e dos materiais a serem empregados na produção. Os produtos podem ser otimizados em termos de tamanho, forma e topologia. Nesse sentido, Becker et al. [12] sugerem considerar a minimização da quantidade de material usado em um componente a ser produzido por AM como a principal prioridade de projeto. Esses autores argumentam que o custo, nesse caso, é determinado principalmente pela quantidade de material, e que esse objetivo deve ser buscado em conjunto com a melhor funcionalidade e o melhor *design* estético.

Em função da liberdade geométrica oferecida pela AM, outra possibilidade é se repensar as montagens dos produtos, visando reduzir o número de componentes, agrupando-os por meio da integração das funções. Essa redução traz grandes vantagens para todo o ciclo de desenvolvimento do produto, pois reduz tempo e possíveis erros de montagem, reduz ou elimina custos com ferramental, diminui custos com inventário de peças de reposição e abrevia outras complexidades do chão de fábrica [7, 9]. Além disso, é possível, em muitos casos, aumentar a eficiência em uso de um componente ou subsistema produzido por AM.

De acordo com Rosen [9], uma peça pode ser unida a uma vizinha se ela puder ser fabricada a partir do mesmo material, se não precisar se mover em relação a esta e se não necessitar ser removida para permitir o acesso a uma outra peça. As montagens podem também ser beneficiadas pela AM em função da liberdade de se projetar detalhes/alojamentos de mais fácil e rápido encaixe e fixação de outros componentes. Além disso, reduzem-se pontos de fragilidade como soldas e montagens com flanges, bem como outros decorrentes das limitações dos processos convencionais de produção e montagem.

Aplicação direta da manufatura aditiva na fabricação final

Visando ainda à redução do número de componentes, existem também estudos de projeto e fabricação de mecanismos flexíveis, compostos de uma única peça, contendo regiões de seções mais delgadas que funcionam como dobradiças (deformações elásticas do material), eliminando os pinos de junção entre as barras [13, 14]. Ainda em relação à montagem, nos casos em que as peças precisam de movimento relativo entre elas e para as aplicações que não possuem maiores exigências dimensionais, é também possível fabricar o conjunto todo montado. Com isso, elimina-se a necessidade de se realizar a montagem em uma etapa posterior.

Destaca-se ainda a facilidade de customização dos produtos para atender às aplicações ou às necessidades específicas de usuários. Com a grande liberdade de alteração do *design* do produto e a adequação praticamente instantânea do meio de produção pela AM, abre-se a possibilidade de se pensar em customização em massa (*mass customization*) [1, 7, 15, 16].

De grande relevância também é a vantagem de se ter um meio de produção flexível e independente de ferramental (moldes). Para se obter retorno financeiro de um molde, este precisa produzir um número elevado de peças. Isso implica que, durante o período de produção, a peça produzida com esse molde não deve sofrer alterações de projeto, a não ser que se assimilem elevados custo e tempo para alteração ou fabricação de outro ferramental. Com o projeto utilizando AM, o projetista tem uma maior liberdade para realizar adequações mais frequentes dos produtos, criando-se, assim, a possibilidade de um cenário de produção sem ferramental (*tool-less production*) [7, 15].

Com relação às restrições, deve-se levar em consideração os materiais disponíveis na tecnologia AM escolhida e as suas limitações. Vale lembrar que materiais para tecnologias AM industriais possuem valor muito mais elevado que os utilizados como matéria-prima nos processos convencionais, tanto para materiais de mesma composição química quanto para os similares. Adicionalmente, os materiais podem apresentar propriedades inferiores aos dos obtidos por manufatura convencional, decorrentes da própria composição do material ou do processamento por AM. Nesse sentido, considerando que a anisotropia ainda é uma realidade nos materiais produzidos por AM, é importante definir, já na fase de projeto, a orientação de fabricação do componente. Dessa forma, detalhes ou regiões que suportarão maiores solicitações podem ser reforçados com o dimensionamento específico para cada local da peça. Devem ser observados também detalhes com relação à precisão e ao acabamento superficial obtidos com o processo de AM, que devem ser pensados para que as regiões mais importantes do componente não sejam as mais afetadas negativamente [17]. Maiores detalhes podem ser encontrados no Capítulo 5. Como existem variações consideráveis entre as tecnologias de AM, observa-se que o projeto de uma peça ou componente para aplicação final deve, na verdade, ser específico, levando em consideração as características de cada uma das tecnologias candidatas. Tem-se, assim, por exemplo, o projeto para modelagem por fusão e deposição (FDM), o projeto para SLS e também para as outras tecnologias [11].

Alguns esforços começam a ser realizados no sentido de catalogar soluções de projetos para determinadas funções no produto para auxiliar os projetistas de AM. Um exemplo é o banco de dados criado para as tecnologias de fusão de leito de pó, que reuniu, inicialmente, 106 características (*features*) que seriam não econômicas se realizadas por processos tradicionais, mas que agregariam diferencial aos componentes ou produtos produzidos por AM [8]. Os autores desse estudo concluem que a sua ferramenta é especialmente útil e eficiente para projetistas iniciantes na área que podem ser beneficiados com soluções de projeto já testadas positivamente. O Quadro 13.1 sumariza os princípios gerais para auxiliar na realização de um projeto para AM discutidos nesta seção.

Quadro 13.1 Sumário dos principais princípios de projeto para AM.

Princípios	Observações
Desconsiderar as restrições tradicionais de projeto mecânico	Considerar as restrições referentes ao processo AM escolhido. Por exemplo, utilizar regiões negativas (*undercuts*) se estas forem úteis para a função do componente.
Tirar vantagem da liberdade geométrica oferecida pelas tecnologias AM	Aproveitar para criar produtos (*design*) com formas livres (*freeform*) e geometrias complexas que agreguem maior valor ao produto, como funcionalidade, estética e custo de produção.
Reduzir o número de componentes na montagem de um produto por meio da integração das funções	Considerar as vantagens dessa redução, entre elas a diminuição do tempo de montagem e de possíveis erros e fragilidades desta etapa.
Otimizar topologicamente o projeto para a máxima resistência e o mínimo peso, empregando quantidade mínima possível de matéria-prima	Utilizar métodos de otimização de forma, com base em análises de cargas e tensão, que possibilitam concentrar massa em regiões da peça mais solicitadas e aliviar em outras.
Utilizar estruturas celulares para redução de peso e materiais e ganho estrutural	Projetar estruturas vazadas ou ocas (*hollow*), tipo colmeias, treliças ou espuma, que podem ser utilizadas para reduzir a massa do componente.
Optar pela melhor solução de projeto combinando *design* e função	Realizar o *design* de um produto com menos limitações impostas pela função ou pela aplicação de seus componentes, permitindo um projeto otimizado.
Desconsiderar a produção por meio de ferramental	Ponderar que, durante a vida de um produto, mudanças e melhorias de projeto não são mais um problema. Em função da flexibilidade oferecida pela AM na fabricação, praticamente não há restrição às mudanças geométricas nos produtos.
Atentar para as limitações quanto aos materiais disponíveis para a tecnologia AM escolhida	Levar em consideração as características específicas de cada material, bem como a sua anisotropia.
Levar em consideração, no projeto, o processo e a orientação de fabricação do componente	Considerar a anisotropia do material e a precisão e o acabamento superficial do processo de AM no dimensionamento do componente e de suas características (*features*) mais críticas.

13.5 OTIMIZAÇÃO TOPOLÓGICA

Atualmente, é possível pensar em maximizar o desempenho de um componente ou produto em conjunto com a minimização do seu peso. Esse problema é tratado como projeto para funcionalidade. Nesse processo, métodos de otimização podem ser empregados para otimizar tamanho, forma e topologia.

A otimização topológica tem emergido como um tema especial de pesquisa, com forte potencial de aplicação decorrente das possibilidades oferecidas pela AM. A otimização topológica consiste em um método computacional que permite desenvolver a topologia ótima de estruturas segundo certo critério de custo [18]. Ao final da otimização topológica, tem-se, geralmente, uma forma geométrica complexa, que muitas vezes é inviável de ser obtida por processos convencionais de produção.

Alguns sistemas (*softwares*) comerciais, como Abaqus, OptisTruct e Autodesk Within, já oferecem ferramentas gerais para otimização topológica. No entanto, segundo Rosen [9], um método de solução abrangente que integre capacidades e limitações da AM ainda é necessário e, por isso, essa é uma área ainda aberta para novas pesquisas.

Um caso de aplicação que envolveu a AM e a otimização topológica foi realizado pela divisão espacial da empresa RUAG Space, de Zurique, na Suíça (RSSZ), em parceria com a divisão de desenvolvimento de produto da Altair Engineering Inc. Desde 2013, a empresa RUAG vem realizando pesquisas de como fabricar seus componentes utilizando AM. Como o peso é um fator determinante no custo para enviar estruturas ao espaço, a otimização topológica torna-se uma opção importante. Esse estudo foi realizado em um suporte da antena de um satélite visando à eliminação de massa, mantendo elevada a rigidez. A Figura 13.1 apresenta a geometria original do suporte (a), as etapas de otimização (b, c) e a geometria final otimizada fabricada em alumínio com o equipamento de sinterização direta de metal a *laser* (DMLS) EOS M 400 (d), da EOS GmbH. O componente tem uma altura de 400 mm e, nesse estudo, foram utilizadas, principalmente, as ferramentas HyperWorks e OptisTruct da Altair. A principal vantagem foi produzir um componente equivalente com a redução da metade do peso do componente final [19].

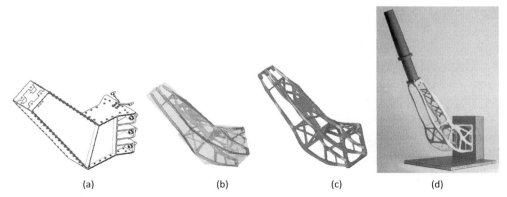

Figura 13.1 Exemplo de otimização topológica de uma antena de satélite – partindo da geometria tradicional e chegando à forma otimizada e fabricada.

Fonte: cortesia da empresa RUAG.

13.6 ESTRUTURAS CELULARES

Outra alternativa para reduzir peso dos componentes é a utilização de estruturas celulares que incluem formas geométricas periódicas ou não (exemplos: colmeia, treliças, entre outras), originadas de equações que representam essas estruturas celulares. A Figura 13.2 apresenta exemplos de duas estruturas celulares em metal que podem ser utilizadas para estruturar internamente um componente. Essas estruturas oferecem alta resistência combinada com redução de massa. Além disso, podem também proporcionar características positivas em termos de absorção de energia de maneira controlada, isolamento térmico e acústico, filtragem, ou mesmo facilitar processos biológicos, como a osteointegração de componentes protéticos, entre muitas outras vantagens. Existem, no mercado, ferramentas computacionais que auxiliam no projeto de estruturas celulares, principalmente treliças, permitindo alinhar as estruturas com a direção de carregamento, como o Autodesk Within [20] e o Symvol, da Uformia [21].

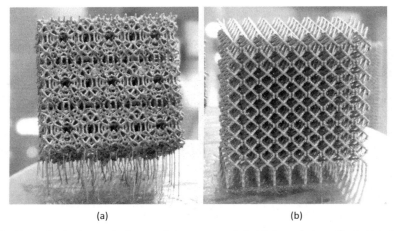

(a)   (b)

Figura 13.2   Exemplo de duas estruturas celulares em metal obtidas pela tecnologia LaserCUSING, da Concept Laser GmbH.

A Figura 13.3 mostra um exemplo de geometria resultante do componente que combina funcionalidade com redução de massa. Trata-se de um braço de suspensão de automóvel fabricado diretamente em metal com estruturas celulares variáveis, baseadas em restrição adaptativa. Essas estruturas foram obtidas com base em análise direta por elementos finitos e retorno (*feedback*) de simulação vinculada a parâmetros generativos dinâmicos [21].

A complexidade resultante das geometrias celulares pode ser mais facilmente atendida pela fabricação por AM, diferentemente do que se observa nos processos convencionais. Cada tecnologia AM deve ser analisada para se avaliar as facilidades e as limitações de se produzir materiais celulares. Detalhes, como a necessidade ou não de uso de estruturas de suporte e também a facilidade de retirada deste material ou do material não processado do interior das estruturas, na etapa de pós-processamento, são relevantes para a definição da tecnologia a ser usada. Como uma regra geral, os processos que empregam materiais na forma de pó apresentam vantagens nesse quesito.

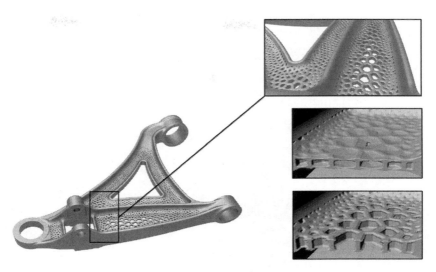

Figura 13.3 Exemplos de concepção estrutural funcional com redução de massa de um braço articulado projetado utilizando o Symvol.

Fonte: cortesia da empresa Uformia.

13.7 POSSIBILIDADE DE SE UTILIZAR MATERIAIS DISTINTOS OU MATERIAIS COM GRADAÇÃO FUNCIONAL

Conforme visto na seção anterior, é possível variar as propriedades mecânicas de um material ao longo de um componente utilizando-se diferentes estruturas celulares. No entanto, algumas tecnologias AM permitem também alterar as propriedades do material que está sendo depositado durante o processo de produção, variando a sua composição ou a sua microestrutura. Essas alternativas se enquadram em uma área conhecida como materiais com gradação funcional (*functionally graded materials* – FGM) [7]. A Figura 13.4 representa esquematicamente a ideia de um FGM em que pode-se observar, no topo da figura, a presença de um material (ou microestrutura), uma transição gradativa entre os materiais (ou suas microestruturas), até se chegar a outro material (ou microestrutura), na base da figura. Peças com gradação de materiais possibilitam o planejamento das suas propriedades mecânicas em diferentes regiões.

Duas situações podem ser observadas quando se utiliza mais de um material na tecnologia AM: uma em que há uma interface clara (domínio distinto) entre os materiais, e outra em que há a possibilidade de misturar os materiais, não necessariamente visando ao FGM, sendo este um material homogêneo em toda a extensão da peça. No caso de polímeros, as tecnologias AM de jateamento de material, além de poderem imprimir materiais diferentes em domínios distintos, oferecem a possibilidade de alterar a composição (mistura) do seu material em todas as direções de fabricação, como apresentado no Capítulo 8. No caso dos metais, no momento, as únicas tecnologias que permitem variar a composição do material são as de deposição com aplicação direta de energia (Capítulo 11), mas a maioria das tecnologias de metais permite variar a microestrutura do material, principalmente pela modulação de parâmetros de processo, pelos rápidos aquecimento e resfriamento do material [9].

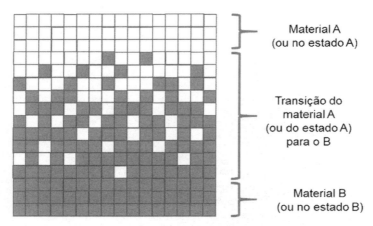

Figura 13.4   Conceito esquemático de material com gradação funcional (FGM).

Fonte: baseada em Erasenthiran e Beal [22].

Observa-se, então, que, com a evolução das tecnologias AM, cada vez mais a configuração espacial do material também deve fazer parte do desenvolvimento do projeto do componente. Nesse contexto, aparece o conceito novo de Maxel (*material element*), que tem origem na associação de um determinado tipo de material a um *voxel* (*volume element* – elemento de volume, análogo ao conceito de pixel – *picture element*, em 2D) [23]. Assim, em teoria, torna-se possível a localização, no interior de uma peça, dos materiais a serem utilizados na sua fabricação, detalhando sua composição e suas microestruturas.

13.8   DESAFIOS E LIMITAÇÕES

Um dos grandes desafios para a utilização da AM na fabricação final é a necessidade de uma melhor caracterização dos materiais disponíveis em cada tecnologia [9, 11, 24]. Por exemplo, na área automobilística, é geralmente necessário conhecer as propriedades mecânicas dos materiais numa faixa que vai de −40 °C a 140 °C, em diferentes níveis de umidade e por um tempo prolongado. São realizados, assim, testes de envelhecimento do material [11]. Dessa forma, torna-se necessário grandes esforço e investimento para se obter todas as informações relevantes dos materiais, para que haja um maior entendimento dos projetistas para uma melhor escolha.

Conforme visto, a fabricação por AM pode ser considerada não tão rápida e, quando se consideram lotes maiores, é, como regra geral, mais cara que os processos tradicionais. A competitividade aumenta para áreas que utilizam lotes menores ou unitários (ferramental, área da saúde, aeroespacial etc.). Um dos desafios é procurar ampliar o campo de viabilidade da fabricação direta com AM. Para tanto, é necessário que os processos continuem evoluindo com a redução de tempo de fabricação e dos custos e a melhoria da qualidade dos materiais. Essa viabilidade passa também pelo aumento da confiabilidade dos processos [24]. Vários esforços estão sendo feitos nesse sentido, visando monitorar o processo em tempo real para garantir a reprodutibilidade e a repetibilidade dos componentes fabricados [25, 26]. Atualmente, padrões internacionais estão em processo de discussão, e os equipamentos mais modernos, em especial os de fusão em leito de pó metálico, já incorporam sistemas de monitoramento durante toda a produção por meio de vídeos e câmeras que detectam condições anormais de processo, como falhas na alimentação de materiais, e qualidade da fusão do material.

Outro grande desafio para aproveitar as vantagens da AM como processo de fabricação é superar as limitações consideráveis dos sistemas CAD de modelagem 3D [24]. Os sistemas CAD atuais foram desenvolvidos considerando sistemas convencionais de produção, e optou-se por soluções e plataformas mais fáceis para o usuário, por exemplo, com a utilização de modelagem por *features* (padronização das características ou detalhes de projeto) e o uso dos modeladores sólidos, em vez de superfícies. Isso facilita a modelagem de componentes prismáticos, mas implica maiores dificuldades para a captura das intenções do projetista quando o objetivo é a modelagem de formas mais orgânicas. Existem sistemas CAD com modeladores geométricos de elevado potencial que oferecem essa liberdade, mas são geralmente mais complicados de utilizar, exigindo muito mais horas de treinamento.

O usuário dos sistemas CAD também depara com dificuldades quando há a necessidade de projetar a configuração do material descrevendo a sua variação ao longo de um componente. Os sistemas CAD tradicionais não foram desenvolvidos para modelar FGM e materiais celulares. Os modeladores geométricos que utilizam *boundary representation* (B-Rep) ou *constructive solid geometry* (CSG) modelam somente a superfície do componente, ou seja, a sua casca, e não o seu interior [27]. No caso de projeto de material celular, os sistemas CAD têm dificuldades para trabalhar com a quantidade de geometrias geradas, deixando os modelos nativos pesados e, às vezes, impraticáveis de serem manipulados.

Com essas dificuldades, percebe-se que os sistemas de modelagem CAD precisam de adequações, pois o tempo de modelagem 3D de algumas peças complexas pode exceder o tempo de fabricação do componente [11]. Hague et al. [11] identificaram, em 2003, que a modelagem CAD seria o gargalo do processo de fabricação direta por AM, e ainda hoje esses sistemas apresentam muitas limitações, em especial para pessoas com pouca habilidade no uso dessas ferramentas.

Com relação especificamente à configuração do material, outras dificuldades estão presentes. Primeiro, os atuais profissionais de desenvolvimento de produtos (*designers* e engenheiros) não foram treinados nos seus respectivos cursos de formação para projetar para AM. Esses profissionais foram treinados com uma série de restrições de processos, e isso leva a projetos com geometrias mais simples. É preciso que os

336   *Manufatura aditiva: tecnologias e aplicações da impressão 3D*

currículos dos cursos de formação incorporem cada vez mais a AM e as ferramentas de auxílio ao projeto que vêm sendo desenvolvidas na área. Há, então, a necessidade de atualizar os cursos e reciclar os profissionais já formados.

Outro problema ligado à configuração do material é a impossibilidade do formato STL representar o material no seu modelo 3D. Nesse sentido, houve um avanço considerável com o advento do formato AMF (*additive manufacturing format* – ISO/ASTM 52915:2016(E) [28]), descrito no Capítulo 4, que prevê o projeto do material ao longo do interior da peça (incluindo variação de composição e estruturas celulares). No entanto, esse formato ainda precisa ser adotado pelas empresas do setor de AM para que seja viável. Observa-se que os próprios fabricantes dos equipamentos não investem mais fortemente no seu uso pela simplicidade da representação STL atualmente aceita, apesar das grandes restrições e limitações. Além disso, novas implementações exigem pessoal especializado e custos adicionais.

A relação entre *designers* e projetistas mecânicos no desenvolvimento de produtos para os meios de fabricação tradicionais é normalmente pautada, por um lado, pela busca da estética apurada e, por outro, pela viabilidade econômica, considerando as restrições dos meios de manufatura. Com a AM, é preciso uma redefinição desses novos limites de viabilidade e, para isso, é necessária uma maior integração entre esses dois profissionais.

A falta de normas que auxiliam o projeto de componentes para AM também é uma dificuldade na área. Nesse sentido, a ASTM (American Standards for Testing of Materials) e a ISO (International Organization for Standardization) estabeleceram parceria para a definição de padrões e guias gerais para projeto para AM e também de projetos específicos para cada tecnologia. Segundo Rosen [9], as tecnologias baseadas na fusão de leito de pó serão as primeiras a disporem de uma norma sobre projeto para AM.

13.9 ESTUDOS DE CASO

Estudos de casos de componentes produzidos diretamente por AM foram selecionados como forma de exemplificar a realidade de algumas aplicações.

Um exemplo de fabricação direta são as peças dos equipamentos da linha Fortus, da empresa Stratasys Ltd. O equipamento Fortus 900mc possui 32 peças utilizadas na sua produção, construídas via fabricação direta com a tecnologia FDM nos materiais ABS-M30 e PPSF (polifenilsulfona) (Figura 13.5). Essas peças eram normalmente injetadas, exigindo altos investimentos em ferramental. Para aproveitar as vantagens da AM, os componentes foram reprojetados e, nesse processo, a equipe de engenharia teve liberdade para implementar as melhores ideias, em vez de empregar o que era tradicionalmente considerado o mais prático. Como não houve o desenvolvimento de ferramental, a equipe teve mais tempo para trabalhar na otimização dos componentes. A empresa relata uma redução no custo do desenvolvimento das 32 peças acima de US$ 200.000, que foi o valor economizado com a eliminação de ferramental e de operações de usinagem. Além disso, essa empresa destaca como benefícios as menores restrições de *design* e o menor prazo de fabricação [29]. Isso também pode estar associado a mudanças rápidas no projeto e ao número reduzido de máquinas que são produzidas diariamente. Outras empresas de equipamentos de AM também lançam mão desses recursos de projetar e produzir internamente peças para seus equipamentos.

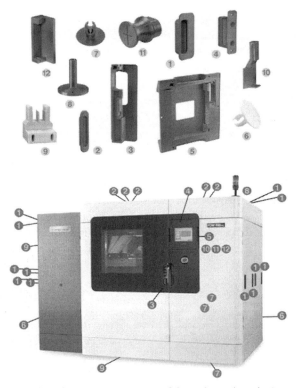

Figura 13.5 Componentes da máquina Fortus 900mc, fabricados pela própria tecnologia FDM.

Fonte: cortesia da Stratasys Ltd.

Um exemplo de componente metálico que demonstra o potencial da AM para fabricação direta em metal é o corpo de uma bomba hidráulica projetado pelo Oak Ridge National Laboratory (ORNL), dos Estados Unidos (Figura 13.6). Esse componente faz parte de uma nova classe de sistema robótico subaquático compacto, projetado especificamente para a produção por meio da tecnologia de fusão por feixe de elétrons (EBM) da Arcam AB. No projeto, foram integrados, ao corpo da bomba, a base do robô, o reservatório, o acumulador e também uma estrutura celular interna, que é leve e resistente [30]. O componente foi construído em liga de titânio (Ti6Al4V) no equipamento Arcam A2, com as dimensões externas de 193 mm × 195 mm × 184 mm.

A indústria aeroespacial vem vivenciando um momento desafiador com relação à utilização da AM. Esse setor tem procurado meios efetivos e seguros de utilizar componentes, tanto poliméricos quanto metálicos, em seus produtos finais, que são altamente exigentes em termos de regulamentação. A redução de custo de produção de baixa quantidade e do peso dos componentes, que diminui o consumo de combustível ao longo da vida da aeronave, é o grande benefício para o setor. Segundo Wohlers [31], o crescimento nesse setor tem sido tão pujante que a demanda por materiais e serviços pode, inclusive, ultrapassar a oferta, com crescimento em torno de 60% no ano de 2014, em um momento de estagnação econômica mundial. Segundo a mesma fonte, a Airbus, que já tem aeronaves voando com peças fabricadas por AM, pretende fabricar trinta toneladas de peças metálicas mensais em 2018. Várias outras empresas do setor já estão utilizando AM ou têm despertado interesse, como BAE Systems, Bell Helicopter, Boeing, Bombardier, Embraer, General Dynamics, GKN Aerospace, Honeywell Aerospace, GE Aviation, Lockheed Martin, Northrop Grumman, Pratt & Whitney, Raytheon, Rolls-Royce, SpaceX e United Launch Alliance [31]. A constatação disso é, por exemplo, a notícia de que, no final de 2014, a GE Aviation fez o teste de campo de uma nova turbina denominada LEAP, que começa a equipar grandes aeronaves a partir de 2016. A turbina LEAP é composta por dezenove bicos injetores de combustível que foram especialmente projetados para serem integralmente produzidos por AM em metal. De acordo com a GE Aviation, esses injetores são cinco vezes mais duráveis e 25% mais leves que os injetores usuais, reduzindo uma montagem de vinte peças para um conjunto fabricado por AM de somente uma peça, com melhor geometria para a injeção. Essa empresa afirma que, em 2020, serão em torno de 100 mil dessas peças embarcadas [32]. Outro exemplo é o motor da GE Aviation, o GE90, que também vai voar com uma peça fabricada por AM [33].

Figura 13.6   Corpo de uma bomba hidráulica do Oak Ridge National Laboratory, fabricado pela tecnologia EBM.

Fonte: cortesia da Arcam AB.

Um exemplo de fabricação direta com AM na área aeroespacial é o da empresa Kelly Manufacturing Company, que fabrica instrumentos de aeronaves. A empresa utilizou o equipamento Fortus 900mc, de tecnologia FDM, da Stratasys, para a produção de um alojamento para um giroscópio no material ULTEM 9085. Esse equipamento permitiu a fabricação de quinhentos alojamentos de uma única vez (Figura 13.7). Uma das principais vantagens destacadas por essa empresa é que o tempo de produção das quinhentas unidades foi reduzido de seis semanas para três dias, desde o pedido até a entrega de peças. Além disso, o custo por peça foi reduzido em 5%, em grande parte pela eliminação dos custos de ferramental [2].

(a)   (b)

Figura 13.7 Fabricação de quinhentos alojamentos para giroscópio da empresa Kelly Manufacturing Company utilizando a tecnologia FDM no material ULTEM 9085 (a); e componente já com a bobina montada (b).

Fonte: cortesia da Stratasys Ltd.

A empresa Bell Helicopter Textron Inc., em cooperação com a Harvest Technologies, fabrica por AM alguns componentes do sistema de controle ambiental (ECS) do helicóptero Bell 429. A produção é feita com o equipamento EOSINT P 730 (EOS GmbH), utilizando-se poliamida como material dos componentes. A Figura 13.8 apresenta alguns dos componentes finais produzidos por AM para o helicóptero [34]. O grande desafio relatado pelo fabricante, bem como por todas as outras empresas do setor, é produzir diretamente componentes certificados. Para cumprir as etapas de certificação, essa empresa teve de realizar uma série de análises e definições de procedimentos no processo, de modo a validar os componentes obtidos com os seus resultados. Várias análises envolvendo distribuição de calor, degradação do pó, precisão dimensional, repetibilidade, qualidade e desempenho dos componentes tiveram de ser realizadas para assegurar a garantia e a repetibilidade do processo. Para isso, vários procedimentos foram estabelecidos e implementados, por exemplo, há uma rigorosa lista de verificação e inspeções pré-produção antes da execução de cada ciclo de produção. Durante o processo, a empresa mantém monitoramento e registro contínuos das variáveis. Após cada lote de fabricação, a empresa estabeleceu testes de propriedades mecânicas, como tração e flexão, para certificar que as propriedades do componente produzido estão dentro dos limites especificados de tolerância. A cada processamento, somente é utilizado material virgem, que é descartado em seguida.

As vantagens destacadas pela empresa são a produção sem ferramental (*tool-less*) e a facilidade de realizar alterações de projetos, passando rapidamente do CAD para a produção [34], além de evitar montagens de peças para produzir o componente final. Com a experiência adquirida com esses primeiros componentes, a empresa está investindo para ampliar o número de peças que serão fabricadas diretamente pela AM.

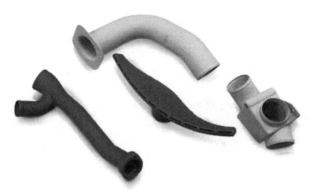

Figura 13.8 Componentes finais produzidos pelo equipamento EOSINT P 730 para o helicóptero Bell 429.

Fonte: cortesia da empresa EOS GmbH.

Outra aplicação na área aeroespacial é a da empresa MTU Aero Engines, da Alemanha, que fornece componentes de motores para a empresa fabricante de motores Pratt & Whitney, dos Estados Unidos, que, por sua vez, equipa as aeronaves da Airbus. O componente da Figura 13.9, fabricado pela tecnologia DMLS da EOS GmbH, faz parte da nova aeronave de curto e médio alcance da Airbus, o A320neo [35]. Esse componente, denominado *borescope*, é montado no corpo do motor e é responsável por permitir acesso para o exame das turbinas. O material do componente é uma liga à base de níquel selecionada por sua resistência ao calor e sua durabilidade. De maneira similar ao exemplo anterior, essa empresa teve de definir um sistema de controle da tecnologia AM por meio de procedimentos para assegurar a qualidade do processo e a certificação do componente. A empresa emprega o monitoramento online de cada etapa de produção, incluindo a análise individual de cada camada. O processo desse componente específico foi otimizado para fabricar dezesseis peças a cada rodada do equipamento, e a expectativa é fabricar até duas mil peças por ano. As vantagens destacadas são a grande liberdade de projeto e o tempo reduzido de desenvolvimento, produção e entrega. Adicionalmente, é destacado que o custo de desenvolvimento e produção foi reduzido consideravelmente [35].

Figura 13.9 Componente (*borescope*) fabricado pela tecnologia DMLS da EOS para o Airbus A320neo.

Fonte: cortesia da empresa EOS GmbH.

13.10 CONSIDERAÇÕES FINAIS

A aplicação direta da AM na fabricação final é uma realidade em alguns setores da indústria, principalmente aqueles que trabalham com produção em baixa escala. Dessa maneira, a AM é uma tecnologia disruptiva que oferece às empresas de qualquer porte a flexibilidade e a possibilidade de uma produção local, o que pode afetar a logística mundial nos próximos anos [36]. As empresas estão percebendo cada vez mais esse potencial e explorando novas aplicações e formas de produzir. Portanto, é importante ressaltar o fato de que os componentes devem ser projetados ou reprojetados especificamente para a fabricação por AM. Isso implica incorporar no projeto as vantagens de se explorar a complexidade geométrica do componente, com possibilidade, inclusive, de redução do seu custo final. Permite o projeto de sistemas ou subsistemas customizados e otimizados, reduzindo o número de componentes. Adicionalmente, pensar em um projeto visando à redução de massa das peças é uma condição importante para tornar a AM mais competitiva. As restrições de cada tecnologia AM também precisam ser consideradas no momento do projeto, pois cada uma tem suas características em termos de materiais e restrições de fabricação.

Outro fator relevante são as novas possibilidades de configuração do material oferecidas por algumas tecnologias, em especial permitindo alteração da microestrutura e utilização de materiais para formar estruturas celulares. Algumas dificuldades relacionadas com esse tema, apontadas neste capítulo, precisam ser atendidas para facilitar essa tarefa no futuro.

Os principais setores que despontam hoje como os grandes demandadores da AM para produção de peças finais são a indústria aeroespacial e a médica; no entanto, vários outros estão em franco desenvolvimento, e muitos outros novos aparecerão em médio e longo prazos. Finalmente, mesmo os setores que, tradicionalmente, lidam com grandes lotes estão percebendo que a AM pode auxiliar na fabricação de acessórios para a produção, como gabaritos e dispositivos para montagem (vistos no Capítulo 12), garras para robôs, bico de aplicação de adesivos comandados por robôs em linha de montagem etc. É papel dos profissionais identificarem as oportunidades de aplicação da AM como processo de fabricação final em cada setor produtivo.

REFERÊNCIAS

1 GIBSON, I.; ROSEN, D. W.; STUCKER, B. *Additive manufacturing technologies: rapid prototyping to direct digital manufacturing.* New York: Springer, 2010.

2 STRATASYS. *A turn for the better, CS-FDM-Aero-KellyManufacturing-08-13-A4, 2013.* Disponível em: <http://www.stratasys.com/resources/case-studies>. Acesso em: 11 ago. 2015.

3 FUNDACIÓN COTEC PARA LA INNOVACIÓN TECNOLÓGICA. *Fabricación aditiva.* Madrid: Gráficas Arias Montano, 2011.

4 HOPKINSON, N.; DICKENS, P. Rapid prototyping for direct manufacture. *Rapid Prototyping Journal*, Bradford, v. 7, n. 4, p. 197-202, 2001.

5 ATZENI, E. et al. Redesign and cost estimation of rapid manufactured plastic parts. *Rapid Prototyping Journal*, Bradford, v. 16, n. 5, p. 308-317, 2010.

6 SILVA, J. V. L.; REZENDE, R. A. Additive manufacturing: challenges for new materials development for biomedical applications. *Revista de la Sociedad Argentina de Materiales*, Rosario, v. 1, p. 28-41, 2013.

7 HOPKINSON, N.; HAGUE, R.; DICKENS, P. (Ed.). *Rapid manufacturing:* an industrial revolution for the digital age. New Jersey: John Wiley & Sons, 2006.

8 MAIDIN, S.; CAMPBELL, I.; PEI, E. Development of a design feature database to support design for additive manufacturing. *Assembly Automation*, Bedford, v. 32, n. 3, p. 235-244, 2012.

9 ROSEN, D. W. Research supporting principles for design for additive manufacturing. *Virtual and Physical Prototyping*, Abingdon, v. 9, n. 4, p. 225-232, 2014.

10 KLAHN, C.; LEUTENECKER, B.; MEBOLDT, M. Design for additive manufacturing: supporting the substitution of components in series products. *Procedia CIRP 21*, Amsterdam, p. 138-143, 2014.

11 HAGUE, R.; MANSOUR, S.; SALEH, N., Design opportunities with rapid manufacturing. *Assembly Automation*, Bedford, v. 23, n. 4, p. 346-356, 2003.

12 BECKER, R.; GRZESIAK, A.; HENNING, A. Rethink assembly design. *Assembly Automation*, Bedford, v. 25, n. 4, 2005, p. 262-266.

13 NAMASIVAYAM, U. M.; SEEPERSAD, C. C. Topology design and freeform fabrication of deployable structures with lattice skins. *Rapid Prototyping Journal*, Bradford, v. 17, n. 1, p. 5-16, 2011.

14 MEISEL, N. A. et al. Multiple-material topology of compliant mechanisms created via PolyJet 3D printing. In: INTERNATIONAL SOLID FREEFORM FABRICATION SYMPOSIUM, 2013, Austin. *Proceedings...* The American Society of Mechanical Engineering, v. 136, n. 6, p. 980-997, 2014.

15 BAK, D. Rapid prototyping or rapid production? 3D printing processes move industry towards the latter. *Assembly Automation*, Bedford, v. 23, n. 4, p. 340-345, 2003.

16 EYERS, D.; DOTCHEV, K. Technology review for mass customisation using rapid manufacturing. *Assembly Automation*, Bedford, v. 30, n. 1, p. 39-46, 2010.

17 PONCHE, R. et al. A novel methodology of design for additive manufacturing applied to additive laser manufacturing process. *Robotics and Computer-Integrated Manufacturing*, New York, v. 30, p. 389-398, 2014.

18 BENDSØE, M. P.; SIGMUND, O. *Topology optimization:* theory methods and applications. Berlin: Springer Verlag, 2003.

19 ALTAIR ENGINEERING Inc. *From the 3D Printer into Space, RUAG Success Story: 2014.* Disponível em: <http://www.altair.com>. Acesso em: 12 set. 2015.

20 AUTODESK WITHIN. *Autodesk Within.* Disponível em: <http://www.withinlab.com/software/new_index.php>. Acesso em: 11 out. 2015.

21 UFORMIA. Disponível em: <http://uformia.com/products>. Acesso em: 26 out. 2016.

22 ERASENTHIRAN, P.; BEAL, V. E. Functionally graded materials. In: HOPKINSON, N.; HAGUE, R.; DICKENS, P. (Ed.). *Rapid manufacturing:* an industrial revolution for the digital age. New Jersey: John Wiley & Sons, 2006. p. 103-124.

23 OXMAN, N. Variable property rapid prototyping. *Virtual and Physical Prototyping*, Abingdon, v. 6, n. 1, p. 3-31, 2011.

24 ROYAL ACADEMY OF ENGINEERING. *Additive manufacturing:* opportunities and constraints – a summary of a roundtable forum held on 23 May 2013, hosted by the Royal Academy of Engineering. London: RAENG, 2013. Disponível em: <www.raeng.org.uk/AM>. Acesso em: 11 ago. 2015.

25 YUAN, M.; BOURELL, D. Efforts to reduce part bed thermal gradients during laser sintering processing. In: SOLID FREEFORM FABRICATION SYMPOSIUM, 2012, Texas. *Proceedings...* Texas: University of Texas at Austin, 2012. p. 962-974.

26 RODRIGUEZ, E. et al. Integration of a thermal imaging feedback control system in electron beam melting. In: SOLID FREEFORM FABRICATION SYMPOSIUM, 2012, Texa. *Proceedings...* p. 945-961.

27 ZEID, I. *Mastering CAD/CAM.* Boston: McGraw-Hill Higher Education, 2005.

28 ISO – INTERNATIONAL ORGANIZATION FOR STANDARDIZATION. *ISO/ASTM 52915:2015(E)*: Standard specification for additive manufacturing file format (AMF) – version 1.2. [S.l.]: ISO/ASTM International, 2016.

29 CRUMP, S.; STRATASYS Ltd. *Direct digital manufacturing:* practicing what we preach. 2009. Disponível em: <http://blog.stratasys.com/2010/08/03/32-production--parts-built-via-direct-digital-manufacturing>. Acesso em: 11 ago. 2015.

30 NEWTON, R. Advances in metals for 3D printing dwarf plastics. *Graphic Speak*, Oct. 26, 2012. Disponível em: <http://gfxspeak.com/2012/10/26/advances-in-metal--for-3d-printing-dwarf-plastics>. Acesso em: 13 ago. 2015.

31 WOHLERS, T. *AM in Aerospace.* July 18, 2015. Disponível em: <http://wohlersassociates.com/blog/category/additive-manufacturing>. Acesso em: 26 out. 2015.

32 GE FOUNDATION. *New research center will take 3D printing to the next level.* Nov. 17, 2014. Disponível em: <http://www.gefoundation.com/new-research-center--will-take-3d-printing-to-the-next-level/>. Acesso em: 15 out. 2015.

33 GE AVIATION. *GE aviation's first additive manufactured part takes off on a GE90 engine.* Disponível em: <http://www.geaviation.com/press/ge90/ge90_20150414.html#prclt-rk>. Acesso em: 14 out. 2015.

34 EOS GmbH. *Customer case study aerospace:* Bell Helicopter and harvest technologies – making production-grade, flight-certified hardware using industrial 3D printing, 8/2014. Disponível em: <http://www.eos.info/case-studies>. Acesso em: 14 ago. 2015.

35 EOS GmbH. *Customer case study aerospace:* an intelligent strategy for achieving excellence: MTU relies on additive manufacturing for its series component production, 04/2015. Disponível em: <http://www.eos.info/case-studies>. Acesso em: 13 ago. 2015.

36 SILVA, J. V. L.; REZENDE, R. A. Additive manufacturing and its future impacts in logistics. In: 6th IFAC INTERNATIONAL CONFERENCE ON MANAGEMENT AND CONTROL OF PRODUCTION AND LOGISTICS, 2013, Fortaleza. *Proceedings...* IFAC Proceedings Volumes, v. 6, p. 277-282, 2013.

CAPÍTULO 14
Aplicações da AM na área da saúde

Jorge Vicente Lopes da Silva
Centro de Tecnologia da Informação Renato Archer – CTI

André Luiz Jardini Munhoz
Universidade Estadual de Campinas – Unicamp

14.1 INTRODUÇÃO

Provavelmente, a história do uso da manufatura aditiva (*additive manufacturing* – AM) na área médica teve início com os trabalhos do neurocirurgião Paul Steven D'Urso, no Departamento de Cirurgia da Universidade de Queensland, em Brisbane, Austrália. Os primeiros trabalhos registrados nessa área são do início da década de 1990 [1] e, a partir dessa época, o uso da AM não somente na medicina, mas na saúde em geral, tomou grandes proporções, com potencial atual de revolucionar o futuro dessa área. Paul D'Urso foi o responsável por cunhar o termo biomodelo, bastante utilizado nas áreas médica e odontológica, entre outras relacionadas à saúde.

Este capítulo tem como objetivo apresentar resumidamente as formas de aquisição de imagens médicas e o tratamento dessas imagens para extrair delas informações precisas e importantes, tanto para diagnósticos como para o tratamento de pacientes acometidos de alguma anomalia. Todo esse processo auxilia no planejamento cirúrgico preciso e na possibilidade de geração de dispositivos médicos personalizados.

O capítulo é ilustrado com aplicações dessas tecnologias à saúde e à qualidade de vida humana. As aplicações apresentadas têm o seu desenvolvimento tecnológico baseado na engenharia, mas a qualidade dessas aplicações é dependente das técnicas médicas e clínicas do profissional da área médica que as utiliza. Optou-se, à despeito da vasta literatura mundial sobre o tema, por apresentar casos reais de aplicações desenvolvidas no Brasil pelo Centro de Tecnologia da Informação Renato Archer – CTI, em colaboração com inúmeros profissionais da área da saúde.

São apresentadas algumas questões relacionadas com o estágio atual da regulamentação do uso das tecnologias de AM para a saúde, tanto pelas agências americana e europeia como pela agência brasileira. Finalmente, apresenta-se uma introdução das potencialidades que a AM pode aportar para a área da engenharia tecidual.

14.2 MODALIDADES DE IMAGENS MÉDICAS E *SCANNERS*

A aquisição e o tratamento de imagens médicas envolvem, em grande proporção, o uso e a implementação de ferramentas matemáticas que tratam dados brutos originados por algum processo físico, como raios X, ultrassom, infravermelho, emissão de prótons e ressonância magnética.

O grande avanço das tecnologias de aquisição e tratamento de imagens médicas tem sido alcançado mais recentemente, na última década, com o aprimoramento dos equipamentos e das ferramentas matemáticas implementadas sob forma de algoritmos em programas computacionais. No entanto, essas técnicas remetem à década de 1970, com a invenção da tomografia computadorizada pelo engenheiro eletricista inglês Godfrey Newbold Hounsfield e por seu colega Allan Cormack, com quem dividiu o Prêmio Nobel em medicina em 1979 [2]. Desde então, em especial com o avanço da tecnologia da informação, a evolução tem sido pujante, propiciando diagnósticos, tratamentos e intervenções cada vez mais precisos. São consideradas imagens médicas somente as que possuem caráter de aquisição de informações internas do paciente. Portanto, técnicas de escaneamento 3D, como as baseadas em *laser* e luz, não serão tratadas neste capítulo. No entanto, vale lembrar que essas formas de se copiar anatomias externas de um paciente têm sido cada vez mais aplicadas, em especial na área odontológica, como os *scanners* intraorais.

O grande destaque das tecnologias de imagens médicas é o seu caráter não invasivo, ou seja, as técnicas médicas foram revolucionadas com a possibilidade de se obter informações sobre uma anatomia ou funcionalidade interna de um paciente sem a necessidade de submetê-lo a procedimentos cirúrgicos invasivos. Vantagens adicionais, como a capacidade que algumas modalidades de imagens possuem de revelar informações não observáveis ao olho humano, mesmo em procedimentos cirúrgicos, são de grande valia na prática médica. Por exemplo, alguns tumores cerebrais, que são facilmente visualizados em imagens de ressonância magnética, não são, muitas vezes, nitidamente visualizados pelo cirurgião, pela semelhança dos tecidos. Adicionalmente, a aplicação de filtros matemáticos nas imagens adquiridas pode prover uma visualização privilegiada de alguma estrutura. Além das aplicações clínicas, as imagens médicas podem ser utilizadas em uma grande gama de estudos científicos propiciando melhor entendimento da anatomia e da fisiologia do ser humano. Em geral, essas informações são obtidas de modalidades de imagens anatômicas e funcionais. Para o contexto deste capítulo, serão consideradas apenas as imagens anatômicas. As imagens

Aplicações da AM na área da saúde

médicas são igualmente úteis quando empregam-se as tecnologias de processamento digital de imagens, computação gráfica e reconhecimento de padrões, o que permite o tratamento e a visualização privilegiada dessas imagens, a extração de informações e até alguns métodos automáticos ou semiautomáticos de diagnósticos específicos.

A seguir, são apresentadas, resumidamente, as principais técnicas de aquisição de imagens médicas que têm sido mais úteis para a AM até o momento.

14.2.1 TOMOGRAFIA COMPUTADORIZADA (TC)

A tomografia computadorizada – TC (*computerized tomography*) é a modalidade de imagens médicas mais utilizada atualmente em aplicações integradas com a AM, pela sua facilidade de explicitar ossos e tumores, bem como estruturas vasculares quando aplicado radiocontraste. Outras modalidades, que serão discutidas mais adiante neste capítulo, como a ressonância magnética e o ultrassom, têm também se destacado na integração com a AM, o que permite a reconstrução de modelos de tecidos moles e facilita o diagnóstico, o treinamento e o ensino.

A TC tem sua origem no efeito da passagem dos raios X nas estruturas internas do corpo. Esse efeito foi inicialmente estudado pelo físico alemão Wilhelm Conrad Roentgen, que descobriu e mostrou, em 1895, que o raio X é um tipo de radiação eletromagnética capaz de atravessar diversos materiais com níveis de absorção diferentes e formar uma imagem quando projetado em um anteparo com algum material sensível a essa radiação. Era, então, criada a primeira possibilidade de se ter informações anatômicas internas do corpo humano, o que deu origem à radiografia, em que o anteparo é um filme sensível à radiação X. Atualmente, as radiografias utilizam um sensor digital CCD (*charge-coupled device*), que é um sensor semicondutor para captação das imagens. As imagens da radiografia deram origem à TC, com os cálculos matemáticos e as modificações na forma de incidir e captar essas imagens já na década de 1970, por Hounsfield [3].

A TC foi a primeira modalidade de imagem médica tridimensional e é considerada um marco importante no uso de imagens avançadas para diagnóstico na medicina. Também conhecida pela sigla CAT (*computerized axial tomography*), o tomógrafo é capaz de produzir imagens de cortes transversais consecutivos do corpo humano, compondo, assim, uma informação tridimensional da anatomia do paciente. Um aspecto negativo da TC é a utilização de radiação ionizante de raios X, o que é prejudicial ao corpo humano, e isso gera controvérsias sobre a realização de imagens de controle utilizando essa modalidade.

A redução na dose de radiação à qual o paciente é submetido e a melhoria da qualidade das imagens têm sido uma busca constante e podem depender de vários fatores desejados, como: resolução da imagem, qualidade, volume de interesse e número de cortes. É necessário, em alguns casos, administrar por meio intravenoso agentes de contraste no paciente, como nas aquisições de angiotomografias. Esses agentes podem, em casos específicos, causar reações indesejadas aos pacientes.

As aquisições são realizadas pela incidência da radiação X em uma direção, e a projeção é feita em uma série de sensores. Projeções seguidas e sistematizadas permitem, por meio de algoritmos matemáticos (*backprojection*), a reconstrução 3D do volume em estudo [3].

Atualmente, uma modalidade de TC dedicada à odontologia (região da cabeça), chamada de tomografia de feixe cônico (*cone-beam computerized tomography* – CBCT), utiliza menores doses de radiação, bem como tem baixos custos de aquisição e operacional. Essa modalidade vem sendo muito difundida, especialmente na área odontológica, e, atualmente, grande parte dos biomodelos dessa região são obtidos com essa modalidade. No entanto, suas imagens são significativamente mais ruidosas, apresentando menores contraste e resolução que na TC convencional, porém oferece menores riscos de exposição do paciente, por utilizar menores doses de radiação.

Outra modalidade dentro da categoria de TC é a microtomografia. Essa modalidade permite a aquisição de imagens de amostras vivas (pequenos animais) e não vivas, com alta resolução dimensional, e tem sido muito utilizada na caracterização e no entendimento de estruturas biológicas, como a estrutura trabecular dos ossos.

14.2.2 RESSONÂNCIA MAGNÉTICA (RM)

As imagens por ressonância magnética – RM (*magnetic resonance imaging* – MRI) são de grande importância na medicina atual. Essa modalidade surgiu na década de 1970, passando a ter presença clínica a partir dos anos 1980. A RM apresenta duas vantagens significativas em relação à TC: não utiliza radiação ionizante e permite a geração de imagens com grande contraste entre os diferentes tipos de tecidos moles.

A RM utiliza um forte campo magnético para alinhar os "*spins*" dos átomos de hidrogênio, e, por meio de uma bobina receptora, o decaimento desse alinhamento é medido. Como diferentes tecidos oferecem decaimentos distintos, a imagem refletirá essa diferença de tecidos. Entretanto, esse fenômeno ocorre nas moléculas de água do corpo e, consequentemente, os tecidos rígidos com pouca ou nenhuma molécula de água, como os ossos, são pouco realçados.

A RM pode utilizar diversos protocolos, que são variações na forma de realizar o exame que permitem capturar informações diferentes. Uma desvantagem das imagens de RM é a dificuldade adicional de serem tratadas por *softwares* específicos de segmentação. No processo de segmentação, são necessárias ferramentas matemáticas mais complexas e/ou processos manuais interativos.

14.2.3 ULTRASSONOGRAFIA

Também conhecida por ecografia ou popularmente por ultrassom, essa modalidade consegue obter imagens do interior de um paciente por meio do eco de ultrassom, que são sons de altíssima frequência (entre 2 e 18 MHz) e inaudíveis ao ouvido humano. O *scanner* sonográfico emite um arco de ultrassom que se propaga dentro do corpo, porém o som é parcialmente refletido pelas diferentes camadas de tecido e ecoa de volta para um receptor. O *scanner* recebe essas ondas sonoras que retornaram e, por meio de um processamento do sinal, consegue transformá-las em uma imagem digital, a partir das informações de atraso e intensidade do eco. O ultrassom ainda permite estudo da hemodinâmica por meio de análise do efeito Doppler, pois o movimento sanguíneo é capaz de gerar alterações na frequência do som refletido.

Atualmente, essa modalidade prevê uma forma de aquisição de imagens de maneira sistemática e organizada, permitindo a reconstrução 3D de anatomias. As principais vantagens dessa modalidade são: ser um método não invasivo que não apresenta efeitos somáticos, por não utilizar radiação ionizante de origem dos raios X, e ser relativamente barata, sendo tradicionalmente utilizada para acompanhamento de pré-natal em gestantes. Uma desvantagem é a qualidade da imagem com pouco contraste e definição. Isso limita as aplicações clínicas e os processos de segmentação automática de imagens para gerar modelos 3D de ultrassonografia.

14.2.4 PADRÃO DE IMAGEM DICOM

É importante lembrar que todas essas modalidades, e outras não citadas, possuem uma forma padrão de serem registradas, que é um padrão internacional denominado DICOM (*digital imaging and communication in medicine*). Esse padrão permite a interoperabilidade entre equipamentos de diversos fabricantes em ambiente hospitalar ou clínico. O padrão DICOM não é somente um formato de arquivos de imagens médicas: foi desenvolvido pela ACR (American College of Radiology) e pela NEMA (National Electrical Manufacturers Association) e é composto por um extenso conjunto de normas para sistema de armazenamento, consultas, transmissão por rede, impressão e segurança. Hoje, é o padrão utilizado largamente por fabricantes, desenvolvedores de *software*, hospitais e centros de radiologia.

14.3 TRATAMENTO DE IMAGENS MÉDICAS

O tratamento de imagens médicas é feito utilizando-se sistemas computacionais especificamente desenvolvidos para esse fim. Para entender melhor como funcionam esses sistemas para tratamento de imagens médicas, alguns conceitos serão brevemente introduzidos nesta seção.

14.3.1 IMAGENS DIGITAIS E VISUALIZAÇÃO

As imagens atuais utilizadas na medicina são representações digitais que podem ser processadas por sistemas computacionais modernos. Uma imagem digital é a representação de uma imagem real adquirida do paciente sob a forma de números binários (zeros e uns). Uma imagem digital possui um número finito de pontos organizados em forma de grade (como uma matriz de pontos). Cada ponto nessa matriz é representado por um elemento 2D chamado *pixel* (*picture element*), exatamente como acontece nas câmeras fotográficas digitais. O "empilhamento" de uma sequência de imagens 2D forma um elemento de volume 3D, que, por sua vez, passa a ser denominado *voxel* (*volume element*). O processamento de imagens é algo dispendioso computacionalmente por ser necessário aplicar, normalmente, cada operação computacional em todos os *voxels* individualmente. No entanto, são operações que, na maioria das vezes, podem ser executadas em paralelo, facilitando enormemente esse processo. Portanto, em imagens médicas, cada um dos *voxels* representa uma pequena região da anatomia 3D, e, quanto menor este elemento, melhor definição da anatomia será possível.

Assim, a visualização das imagens médicas pode ser feita por meio de monitores de vídeo em formato 2D nos diferentes eixos (sagital, coronal, axial) e também num plano inclinado, originado das imagens 3D, sendo possível passar por esse conjunto de imagens (ou cortes) na tela de maneira rápida. Da mesma forma, as imagens 3D podem ser representadas nos monitores por meio de visualizações 2D, criando no cérebro a sensação de uma estrutura 3D, que é chamada de renderização volumétrica (proveniente do termo em inglês *volume rendering*). Por meio da renderização volumétrica, são definidas funções de cores e opacidade dos tecidos para cada um dos *voxels*, que, em seguida, são projetados na tela do monitor. Com a renderização volumétrica, pode-se ver estruturas internas, o que é fundamental para a área médica. Na renderização de superfície, em que uma estrutura é representada por uma malha de triângulos, a estrutura é vista somente como uma casca externa.

14.3.2 PROCESSAMENTO DE IMAGENS DIGITAIS

O processamento de imagens consiste na utilização de recursos computacionais e técnicas de processamento de sinais sobre uma imagem de entrada para se obter uma imagem modificada na saída que atenda a determinados interesses. As principais operações no processamento de imagens médicas são as que seguem, podendo ser entendidas como filtros que são aplicados conjuntamente para se obter os resultados desejados com o mínimo de distorção da realidade:

- Interpolação: é utilizada para gerar informações intermediárias por meio dos valores dos elementos (*voxels*) ao redor, procurando, assim, inferir um valor mais provável para o *voxel* sendo interpolado. Normalmente, esse processo é feito para corrigir o espaçamento entre fatias, transformando cada *voxel* da imagem 3D em elemento cúbico (de mesmas dimensões nos três eixos), evitando, assim, distorções geométricas. Normalmente, a interpolação mais utilizada é entre dois *voxels* de fatias subsequentes das imagens, utilizando-se uma média para gerar o terceiro *voxel*, que é o intermediário.

- Remoção de ruídos: é uma tentativa de eliminar efeitos indesejáveis nas imagens, não existentes na anatomia real. Utiliza-se, para tal, alguns filtros, como o gaussiano ou de suavização de imagens, cujo efeito torna a imagem um pouco menos nítida ou mais "borrada". Outro filtro utilizado para esse fim é o filtro mediana, que, como resultado geral, apresenta-se mais robusto na remoção dos ruídos com menor "borramento". No entanto, pode apresentar efeitos como desaparecimento de pontos isolados ou pequenas estruturas como linhas muito finas. Normalmente, os artefatos são originados de restaurações metálicas (amálgama) dos dentes ou mesmo de obtenção da imagem, com a incidência de doses muito baixas de radiação, que não consegue criar diferenças significativas nos tecidos.

- Detecção de bordas: é útil como ferramenta de análise que necessita de informação de bordas de um objeto na imagem. No filtro de detecção de borda, cálculos matemáticos são realizados na imagem, ressaltando fronteiras entre tecidos diferentes. Um dos algoritmos mais difundidos para essa aplicação é o denominado operador de Sobel [4].

- Transformações radiométricas: tornam possível, por meio de histograma (gráfico com estatística da ocorrência de cada elemento da imagem), corrigir a distribuição dos elementos, tornando a visualização muito mais facilitada ao olho humano, por exemplo. É possível também utilizar filtros que enriquecem a qualidade da imagem, mudando o brilho e o contraste.

- Segmentação de imagens: é um elemento crítico e permite a interpretação da imagem e a geração de uma correlação entre os seus elementos, possibilitando criar regiões com propriedades comuns (objetos diferentes) e, consequentemente, separar estruturas anatômicas ou tecidos com propriedades parecidas. A técnica mais comum para segmentação de imagens é baseada em limiar (*thresholding*), em que os elementos da imagem são separados em função de uma faixa de níveis de cinza com valores mínimos e máximos, utilizando, por exemplo, a escala de Hounsfield (HU). A segmentação por limiar pode apresentar resultados muito bons em imagens adquiridas com boa qualidade em tomógrafos computadorizados, já que cada ponto da imagem tem um significado em termos de densidade do material. Existem vários outros filtros de segmentação de imagens, que são baseados em algoritmos mais complexos de definição da pertinência de um elemento da imagem ao conjunto que está sendo segmentado, como o de crescimento de regiões, *watershed* (regiões inundadas) e até mesmo métodos manuais, que são extremamente trabalhosos e sujeitos a erros. A qualidade da segmentação é também altamente dependente da qualidade da aquisição das imagens. Esse é um elemento crítico na obtenção de modelos médicos para impressão por AM.

14.4 SOLUÇÕES DISPONÍVEIS PARA O PROCESSAMENTO DE IMAGENS MÉDICAS

Existe, no mercado, um grande número de sistemas computacionais para visualização e/ou tratamento de imagens médicas, tanto soluções comerciais como soluções livres e de código-fonte aberto. Dentre eles, destacam-se:

- InVesalius: *software* gratuito e de código-fonte aberto, desenvolvido utilizando várias bibliotecas e linguagem de programação avançadas, bem como bibliotecas próprias. É desenvolvido desde 2001 no Centro de Tecnologia da Informação Renato Archer – CTI (Brasil) e está disponível para plataformas Windows, Linux e Mac, com suporte para diversos idiomas. Já foi baixado por usuários de 130 países até o momento. Permite visualizar imagens em formato DICOM e Analyze, por meio de renderização de volume e superfícies, além de cortes 2D. Permite realizar segmentação de imagens por segmentação manual, *thresholding* e *watershed*, gerando superfícies que podem ser exportadas nos formatos STL (para representação de objetos para AM) e OBJ (normalmente usado para animação gráfica). Também possui ferramentas de medições e de processamento de imagens. Foi o primeiro *software* livre no mundo a oferecer a integração entre imagens médicas e AM com geração de modelos em STL [5, 6, 7]. A Figura 14.1 apresenta uma tela do *software* InVesalius. O InVesalius é disponibilizado, desde 2007, na forma de *software* público com código-fonte aberto (http://www.cti.gov.br/InVesalius).

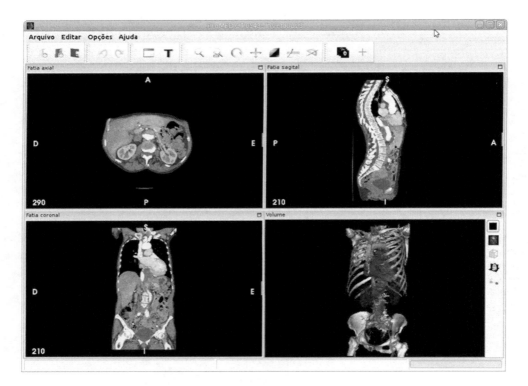

Figura 14.1 Tela de visualização com cortes axial, sagital, coronal e visualização volumétrica no *software* livre InVesalius, desenvolvido pelo CTI Renato Archer.

- 3D Slicer: *software* disponível gratuitamente para Windows, Linux e Mac, com código-fonte aberto. Oferece recursos para visualização volumétrica e em cortes, registro de imagens, segmentação e módulos de análise específicos para certas modalidades.

- Osirix: *software* também gratuito e de código aberto. Possui uma quantidade muito grande de recursos para visualização de imagens 3D, porém apenas é compatível com a plataforma Mac, e versões mais sofisticadas estão sendo comercializadas, como a de 64 bits.

Outros *softwares* não menos importantes, porém proprietários, como 3D Doctor, Amira 3D, Analyze, Mimics, ScanIP, Vizua e Vitrea, estão disponíveis com variadas configurações e custos de aquisição.

14.5 ALGUMAS APLICAÇÕES DE AM NA SAÚDE

A Figura 14.2 mostra um ciclo com as possibilidades de aplicação de modelos computacionais obtidos por *scanners* médicos. Inicialmente, o paciente é submetido a exames para aquisição de imagens no formato padrão DICOM. Em seguida, os exames são processados por *softwares* de processamento de imagens médicas, e os dados obtidos por esses *softwares* podem ser exportados em formatos apropriados, o que possibilita a confecção de próteses ou de guias cirúrgicas específicas para cada paciente, por meio de sistemas CAD (*computer-aided design*) ou mesmo simulações por *softwares* CAE (*computer-aided engineering*) específicos, que podem realizar análises de comportamentos estáticos e dinâmicos de estruturas, utilizando, por exemplo, o método dos elementos finitos (*finite element method* – FEM). Finalmente, os biomodelos ou as guias cirúrgicas podem ser utilizados no planejamento cirúrgico, servindo como uma referência fidedigna e confiável durante a cirurgia. Futuramente, processos mais automáticos e integrados de projeto podem oferecer ritmo mais ágil à produção de dispositivos médicos.

Nas seções seguintes, as várias opções citadas serão mostradas como exemplos de aplicação tendo o ciclo da Figura 14.2 como referência da sequência de processos necessários. A simulação computacional não faz parte do escopo deste livro.

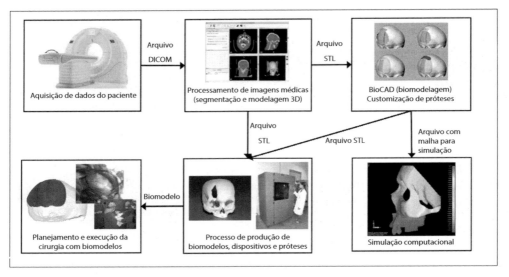

Figura 14.2 Diagrama com ciclo das aplicações utilizando a modelagem específica de pacientes a partir da utilização de imagens médicas.

14.5.1 APLICAÇÕES DA AM COM MATERIAIS NÃO METÁLICOS

As primeiras aplicações das tecnologias de AM surgiram no início dos anos 1990 com forte expansão em diversas especialidades médicas [1, 8, 9]. O ponto de partida são imagens obtidas por equipamentos médicos de TC e RM segundo protocolos para reconstrução tridimensional [10]. Essas imagens são processadas em *softwares*, como os descritos na Seção 14.4. Assim, essa classe de *software* é a base para se gerar o modelo digital de uma estrutura anatômica ou anomalia de um paciente em formato tridimensional de malhas (STL), que é o requisito para a impressão por AM do correspondente modelo físico, o biomodelo. Os biomodelos assim obtidos têm uma precisão altamente dependente da qualidade na aquisição das imagens, do seu tratamento [10] e também da tecnologia de AM utilizada [11].

Hoje, é possível afirmar que a maioria das aplicações e das especialidades médicas pode ser beneficiada com o uso dos biomodelos e, além disso, esses modelos têm, atualmente, acurácia suficiente para serem utilizados como uma referência precisa. Muitos trabalhos de verificação da acurácia dos biomodelos utilizando diversas tecnologias já foram publicados nos últimos anos [11, 12]. Essas tecnologias têm demonstrado grande utilidade como modelo visual [13, 14] e também na simulação de osteotomias e na fixação de placas com grande precisão [9, 11, 15].

Esta seção mostra algumas aplicações da AM para a produção de biomodelos, guias cirúrgicas, moldes e dispositivos que auxiliam no planejamento cirúrgico, na sua transferência para o transoperatório e também no projeto de dispositivos implantáveis.

A Figura 14.3 mostra biomodelos de crânios de pacientes, impressos em gesso e ligante (*binder*) monocromático pelo processo ColorJet Printing (CJP) da 3D Systems, com diferentes síndromes: pacientes com síndrome de Crouzon (a, c, e); pacientes com síndrome de Apert (b, d); paciente com displasia frontonasal (f). Esses modelos foram marcados com as linhas do planejamento cirúrgico e utilizados como treinamento para residentes, para discussão da equipe e como referência na transposição do planejamento no momento da cirurgia, no Hospital Sobrapar em Campinas, São Paulo. Os biomodelos foram marcados pelo dr. Henri Kawamoto, da Universidade da Califórnia, em Los Angeles (UCLA), em visita à Sobrapar em 2008, e as cirurgias, executadas sob a supervisão do dr. Cássio Eduardo Adami Raposo do Amaral.

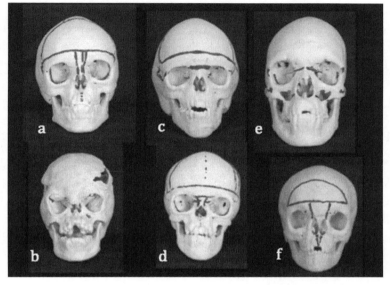

Figura 14.3 Biomodelos de crânios com diversas anomalias, marcados com linhas de planejamento cirúrgico e utilizados no Hospital da Face – Sobrapar [13].

A Figura 14.4 mostra, à esquerda, as imagens da tela de geração de modelo 3D para AM utilizando o *software* InVesalius, baseado em imagens de TC, e, à direita, a impressão do biomodelo em material poliamida, utilizando equipamento HiQ (3D Systems), do crânio de um bebê com a síndrome do "crânio em folha de trevo", que é considerada uma anomalia rara e de difícil tratamento. Essa anomalia severa, normalmente, leva o recém-nascido a óbito, sendo caracterizada pela configuração anormal da calvária com ossificação prematura das suturas cranianas. Esse modelo foi utilizado pela equipe do neurocirurgião Anderson Rodrigo Souza, da unidade de neurocirurgia pediátrica e de cirurgia plástica craniofacial do Hospital Beneficência Portuguesa de São Paulo – SP, no planejamento, para obter melhores entendimentos e tomadas de decisões mais subsidiadas na intervenção. A cirurgia foi realizada como o planejado, e o paciente tem mostrado sinais de melhoria neurológica e fisiológica por meio de avaliações e exames de controle, após um ano do ato cirúrgico.

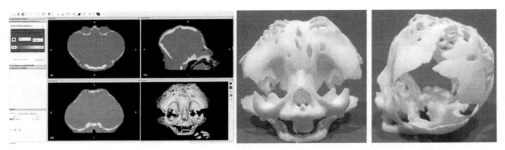

Figura 14.4 Biomodelo para cirurgia de craniossinostose severa, denominada "crânio em folha de trevo".

A Figura 14.5 ilustra o desenvolvimento de uma prótese adaptável ao crescimento ósseo do crânio de um adolescente que sofreu um atropelamento por motocicleta. O cirurgião Francisco Galvão Roland, juntamente com a equipe de especialistas do CTI Renato Archer, projetou uma prótese que foi dividida em três folhas, cada uma delas fixada em um osso diferente do crânio, permitindo, assim, o livre deslocamento individual de cada folha, de modo a manter a região da falha óssea coberta. Uma quarta folha, na parte superior, se encarrega de manter as outras três no local desejado. Foi produzido o biomodelo em gesso monocromático pelo processo CJP (3D Systems), e as folhas em material ABS (acrilonitrila butadieno estireno) em impressora Vantage Si (Stratasys). As folhas foram utilizadas para produzir um molde em silicone que, em seguida, foi usado para moldar o material de grau médico implantado no crânio do paciente, denominado PMMA (polimetilmetacrilato). A espessura das folhas foi calculada para que o material, depois de moldado, pudesse ter as propriedades de rigidez mecânica mais próximas possíveis às do osso do crânio. Assim, foram realizadas simulações computacionais pelo método dos elementos finitos (FEM) para se obter a espessura mais adequada das folhas da prótese adaptável [16]. A tela de uma das fases da simulação computacional é mostrada na Figura 14.5b.

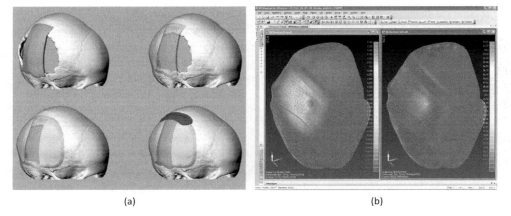

(a)   (b)

Figura 14.5 Desenvolvimento de prótese adaptável para cranioplastia em paciente em fase de crescimento.

A cirurgia foi realizada com a implantação da prótese adaptável em 2007, e o paciente foi submetido a exames periódicos de controle durante um longo período. Em 2015, após oito anos da cirurgia, o paciente já estava em idade adulta usufruindo de uma vida normal. Não houve a necessidade de nenhuma outra intervenção cirúrgica no período, e a adaptação da prótese ao crescimento ocorreu como previsto.

A Figura 14.6 ilustra o processo de produção de prótese para cranioplastia para correção de defeito pós-craniotomia descompressiva. A prótese final (Figura 14.6c) foi obtida por meio do projeto da prótese, tendo a falha óssea do paciente como referência (Figura 14.6a), da produção de um molde virtual (Figura 14.6b) e de sua impressão por AM e posterior moldagem do material final da prótese. A prótese final é moldada durante o ato cirúrgico, em PMMA, sobre o molde impresso em poliamida, pelo processo de sinterização seletiva a *laser* (SLS), em equipamento HiQ (3D Systems), que é esterilizado antes da cirurgia. Os ajustes são realizados com o teste da prótese moldada no biomodelo e, em seguida, implantada no paciente (Figura 14.6c). A moldagem do material e a cirurgia foram realizadas pela equipe do cirurgião Pablo Maricevich, do Hospital da Restauração do Recife – PE. Esse tipo de reconstrução craniana tem se mostrado extremamente eficaz e de custo muito acessível, em especial para o sistema público de saúde [17].

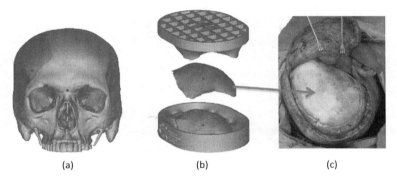

Figura 14.6 Prótese em PMMA personalizada para cranioplastia.

Os biomodelos apresentados na Figura 14.7 foram utilizados para realizar estudos e estabelecer procedimentos para a sua utilização em planejamentos cirúrgicos de pacientes com epilepsia na infância. Um paciente com três anos de idade, com a síndrome de Sturge-Weber, foi escolhido para a realização do estudo comparativo, utilizando equipamento de neuronavegação, e também para estabelecer o fluxo de processo. Esse protocolo foi realizado como um estudo no Hospital das Clínicas da Faculdade de Medicina de Ribeirão Preto, da Universidade de São Paulo. A síndrome de Sturge-Weber afeta, normalmente, um dos lados do cérebro, bem como a pele da vítima. Também pode estar associada a ataques epilépticos, retardo mental, glaucoma, malformações cerebrais e tumores, sendo a presença de manchas vermelhas na face uma característica comum. As malformações dos vasos, normalmente, ocorrem em um dos lados do cérebro, causando a calcificação do tecido cerebral e a perda de células no córtex cerebral [18].

O modelo apresentado na Figura 14.7a foi produzido com resinas fotocuráveis transparente e de cor negra em equipamento Connex 350 (Stratasys). A Figura 14.7b ilustra o mesmo modelo em poliamida produzido em equipamento HiQ (3D Systems).

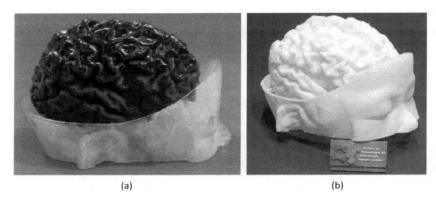

(a)   (b)

Figura 14.7   Biomodelos utilizados em estudo e estabelecimento de protocolo.

A Figura 14.8a mostra o uso do biomodelo de paciente com sequela de trauma de face, para a pré-moldagem de telas e placas-padrão, em cirurgia no Hospital Universitário da Universidade Federal do Piauí, em Teresina. A Figura 14.8b mostra as placas metálicas previamente conformadas no modelo sendo implantadas no paciente. Essas placas servem também de gabarito para o reposicionamento ósseo no intraoperatório. Esse procedimento foi realizado pelo cirurgião Carlos Eduardo Mendonça Batista. O biomodelo foi feito em poliamida pelo processo SLS em equipamento HiQ (3D Systems).

(a)   (b)

Figura 14.8   Moldagem de placas metálicas utilizando biomodelo e instalação e reposicionamento ósseo na cirurgia.

Casos de tumores de mandíbula, como o mostrado na Figura 14.9, podem ter diferentes abordagens, porém são altamente mutilantes, e, na maioria das vezes, o paciente perde totalmente a sua funcionalidade ou ela fica extremamente dificultada.

Nesse caso, realizado em 2007, foi utilizado osso autólogo para recompor a hemimandíbula [15]. Na Figura 14.9a, pode-se notar a região do tumor e um processo de comunicação intraoral já existente. Na Figura 14.9b, pode-se notar o biomodelo da mandíbula e o tumor ressecado. Percebe-se a precisão do biomodelo com relação ao espécime. O modelo 3D da mandíbula foi, então, espelhado por *software*, substituindo a parte lesada pela parte sadia da mandíbula, recriando, assim, o que seria a mandíbula original, como mostrado na Figura 14.9c. Com o biomodelo produzido em poliamida por processo SLS e esterilizado, foi possível definir a menor quantidade de osso, coletado da fíbula, para uma reconstrução anatômica, utilizando também o biomodelo da mandíbula para conformar previamente a placa de reconstrução mandibular. Os blocos de osso retirados do sítio doador foram fixados na placa durante a cirurgia, como na Figura 14.9c, o que permitiu uma reconstrução com a forma mais anatômica possível, devolvendo não somente a estética, como também parte considerável da funcionalidade para a paciente.

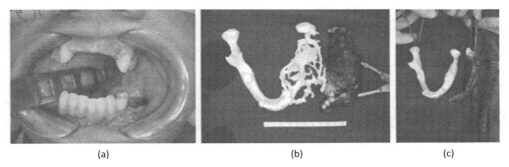

Figura 14.9 Reconstrução de hemimandíbula com osso autólogo, tendo como referência o biomodelo espelhado.

A Figura 14.10 ilustra a utilização de guias customizadas para aplicação de toxina botulínica no músculo pterigoide, com finalidade de tratar casos severos de dor orofacial e disfunção temporomandibular em pacientes com diagnóstico de deslocamento de disco articular da ATM, decorrente de mioespasmo. Esse procedimento foi desenvolvido com a Faculdade de Odontologia da Universidade Federal do Rio de Janeiro – RJ, tendo como registro a patente número BR10201403177. O processo tem início com a aquisição de imagens tomográficas da cabeça do paciente com uma guia moldada em sulfato de bário na arcada desse paciente. Dessa maneira, há o posicionamento estável do músculo pterigoide, que é de difícil localização. Por meio de tratamento das imagens, o músculo é localizado e segmentado juntamente com a guia e a estrutura óssea do paciente. É gerado, então, o modelo virtual 3D como mostrado na Figura 14.10a, que, complementado com as dimensões da seringa que será utilizada, permitirá a produção da guia completa em AM, como mostrado na simulação da Figura 14.10b. Observa-se a guia posicionada na arcada do paciente, complementada com a estrutura da seringa utilizada, dando as exatas profundidade e angulação para a aplicação precisa do medicamento no local desejado, com o mínimo de risco, já que o posicionamento do músculo é previamente conhecido. O biomodelo e o modelo da guia foram obtidos em poliamida pelo processo SLS em equipamento HiQ (3D Systems). Este método, ainda em processo de testes e maior refinamento, tem mostrado grande potencial de substituir métodos mais invasivos para o mesmo tratamento [19].

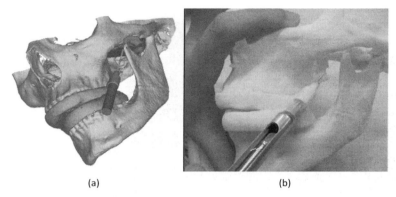

(a)   (b)

Figura 14.10 Dispositivo customizado ao paciente para aplicação de medicamento.

A Figura 14.11a ilustra a segmentação de imagens de vários órgãos, artérias e veias, bem como de tumor na região lombar, que, em seguida, foram impressos por AM (Figura 14.11b). Esse modelo foi utilizado pelo cirurgião José Carlos Barbi Gonçalves no Centro Médico de Campinas – SP, como referência durante cirurgia de alta complexidade para remoção do tumor e de algumas vértebras de uma paciente adolescente. O modelo foi útil para evitar ao máximo complicações em cirurgias de tal porte, com redução de mutilações, além de permitir uma redução no tempo de cirurgia com maior segurança. O modelo foi impresso em equipamento 3DP (3D Systems), em gesso, com ligante colorido para diferenciar as estruturas de interesse. A Figura 14.11a mostra o modelo segmentado com as várias anatomias de interesse integradas em um único modelo 3D, e a Figura 14.11b, a impressão do modelo representativo da área pontilhada da Figura 14.11a.

A Figura 14.12 mostra o uso da AM no desenvolvimento de guias para posicionamento de implantes osteointegrados para suporte de prótese auricular. A prótese é fixada nos implantes por meio de magnetos ou clipes, de forma que é fácil de ser retirada, possibilitando a higiene, bem como a não necessidade de se usar acessórios de suporte dessa prótese, como óculos, por exemplo. Os implantes devem ser precisamente posicionados na região do osso temporal para que o resultado final possa ter a maior simetria possível com o lado oposto do paciente. Nesse caso, são utilizadas imagens de TC tanto para conhecer o posicionamento exato do osso como o formato da face do paciente e outras referências anatômicas para a definição da guia. A Figura 14.12a mostra o posicionamento da guia referenciada pela anatomia da face do paciente e os locais de posicionamento dos implantes com a profundidade e a angulação determinadas. A Figura 14.12b mostra modelos 3D da guia e da prótese auricular posicionada no paciente. A Figura 14.12c mostra a anatomia do paciente, a guia e o modelo da prótese obtidos em poliamida pelo processo SLS em equipamento HiQ (3D Systems), que serão usados para simular previamente e, em seguida, posicionar a guia e executar o posicionamento dos implantes no paciente. O caso da Figura 14.12, de instalação de prótese para suprir ausência de massa auricular decorrente de doença congênita, foi desenvolvido pela cirurgiã Elizabeth Rodrigues Alfenas, da Faculdade de Odontologia da Universidade Federal de Juiz de Fora – MG.

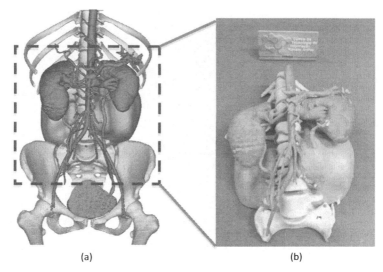

(a) (b)

Figura 14.11 Modelo com diferentes órgãos e tumor, usado como referência durante cirurgia de alta complexidade.

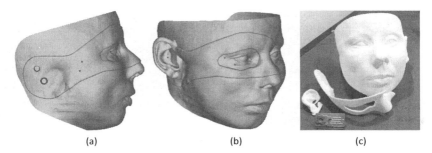

(a) (b) (c)

Figura 14.12 Guias para posicionamento de implantes osteointegrados para suportar prótese auricular.

A Figura 14.13 mostra uma guia para posicionamento de implantes odontológicos osteointegrados. É uma guia dentomucossuportada, objetivando uma maior estabilidade no processo de perfuração do osso mandibular para a instalação do implante. A estabilidade da guia nesse processo é fundamental para que a transferência do planejamento dos implantes seja a mais precisa possível, evitando riscos de atingir estruturas nobres e promovendo uma excelente osteointegração pós-cirúrgica. Portanto, a definição da geometria da guia em função dos pontos dos implantes, bem como de estruturas remanescentes, como dentes, é fundamental para que a cirurgia seja o mais estável possível. Foi usada a poliamida pelo processo SLS (3D Systems) como material para a produção de guias [20], visando à cirurgia guiada sem recorte e com carga imediata [21].

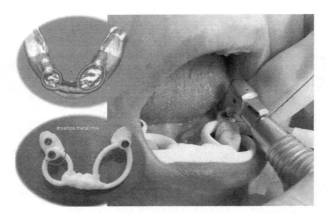

Figura 14.13   Guia para cirurgia de instalação de implantes odontológicos osteointegrados.

14.5.2 APLICAÇÕES DA AM COM MATERIAIS METÁLICOS

Mundialmente são realizados, vários estudos para otimização de parâmetros de produção e ensaios para melhorar a qualidade dos dispositivos produzidos por AM em metal. Em geral, esses dispositivos são produzidos em titânio, e suas ligas, em cromo-cobalto ou mesmo aço inox. Eles devem atender a requisitos rigorosos no que tange às exigências de propriedades mecânicas, químicas, de precisão e morfológicas para as aplicações a que se destinam. Dessa forma, os processos de AM em metal são vistos como de grande potencial econômico na produção eficiente de dispositivos para as aplicações médicas e odontológicas [22].

As tecnologias AM de fusão em leito de pó metálico (Capítulo 10) têm o potencial de aportar soluções específicas ao paciente ou mesmo a customização de massa de dispositivos implantáveis. Uma estratégia promissora no desenvolvimento de implantes ortopédicos está na possibilidade de se criar estruturas não maciças, de modo que o implante possa oferecer propriedades mecânicas semelhantes às de ossos. Isso, potencialmente, poderia aumentar a sua vida útil e a osteointegração, evitando, assim, o carregamento integral no implante (efeito conhecido como *stress shielding*), deixando o osso sem função, o que acarreta uma consequente perda óssea e o descolamento do implante [23]. Em estudo preliminar, Li et al. [24] demonstraram que é possível fabricar corpos porosos nas ligas titânio e cromo-cobalto, muito utilizadas na área médica, associando diferentes geometrias, de modo a se conseguir propriedades mecânicas desejáveis aos esforços de compressão, semelhantes às do osso humano. No entanto, esses estudos ainda não têm caráter de aplicação imediata, visto que a vida em fadiga de componentes produzidos por AM ainda é um ponto a ser resolvido.

Outro elemento importante já em uso na AM é a criação de superfícies com textura controlada, gerando uma malha de poros superficiais para facilitar a osteointegração e uma excelente ancoragem do dispositivo no osso.

A porosidade superficial intrínseca, decorrente da formação de uma superfície rugosa pelo efeito da fusão de partículas esféricas, tem também papel auxiliar na osteointegração. No entanto, tanto essa porosidade superficial intrínseca como a possível porosidade projetada do interior dos implantes devem ser avaliadas quanto a utilização, solicitações mecânicas e efeitos de fadiga de forma integrada, prevendo falhas durante a vida útil do implante, decorrentes de pontos de concentração de tensões e ciclo de carga. São ainda temas que exigem estudos mais refinados e conclusivos.

Atualmente, vislumbra-se o mercado médico como uma das aplicações mais nobres da AM, em especial as tecnologias que produzem componentes em metais e ligas. Nesta seção, são mostrados alguns resultados e estudos envolvendo a AM por fusão em leito de pó metálico.

A Figura 14.14 ilustra a reconstrução craniana de um paciente jovem com trauma causado por acidente ciclístico. O extenso defeito ósseo foi resultado de uma craniotomia. Nesse caso, desenvolvido no Instituto de Biofabricação (INCT-Biofabris), com sede na Faculdade de Engenharia Química da Universidade Estadual de Campinas (Unicamp), foi utilizada uma prótese customizada de titânio por meio de parafusos, também de titânio. A cirurgia foi realizada no Hospital de Clínicas da Unicamp. Inicialmente, foram obtidas imagens tomográficas do paciente, trabalhadas utilizando o *software* InVesalius, como mostrado na Figura 14.14a. Em seguida, foi realizado o projeto da prótese como na Figura 14.14b. O biomodelo do crânio, mostrado na Figura 14.14c com a prótese metálica alojada, foi produzido em poliamida utilizando o equipamento de AM para fusão em leito de pó não metálico Formiga (EOS GmbH). Após os devidos planejamento e ajustes da prótese, conjuntamente com a equipe médica, foi confeccionada a prótese em liga metálica de titânio usando-se o sistema EOSINT M270 (EOS GmbH) localizado no INCT-Biofabris. Na Figura 14.14d, mostra-se o ajuste preciso da prótese durante a cirurgia.

A Figura 14.15 mostra um estudo exploratório para a produção de uma prótese de hemimandíbula desenvolvida durante o projeto de cooperação europeu Irebid (International Research Exchange for Biomedical Devices Design and Prototyping), financiado pela Comunidade Europeia para o intercâmbio de pesquisadores (European Comission FP7-PEOPLE-IRSES). Esse estudo foi desenvolvido no CTI Renato Archer com a participação da Universidade de Girona, Espanha, resultando em tese de doutorado nesta universidade [25]. O propósito do estudo não foi a aplicação imediata do dispositivo, mas o entendimento de problemas no seu desenvolvimento e possíveis restrições na aplicação. Para isso, foram integradas ferramentas de tratamento de imagens médicas, modelagem CAD, análise de engenharia (CAE) e produção em equipamento de AM por fusão em leito de pó metálico. Observa-se, na Figura 14.15a, o modelo CAD da prótese e sua integração com o osso sadio do lado oposto da hemimandíbula. Observa-se também os pontos para amarração de músculos, bem como a simplificação e a modificação na prótese de alguns detalhes anatômicos, como o processo coronoide e o ângulo e o corpo da mandíbula para melhor adaptação, redução de peso e funcionalidade. Na Figura 14.15b, pode-se observar uma malha para simulação pelo FEM utilizada para a simulação da adaptação da prótese ao osso, dos pontos de concentração de tensões, bem como o comportamento estrutural da prótese para as solicitações mecânicas previstas. Na Figura 14.15c, observa-se a prótese produzida em liga de titânio no equipamento M270 (EOS GmbH), localizado no Instituto Biofabris. Outros estudos foram igualmente desenvolvidos entre o CTI Renato Archer e a Universidade de Girona para aplicações de metal por AM na saúde, como dispositivos para fusão de corpos intervertebrais.

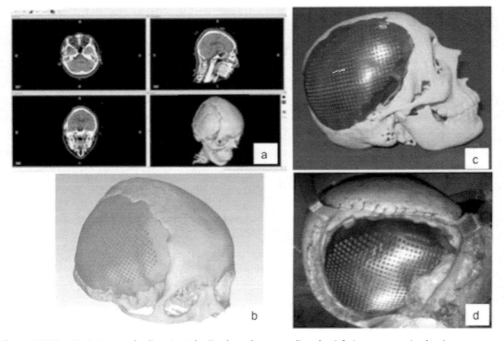

Figura 14.14 Projeto, produção e instalação de prótese em liga de titânio para cranioplastia.

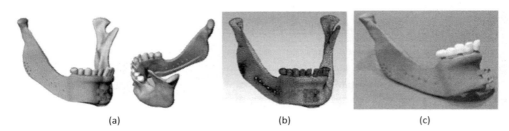

Figura 14.15 Estudo para produção em metal de prótese de hemimandíbula.

Na prática odontológica, as guias cirúrgicas têm estado cada vez mais presentes nas cirurgias de implante dentário como uma forma segura de transferir o planejamento virtual dos implantes para a cirurgia [20, 26, 27]. O futuro da AM na odontologia tem um amplo campo de aplicações se forem desenvolvidos materiais de custo acessível para que a prática venha a se consolidar no dia a dia do dentista [28].

A construção de pontes e coroas dentárias em metal é uma tarefa em que a geometria é dependente de cada paciente. Pelo processo tradicional, o metal é fundido por um protético de modo a copiar um modelo de cera moldado em modelos de gesso do paciente. O uso da AM transforma esse procedimento de moldagem odontológica em um serviço de alto valor agregado de restauração estética e funcional, já que centenas de pequenas peças anatômicas personalizadas podem ser produzidas simultaneamente em máquinas de AM. Além disso, o uso de *scanners* odontológicos tem facilitado sobremaneira a obtenção de modelos 3D da arcada dentária. O mercado mundial é muito grande e com possibilidades de crescimento ainda mais rápido se países emergentes tiverem acesso facilitado às tecnologias AM em metal na saúde. A produção de componentes e implantes metálicos, em especial os dentários, já é oferecida como um serviço em algumas regiões do mundo, em grande parte nos países desenvolvidos.

A Figura 14.16 mostra uma estrutura metálica produzida em liga de cromo-cobalto (Remanium da Concept Laser GmbH) em equipamento MLab dessa empresa, cedida ao CTI Renato Archer sob forma de comodato por sua representante no Brasil, a Tecnohow. Essa estrutura foi projetada para ser fixada em implantes osteointegrados e suportar uma prótese dentária para um paciente edêntulo. Esse trabalho aplicado na prática clínica faz parte de estudos desenvolvidos com o cirurgião e pesquisador associado Giovanni de Almeida Giacomo. Observa-se, na Figura 14.16a, a infraestrutura metálica produzida sob medida e projetada computacionalmente para ser perfeitamente encaixada, utilizando protocolo com cinco implantes. Também pode-se observar a distribuição de pequenos pinos na estrutura (Figura 14.16a) para maiores aderência e integração aos componentes de resina da prótese. A Figura 14.16b ilustra a reconstrução dos dentes sobre a estrutura projetada e produzida por AM em metal.

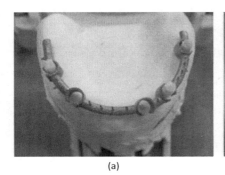
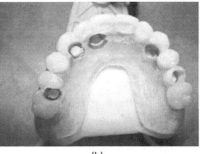

(a)   (b)

Figura 14.16 Infraestrutura metálica produzida por AM em metal e estrutura da prótese para paciente com ausência de todos os dentes.

14.6 QUESTÕES REGULATÓRIAS

A produção de dispositivos e instrumental médico personalizados em metal tem sido foco de estudo há pelo menos vinte anos, em especial para a ortopedia [29]. Essa especialidade médica em particular apresenta grandes necessidades de dispositivos e instrumentais específicos que, potencialmente, podem ser integralmente atendidas pelas tecnologias de AM em metal ou polímeros de alto desempenho. Acreditava-se que, pelo potencial da tecnologia, o crescimento da sua utilização seria vertiginoso. Porém, na área médica, as legislações e as padronizações são extremamente rigorosas, objetivando a segurança. Muitas dessas exigências ainda não são totalmente cumpridas pelos processos disponíveis no mercado de AM, além de questões éticas para a aprovação experimental em seres humanos.

Os equipamentos mais modernos contam com monitoramento, durante o processamento, para detectar falhas de adição de material nas camadas e também da qualidade da fusão do material. Essa forma de monitoramento da estruturação interna somente é possível por meio da AM, o que abre novos campos e possibilidades para que a tecnologia seja ainda mais confiável para aplicações críticas como a área de dispositivos médicos. Entretanto, a quantidade de dados gerados é enorme para cada processamento e, provavelmente, deverão ser mantidos por muitos anos após a produção.

De uma forma geral, muitos dispositivos, como guias para implantes dentários, aparelhos auditivos, placas para correção ortodôntica, alguns dispositivos específicos e instrumental cirúrgico, já têm amplo uso mundial, além dos já reconhecidos biomodelos para planejamento cirúrgico.

14.6.1 ANVISA

No Brasil, a Agência Nacional de Vigilância Sanitária (Anvisa), até 2015, ainda não havia realizado manifestações públicas sobre as tecnologias de AM; no entanto, em algumas reuniões entre essa agência e o CTI Renato Archer, houve a demonstração, por parte da agência, da necessidade de investir no conhecimento e no entendimento dos processos e dos desafios na certificação de produtos para a saúde originados da AM.

14.6.2 FDA

A agência norte-americana Food and Drug Administration (FDA), que regulamenta o setor de dispositivos médicos, entre outros voltados à segurança na área da saúde, tem dado atenção especial à AM. Isso se deve não somente à visão de futuro, mas também aos vários pedidos de certificação de produtos originados dessa tecnologia moderna de produção. A FDA, reconhecendo todos os potenciais que a AM pode aportar para a área da saúde até 2025, considera essas tecnologias como "novas avenidas para a criatividade e a inovação de dispositivos médicos", dentre estas, a customização ao paciente e a possibilidade de criar geometrias e estruturas internas impossíveis

Aplicações da AM na área da saúde

por processos tradicionais. Com foco estratégico, a FDA organizou um *workshop* público, em outubro de 2014, para colher informações que possam atender aos seguintes objetivos [30]:

1) desenvolver um entendimento mais amplo dos desafios técnicos e das soluções de AM, incluindo uma variedade de materiais e processos que afetam a segurança e a efetividade dos dispositivos médicos;

2) chamar a atenção para os desafios técnicos e as soluções colaborativas desenvolvidas, bem como para as melhores práticas para assegurar o desempenho e a confiabilidade desses dispositivos, criando um fórum para o diálogo aberto entre os interessados para compartilhar lições aprendidas e melhores práticas que possam sobrepor os desafios apresentados pela AM;

3) promover a inovação em tecnologia e processos para assegurar e melhorar o desempenho e a confiabilidade dos dispositivos; e

4) coordenar colaborações futuras no desenvolvimento de material educacional, padrões e guias.

Para isso, disponibilizou um questionário com vários tópicos, mas não limitado a eles, com considerações sobre: a) pré-impressão – química do material, propriedades físicas, reciclabilidade, reprodutibilidade da peça e validação do processo; b) impressão – caracterização do processo, *softwares* utilizados no processo, pós-processamentos e usinagem; c) pós-impressão – limpeza e remoção de material, efeito da complexidade na esterilização e na biocompatibilidade, mecânica final do dispositivo, envelope de projeto e verificação.

14.6.3 REGULAMENTAÇÃO EUROPEIA (CE *MARKING OF CONFORMITY*)

Ainda não há evidências de qualquer processo formal para estabelecer uma regulamentação geral sobre a AM e o seu uso para criar dispositivos médicos personalizados na Europa. No contexto europeu, pode ser ainda mais complicado que nos Estados Unidos, pelo número de países e interesses envolvidos. Alguns casos específicos estão sendo devidamente explorados, por não incorrerem em desatenção à legislação europeia pertinente. Por exemplo, a empresa Limacorporate S.p.a, da Itália, tem certificado a produção de componentes acetabulares da linha *trabecular Titanium* em várias dimensões produzidos com a liga Ti6Al4V utilizando o processo de fusão de material em pó de leito metálico, chamado EBM, como apresentado no Capítulo 10, para a customização em massa de dispositivos médicos. No entanto, esses dispositivos não são produzidos, ainda, sob demanda de um paciente. Eles são produzidos em escala menor, ainda que padrão, e testados para garantir a certificação. A vantagem do uso da tecnologia EBM é a possibilidade de produzir a parte sólida do componente e a trabecular de sua superfície no mesmo processo. A malha trabecular da superfície do implante promove uma osteointegração em contato com o osso do paciente.

Dispositivos não implantáveis, como guias para posicionamento de implantes dentários, coroas, infraestruturas metálicas para próteses dentárias e guias para osteotomia, já são amplamente comercializados em todo o mundo. A produção de dispositivos implantáveis, produzidos indiretamente por meio da AM, começa a ser certificada em vários países. Um caso típico é a recente certificação pela FDA de dispositivo para artroplastia total de joelho, cujas partes metálicas são feitas indiretamente por meio de processos de impressão de modelos de cera que, em seguida, são utilizados para microfundição dos componentes metálicos da prótese. Dispositivos implantáveis produzidos por AM já estão a caminho de serem certificados.

14.7 ENGENHARIA TECIDUAL COM AM

A United Network for Organ Sharing (Unos) [31], nos Estados Unidos, ressalta uma fila de mais de 120 mil pessoas (dados de setembro de 2015) aguardando um órgão. Verifica-se também que esse número aumenta a cada mês. De maneira semelhante, a gestão dos transplantes no Brasil é realizada pelo Sistema Nacional de Transplantes (SNT), organização que coordena, regulamenta e normatiza os transplantes no país, vinculada ao Ministério da Saúde [32], que também acusa a necessidade nacional de se aumentar o número de doadores.

Assim, a escassez de doadores para os transplantes de tecidos ou órgãos é uma realidade mundial, caracterizando-se como uma questão de saúde pública e, ao mesmo tempo, de ordem econômica e estratégica para os países que dominarem tecnologias de produção de tecidos e/ou órgãos no futuro. Portanto, há uma busca de soluções necessárias para corrigir a perda total ou parcial da função de um órgão ou tecido, independentemente da sua causa, como as provocadas por doenças, traumas ou malformação congênita. A busca por substitutos biológicos e formas de produzi-los tem feito parte da agenda de pesquisa em diversas áreas do conhecimento, muitas vezes não tão integrada como deveria, em especial entre biologia, medicina e engenharias. O fato de alguns animais apresentarem regenerações complexas, como salamandras, estrelas do mar, entre vários outros, e até mesmo a regeneração parcial que acontece em órgãos e tecidos humanos como o fígado e a pele, têm motivado os cientistas a buscar soluções objetivando regenerações mais complexas do ser humano [33].

Essa nova área do conhecimento, multidisciplinar e complexa, tem sido chamada de engenharia tecidual. Essa expressão foi cunhada pelo dr. Skalak e colaboradores em 1988. Em 2002, foi aceita amplamente num *workshop* da National Science Foundation dos Estados Unidos, que assim a definiu:

> engenharia tecidual é a aplicação dos princípios e métodos de engenharia e ciências da vida na direção do entendimento fundamental das relações estrutura-função em tecidos normais e patológicos de mamíferos e o desenvolvimento de substitutos biológicos para restaurar, manter ou incrementar a função do tecido [34, 35].

A partir das novas tecnologias de AM, criadas originalmente para a indústria [36], abriram-se novas portas de investigações considerando a possibilidade de uma deposição controlada e organizada geometricamente de vários materiais diferentes e até mesmo materiais de origem biológica. Assim, duas grandes vertentes, não excludentes, na área de engenharia tecidual têm sido investigadas com o advento da AM e sua facilidade de depositar materiais de maneira aditiva por camadas e seletivamente em regiões de interesse. Essas duas vertentes, dentro do conceito de biofabricação, estão baseadas em: criação da matriz extracelular que servirá de base para uma regeneração chamada de arcabouço ou, como é mais conhecida, pelo termo em inglês *scaffold*; e bioimpressão de tecidos e órgãos, que procura a deposição de materiais biológicos, em especial aglomerados de células, de maneira organizada e sem a necessidade de se estruturar uma matriz extracelular inicial, confiando que a autoestruturação do material biológico se dará de maneira natural e organizada. Não é o propósito deste capítulo explorar essas possibilidades que vêm sendo estudadas há poucos anos, mas lançar alguma luz sobre essa área tão importante para que leitores interessados possam buscar informações.

14.7.1 BIOFABRICAÇÃO POR MEIO DE *SCAFFOLDS*

Os habilitadores da engenharia tecidual ou elementos básicos na formação de tecidos são as matrizes extracelulares, que servem de suporte para o crescimento celular; as células, que são capazes de se proliferar e se diferenciar; e os sinalizadores moleculares, que podem regular, inibir ou mesmo impedir a diferenciação e o crescimento celular [37].

No caso dos chamados *scaffolds* biofabricados para engenharia tecidual, é sabido que geometria, interconectividade e dimensões dos poros são fatores importantes na indução, na criação e na vascularização do tecido a ser formado. Assim, a AM entra como um elemento primordial na obtenção e no controle da forma anatômica do implante e também na porosidade intrínseca e intencional do *scaffold*, gerando possibilidades que dificilmente podem ser vislumbradas com os processos convencionais de produção de *scaffolds* [38]. O *scaffold* deverá, então, dar suporte a colonização, migração, crescimento populacional e diferenciação de células na formação do novo tecido, com a degradação controlada do biomaterial, de modo que os subprodutos da degradação possam ser excretados ou metabolizados sem danos ao organismo [39]. Além das aplicações ósseas, há grande potencial de aplicação dos *scaffolds* na área vascular, em cartilagens e neurônios [38].

A dificuldade de se obter biomateriais adequados aos processos de AM ainda é um desafio. Sanghera et al. [14] já avaliavam que a obtenção de biomateriais reabsorvíveis que pudessem ser utilizados em processos de AM para a substituição de grandes defeitos ósseos ou fraturas poderia revolucionar a área da ortopedia e, dessa forma, propuseram a estruturação 3D de biomateriais com fusão em leito de pó não metálico como um promissor campo de pesquisa. No entanto, após quase 15 anos, muitos avanços foram realizados, mas ainda há muito a ser desenvolvido e pesquisado na área de biomateriais para essa e outras classes de processos de AM. Muitos materiais já foram testados usando AM, em especial para substituição de tecido ósseo [40], porém a engenharia tecidual utilizando *scaffolds* ainda não tem uso clínico no dia a dia.

O CTI Renato Archer vem desenvolvendo, já há alguns anos, pesquisas na área de biofabricação de *scaffolds* por meio de plataformas experimentais e mesmo equipamentos comerciais para processamento de biomateriais em parceria com diversas universidades no Brasil e no exterior [41]. Já foram utilizados vários biomateriais puros e na forma de compósitos, como policaprolactona, poli-hidroxibutirato, hidroxiapatita, biovidro, poli(ácido lático), entre outros.

14.7.2 BIOIMPRESSÃO DE ÓRGÃOS

A bioimpressão de órgãos e tecidos é uma ramificação da biofabricação que consiste na aplicação da AM para a fabricação aditiva e automatizada de tecidos e órgãos humanos baseada na estruturação por blocos de construção conhecidos como esferoides teciduais como uma das opções possíveis. Esferoides contendo células vivas sofrerão um processo de fusão natural, e o tecido/órgão recém-fabricado será levado a um biorreator, que deverá prover as condições necessárias para a sua maturação antes de ser implantado no paciente.

Essa é uma linha de pesquisa bastante promissora, porém ainda muito distante da realidade clínica. No Brasil, o CTI Renato Archer tem investido em projetos de pesquisa nessa área, de maneira a buscar soluções usando a tecnologia da informação para prover tecnologias habilitadoras na biofabricação de órgãos e tecidos [42]. Assim, tem também buscado parcerias, complementando as suas especialidades, tanto no Brasil quanto no exterior [43], bem como participado ativamente de fóruns internacionais da área, como a International Biofabrication Society (IBS), criada em 2010. Uma leitura introdutória dessa área pode ser encontrada em Forgacs e Sun [44].

14.8 CONCLUSÕES

A AM, em todos os seus processos já disponíveis, tem um amplo espectro de aplicações na área da saúde, a começar com os já consolidados biomodelos, obtidos por meio de imagens médicas, que são ferramentas de apoio de grande importância para o cirurgião antes e durante a cirurgia. Os biomodelos aumentam a capacidade dos cirurgiões de realizarem cirurgias mais precisas, no menor tempo e com maior precisão, proporcionando, muitas vezes, o planejamento de cirurgias menos invasivas e com menores custos. Uma grande validade dos biomodelos está também na educação e no treinamento de pessoal especializado. Por outro lado, as aplicações atuais já demandam dispositivos e instrumentais específicos, o que potencializa o tratamento individualizado ou mesmo a customização de massa desses produtos no médio prazo. A customização de produtos na área médica, em especial com o uso da AM, estabelece um novo paradigma que já começa a oferecer opções mais adequadas para cada necessidade, criando soluções mais eficientes e potencialmente mais duradouras, reduzindo impactos negativos nos pacientes.

Paralelamente, na área de engenharia tecidual, a AM cria novos potenciais que permitirão a biofabricação de tecidos e/ou órgãos. A engenharia tecidual com uso da AM é ainda apenas uma área promissora da pesquisa. No entanto, aplicações reais serão uma questão de tempo e investimentos no setor para se alcançarem soluções inovadoras e importantes para a humanidade.

Diante das transformações em curso determinadas pela AM, será necessário, em curto, médio e longo prazos, a criação de padrões e regulamentações para o setor, de maneira que o uso de produtos originados da AM possa ter segurança na área da saúde.

14.9 AGRADECIMENTOS

O autor Jorge V. L. Silva esclarece que este trabalho é uma compilação de resultados e ideias dos profissionais da Divisão de Tecnologias Tridimensionais (DT3D) do Centro de Tecnologia da Informação Renato Archer (CTI) e de vários parceiros das áreas médica e odontológica. Agradece ao Ministério da Saúde, que, desde 2009, apoia diretamente o projeto com alocação de recursos, tornando possível o desenvolvimento e a aplicação dessas tecnologias em milhares de casos no Brasil, sob a forma de projeto-piloto.

REFERÊNCIAS

1 D'URSO, P. S. et al. Stereolithographic (SLA) biomodelling in cranioplastic implant surgery. In: INTERNATIONAL CONFERENCE ON RECENT ADVANCES IN NEUROTRAUMATOLOGY, 1994, Gold Coast. *Proceedings...* Gold Coast, 1994, v. 1, p. 153-156.

2 NOBEL PRIZE. Disponível em: <http://www.nobelprize.org/nobel_prizes/medicine/ laureates/1979/ >. Acesso em: 3 dez. 2015.

3 HOUNSFIELD, G. N. Computed medical imaging. *Journal of Computer Assisted Tomography*, New York, v. 4, n. 5, p. 665-674, 1980.

4 GONZALEZ, R. C.; WOOD, R. E. *Digital image processing.* [S.l.]: Prentice Hall, 2002.

5 AMORIM, P. H. J. et al. InVesalius: software livre de imagens médicas. In: XXXI CONGRESSO DA SOCIEDADE BRASILEIRA DE COMPUTAÇÃO, 2011, Natal. *Anais...* Natal, 2011, v. 1, p. 1.735-1.740.

6 SANTA BÁRBARA, A. *Processamento de imagens médicas tomográficas para modelagem virtual e física* – o software InVesalius. Tese (Doutorado) – Faculdade de Engenharia Mecânica da Universidade Estadual de Campinas, Campinas, 2006.

7 SILVA, J. V. L. et al. As tecnologias CAD-PR (prototipagem rápida) na reconstrução de traumas de face. In: III CONGRESSO IBEROAMERICANO IBERDISCAP 2004 – TECNOLOGIAS DE APOYO A LA DISCAPACIDAD, San José. *Anais...* San José, 2004, v. 1, p. 128-134.

8 D'URSO, P. Biomodelling. In: GIBSON, I. (Ed.). *Advanced manufacturing technology for medical applications*: reverse engineering, software conversion, and rapid prototyping. Chichester: John Wiley & Sons, 2005.

9 MEURER, E. et al. Biomodelos de prototipagem rápida em cirurgia e traumatologia bucomaxilofacial. *Revista Brasileira de Cirurgia e Periodontia*, v. 1, n. 3, p. 172-180, 2003.

10 MEURER, M. I. et al. Aquisição e manipulação de imagens por tomografia computadorizada da região maxilofacial visando à obtenção de protótipos biomédicos. *Radiologia Brasileira*, v. 41, p. 49-54, 2008.

11 SILVA, D. N. et al. Dimensional error in selective laser sintering and 3D-printing of models for craniomaxillary anatomy reconstruction. *Journal of Cranio-Maxillofacial Surgery*, v. 36, p. 443-449, 2008.

12 SALMI, M. et al. Accuracy of medical models made by additive manufacturing (rapid manufacturing). *Journal of Cranio-Maxillofacial Surgery*, v. 41, n. 7, p. 603-609, 2013.

13 SILVA, J. V. L. et al. Three-dimensional virtual and physical technologies in the treatment of craniofacial anomalies. In: 11th INTERNATIONAL CONGRESS ON CLEFT LIP AND PALATE RELATED CRANIOFACIAL ANOMALIES – CLEFT, 2009, Fortaleza. *Proceedings...* International Proceedings of the CLEFT, Bolonha: Medmond - Monduzzi , v. 1, p. 5-10, 2009.

14 SANGHERA, B. et al. Preliminary study of rapid prototype medical models. *Rapid Prototyping Journal*, Bradford, v. 7, n. 5, p. 275-284, 2001.

15 SANNOMIYA, E. et al. Surgical planning for resection of an ameloblastoma and reconstruction of the mandible using a selective laser sintering 3D biomodel. *Oral Surgery, Oral Medicine, Oral Pathology, Oral Radiology, and Endodontics*, Saint Louis, v. 106, p. e36-e40, 2008.

16 NORITOMI, P. et al Use of BioCAD in the development of a growth compliant prosthetic device for cranioplasty of growing patients. In: BÁRTOLO, P. J. et al. (Ed.). *Innovative developments in design and manufacturing*. London: CRC Press, 2009. v. 1. p. 127-130.

17 ULBRICH, C. et al. Use of rapid prototype techniques for large prosthetic cranioplasty. In: BÁRTOLO, P. J. et al. (Ed.). *Innovative developments in virtual and physical prototyping*. London: CRC Press, 2011. v. 1. p. 767-769.

18 RONDINONI, C. et al. Inter-institutional protocol describing the use of three--dimensional printing for surgical planning in a patient with childhood epilepsy: from 3D modeling to neuronavigation. In: 2014 IEEE 16th INTERNATIONAL CONFERENCE ON E-HEALTH NETWORKING, APPLICATIONS AND SERVICES (HEALTHCOM), 2014, Natal. *Proceedings...* Natal, 2014, v. 1, p. 61-63.

19 OLIVEIRA, A. T. et al. A novel method for intraoral access to the superior head of the human lateral pterygoid muscle. *BioMed Research International*, New York, v. 1, p. 1-8, 2014.

20 GIACOMO, G. et al. Computer-designed selective laser sintering surgical guide and immediate loading dental implants with definitive prosthesis in edentulous patient: a preliminary method. *European Journal of Dentistry*, v. 8, p. 100, 2014.

21 GIACOMO, G. et al. Accuracy and complications of computer-designed selective laser sintering surgical guides for flapless dental implant placement and immediate definitive prosthesis installation. *Journal of Periodontology*, Chicago, v. 83, p. 410-419, 2012.

22 VANDENBROUCKE, B.; KRUTH, J. Selective laser melting of biocompatible metals for rapid manufacturing of medical parts. *Rapid Prototyping Journal*, Bradford, v. 13, n. 4, p. 196-203, 2007.

23 GIORLEO, L. et al. Porous titanium implants: in vivo and in vitro preliminary bone ingrowths analysis. In: 2nd INTERNATIONAL CONFERENCE ON DESIGN AND PROCESSES FOR MEDICAL DEVICES – PROMED, 2014, Monterrey. *Proceedings...* Monterrey, 2014, v. 1, p. 115-120.

24 LI, X. et al. Fabrication and compressive properties of Ti6Al4V implant with honeycomb-like structure for biomedical applications. *Rapid Prototyping Journal*, Bradford, v. 16, n. 1, p. 44-49, 2010.

25 DELGADO, J. et al. Mandible reconstruction using an additive manufacturing technology. In: 1st INTERNATIONAL CONFERENCE ON DESIGN AND PROCESSES FOR MEDICAL DEVICES, 2012, Brescia. *Proceedings...* Rivoli: NEOS EDIZIONE srl, v. 1, p. 275-278, 2012.

26 GIACOMO, G. A. P. et al. Cirurgia assistida por computador – relato de caso clínico. *Implant News*, v. 4, p. 413-418, 2007.

27 DHOORE, E. Software for medical data transfer. In: GIBSON, I. (Ed.). *Advanced manufacturing technology for medical applications:* reverse engineering, software conversion, and rapid prototyping. Chichester: John Wiley & Sons, 2005. p. 79-103.

28 AZARI, A.; NIKZAD, S. The evolution of rapid prototyping in dentistry: a review. *Rapid Prototyping Journal*, Bradford, v. 15, n. 3, p. 216-225, 2009.

29 JAMIESON, R.; HOLMER, B.; ASHBY, A. How rapid prototyping can assist in the development of new orthopaedic products – a case study. *Rapid Prototyping Journal*, Bradford, v. 1, n. 4, p. 38-41, 1995.

30 FDA – FEDERAL DRUG ADMINISTRATION. Additive manufacturing of medical devices: an interactive discussion on the technical considerations of 3-D printing; public workshop; request for comments. *Regulations.gov.* Disponível em: <http://www.regulations.gov/#!documentDetail;D=FDA-2014-N-0432-0001>. Acesso em: 11 set. 2015.

31 UNOS – UNITED NETWORK FOR ORGAN SHARING. Disponível em: <https://www.unos.org/>. Acesso em: 11 set. 2015.

32 SNT – SISTEMA NACIONAL DE TRANSPLANTES. Disponível em: <http://portalsaude.saude.gov.br/index.php/o-ministerio/principal/secretarias/sas/transplantes/sistema-nacional-de-transplantes>. Acesso em: 11 set. 2015.

33 SILVA, J. V. L.; DUAILIBI, S. A biofabricação de tecidos e órgãos. *Com Ciência*, out. 2008. Disponível em: <http://www.comciencia.br/comciencia/handler.php?section=8&edicao=39&id=468&tipo=1>. Acesso em: 11 nov. 2015.

34 MCINTIRE, L. V. et al. *WTEC panel report on Tissue Engineering research*. International Technology Research Institute, World Technology (WTEC) Division, 2002.

35 BLACK, J. Thinking twice about "Tissue Engineering". *IEEE Engineering in Medicine and Biology*, v. 1, p. 102-104, 1997.

36 SILVA, J. V. L. et al. Rapid prototyping – concept, applications, and potential utilization in Brazil. In: 15th INTERNATIONAL CONFERENCE ON CAD/CAM, ROBOTICS AND FACTORIES OF THE FUTURE, 1999, Águas de Lindóia. *Proceedings...* Águas de Lindóia, 1999, v. 1, p. CT2-20-CT2-25.

37 KHANG, G.; KIM, M.; LEE, H. *A manual for biomaterials/scaffold fabrication technology*. Singapore: World Scientific Publishing, 2006.

38 GE, Z.; JIN, Z.; CAO, T. Manufacture of degradable polymeric scaffolds for bone regeneration. *Biomedical Materials*, v. 3, p. 1-11, 2008.

39 HUTMACHER, D. W. et al. State of the art and future directions of scaffold-based bone engineering from a biomaterials perspective. *Journal of Tissue Engineering and Regenerative Medicine*, v. 1, p. 245-260, 2007.

40 BOSE, S.; VAHABZADEH, S.; BANDYOPADHYAY, A. Bone tissue engineering using 3D printing. *Materials Today*, Kidlington, v. 16, n. 12, p. 496-504, 2007.

41 OLIVEIRA, M. F. et al. Construção de Scaffolds para engenharia tecidual utilizando prototipagem rápida. *Matéria (UFRJ)*, Rio de Janeiro, v. 12, p. 373-382, 2007.

42 REZENDE, R. et al. Enabling technologies for robotic organ printing. In: BÁRTOLO, P. et al. (Ed.). *Innovative developments in virtual and physical prototyping*. London: CRC Press, 2011. v. 1. p. 121-129.

43 MEHESZ, A. N. et al. Scalable robotic biofabrication of tissue spheroids. *Biofabrication*, Bristol, v. 3, p. 025002, 2011.

44 FORGACS, G.; SUN, W. *Biofabrication*: micro- and nano-fabrication, printing, patterning and assemblies. Amsterdam: Elsevier Science, 2013.

CAPÍTULO 15
Aplicações da AM em áreas diversas

Jorge Vicente Lopes da Silva
Marcelo Fernandes Oliveira
Centro de Tecnologia da Informação Renato Archer – CTI

Alessandro Bezzi
Luca Bezzi
Arc-Team, Cles – Itália

Cícero André da Costa Moraes
Arc-Team, Cles – Itália
Equipe Brasileira de Antropologia Forense e Odontologia Legal – Ebrafol

Paulo Eduardo Miamoto Dias
Equipe Brasileira de Antropologia Forense e Odontologia Legal – Ebrafol

Clemente Maia da Silva Fernandes
Mônica da Costa Serra
Universidade Estadual Paulista "Julio de Mesquita Filho" – Unesp

David Moreno Sperling
Roberto Fecchio
Universidade de São Paulo – USP

Hellen Olympia da Rocha Tavares
Museu de Paleontologia "Prof. Antonio Celso de Arruda Campos"
Universidade Estadual Paulista "Julio de Mesquita Filho" – Unesp

Sandra Aparecida Simionato Tavares
Museu de Paleontologia "Prof. Antonio Celso de Arruda Campos"
Universidade Estadual de Campinas – Unicamp

Rodrigo Rabello
União Pioneira da Integração Social – Upis

15.1 INTRODUÇÃO

Este capítulo tem como objetivo mostrar a transversalidade de aplicações da manufatura aditiva (*additive manufacturing* – AM) em diversas áreas da ciência, por meio de alguns casos de sucesso. São textos produzidos pelos diversos autores deste capítulo e compilados na forma de estudos de casos.

15.2 AM NA PALEONTOLOGIA

A paleontologia, área pertencente às geociências, estuda os vestígios da vida no passado geológico da Terra. Essa ciência exerce grande fascínio nas pessoas por meio da descoberta de espécies de animais já extintos, como os dinossauros [1, 2]. O conhecimento paleontológico encontra nos museus um espaço para desmistificação e alargamento do potencial de sua divulgação. O museu de paleontologia "Prof. Antonio Celso de Arruda Campos" – museu municipal situado na cidade de Monte Alto, SP – em parceria com o Centro de Tecnologia da Informação Renato Archer – CTI, tem implementado uma nova proposta para trabalhar as geociências. Isso ocorre de um modo interativo e lúdico, por meio da utilização da AM para impressão de fósseis encontrados nessa região e das reconstruções para simulação desses animais em vida. Além das aplicações acadêmicas, a proposta de utilizar a AM na paleontologia é mostrar para o público leigo que essa ciência é acessível. Os modelos dos fósseis são obtidos por meio da tomografia computadorizada da rocha em que se encontram os restos dos animais, tratados por meio do *software* InVesalius (CTI Renato Archer) e, em seguida, impressos por meio de tecnologias de AM.

São muitos os usos da impressão tridimensional na paleontologia. Dentre eles, podemos citar, mas não de maneira a esgotar as possibilidades, a utilização das réplicas impressas na produção acadêmica e no desenvolvimento de pesquisas científicas, nas exposições paleontológicas e nos projetos de ação educativa, extensão e inclusão.

A AM permite aos cientistas uma exploração mais segura dos fósseis, que são restos de animais ou vegetais que foram preservados nas rochas. Associada às técnicas de tomografia computadorizada, modelagem ou reconstrução digital, a impressão de fósseis por AM reduz o risco de perda ou danos físicos ao material original. Além disso, as réplicas possibilitam uma excelente visualização do ser estudado, auxiliando na obtenção de informações mais precisas e na validação dos resultados (Figura 15.1a).

As exposições dos museus permitem que a sociedade possa conhecer melhor o que é produzido nos ambientes científico e acadêmico. Ao apresentar a evolução da vida, o espaço museológico deve despertar o interesse pelas geociências, educar e estimular a mentalidade científica. A utilização das réplicas produzidas por AM auxilia na tradução da complexidade da paleontologia ao público geral, uma vez que possibilita aos visitantes um contato interativo com as réplicas dos fósseis no museu em experiências que os envolvam diretamente, seja tocando as peças, observando de perto ou percebendo detalhes de sua constituição, o que nunca poderia ser possível com o raro material original.

A resistência, o realismo e os fáceis armazenamento e transporte das réplicas tridimensionais produzidas para o museu de paleontologia também permitem sua larga utilização nas atividades de ação educativa e de extensão (Figura 15.1b). A possibilidade de manusear as peças confeccionadas pela AM estimula a experimentação, a investigação e a curiosidade, apresentando o acervo do museu de forma interativa e atraente, voltada para a experiência prática. A tecnologia aparece, nesse sentido, como ponte para a transmissão de conceitos científicos complexos em um processo de educação que é informal, mas mantém relação com a produção científica. Do ponto de vista da educação inclusiva, as experiências visuais e sensoriais tornam os modelos impressos por AM um recurso didático fundamental para estimular o interesse e o processo de aprendizagem das pessoas com deficiência (Figura 15.1c).

(a)   (b)   (c)

Figura 15.1 Aplicações da AM na paleontologia: uso no estudo científico do exemplar de *montealtosuchus arrudacamposi* (a), ação educativa desenvolvida para alunos do Ensino Fundamental I (b) e aluna com surdocegueira manuseando uma réplica produzida por AM, em visita ao museu (c).

A possibilidade de contato direto e a visualização de detalhes de algo que guarda certa quantidade de misticismo, como a paleontologia, permitem quebrar barreiras e atingir o público de forma nunca antes possível, pois a apresentação dos fósseis impressos torna a experiência mais palpável, e não algo que se vê somente exposto em uma vitrine. Esse contato direto com o objeto leva a uma aproximação com a própria paleontologia, desenvolvendo o saber e estimulando a autonomia e a subjetivação da experiência científica. Contribui também para a popularização da ciência, instrumentalizando sua assimilação e sua apropriação por diversos grupos sociais, descentralizando o conhecimento e universalizando o patrimônio científico.

É possível uma análise de paleovertebrados, auxiliando na descrição da morfologia dos elementos ósseos preservados dos animais e de seus aspectos biomecânicos e no estudo de seus hábitos, tanto alimentares como de locomoção. A marcação dos pontos facilita a localização de suas origens e suas inserções em modelos para análise por métodos de elementos finitos [3]. No que diz respeito ao estudo dos hábitos de locomoção, os modelos impressos de membros anteriores e posteriores (ossos das patas dianteiras e traseiras) permitem inferir sobre a posição geométrica mais plausível para a articulação dos ossos que compõem o seu esqueleto.

A Figura 15.2 ilustra o modelo de um fóssil impresso por AM, em poliamida, em equipamento HiQ (3D Systems), utilizado para a identificação dos ossos e das suturas do crânio do *Montealtosuchus arrudacamposi* e, posteriormente, a localização dos pontos de origem e inserção dos músculos adutores desse animal, identificados pelos diversos riscos no crânio impresso. Esse modelo, impresso no CTI Renato Archer, foi utilizado pela autora Sandra Tavares durante seu doutorado na Universidade de Bristol, Inglaterra, para facilitar a definição de condições de contorno para análise pelo método dos elementos finitos, como os pontos de aplicações de forças.

Figura 15.2 Modelo impresso do crânio do fóssil *Montealtosuchus arrudacamposi* utilizado para marcações de pontos de inserção muscular.

A Figura 15.3 mostra dois modelos impressos de crânios de fósseis (à esquerda) e uma reconstrução de tecido mole sobre o crânio (à direita), expostos aos visitantes do museu de Monte Alto. A Figura 15.4 mostra ações educativas e exposições itinerantes de fósseis.

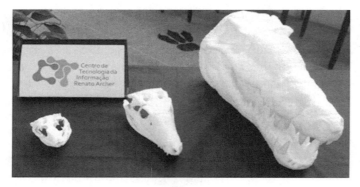

Figura 15.3 Impressões de crocodiliformes no museu de Monte Alto: crânios dos fósseis *Morrinhosuchus luziae, Montealtosuchus arrudacamposi e Barreirosuchus franciscoi*.

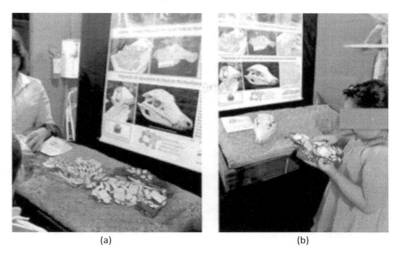

Figura 15.4 Projeto de extensão utilizando impressão de fósseis por AM em ação educativa em praças e festas da cidade de Monte Alto, como exposição itinerante.

15.3 AM NAS CIÊNCIAS FORENSES

O advento das tecnologias tridimensionais em muito tem contribuído para as ciências forenses, em especial em antropologia forense, medicina e odontologia legal. As novas tecnologias da informação aplicadas às ciências forenses podem agilizar os trabalhos periciais. A possibilidade de armazenamento digital de dados e imagens e o envio destes por meio da *internet*, diminuindo distâncias físicas e ganhando tempo, abriram um novo leque de trabalhos. Particularmente, a AM trouxe novas possibilidades, quer seja por meio de novas técnicas ou por maneiras de agilizar processos tradicionais.

A apresentação de réplicas de ossos humanos, como crânios, em tribunais, em julgamentos de crimes, pode em muito ajudar a ilustrar os fatos ocorridos, sobretudo traumatismos e lesões. Amiúde, por diversos motivos, não é possível recuperar os ossos originais. Assim, suas réplicas, confeccionadas por meio de AM, cujas imagens são obtidas a partir de *scanners* de superfície ou de tomografias computadorizadas, são de fundamental importância [4, 5, 6]. Mesmo tecidos moles podem ser escaneados e impressos em 3D, para utilização nos tribunais.

A impressão 3D de crânios também é muito importante para a realização de reconstruções faciais forenses (RFF) tridimensionais. As RFF manuais ou plásticas são esculpidas sobre uma réplica do crânio, como ilustrado na Figura 15.5a. Nesses casos, a AM ajuda sobremaneira. No entanto, as RFF digitais ou computadorizadas são realizadas virtualmente, no computador, permitindo uma grande flexibilidade aos trabalhos e até mesmo a manutenção de uma base de documentação digital. Uma vez realizada a impressão 3D desses objetos, estes podem ser de grande valia para o reconhecimento do indivíduo, como na Figura 15.5b [7, 8].

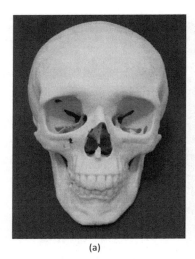 

(a)   (b)

Figura 15.5 Impressão 3D para reconstruções faciais forenses (RFF) tridimensionais: de um crânio humano (a) e de reconstrução facial forense digital (b). Impressões realizadas no CTI Renato Archer.

Fonte: foto do arquivo pessoal dos autores Fernandes e Serra.

As tecnologias tridimensionais também possibilitam, por exemplo, que um objeto, uma peça óssea ou outro elemento de importância para o esclarecimento de um crime seja copiado/escaneado em 3D e que os arquivos correspondentes sejam armazenados virtualmente, ou mesmo enviados digitalmente para alguma parte distante do planeta. Assim, um perito que esteja fisicamente distante pode imprimir em 3D e proceder à análise da réplica do objeto escaneado muito rapidamente. Trabalhos de pesquisa estão sendo desenvolvidos com vistas a validar tais possibilidades [9].

A análise das marcas de mordida deixadas em uma vítima de um crime, ou mesmo em um alimento, pode ajudar a esclarecer o autor do delito, quando comparadas aos arcos dentários de um suspeito. O emprego de um *scanner* de superfície 3D para cópia tanto das marcas deixadas como dos arcos dentários, e posterior obtenção das impressões tridimensionais respectivas, tem sido objeto de estudo [10] e pode auxiliar nesse tipo de perícia, como mostrado na Figura 15.6. É importante ressaltar que, muitas vezes, o objeto/alimento mordido é perecível, sendo vital a obtenção de sua réplica.

A realização de exames periciais em que os peritos se encontram fisicamente distantes, a apresentação em tribunais de réplicas de objetos importantes, a confecção de RFF (manuais ou digitais), entre outros, são exemplos da importante utilização de impressões tridimensionais na seara das ciências forenses.

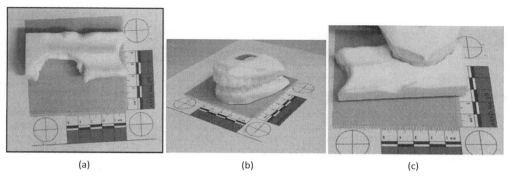

(a) (b) (c)

Figura 15.6 Impressão 3D de evidências criminais: alimento com marcas de mordida (a), modelos de arcos dentários (b) e modelo e alimento sendo comparados (c). Escaneamentos e impressões realizados no CTI Renato Archer.

Fonte: foto de arquivo pessoal dos autores Fernandes e Serra.

15.4 AM NA ARQUEOLOGIA

Com o advento das técnicas de digitalização por tomografia computadorizada, digitalização a *laser* e fotogrametria como tecnologias não invasivas, houve um grande avanço na criação de um banco de dados digitais. Todavia, apenas com a popularização da AM é que essa evolução pôde sair do computador e se materializar novamente em um objeto físico, viabilizando a criação e a multiplicação de réplicas que, muitas vezes, se converteram em mostras, alcançando uma distribuição inimaginável até há poucos anos.

Pela própria estrutura de uma mostra arqueológica, em que peças físicas são distribuídas em um espaço para apreciação do público, a AM encontrou um campo fértil para a sua utilização. Dada a possibilidade de se materializar as peças, o resultado são réplicas muito mais precisas, utilizando técnicas que mantêm a peça original íntegra, aumentando sobremaneira sua durabilidade.

Mais que replicar peças, essa nova realidade digital também permite uma releitura das técnicas clássicas de recuperação, em que elementos manufaturados criados sob medida podem recuperar partes faltantes de uma peça original. Também tem-se a reconstrução facial digital, que pode dar faces a crânios antigos, com o uso de técnicas clássicas de escultura e deformação anatômica numa interface virtual.

No ano de 2012, uma parceria entre o grupo de pesquisas arqueológicas Arc-Team, a associação de antropólogos Antrocom e o Museu de Antropologia da Universidade de Estudos de Pádua (Itália) deu início a um projeto denominado Taung. Esse projeto se resumia à reconstrução facial da Criança de Taung, o fóssil de um *Australopithecus africanus* descoberto na cidade de Taung, África do Sul, em 1924 [11]. Assim que o projeto foi finalizado, somaram-se à equipe o Museu de Arqueologia Ciro Flamarion Cardoso e o Museu Egípcio e Rosacruz para criarem a mostra "Faces da Evolução", com a exibição de treze reconstruções faciais de hominídeos e uma reconstrução facial de um tigre-dentes-de-sabre [12]. A partir desse trabalho, o Museu de Antropologia da Universidade de Pádua, na Itália, decidiu criar uma versão dessa mostra, que foi inaugurada em 2015 e denominada "FACCE. I molti volti della storia humana" (Faces, os muitos vultos da história humana). Essa mostra constituiu-se de um acervo de 27 reconstruções faciais, sendo 22 delas relacionadas à evolução humana e cinco relacionadas a humanos modernos, como a face de Santo Antônio de Pádua (Figura 15.7), do beato Luca Belludi, do poeta Francesco Petrarca, do cientista Gianbattista Morgagni e de uma múmia ptolomaica pertencente ao acervo do museu italiano [13].

Depois de realizada a impressão 3D do busto de Santo Antônio, este foi apresentado em Pádua, Itália, no dia 10 de junho de 2014. Diante do grande impacto nas imprensas italiana e mundial, os organizadores da mostra FACCE resolveram criar uma exibição temporária no Museu della Devozione Popolare, no interior da basílica onde estão os restos mortais de Santo Antônio. Em dez dias de exibição, mais de 10 mil pessoas compareceram ao museu para ver a face de Santo Antônio impressa por AM [14]. O busto de Santo Antônio foi retocado para que apresentasse cores mais vivas e mais coerentes com a sua versão digital (Figura 15.7). O busto de Gianbattista Morgagni foi totalmente pintado sobre uma impressão em poliamida produzida por equipamento HiQ (3D Systems), também no CTI Renato Archer. Os trabalhos de retoque e pintura foram realizados pela artista plástica Mari Bueno.

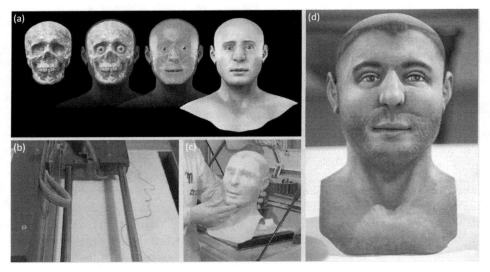

Figura 15.7 Reconstrução digital do busto de Santo Antônio de Pádua (a), impressão pelo processo CJP em gesso (b, c) e busto impresso retocado com tinta a óleo (d).

15.5 AM NA MEDICINA VETERINÁRIA

Analogamente à medicina e à odontologia, a medicina veterinária tem também explorado os potenciais das tecnologias 3D, em especial a AM para aplicações em vários campos dessa ciência. De forma pioneira no Brasil, desde 2006, a Faculdade de

Aplicações da AM em áreas diversas

Medicina Veterinária e Zootecnia da Unesp – *campus* de Botucatu – e o CTI Renato Archer têm explorado alguns desses potenciais [15, 16]. Exemplos dessas aplicações são: a avaliação do padrão normal da mandíbula de cães para diferentes tipos de crânio (dolicocefálico, mesaticefálico e braquicefálico); o tratamento ortopédico de malformações da região maxilofacial de animais silvestres; o desenvolvimento de placas para o tratamento de fraturas oblíquas do corpo mandibular de cães de grande porte, a criação de próteses para uma ave de rapina com amputação de pata, entre outros. Os três últimos estudos são mais detalhadamente descritos nos próximos parágrafos.

No primeiro caso, uma raposa (*Pseudalopex vetulus*) foi encaminhada ao hospital veterinário com diagnóstico de maloclusão classe II e mordida cruzada do lado direito, com lesão do palato provocada pelo canino maxilar direito. O animal foi submetido a tomografia computadorizada, e os dados, manipulados com o *software* InVesalius (CTI Renato Archer). O modelo 3D foi, então, produzido em AM pelo processo ColorJet Printing (CJP) da 3D Systems, para o planejamento cirúrgico. Foi utilizada a técnica de plano inclinado para a correção do desvio. O plano inclinado foi removido após três meses, e o animal foi submetido a novo exame de tomografia computadorizada, o qual mostrou resultados satisfatórios e cura da lesão palatal, permitindo a avaliação quantitativa por meio de medições e comparações dos modelos pré e pós-tratamento [17]. A Figura 15.8 ilustra as condições do animal antes e após o tratamento.

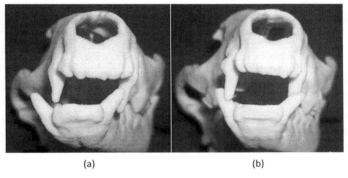

(a)   (b)

Figura 15.8 Tratamento de maloclusão em animal silvestre com planejamento realizado utilizando modelo produzido por AM em gesso: antes do tratamento (a) e três meses após o tratamento (b).

A Figura 15.9 ilustra o ensaio mecânico de uma mandíbula obtida por meio de tomografia computadorizada para o estudo e o desenvolvimento de uma placa em duplo arco para a consolidação de fratura mandibular oblíqua em cães de grande porte. A placa, também ensaiada, foi construída em liga de titânio por processo convencional e fixada por parafusos monocorticais. Os testes foram utilizados para confrontar os dados do mesmo ensaio virtualmente realizado pelo método dos elementos finitos, utilizado para a otimização topológica da placa, validando, assim, de maneira preliminar, o seu desenvolvimento sem a utilização de ensaios *in vivo*. Como resultado, a placa em duplo arco fixada com parafusos blocantes monocorticais apresentou resistência suficiente para estabilizar a fratura do corpo mandibular, sem o risco de comprometer estruturas dentais e neurovasculares nobres do animal [18].

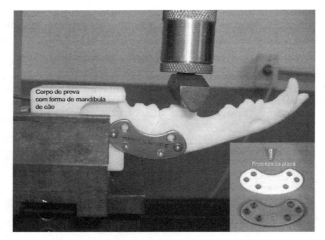

Figura 15.9 Ensaios mecânicos com amostras produzidas em poliamida pelo processo AM de fusão em leito de pó não metálico em equipamento HiQ (3D Systems) para estudo e validação de modelos de análise pelo método dos elementos finitos.

A Figura 15.10 mostra uma ave silvestre (*Caracara plancus*) com uma das patas amputadas e a tentativa de sua reabilitação por meio de prótese fixada no coto do animal. O projeto da prótese anatômica e ajustável para membro inferior foi gerada por *software* CAD (*computer-aided design*), baseado na anatomia específica do animal e diretamente produzido por AM em poliamida, que é material leve, resistente e anticorrosivo. Infelizmente, não houve uma adaptação adequada do animal à prótese, o que sugeriu, na época, a evolução dos estudos nessa área para melhores resultados.

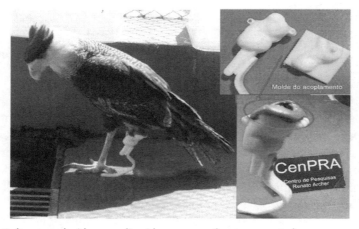

Figura 15.10 Prótese produzida em poliamida para ave silvestre amputada.

As Figuras 15.11 e 15.12 mostram os resultados alcançados por veterinários do Laboratório de Odontologia Comparada (LOC), da Faculdade de Medicina Veterinária e Zootecnia da Universidade de São Paulo (FMVZ-USP), e da União Pioneira da Integração Social (Upis), de Brasília, DF, juntamente com a Equipe Brasileira de Antropologia Forense e Odontologia Legal (Ebrafol), utilizando técnicas de fotogrametria e tomografia computadorizada na reabilitação protética do bico de um tucano e da carapaça de um jabuti.

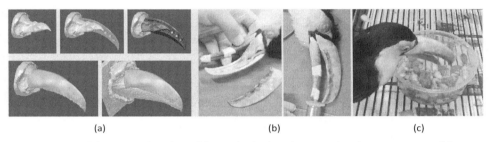

Figura 15.11 Modelagem 3D da prótese (a), instalação da prótese produzida por AM na ave (b) e animal se alimentando logo após a cirurgia (c).

Figura 15.12 Jabuti sem o casco (a); sobreposição do casco saudável em preto sobre a pele fibrosada (b); modelo digital dividido em quatro partes e casco instalado no animal (c, d, e).

Para a recuperação do bico do tucano-de-bico-verde (*Ramphastos dicolorus*), foram tiradas várias fotografias das regiões afetadas do animal, que sofreu uma perda de estrutura por trauma. Também foram digitalizados, via fotogrametria, o bico de um cadáver de animal com bico normal. Dessa forma, os técnicos puderam criar uma prótese associando o bico saudável adaptado sobre as porções remanescentes. O modelo virtual foi produzido diretamente por AM e fixado na estrutura comprometida, de modo a devolver ao tucano a capacidade de se alimentar autonomamente, além de poder desempenhar outras funções fisiológicas.

A recuperação da carapaça do jabuti seguiu a mesma lógica do bico do tucano. Foram feitas várias fotografias do animal com a carapaça comprometida por uma queimada e também de uma carapaça de jabuti saudável. O modelo resultante foi um casco saudável que se encaixava na estrutura do animal doente. Logo após a cirurgia que fixou a prótese produzida em AM no animal, ele voltou a se alimentar e a andar sob o sol e recuperou a capacidade de se aproximar de elementos pontiagudos sem o risco de sofrer perfurações em sua pele fibrosada, que estava exposta pela perda do casco original. Essas duas reconstruções tiveram grande repercussão na mídia de grande circulação nacional em 2015.

15.6 AM EM ARQUITETURA E URBANISMO

A associação entre fabricação digital (aqui identificada como um conjunto de tecnologias de manufatura, dentre as quais a aditiva, a subtrativa e a formativa via controle numérico) e ferramentas de desenho paramétrico (projeto baseado em algoritmos que estabelecem relações entre elementos, as quais possibilitam o controle de formas e geometrias complexas) vem se configurando como uma das transformações mais significativas que emergem na arquitetura contemporânea.

Há uma histórica defasagem temporal da arquitetura e da indústria da construção em relação a outros campos da produção humana na introdução de novas tecnologias. Isso também se verifica na criação de Fab Labs (laboratórios de fabricação digital, em centros de pesquisa ou em escritórios e empresas) dedicados à área, sendo que a arquitetura representa, atualmente, apenas 3,8% do total mundial dos setores criativos e produtivos que utilizam a AM [19]. Apesar disso, a AM já vem produzindo seus efeitos na área, e o percentual do seu uso tende a crescer consideravelmente na arquitetura e na construção.

Alguns fatores relevantes podem ser apontados para a expansão dessas tecnologias no futuro próximo. Inicialmente, em termos econômicos, a redução dos custos de aquisição de equipamentos de AM, principalmente dos baseados na tecnologia FDM (*fused deposition modeling*), em virtude da recente expiração de patentes da Stratasys em 2009 e da consequente ampliação no número de fabricantes e projetos abertos (*open source*). Em termos culturais, tem-se o maior interesse pela "cultura *maker*" [20, 21], o rápido crescimento de redes globais de serviços de impressão 3D – como 3dhubs. com – e as consequentes maiores disponibilidade e procura por esses serviços, sem a necessidade de investimentos em infraestrutura. Por fim, em termos de inovação, há a expansão do campo de pesquisa e a posterior disseminação dessas tecnologias no ensino e na produção do ambiente construído. Há também os aspectos da AM apropriados às especificidades da arquitetura, como materiais e aplicações, ampliação de dimensões de impressão, com a invenção de novos equipamentos, e também possibilidade do aumento da complexidade de manufatura com a vinculação de robôs.

Com o objetivo de mapear o estado da arte dos laboratórios de fabricação digital voltados à arquitetura na América Latina, um estudo recente [22] focou em 31 laboratórios representativos da região, sistematizando dados institucionais, infraestrutura, usos e aplicações da fabricação digital. Desses, 28 possuem equipamentos de AM, e dois contratam serviços de terceiros, número superior ao de equipamentos voltados à manufatura subtrativa, num total de 23. Nessa pesquisa, os laboratórios apontaram que realizam os seguintes usos para a fabricação digital: fabricação de modelos arquitetônicos, prototipagem de pequenos objetos e fabricação de partes de outras máquinas. Por sua vez, as aplicações mencionadas para esses modelos foram: protótipos de *design* (visualização e/ou simulação e/ou análise); modelos para ensino; modelos para arte e museologia; modelos de edifícios históricos; objetos para pessoas com necessidades especiais; e objetos/processos para o desenvolvimento de comunidades.

Como síntese desse estudo, uma exposição apresentou, de forma inédita, a produção de objetos produzidos por 25 desses laboratórios [23]. Dentre as mais significativas investigações com o uso de AM expostas, destacam-se a seguir três trabalhos. Primeiro, a introdução de novos *inputs* para manufatura, como o trabalho Love Project, do arquiteto brasileiro Guto Requena, que capta frequência cardíaca e ritmo cerebral de pessoas para o *design* de objetos (Figura 15.13a). Segundo, a realização de protótipos em escala de superfícies complexas, como as fachadas de alto desempenho térmico e lumínico desenvolvidas pelo escritório colombiano Frontis 3D ou o arranha-céu Re-silience, baseado nas formas de um coral, trabalho do Taller de Concursos da Universidade do Chile, respectivamente apresentados nas Figuras 15.13b e 15.14a. Por último, a fabricação de modelos em escala de edifícios históricos, como os modelos táteis para deficientes visuais realizados pelo grupo de pesquisa Gegradi, da Universidade Federal de Pelotas (Figura 15.14b).

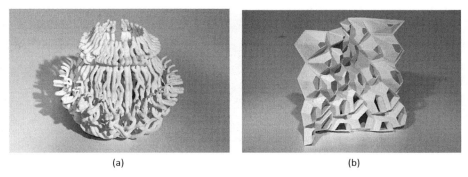

(a) (b)

Figura 15.13 Novos *inputs* para a manufatura: Love Project de Guto Requena (a) e fachada de alto desempenho térmico e lumínico – Frontis3D (b).

Para a arquitetura contemporânea, pode-se apontar a relevância das pesquisas atuais não só sobre as possibilidades de materialização tridimensional de dados diversos (biológicos, climáticos etc.) e de formas complexas, mas igualmente sobre o uso de materiais responsivos, ou seja, que se adaptam ao meio no qual estão inseridos após a impressão – a qual vem sendo chamada de impressão 4D [24]. Destacam-se ainda as pesquisas focadas na ampliação das dimensões de impressão, como as do italiano Enrico Dini, inventor de um equipamento derivado do sistema de *binder jetting* que, com uso de areia e resina, fabrica estruturas de até dez metros de diâmetro extremamente rígidas. Destacam-se também os estudos do escritório inglês Softkill Design, que propõe utilizar equipamentos de sinterização seletiva a *laser* de grande porte da indústria automobilística para fabricação de casas. O escritório holandês DUS desenvolve equipamento de modelagem por fusão e deposição (FDM) de grandes dimensões a partir do projeto da impressora Ultimaker, com possibilidade de imprimir uma casa inteira. Há, ainda, a empresa chinesa Winsun, que se propõe a fabricar casas em massa, a partir da AM, utilizando uma máquina extrusora de pasta composta de materiais cimentícios reciclados que, posteriormente, se solidificam.

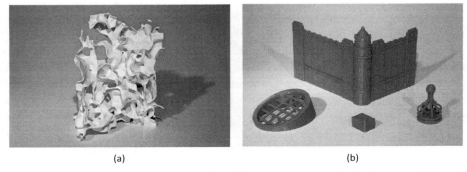

(a) (b)

Figura 15.14 Modelos arquitetônicos em escala: edifício Re-silience – Taller de Concursos/Universidade do Chile (a) – e modelos táteis de patrimônio histórico – Gegradi/Universidade Federal de Pelotas (b).

Com uma visão utópica, amparada em experimento realizado em 2013 no qual utilizou um processo híbrido de tecelagem com máquinas controladas numericamente e bichos-da-seda, a designer Neri Oxman, do grupo de pesquisa Mediated Matter do Massachusetts Institute of Technology, imagina que, na arquitetura, poderão ser utilizados enxames de robôs e AM para que, no futuro, edifícios não sejam impressos, mas tecidos [25].

15.7 AM NAS TECNOLOGIAS ASSISTIVAS

Uma das áreas também de grande potencial de uso da AM é a das tecnologias assistivas. Isso se deve à grande variedade de soluções e dispositivos que as tecnologias assistivas compreendem e também ao alto fator de customização possível com as tecnologias de AM, tornando essa união um casamento perfeito [26]. Algumas das inúmeras possibilidades que a AM aporta para as tecnologias assistivas são apresentadas resumidamente a seguir.

A Figura 15.15 mostra a AM como uma solução para a construção direta de soquetes para amputados transtibiais. Nesse estudo, um mestrado realizado no CTI Renato Archer em parceria com o Instituto Tecnológico de Monterrey, México, e a empresa Ottobock, que forneceu os componentes, foi desenvolvido um projeto para avaliar o uso das tecnologias 3D para a geração de uma metodologia para o projeto e a fabricação dos soquetes transtibiais [27]. O coto do paciente foi digitalizado por meio de *scanner* a *laser*, e foi utilizada a tomografia computadorizada da região para se obter informações externas e internas na região da amputação. Os dados obtidos foram processados por diversos *softwares* CAD para projeto e CAE (*computer-aided engineering*) para análise estrutural, objetivando a obtenção e a validação do projeto do soquete para ser produzido diretamente por AM em poliamida pelo processo SLS (3D Systems). O soquete resultante foi testado em um paciente que trabalha no desenvovimento de dispositivos para a empresa Ottobock. Os resultados qualitativos demonstraram que a metodologia é viável e apresenta melhoria parcial ou integral sobre os processos tradicionais de fabricação de órteses e próteses. Adicionalmente, foi verificado que a metodologia pode também ser adaptada nas diversas etapas dos processos convencionais de produção, reduzindo o número de iterações e ajustes.

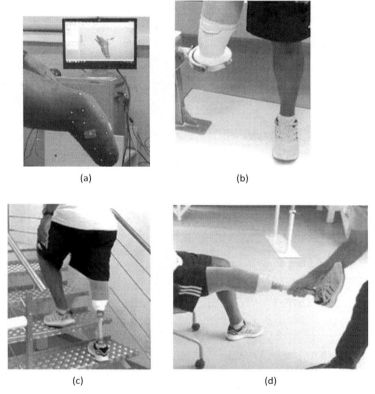

Figura 15.15 Realização do escaneamento 3D a *laser* do coto do paciente que trabalha para a empresa Ottobock (a), teste inicial do soquete (b), teste pelo paciente subindo escadas com prótese montada no soquete de poliamida produzido por AM em SLS (c) e teste de sucção do soquete (d).

A Figura 15.16a ilustra um mapa tátil diretamente produzido por AM pelo processo SLS utilizando poliamida. O mapa contém inscrições em braille, alto-relevos e marcações de trilhas como informações do ambiente interno do prédio para locomoção autônoma de pessoas cegas ou com baixa visão. Esses mapas produzidos por AM podem ser facilmente customizados para que incorporem sensores e processamento para produzir informações sonoras. Outra possibilidade é a produção de modelos arquitetônicos para o ensino de arquitetura para pessoas com deficiência visual [28].

A Figura 15.16b mostra uma placa produzida diretamente por AM na tecnologia PolyJet (Stratasys) combinando materiais na forma de resinas fotocuráveis com diferentes cores para produzir uma placa de entrada de prédio com duas camadas de informações. A primeira, interna, permite a leitura para pessoas com visão normal, e uma camada superficial escrita em braille permite a leitura para pessoas cegas ou com baixa visão. A placa está localizada no Centro Nacional de Referência em Tecnologias Assistivas (CNRTA), localizado no CTI Renato Archer.

(a)   (b)

Figura 15.16 Mapa tátil produzido em AM (SLS) com informações em alto-relevo e braille para localização espacial de pessoas cegas (a), placa para entrada de prédio por AM (PolyJet) com duas camadas de informações: uma visível e interna para pessoas com visão normal e outra superficial, escrita em braille, para deficientes visuais (b).

A Figura 15.17a mostra um dispositivo de sopro, e as Figuras 15.17b e 15.17c ilustram moldes para produção de componente em silicone, projetados para servirem de interface mecânica entre pessoas com deficiências físicas e computadores. O objetivo é que essas pessoas possam produzir algum sinal fidedigno que possa ser captado e condicionado para interação com os computadores, tendo esses dispositivos como recursos para uma comunicação aumentada.

Com o advento da AM, está sendo possível disponibilizar de maneira fácil e acessível informações táteis de estruturas fora de nossa capacidade de entendimento, em virtude de seu tamanho extremamente grande ou extremamente reduzido. Essas informações táteis por meio de modelos em escala podem ser extremamente úteis para pessoas com deficiência visual. Em 2007, o CTI Renato Archer iniciou um trabalho de produção de macromoléculas por AM, com a geração de arquivos STL a partir de informações de estruturas macromoleculares do Protein Data Bank, que disponibiliza uma quantidade enorme dessas estruturas. A intenção seria facilitar o entendimento de micro/nanoestruturas de proteínas por estudantes em todos os níveis, por meio de *kits* de macromoléculas ou mesmo da impressão dessas estruturas para facilitar o seu entendimento, apoiando pesquisas científicas. Essa proposta foi apresentada na XXXVII Reunião Anual da Sociedade Brasileira de Bioquímica e Biologia Celular – SBBq, em 2008, sob forma de painel e enquete. A Figura 15.18a mostra a proteína fluorescente verde (GFP) impressa em gesso, em cores, pelo processo Color-Jet Printing (CJP – 3D Systems). Por outro lado, um grupo de pesquisadores de quatro países, com participação da Nasa e da Universidade de São Paulo (USP), publicou um artigo com a impressão 3D da nebulosa de Homúnculo na região da Eta Carinae, a partir de observações do telescópio ESO [29]. Essa estrutura, formada por nuvens de poeira, tem aproximadamente três trilhões de quilômetros de um polo ao outro e foi impressa no CTI Renato Archer em material gesso pelo processo de CJP, como mostrado na Figura 15.18b.

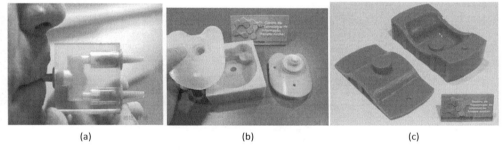

Figura 15.17 Dispositivo para interação entre paciente e computador via sopro (a) e moldes para a produção de interfaces mecânicas em silicone para comunicação aumentada (b, c).

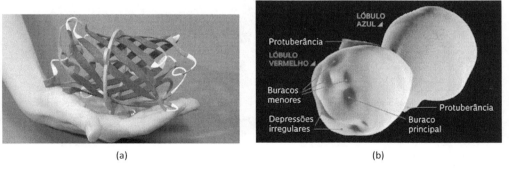

Figura 15.18 Extremos dimensionais: representação da proteína fluorescente verde com dimensões originais nanométricas (a) e Homúnculo da Eta Carinae com dimensão de três trilhões de quilômetros de polo a polo [30] impressos pelo processo CJP da 3D Systems (b).

15.8 AM PARA APLICAÇÃO ESPACIAL

Em 2006, por ocasião da Missão Centenário, o astronauta brasileiro, tenente-coronel da Força Aérea Brasileira Marcos Cesar Pontes, embarcou na nave russa Soyuz TMA-7 em direção à Estação Espacial Internacional (ISS), onde passou dez dias e levou consigo experimentos científicos; um desses experimentos, com certo grau de complexidade, foi produzido por AM. Esse experimento, dentro do "Programa Microgravidade" da Agência Espacial Brasileira (AEB), se tratava de uma câmara em que foram realizados experimentos na ausência de gravidade com interação química entre nuvens de interação proteica (NIP). Para receber autorização de embarque, vários ensaios especiais foram realizados para avaliar riscos da presença do experimento na ISS e no caminho, na nave Soyus. Esse trabalho corroborou a possibilidade de se construir experimentos seguros, confiáveis e de maneira rápida para qualquer aplicação. A câmara integrava uma estrutura maior e complexa com duas paredes, várias peças menores e canais embutidos que possibilitaram a instalação precisa de sensores e atuadores formando um sistema composto de mecânica, eletroeletrônica e fluídica. O experimento atendeu às restrições de massa impostas pelo baixo peso específico do material poliamida, produzido por AM em equipamento SinterStation 2000 (3D Systems) no CTI Renato Archer [31]. Esse experimento despertou muito interesse dos parceiros internacionais, em especial dos russos. A Figura 15.19 apresenta alguns detalhes do experimento embarcado na ISS e um momento de sua operação pelo astronauta Marcos Pontes.

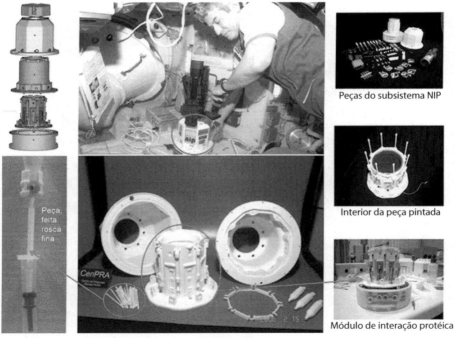

Figura 15.19 Alguns detalhes do experimento de nuvens de interação proteica (NIP) embarcado na Estação Espacial Internacional (ISS) por ocasião da Missão Centenário. Ao centro, no quadro superior, a atuação do astronauta Marcos Pontes no experimento durante sua permanência na ISS.

15.9 CONCLUSÕES

Foi mostrado, neste capítulo, que a AM vai muito além da produção de protótipos e/ou peças para a indústria e se configura como uma tecnologia transversal de uso em várias áreas do conhecimento. Foi visto que a AM tem potencial de aplicação direta em áreas em que a customização é intensa, como a das tecnologias assistivas, e em aplicações especiais, como os experimentos científicos. A educação e o treinamento em diversos setores têm também benefícios advindos da AM.

REFERÊNCIAS

1 CASSAB, R. C. T. Objetivos e princípios. In: CARVALHO, I. S. (Ed). *Paleontologia*. Rio de Janeiro: Interciência, 2004. v. 1. p. 3-11.

2 CARVALHO, I. S.; ROSA, A. A. S. Paleontological tourism in Brazil: examples and discussion. *Arquivos do Museu Nacional*, Rio de Janeiro, v. 66, p. 271-283, 2008.

3 RAYFIELD, E. Finite element analysis and understanding the biomechanics and evolution of living and fossil organisms. *Annual Review of Earth and Planetary Sciences*, Palo Alto, v. 35, p. 541-576, 2007.

4 FRANÇA, S. O uso de novas tecnologias na Odontologia Legal. *Revista APCD*, v. 69, n. 2, p. 106-112, 2015.

5 CLEMENT, J. G. Odontology. In: SIEGEL, J. A.; SAUKKO, P. J. (Ed.). *Encyclopedia of forensic sciences*. 2. ed. Waltham: Academic Press, 2013. v. 1. p. 106-113.

6 KETTNER, M. et al. Reverse engineering-rapid prototyping of the skull in forensic trauma analysis. *Journal of Forensic Sciences*, Chicago, v. 56, n. 4, p. 1.015-1.017, 2011.

7 FERNANDES, C. M. S. et al Análise de reconstruções faciais forenses digitais: proposta de protocolo piloto baseado em evidências. *Revista da APCD*, v. 69, n. 2, p. 113-118, 2015a.

8 FERNANDES, C. M. S. et al. Reconstitution faciale tridimensionnelle assistée par ordinateur: validation et proposition de protocole pilote fondée sur des preuves en utilisant le logiciel 3ds Max. Abstracts. In: 49ème CONGRÈS INTERNATIONAL FRANCOPHONE DE MÉDECINE LÉGALE, 2015, Toulouse. *Procédure...* v. 1, p. 15, 2015b.

9 SERRA, M. C. et al. Introducing the virtopsy project according to the Brazilian reality: initial proposal by means the use of 3D scanner. Abstract Book. In: 23rd CONGRESS OF THE INTERNATIONAL ACADEMY OF LEGAL MEDICINE, 2005, Dubai. *Proceedings...* v. 1, p. 425-427, 2015a.

10 SERRA, M. C. et al. Analyse tridimensionnelle des marques de morsure: proposition de protocole pilote avec l'utilisation des prototypes et de logiciel 3ds Max. Abstracts. In: 49ème CONGRÈS INTERNATIONAL FRANCOPHONE DE MÉDECINE LÉGALE, 2015, Toulouse. *Procédure...* v. 1, p. 68, 2015b.

11 ANTROCOM ONLUS. Antrocom onlus e Arc-Team iniziano il progetto Taung. *Antrocom Onlus*. Oct. 2012. Disponível em: <http://www.antrocom.org/2012/10/24/antrocom-onlus-e-arc-team-iniziano-il-progetto-taung/>. Acesso em: 11 set. 2015.

12 MENDES, A.; COELHO, D. Software desenvolvido pelo CTI recria rosto de ancestrais. *Centro de Tecnologia da Informação Renato Archer*, ago. 2013. Disponível em: <http://www.cenpra.gov.br/ultimas-noticias/238-software-desenvolvido-pelo-cti-recria-rosto-de-ancestrais>. Acesso em: 14 set. 2015.

13 CAM. *Facce. I Molti Volti Della Storia Umana*. Disponível em: <http://www.unipd.it/musei/facce/>. Acesso em: 12 set. 2015.

14 PADOVA: IL GAZZETINO. Il volto di Sant'antonio in 3D conquista tutti/Guarda. *Padova: Il Gazzetino*, 2014. Disponível em: <http://www.ilgazzettino.it/NORDEST/PADOVA/sant_amp_39_antonio_padova_volto_3d_ricostruzione_basilica/notizie/771941.shtml>. Acesso em: 13 set. 2015.

15 FREITAS, E. P. et al. Rapid prototyping applied to surgical planning for correcting craniofacial malformations in wild animals. A case of a Brazilian fox. In: BARTOLO, P. J. S. (Ed.). *Virtual and rapid manufacturing*. Londres: Taylor & Francis Group, 2008. v. 1, p. 167-170.

16 FREITAS, E. P.; NORITOMI, P. Y.; SILVA, J. V. L. Use of rapid prototyping and 3D reconstruction in veterinary medicine. Advanced applications of rapid prototyping technology in modern engineering. *InTech*, v. 1, p. 103-118, 2011.

17 FREITAS, E. P. et al. Rapid prototyping and inclined plane technique in the treatment of maxillofacial malformations in a fox. *Canadian Veterinary Journal*, v. 51, p. 267-270, 2010a.

18 FREITAS, E. P. et al. Finite element modeling for development and optimization of a bone plate for mandibular fracture in dogs. *Journal of Veterinary Dentistry*, Boise, v. 27, p. 212-222, 2010b.

19 MAJCHER, K. How to build 3-D printing. *MIT Tecnhnology Review Business Report Breakthrough Factories*, v. 117, n. 6, p. 10-11, 2014.

20 HATCH, M. *The maker movement manifesto:* rules for innovation in the new world of crafters, hackers, and thinkerers. New York: McGraw-Hill Education, 2013.

21 WALTER-HERRMANN, J.; BÜCHING, C. (Ed.). *FabLab:* of machines, makers and inventors. Bielefeld: Transcript Publishers, 2013.

22 SPERLING, D. M.; HERRERA, P. C.; SCHEEREN, R. *Migratory movements of homo faber:* mapping fab labs in Latin America. Communications in Computer and Information Science. Heidelberg: Springer Berlin Heidelberg, 2015.

23 SPERLING, D. M.; HERRERA, P. C. *Homo faber:* digital fabrication in Latin America CAAD futures 2015: the next city. São Carlos: Instituto de Arquitetura e

Urbanismo, 2015. Disponível em: <http://www.fec.unicamp.br/~celani/caadfutures_2015/homofaber_catalogue.pdf>. Acesso em: 12 dez. 2015.

24 TIBBITS, S. 4D printing: multi-material shape change. *Architectural Design Special Issue: High Definition: Zero Tolerance in Design and Production*, v. 84, n. 1, p. 116-121, 2014.

25 OXMAN, N. et al. Towards robotic swarm printing. *Architectural Design Special Issue: Made by Robots: Challenging Architecture at a Larger Scale*, v. 84, n. 3, p. 108-115, 2014.

26 MAIA, I. A. et al. Impressão 3D aplicada ao desenvolvimento de dispositivos de tecnologia assistiva. In: 1st INTERNATIONAL WORKSHOP ON ASSISTIVE TECHNOLOGY IWAT 2015, 2015, Vitória. *Proceedings...* Vitória: Universidade Federal do Espírito Santo, v. 1, 2015, p. 295-298.

27 OJEDA, L. L. et al. Uso de tecnologías tridimensionales para la generación de una nueva metodología de diseño y fabricación de sockets transtibiales. In: ENCONTRO NACIONAL DE ENGENHARIA BIOMECÂNICA – ENEBI, 2015, Uberlândia, v. 1, 2015.

28 CELANI, G. et al. Seeing with the hands: teaching architecture for the visually--impaired with digitally-fabricated scale models. In: *Communications in computer and information science*. Heidelberg: Springer Berlin Heidelberg, 2013. v. 1, p. 159-166.

29 STEFFEN, W. et al. The three-dimensional structure of the Eta Carinae Homunculus. *Monthly Notices of the Royal Astronomical Society*, v. 442, n. 4, p. 3.316-3.328, 2014.

30 PIVETTA, M. Nebulosa em 3D. *Revista Pesquisa Fapesp*, jul. 2014. Disponível em: <http://revistapesquisa.fapesp.br/2014/07/08/nebulosa-em-3d/>. Acesso em: 12 abr. 2016.

31 MAIA, I. A. et al. Application of rapid manufacturing to build artifacts for using in microgravity environment. An International Space Station case. In: BARTOLO, P. J. S. (Ed.). *Virtual and rapid manufacturing*. Londres: Taylor & Francis Group, 2007. v. 1, p. 559-562.

ÍNDICE REMISSIVO

3DP 181, 194, 201, 204, 360

3MF 92, 93

A

ABS (acrilonitrila butadieno estireno) 101, 140, 149, 151, 153, 154, 156, 170, 171, 172, 313, 314, 336, 356

Aço inoxidável 204, 248, 263, 281, 282

Adição de lâminas 24, 108, 271, 274, 278, 302

Aeroespacial 27, 28, 214, 237, 238, 258, 259, 260, 263, 264, 282, 327, 335, 337, 338, 340, 341

Alumina 149, 201, 223, 239, 277, 283

Alumínio 34, 200, 234, 238, 248, 263, 264, 272, 277, 298, 299, 300, 310, 314, 331

AM (*additive manufacturing*)

definição 16

classificação/princípios das tecnologias 16, 23, 24, 130, 146, 148, 204

direcionador tecnológico 45, 48, 57, 64

etapas do processo 16, 17, 98

limitações 23, 26

histórico 19

AMF (*additive manufacturing format*) 16, 69, 88, 89, 90, 91, 92, 98, 336

Anisotropia/anisotrópica 26, 100, 101, 103, 104, 105, 166, 171, 231, 241, 329, 330

Área médica 74, 138, 232, 238, 345, 350, 362, 366, 370

Arqueologia/arqueológica 381

Arquitetura 28, 40, 116, 121, 154, 232, 327, 386, 387, 388

Artes 28, 42, 174, 327

Automobilística/automotiva 28, 47, 238, 259, 260, 263, 264, 313, 317, 334, 388

B

Base 97, 98, 101, 102, 103, 104, 105, 111, 113, 123, 149, 150, 151, 152, 162, 163, 165, 166, 317, 318

Bioengenharia 28

Biofabricação 363, 369, 370

Biomédica 201, 259, 260, 282

Biomodelo 189, 345, 348, 353, 354, 355, 356, 357, 358, 359, 360, 363, 366

C

Cabeçote de jateamento/impressão 108, 119, 182, 184, 186, 187, 188, 189, 193, 194, 201, 203, 278

piezoelétrico 182, 184, 191, 193

térmico 182, 184, 196, 207

CAD (*computer-aided design*) 16, 47, 69, 70, 71, 72, 73, 75, 77, 78, 79, 80, 82, 83, 90, 91, 98, 114, 167, 214, 325, 335, 353, 384

CAE (*computer-aided engineering*) 47, 56, 315, 353, 363, 389

CAM (*computer-aided manufacturing*) 47, 98, 113, 114, 121, 122

Canais de refrigeração conformados (*conformal cooling channels*) 314, 315, 317, 318, 319

Cerâmica 39, 148, 149, 172, 218, 238, 240, 276, 277, 302, 304, 305, 308, 310

Ciências Forenses 379, 380

CJP (*ColorJet Printing*) 24, 194, 195, 196, 197, 198, 199, 200, 354, 356, 382, 383, 391

CLI (*common layer interface*) 69, 91, 92

CLIP (*continuous liquid interface production*) 24, 136, 137

CNC (comando numérico computadorizado) 17, 23, 25, 41, 53, 98, 121, 248, 273, 277, 295, 319

Cromo-cobalto (Co-Cr) 201, 258, 260, 265, 362, 365

D

DED (*direct energy deposition*) 271, 272, 279, 281, 282, 283, 284, 285, 286

Deposição com energia direcionada (ver DED)

Deposição direta de metal (ver DMD)

Design 25, 31, 32, 33, 34, 38, 39, 186, 198, 328, 329, 330, 337

DFM (design for manufacturing) 328

DICOM (digital imaging and communication in medicine) 74, 349, 352, 353

Digitalização 3D 73, 113, 381

Dispositivos 56, 189, 232, 258, 293, 294, 307, 308, 345, 353, 354, 362, 364, 366, 367, 368, 370, 388, 389

DLP (digital light processing) 135, 138

DMD 24, 120, 319

DMLS (direct metal laser sintering) 24, 120, 248, 249, 251, 252, 253, 259, 261, 262, 316, 317, 331, 340

DOD (drop-on-demand) 182, 183, 184, 185, 191, 193, 207

E

EBM (electron beam melting) 24, 248, 255, 256, 257, 258, 259, 319, 337, 367

Efeito degrau de escada 99, 103, 104, 105, 116, 165, 173, 188

Engenharia concorrente/simultânea 46, 47, 52

Engenharia tecidual 149, 208, 242, 346, 368, 369, 371

Epóxi 124, 139, 141, 199, 278, 298, 299, 305

Escaneamento 3D 36, 37, 73, 346, 389

Espessura de camada 26, 100, 105, 115, 133, 156, 159, 165, 173, 186, 188, 192, 201, 202, 203, 303, 305, 309

Estereolitografia (ver SL)

Estratégia de varredura 221, 232, 250, 251, 252, 256, 258, 266

Estruturas celulares 25, 330, 332, 333, 336, 341

Estruturas de suportes (ver Suporte)

ExOne 24, 201, 202, 309

Extrusão de material 24, 25, 112, 116, 120, 121, 122, 145, 147, 149, 154, 157, 159, 162, 164, 166, 168, 171, 172, 173, 314

F

Fab@Home 24, 122, 149, 154

Fabricação final/direta 36, 57, 58, 110, 124, 319, 325, 326, 327, 334, 335, 336, 337, 338

Fatiamento 17, 83, 88, 89, 92, 97, 98, 114, 115, 116, 117, 118, 122, 131, 135, 149, 159, 164, 173, 196

fatiamento adaptativo 115, 116, 118, 159, 173

fatiamento uniforme 115, 116, 118

Fator de escala 98, 103, 106, 111

FDM (fused deposition modeling) 24, 34, 101, 111, 120, 145,148, 149, 150, 151, 152, 153, 154, 160, 165, 170, 171, 307, 314, 336, 338

FEM (finite element method) 227, 239, 282, 332, 353, 356, 364, 377, 378, 383

Ferramental 25, 27, 28, 124, 293, 294, 298, 308, 315, 318, 319, 327, 336, 339

Ferramental de sacrifício 293, 294, 308, 320

Ferramental rápido (rapid tooling) 293, 321

FGM (functionally graded materials) 78, 333, 334, 335

Forma final obtida com laser (ver LENS)

Fotogrametria 69, 73

Fotopolimerização em cuba 24, 120, 129, 130, 138, 139, 140, 141, 142, 303, 305, 311

escaneamento vetorial 130, 131, 134, 139, 140

projeção de imagens 130, 135, 137

Fundição

em areia 203, 302, 312

por cera perdida 185, 186, 192, 302

Fusão de leito de pó 24, 106, 111, 120, 122, 213, 214, 219, 227, 236, 238, 240, 247, 248, 249, 253, 255, 259, 260, 262, 316, 336

Fusão por feixe de elétrons (ver EBM)

Fusão seletiva a laser (ver SLM)

G

Gabarito 293, 294, 307, 308, 358

Gesso 40, 195, 204, 209, 302, 354, 356, 360, 382, 383, 391

Guia cirúrgico 189, 190

H

HA (Hidroxiapatita) 201, 242, 370

I

Imagem médica 74, 347, 349, 350, 351

Implantes 189, 258, 265, 282, 283, 284, 360, 361, 362, 363, 365, 366, 368

Impressão 3D 15, 16, 18, 31, 34, 35, 36, 39, 40, 45, 92, 129, 193, 204, 379, 382, 386, 391

Impressão colorida por jato (ver CJP)

Impressão por múltiplos jatos (ver MJP)

Inconel 258, 259, 263, 264, 314

Injeção de plástico (moldagem por injeção) 16, 33, 147, 153, 207, 214, 263, 278, 294, 295, 298, 299, 301, 311, 312, 313, 315, 317, 319

Insertos 25, 123, 124, 259, 263, 294, 295, 300, 301, 305, 310, 311, 312, 313, 314, 315, 316, 317, 318, 319, 320

InVesalius 352, 355, 363, 376, 383

J

Jateamento de aglutinante 24, 108,120, 123, 181, 182, 194, 198, 201, 202, 203, 204, 208, 305, 308

fluido aglutinante/ligante 181, 184, 194, 195, 196, 201, 203, 305, 354, 360

Jateamento de material 24, 101, 120, 129, 181, 182, 184, 185, 187, 191, 194, 208, 303, 312, 333

Jateamento sob demanda (ver DOD)

Jato de tinta 17, 181, 182, 183, 184, 191, 193, 194, 196, 204

Joalheria/joalheiro 28, 34, 327

Índice remissivo

399

L

Laser
    CO2 223, 229, 233, 236, 239, 272, 275, 281
    fibra 240, 249, 272, 273, 279
    He-Cd 132, 285
    Nd:YAG 223, 239, 272
    semicondutor 273, 286
LaserCUSING 24, 248, 249, 318, 332
LENS (*laser engineered net shaping*) 24, 279, 280, 281, 282, 283, 284, 319
LOM (*laminated object manufacturing*) 24, 108, 120, 123, 271, 272, 274, 275, 276, 277, 278, 302
LS (*laser sintering*) 233, 236, 237, 238
Luz ultravioleta (ver UV)

M

MakerBot 24, 92, 148, 155
Malha de refrigeração (*conformal surface cooling*) 315, 318
Malha de triângulos/triangular 16, 72, 75, 76, 78, 79, 82, 83, 84, 85, 86, 87, 88, 89, 114, 117, 118
Manufatura aditiva (ver AM)
Manufatura laminar de objetos (ver LOM)
Manufatura rápida (*rapid manufacturing*) 18, 36, 325
Maquete 40
Material com gradação funcional (ver FGM)
Maxel (*material element*) 334
Medicina 28, 201, 345, 346, 347, 348, 349, 368, 379
Medicina veterinária 382, 383
Microestereolitografia 130, 138, 141
MJP (*multiJet printing*) 24, 191, 192, 193
Mock-up 25, 41
Modelagem por fusão e deposição (ver FDM)
Modelo
    de apresentação 28, 41, 48
    de sacrifício 234, 294, 302, 303, 304, 305, 306, 310
    físico 31, 40, 49, 55, 82, 295, 354
    mestre 27, 124, 200, 293, 294, 295, 296, 297, 298, 299, 301, 302, 305, 320
Molde
    de areia 295, 302, 308, 309
    de injeção 61, 260, 263, 295, 305, 313, 317, 318, 326
    de silicone 124, 199, 200, 295, 296, 297, 301, 356
    de sopro 294, 310, 313, 314
    de termoformagem 294, 310, 314
    permanente 16, 293, 294, 302, 310, 314, 320
Molde-protótipo 27, 28, 293, 310, 312, 313, 314, 319, 320

N

Náilon 151, 152, 193, 194, 220, 296
Níquel 201, 248, 258, 260, 285, 300, 301, 312, 316, 318
NURBS (*non-uniform rational b-spline*) 73, 114

O

Odontologia/odontológica 28, 185, 186, 189, 232, 259, 265, 345, 346, 348, 362, 365, 379, 382, 385
Orientação (de fabricação) 92, 97, 98, 100, 103, 104, 105, 106, 107, 108, 109, 110, 111, 112, 165, 166, 231, 232, 241, 255, 329, 330
Otimização topológica (de forma) 325, 331, 383

P

PA (poliamida) 33, 151, 156, 193, 206, 207, 218, 220, 230, 232, 233, 234, 235, 237, 238, 241, 313, 339, 355, 357, 358, 359, 360, 361, 362, 363, 378, 382, 384, 389, 390, 392
Paleontologia 232, 376, 377
PC (policarbonato) 139, 140, 151, 152, 171, 313, 314
PCL (policaprolactona) 242, 370
PDP (processo de desenvolvimento de produto) 15, 25, 27, 45, 46, 47, 48, 49, 50, 51, 52, 53, 54, 55, 56, 57, 58, 59, 60, 62, 64
Pixel 119, 120, 140, 182, 192, 196, 334, 350
PLA (poli(ácido lático)) 148, 154, 156, 157, 174, 370
Planejamento cirúrgico 198, 345, 353, 354, 355, 366, 383
Planejamento de processo 17, 25, 72, 83, 86, 87, 88, 97, 98, 103, 104, 108, 109, 113, 115, 118, 119, 121, 122, 125, 132, 145, 157, 159, 160, 163, 168, 173, 182, 196, 204, 255, 327
PMMA (polimetilmetacrilato) 203, 223, 242, 305, 306, 356, 357
PS (poliestireno) 234, 307, 313
Polímero/resina fotossensível/fotocurável 22, 23, 24, 35, 129, 130, 131, 185, 187, 191, 192, 238, 241, 297, 303, 312, 358, 390
PolyJet 24, 59, 60, 62, 63, 101, 108, 120, 187, 188, 189, 190, 191, 312, 390
Porta-molde 294, 299, 300, 301, 317
Posicionamento (no volume de construção) 97, 98, 107, 108, 109, 110, 231, 232, 241, 255
Pós-processamento 17, 25, 123, 141, 148, 152, 153, 172, 188, 189, 191, 196, 201, 203, 204, 208, 216, 233, 238, 239, 240, 249, 257, 260, 275, 276, 278, 310, 317, 332, 367
PP (polipropileno) 139, 140, 193, 234, 311, 313
Preenchimento (ou planejamento da trajetória) 97, 98, 119, 120, 121, 122, 146, 157, 158, 159, 160, 162, 164, 165, 166, 167, 168, 169, 173, 196, 221

estratégia de varredura/preenchimento 120, 121, 122, 133, 134, 140, 159, 160, 161, 170, 221, 232, 239, 250, 251, 252, 256, 258, 318

Processamento de imagens 350, 351, 352, 353

Processo de desenvolvimento de produto (ver PDP)

Processo híbrido (tecnologia híbrida) 271, 286, 388

Produção final 27, 64, 310, 326, 327

Projeto para AM 325, 328, 330, 336

Prótese 63, 75, 265, 282, 283, 284, 353, 356, 357, 360, 361, 363, 364, 365, 368, 383, 384, 385, 386, 389

Prototipagem 28, 51, 57, 300, 320, 326, 327, 387

Prototipagem rápida 18, 31

Protótipo 25, 27, 31, 32, 33, 34, 35, 36, 47, 48, 50, 51, 52, 53, 54, 55, 56, 58, 59, 60, 62, 63, 124, 130, 142, 260, 262, 296, 302, 387

    classificação 49

    definição 42, 48, 49

    físico 15, 18, 25, 36, 39, 49, 50, 52, 61, 62

    funcional 27, 42, 43, 49, 50, 57, 58, 60, 61, 63, 64, 295, 310, 311

PU (poliuretano) 140, 152, 199, 296, 299

Q

QuickCast 305

R

Reciclagem 217, 228, 230, 233, 241, 275

RepRap 24, 120, 122, 154, 155

RM (ressonância magnética) 36, 69, 74, 98, 346, 347, 348, 354

RP3 (*rapid prototyping process planning*) 122

S

Scaffold 201, 242, 243, 369, 370

SDL (*selective deposition lamination*) 24, 278, 302

Silicone 149, 154, 390

Sinterização 111, 123, 148, 149, 201, 206, 217, 218, 219, 238, 240, 277, 302, 316

Sinterização a laser (ver LS)

Sinterização direta de metal a laser (ver DMLS)

Sinterização seletiva a laser (ver SLS)

SL (*stereolithography*) 24, 35, 108, 109, 120, 123, 131, 132, 133, 135, 137, 141, 142, 300, 301, 305, 311, 312, 326

SLM (*selective laser melting*) 24, 92, 116, 120, 248, 249, 259, 283, 318, 319

SLS (*selective laser sintering*) 24, 33, 106, 108, 109, 120, 121, 205, 233, 234, 235, 248, 307, 316, 326, 329, 357, 358, 359, 360, 361, 362, 389, 390

STL (*STereoLithography*) 16, 69, 72, 75, 76, 77, 79, 81, 83, 98, 104, 113, 114, 117, 118, 336, 352

    em cores 77, 78

    corda (flecha) 79, 80, 81

    deficiências do formato 78, 79

    ferramentas para manipulação e correção 88

    vetor normal 75, 86

Suporte (estrutura de suporte) 17, 88, 97, 98, 101, 102, 103, 104, 105, 106, 107, 108, 111, 112, 113, 114, 119, 123, 132, 133, 134, 136, 149, 150, 151, 152, 153, 162, 165, 166, 172, 174, 185, 186, 191, 192, 194, 216, 240, 253, 254, 304, 332

    ângulo de autossuporte 101, 102, 112, 113, 149, 153

T

TC (tomografia computadorizada) 74, 347, 348, 354, 355, 360

Tecnologia assistiva 388, 390

Ti6Al4V 252, 254, 258, 259, 260, 261, 262, 263, 264, 265, 282, 286, 337, 367

Titânio 204, 223, 248, 258, 259, 260, 263, 282, 283, 314, 337, 362, 363, 364, 383

U

Ultrassonografia 36, 69, 74, 348, 349

Usinagem CNC 17, 23, 41, 53, 98, 295, 319

UV 23, 24, 25, 129, 130, 132, 134, 135, 136, 137, 140, 141, 142, 151, 187, 191, 201

V

Volume de construção 97, 103, 107, 108, 109, 110, 111, 201, 227, 249, 255

VoxelJet 24, 120, 123, 203, 305, 306, 309

X

XML (eXtensible markup language) 89, 90, 93

Z

Zircônia 201, 239, 240, 283